21 世纪高职高专艺术设计规划教材

图形图像处理 Photoshop 实例教程

邓晓新　杨　柳　主　编
祖　儿　冯冬华　陈新宇　副主编

清华大学出版社
北　京

内容简介

本书以平面设计、图像编辑为主线，系统地介绍了 Photoshop CC 软件的基本技术应用方法与技巧，为了便于学习者理解，编者将软件中工具、图层、通道、路径、滤镜、色彩调节等内容都融合在案例教学中，使学习变得生动有趣。书中还介绍了与设计相关的色彩知识，为人物美化、数码照片后期处理、UI 界面设计等内容的学习提供良好的知识基础。本书提供了一些国外大师级 PS 作品，目的是开阔学习者的视野，提高设计意识，打开设计思路；同时还附带了平面设计中常遇到的图像格式转换方面问题的解决办法，提供了 9 套常用色彩配置表，让学习者能依据这些资源快速有效地完成任务工作。本书的案例教学中既有工具使用方法，又有经验技巧，引领读者边学边练，能较快地掌握软件应用技术，提高综合能力水平。

本书既适合作为中、高等职业学校艺术设计、数字媒体设计、视觉传达专业、装潢设计专业 Photoshop 软件的教材，也可作为社会培训用书。

图书在版编目（CIP）数据

图形图像处理 Photoshop 实例教程/ 邓晓新，杨柳主编. —北京：清华大学出版社，2016（2019.7重印）
（21 世纪高职高专艺术设计规划教材）
ISBN 978-7-302-43501-3

Ⅰ. 图…　Ⅱ. ①邓…　②杨…　Ⅲ. ①图象处理软件—高等职业教育—教材　Ⅳ. ①TP391.41

中国版本图书馆 CIP 数据核字(2016)第 079557 号

责任编辑：张龙卿
封面设计：于华芸
责任校对：李　梅
责任印制：杨　艳

出版发行：清华大学出版社
网　　址：http://www.tup.com.cn，http://www.wqbook.com
地　　址：北京清华大学学研大厦 A 座　　**邮　　编**：100084
社 总 机：010-62770175　　**邮　　购**：010-62786544
投稿与读者服务：010-62776969，c-service@tup.tsinghua.edu.cn
质量反馈：010-62772015，zhiliang@tup.tsinghua.edu.cn
课件下载：http://www.tup.com.cn，010-62770175-4278
印 装 者：三河市铭诚印务有限公司
经　　销：全国新华书店
开　　本：185mm×260mm　　**印　　张**：20　　**字　　数**：457 千字
版　　次：2016 年 7 月第 1 版　　**印　　次**：2019 年 7 月第 3 次印刷
定　　价：59.00 元

产品编号：064353-01

前　　言

众所周知，图像处理软件中 Adobe 公司的 Photoshop 是最流行，也是功能最强大的，它的应用范围十分广泛，二维、三维，静态、动态，位图、矢量，输入、输出，无所不包。那么，应用功能如此强大的 Photoshop 该怎样学习呢？作为有着十几年教学经验的编者，我给学习者提出“三多”建议：一是多尝试，二是多练习，三是多看好作品。多尝试是要大家尽量把软件的所有工具、属性、功能等都尝试做一做参数调节与改变，你会发现很多不期而遇的效果原来竟是如此获得的；多练习是希望通过大量的实践了解各种效果、各种参数，掌握更多的技术手段，加深对软件功能的理解，提高作图的效率；多看好作品不仅仅是开阔眼界，还要深入地思考与分析：为什么用这样的色调？为什么这样排版？某个效果用什么技术手段可以实现，等等。好作品不仅来源于平面设计，也可以是国外优秀的电影电视广告、网络视频、摄影作品等，这些都是提升图像制作技术能力的重要途径。相信经过坚持不懈的努力，一定会在 Photoshop 技术领域有所成就。

本书的编写作者均是多年从事艺术设计专业教学的教师，具有良好的艺术设计功底。在教学与社会实践中总结了很多工作经验，同时也积累了大量的素材和教学案例，在本书中都毫无保留地奉献给各位读者。书中精心列举的案例虽不能说效果极优，但都是比较有代表性的，是经过多轮课程检验的，通俗易懂，便于学习。

希望我们的努力能够为读者学习图像制作 Photoshop 软件提供帮助，在学习后能在设计技术水平上有所提升。

本书的编写是团队的呕心之作，多人合作难免存在衔接不畅等问题，虽尽力修整也难免做到完全尽如人意，望广大读者在使用过程中提出宝贵意见并给予批评指正，我们将逐步完善，及时修改，谢谢大家的支持！

编　者

2016 年 4 月

目　录

第1章　开启影像艺术之门

学习目标

了解 Photoshop CC 的应用领域、工作区的基本架构和各个区域的功能以及掌握 Photoshop CC 中文版的基础编辑功能。

知识点

Photoshop 的基础工作界面及基础编辑功能，了解 Photoshop 涉及的行业和领域，包括平面设计、UI 设计、插画设计、网页设计等。

1.1　Photoshop CC 2014 工作界面介绍

了解 Photoshop CC 的应用领域、工作区的基本构架和各个区域的功能，以及掌握 Photoshop CC 中文版的基础编辑功能，见图 1-1。

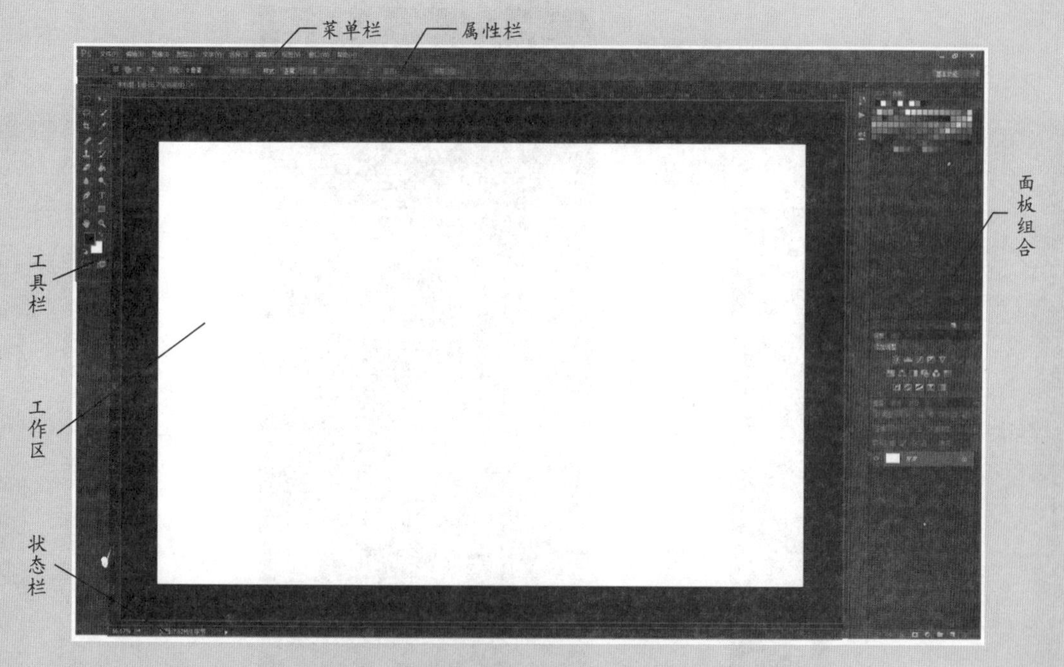

图 1-1　Photoshop CC 的应用领域、工作区

“菜单栏”（见图 1-2）里包含了 Photoshop CC 中所有的命令，只有对里面的主要命令充分掌握，才能更好地使用它。菜单栏命令详解请参考 1.2.5 小节。

“属性栏”显示工具栏中某一个工具的详细属性。如画笔工具会显示画笔的大小、模式不透明度、流量等，见图 1-3。属性栏详解请参考 1.2.4 小节。

图 1-2　菜单栏

图 1-3　属性栏

“状态栏”包含了图像显示的百分比、文档大小等，见图 1-4，其详解请参考 1.2.7 小节。

图 1-4　状态栏

“工具栏”里包含了 68 种工具，每一种工具都有特殊的功能，可以用它们来完成编辑、修改图像等一系列操作，见图 1-5。工具栏详解请参考 1.2.3 小节。

“面板组合”默认情况下包含了颜色面板、调整面板、样式面板、图层面板、通道面板、路径面板。这些面板都是可以浮动的，可以放在任意的地方，见图 1-6。详解请参考 1.2.6 小节。

图 1-5　工具栏

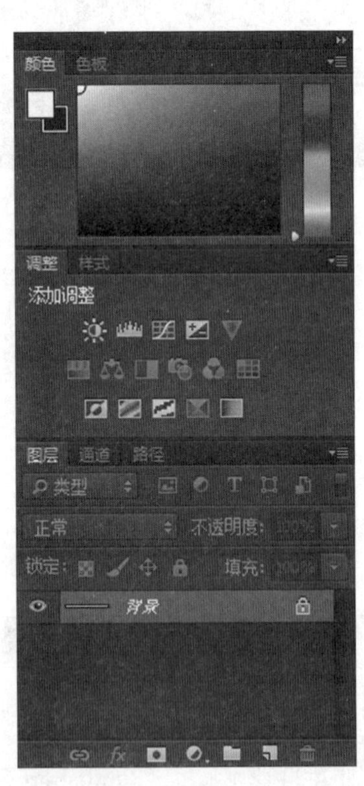

图 1-6　面板组合

“工作区”包含了图像文件、图像文件名称、图像格式、图像百分比等相关信息，见图 1-7。工具栏详解请参考 1.2.3 小节。

图 1-7　工作区

1.2　Photoshop 的应用领域

Adobe Photoshop，简称 PS，是由 Adobe 公司开发和发行的位图图像处理软件。Photoshop 主要处理以像素所构成的数字图像。使用其众多的编修与绘图工具，可以有效地进行图片编辑工作。其应用领域非常广泛，在平面设计、广告摄影、影响创意、修复照片、艺术文字、网页制作、绘画创作、影视后期修饰、三维贴图等各方面都有涉及。

1.2.1　在平面设计中的应用

Photoshop 是平面设计中最常用的软件，无论是图书封面、报纸广告，还是海报、招贴和 DM 宣传单，这些具有丰富的色彩的平面印刷品，基本上都需要通过 Photoshop 软件进行图形图像的加工处理。使画面效果更加完美，充分体现设计师的创意想法，达到吸引大众，促销宣传的目的，见图 1-8 ～图 1-10。

1.2.2　在界面设计中的应用

Photoshop 可以制作出手机、平板等数码产品的界面，比如手机中的年历、通讯录等操作按钮和图标的设计制作。应用于非常普及的企业网站设计，可以使网站的画面效果与众不同，凸显企业品牌的独特个性。Photoshop 图层的应用，可以进行非常灵活的、有效的图像修改，可以设计制作出丰富的画面效果，应用于各种界面的设计制作，见图 1-11 和图 1-12。

图 1-8 海报

图 1-9 宣传单

图 1-10 招贴

图 1-11 手机、平板等数码产品的界面（1）

图 1-12 手机、平板等数码产品的界面（2）

1.2.3　在插画设计中的应用

Photoshop 强大的绘图功能使很多人开始采用计算机设计工具创作插画。使用 Photoshop 的绘图和上色功能，可以绘制出各种图形并添加丰富的色彩，使插画创作者的才能得到更好的发挥。完美的插画创作既可以表现具体形象，也可以展现抽象的艺术效果。无论简洁还是烦琐，无论是传统图形、数字图形还是抽象图形，Photoshop 软件都可以将插画设计师的创意想法更准确和完美地体现出来，见图 1-13 和图 1-14。

图 1-13　插画设计（1）

图 1-14　插画设计（2）

1.2.4　在网页设计中的应用

随着网络的快速发展，网络已经成为人们生活中的一部分，人们对网络的要求也越来越高。网页设计在网络中传递信息的同时给人以很好的视觉享受，所以网页的设计非常重要。网页设计作为一种视觉语言，要求有很好的艺术性、布局合理性、视觉新颖性、内容翔实性、层次性和空间性，网页设计主要依靠 Photoshop 来达到这些效果，见图 1-15 和图 1-16。

1.2.5　在绘画与数码艺术中的应用

Photoshop 中的“画笔工具”和“混合器画笔工具”具有强大的绘画功能，可以模拟真实的画笔笔触效果，可以绘制出水粉画、水墨画、油画等多种绘画风格的画面。Photoshop 的绘图功能与艺术结合，可以创造出令人惊叹的作品。同时让用户体验计算机绘画的乐趣，并提高工作效率。Photoshop 中强大的滤镜功能还可以为绘画提供快速的画面修饰效果，让绘画效果不再单一地以手绘形式产生，见图 1-17 和图 1-18。

图 1-15　网页设计（1）

图 1-16　网页设计（2）

图 1-17　绘画与数码艺术（1）

图 1-18　绘画与数码艺术（2）

1.2.6 在数码摄影后期处理中的应用

Photoshop 中的图形图像的处理功能被广泛运用，Photoshop 可以美化照片、调整色调、修复损坏的图片等，可以快速制作出非常完美的视觉效果，见图 1-19 和图 1-20。

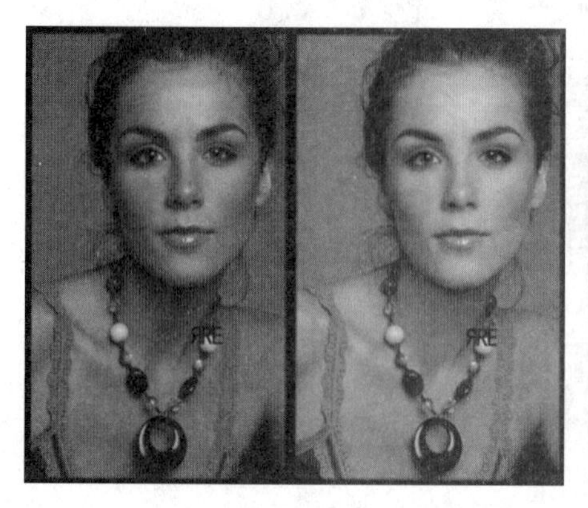

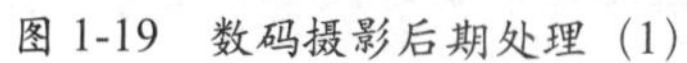

图 1-19 数码摄影后期处理（1）

图 1-20 数码摄影后期处理（2）

1.2.7 在动画与 CG 设计中的应用

Photoshop 在 CG 行业中有着非常重要的地位，它可以将一个场景赋予生命色彩，也可以将一名动画角色变得更加完美。使用 Photoshop 能更加方便、迅速地完成某一个场景、角色、道具贴图的绘制，见图 1-21 和图 1-22。

图 1-21 动画与 CG 设计（1）

图 1-22 动画与 CG 设计（2）

1.2.8 在效果图后期制作中的应用

室内效果图被广泛应用于家装和公装领域，不同用户对生成的效果图有不同的需求。Photoshop 后期处理效果图，免除以往需要设计师设计效果图的复杂过程，能够有效降低制作设计效果图的成本，从而制作出用户需求的效果图，见图 1-23 和图 1-24。

图 1-23　效果图后期制作（1）

图 1-24　效果图后期制作（2）

1.3　图像的基本操作

1.3.1　文件的创建

执行菜单栏中的“文件”/“新建”命令（快捷键为 Ctrl+N），打开“新建”对话框，见图 1-25。

“名称”右侧的文本框里显示该文件的名称，可以任意命名；“未标题 -1”是默认的文件名称，见图 1-26。

“预设”右侧的选项框里有上下箭头，单击显示子菜单，见图 1-27。

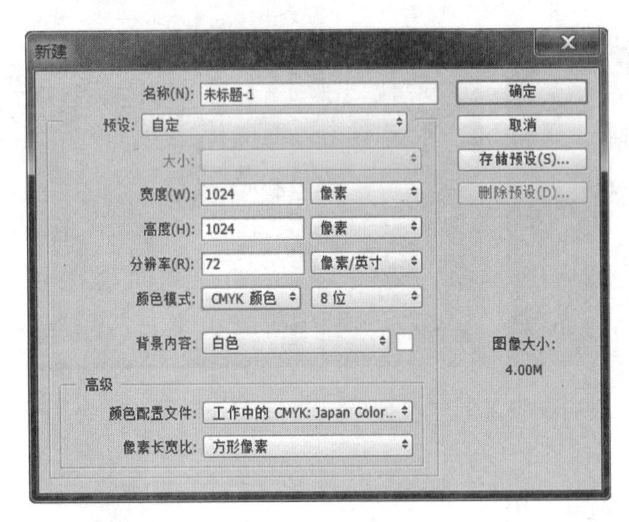

图 1-25　文件的创建

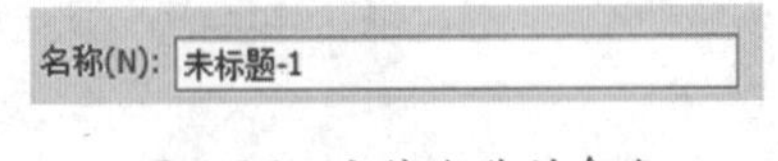

图 1-26　文件名称的命名

预设: 自定
剪贴板
默认 Photoshop 大小
美国标准纸张
国际标准纸张
照片
Web
移动设备
胶片和视频
自定

图 1-27　预设设置

注意：“自定”是默认模式，可以根据需要的尺寸来设置文件的尺寸。

“宽度”“高度”根据需要来设置文件的尺寸，右侧第二列选项栏里有上下箭头，单击显示子菜单，里面包含了“像素”“英寸”“厘米”“毫米”“点”“派卡”“列”，见图 1-28 和图 1-29。

“分辨率”选项用于根据需要来设置文件的分辨率，第二列选项框显示的是单位，单位包括“像素 / 英寸”“像素 / 厘米”，见图 1-30。

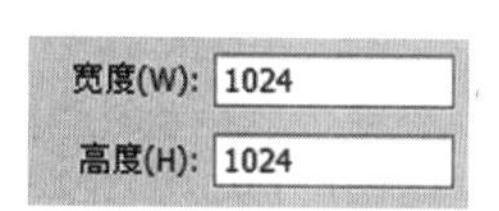

图 1-28　设置文件的尺寸

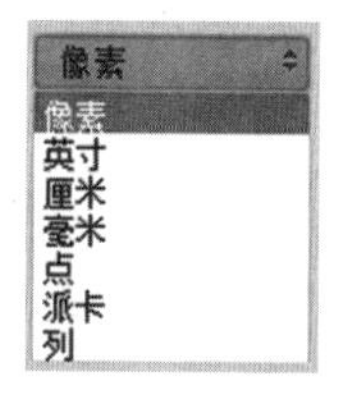

图 1-29　设置文件的尺寸单位

图 1-30　设置文件的分辨率

“颜色模式”选项的右侧有上下箭头，单击显示子菜单，包括的 5 种颜色模式为“位图”“灰度”“RGB 颜色”“CMYK 颜色”“LAB 颜色”，见图 1-31。后面还包括了“1 位”“8 位”“16 位”“32 位”4 种通道模式，见图 1-32。

“背景内容”选项的右侧有上下箭头，单击显示子菜单，包括了“白色”“背景色”“透明”“其他”4 个选项，见图 1-33。

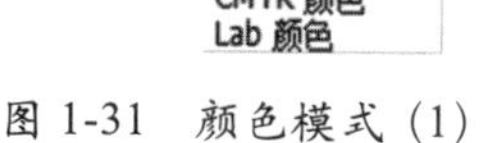

图 1-31　颜色模式（1）

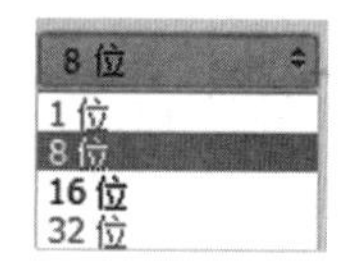

图 1-32　颜色模式（2）

图 1-33　背景内容设置

1.3.2　文件的打开方式

单击菜单栏中的“文件”/“打开”命令，见图 1-34。在“打开”对话框中选择一个文件并单击“打开（O）”按钮，可以打开指定文件，见图 1-35。打开文件的快捷键为 Ctrl+O。

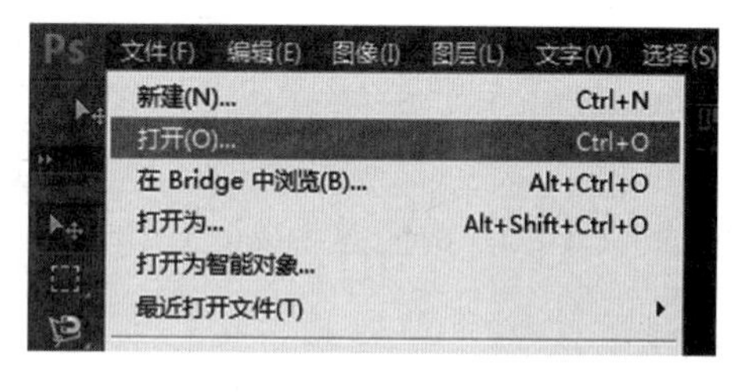

图 1-34　文件的“打开”命令

图 1-35　“打开”对话框

1.3.3　文件的保存

单击菜单栏中的“文件”/“存储（S）”命令，快捷键为 Ctrl+S，见图 1-36。单击菜单栏“文件”/“存储为（A）”，快捷键为 Alt+ Ctrl +S，见图 1-37。以上两条命令均可保存文件。

图 1-36　文件的保存（1）

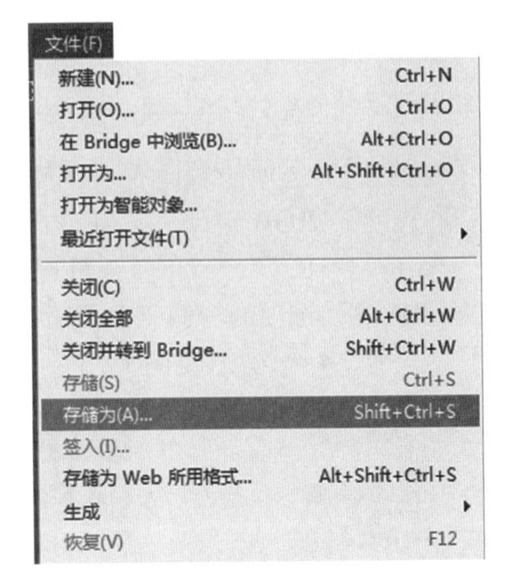

图 1-37　文件的保存（2）

1.3.4　调整图像与画布的大小

单击菜单栏中的“图像”/“图像大小（I）”命令，可在打开的对话框中调整图像的大小。其快捷键为 Alt+Ctrl+I，见图 1-38 和图 1-39。

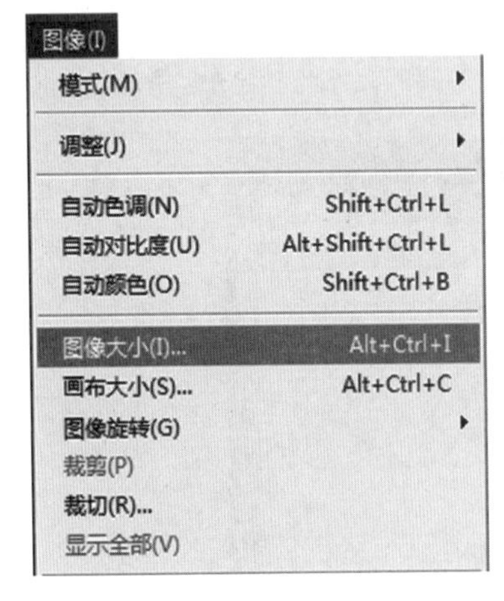

图 1-38　调整图像的大小

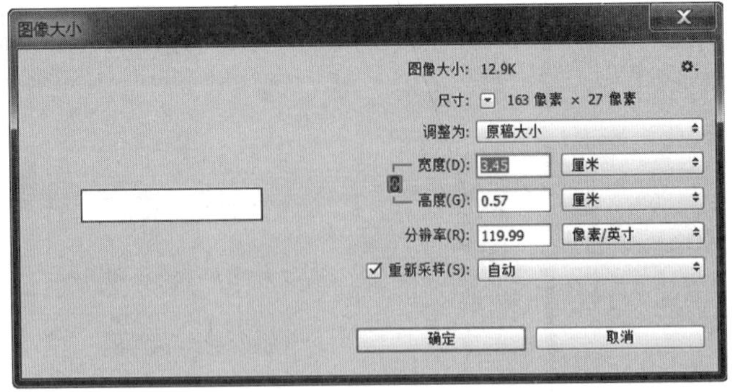

图 1-39　“图像大小”对话框

单击菜单栏中的“图像”/“画布大小（S）”命令，在打开的对话框中可以调整画布的大小。其快捷键为 Alt+Ctrl+C，见图 1-40 和图 1-41。

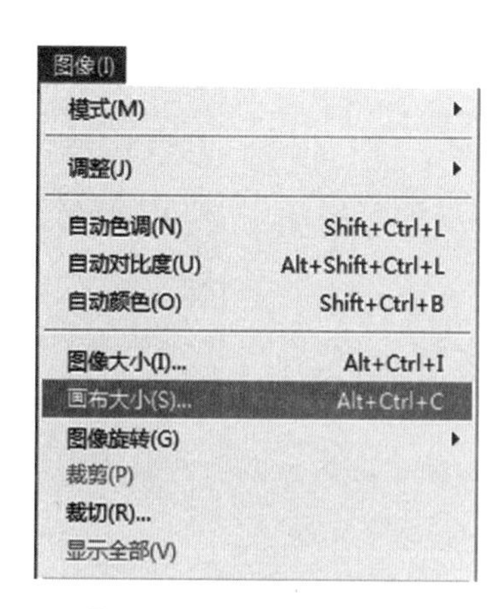

图 1-40　调整画布的大小

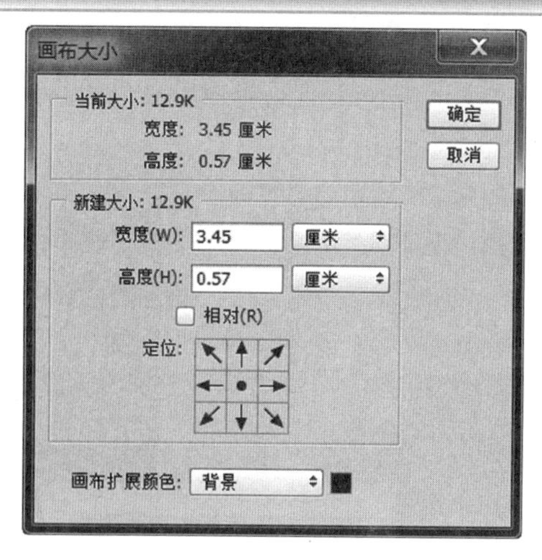

图 1-41　“画布大小”对话框

1.3.5　画布的缩放

首先打开一张图像，执行 “视图” 菜单栏中的相关命令，见图 1-42，可以进行图像的缩放。

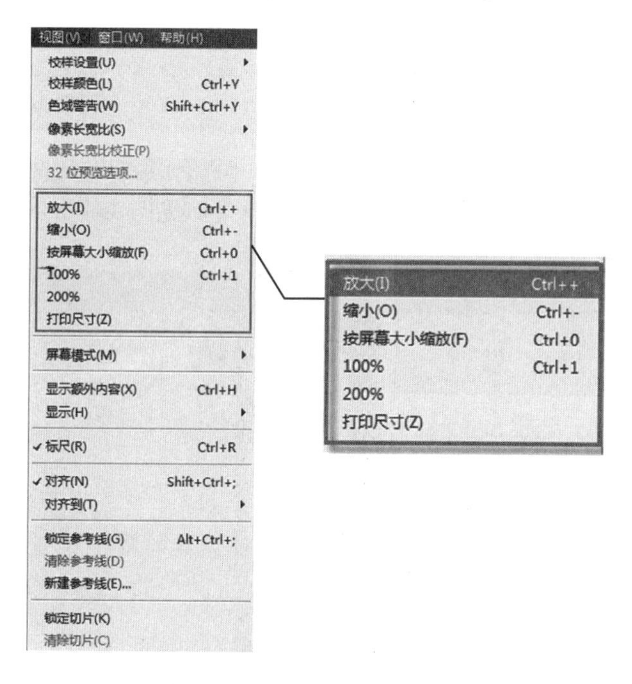

图 1-42　缩放画布

通过调整状态栏中的参数，见图 1-43，可以设置图像缩放的比例。100% 为图像的默认大小。如果需要放大，输入大于 100% 的参数，反之输入小于 100% 的参数。

图 1-43　调整状态栏中的图像缩放数值

单击工具栏中的“放大镜”工具，见图 1-44，然后单击画布，默认情况下是放大图像。如果想缩小图像，可以按住 Alt 键单击画布。

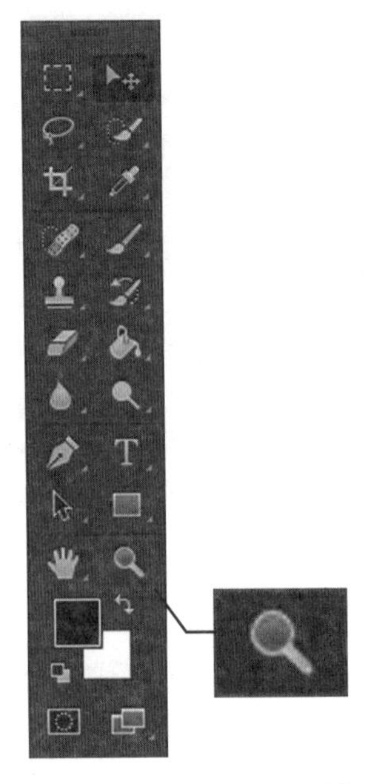

图 1-44　工具栏中的“放大镜”工具

1.3.6　图像的变换

单击菜单栏中的“编辑”/“自由变换（F）”命令，其快捷键为 Ctrl+T，可进行图像的变换，见图 1-45。在图像上右击，弹出的快捷菜单见图 1-46。

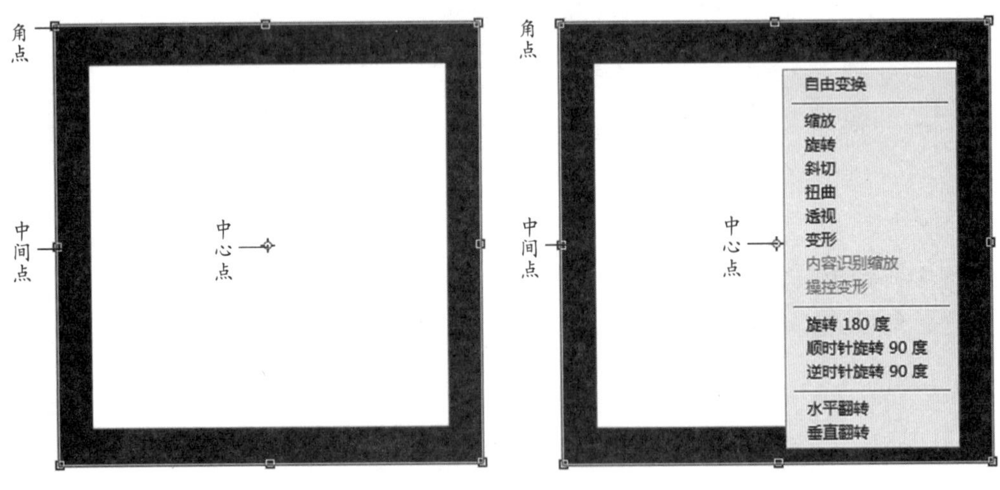

图 1-45　图像的变换　　　　图 1-46　图像变换的快捷菜单

选择快捷菜单中的“缩放”命令并拖动角点可以缩放图像，见图 1-47。按住 Shift 键并用鼠标左键拖动角点可以对图像进行等比例缩放，见图 1-48。

选择“旋转”命令并拖动角点，可以旋转图片，见图 1-49。按住 Shift 键并用鼠标左键拖动角点，可以以 15°角的倍数进行旋转，见图 1-50。

图 1-47 缩放图像

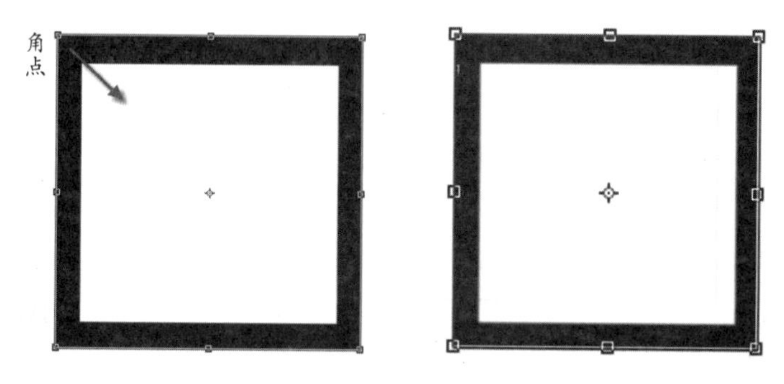

图 1-48 等比例缩放图像

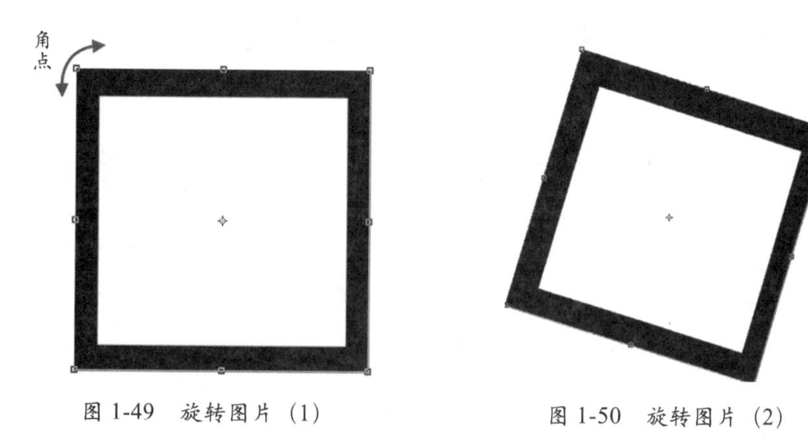

图 1-49 旋转图片（1） 图 1-50 旋转图片（2）

选择“斜切”命令并拖动角点，可以斜切图片，见图 1-51。按住 Alt 键并用鼠标左键拖动角点，可以对图像进行梯形斜切变换，见图 1-52。

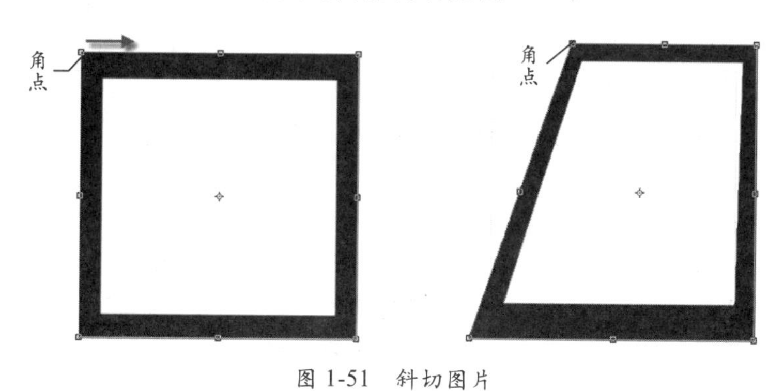

图 1-51 斜切图片

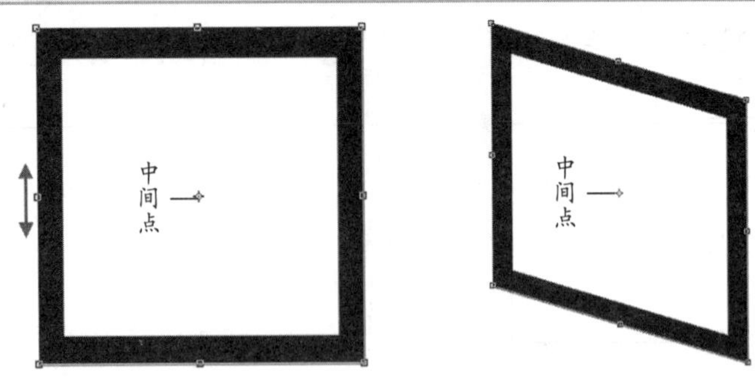

图 1-52　梯形斜切变换

选择“扭曲”命令并拖动角点,可以扭曲图片,见图 1-53。按住 Alt 键并用鼠标左键拖动角点,可以进行等腰扭曲变换,见图 1-54。

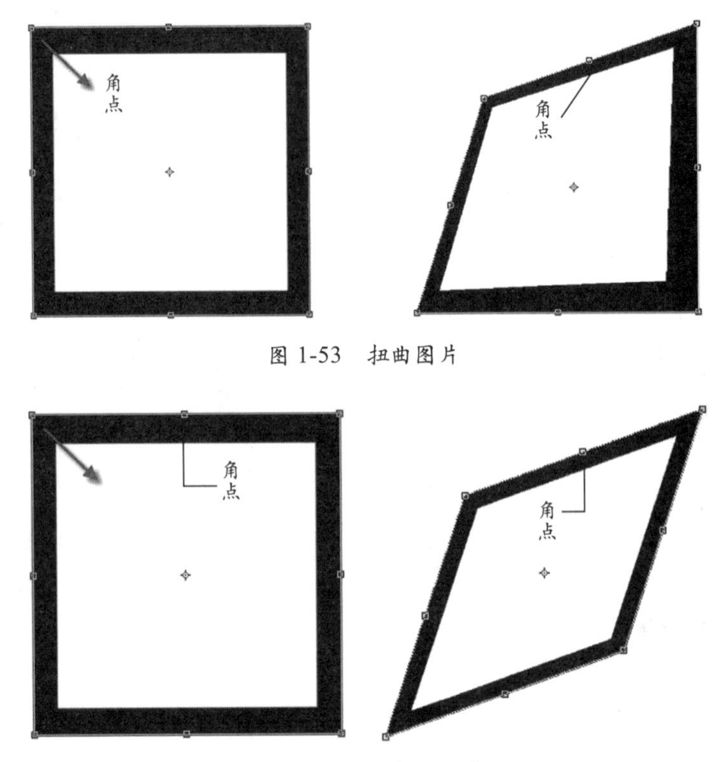

图 1-53　扭曲图片

图 1-54　等腰扭曲变换

选择“透视”命令并拖动图像的任意一点,可以变换不同的透视角度,见图 1-55。

选择“变形”命令并拖动图像的任意一点,可以对图像进行变形,见图 1-56 和图 1-57。Photoshop 预置了很多变形效果,见图 1-58。

选择“旋转 180°”命令可以使图片直接进行 180°旋转,见图 1-59。

选择“顺时针旋转 90°”可以使图片顺时针旋转 90°,见图 1-60。

选择“逆时针旋转 90°”可以使图片逆时针旋转 90°,见图 1-61。

选择“水平翻转”命令可以使图片进行水平翻转,即左右翻转,见图 1-62。

选择“垂直翻转”命令可以使图片进行垂直翻转,见图 1-63。

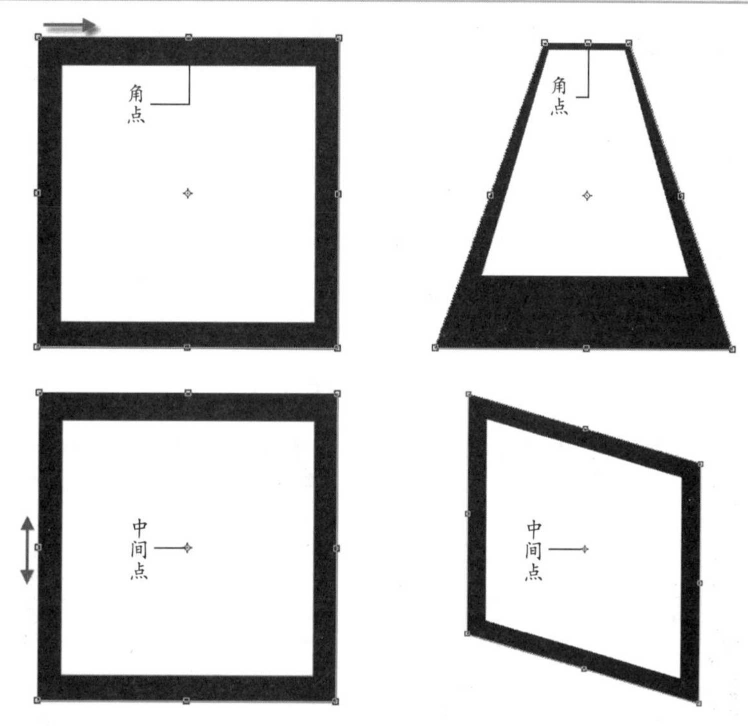

图 1-55　变换不同的透视角度

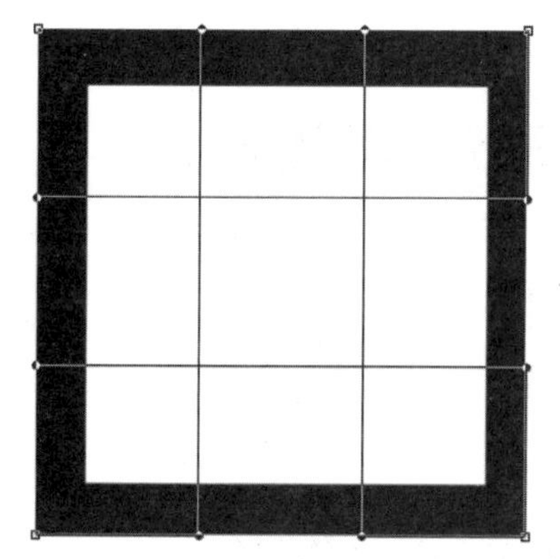

图 1-56　图像进行变形（1）

图 1-57　图像进行变形（2）

图 1-58　预置的变形效果

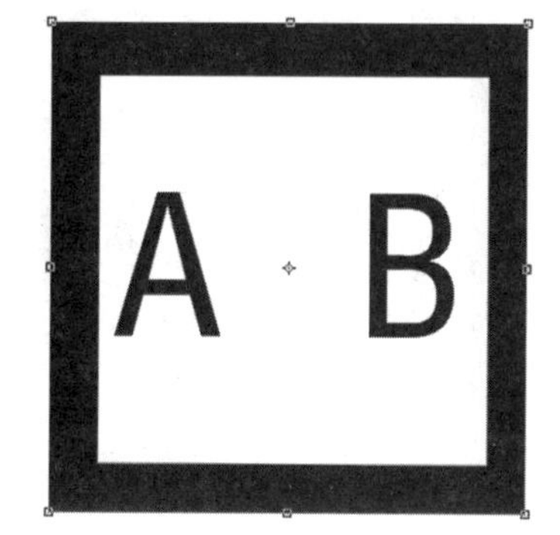

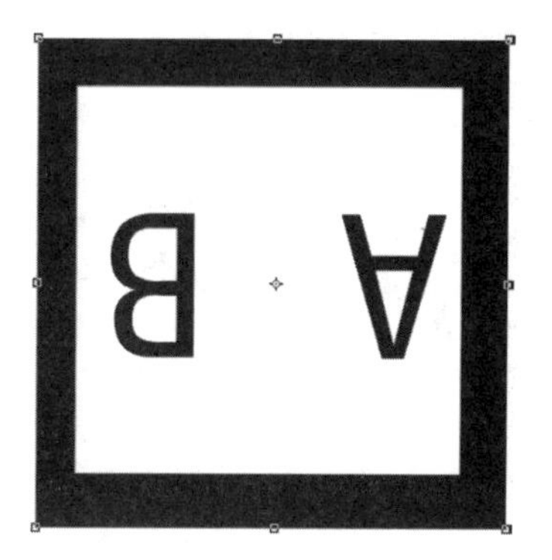

图 1-59　图形进行 180°旋转

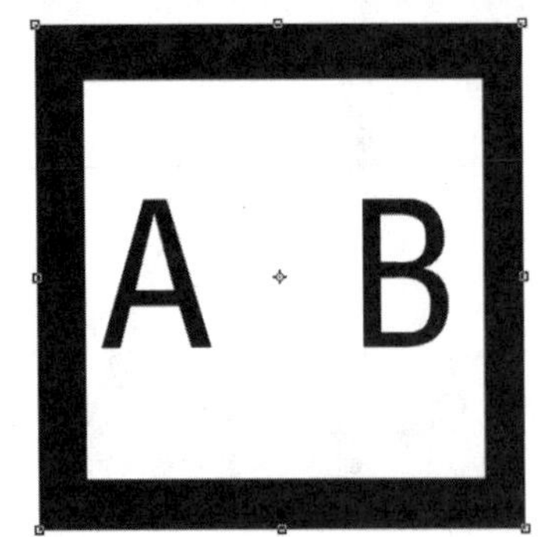

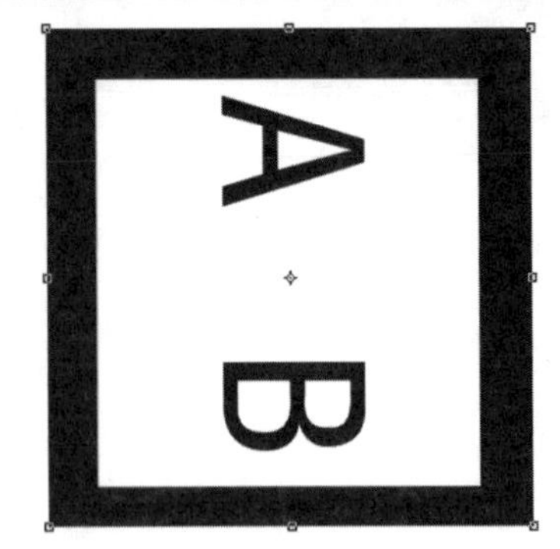

图 1-60　图片顺时针旋转 90°

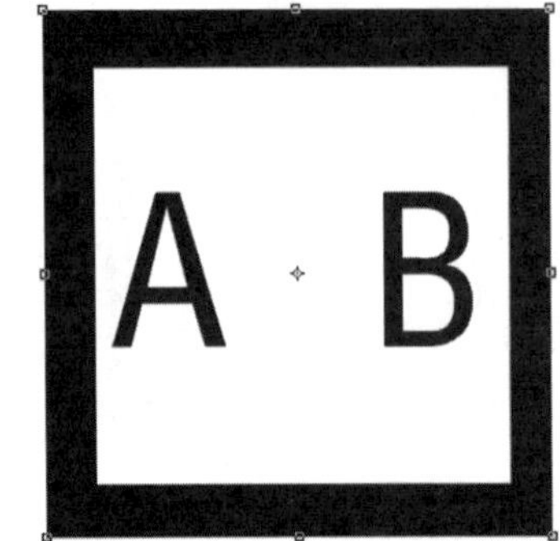

图 1-61　图片逆时针旋转 90°

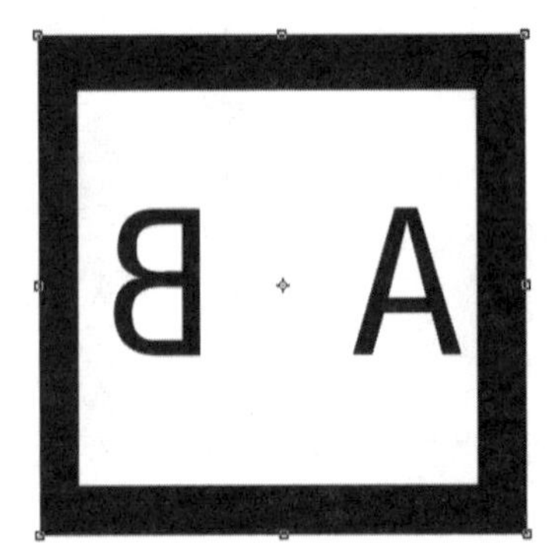

图 1-62　图片的水平翻转

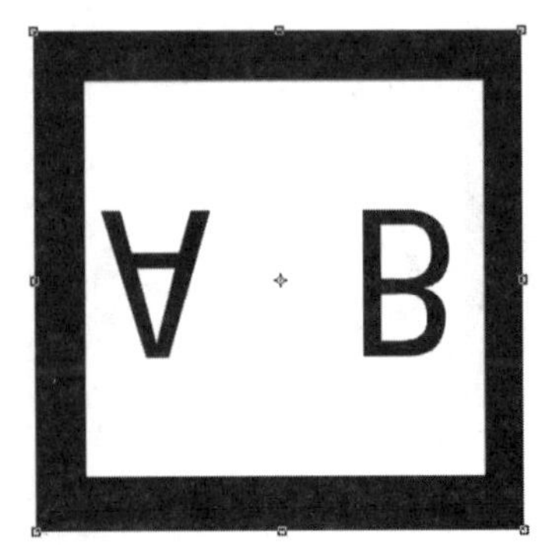

图 1-63　图片的垂直翻转

1.3.7　参考线和标尺

单击菜单栏中的“视图”/“标尺”命令，快捷键为 Ctrl+R，可以显示标尺。用相似方法可以显示参考线，见图 1-64 和图 1-65。

图 1-64　“标尺”命令

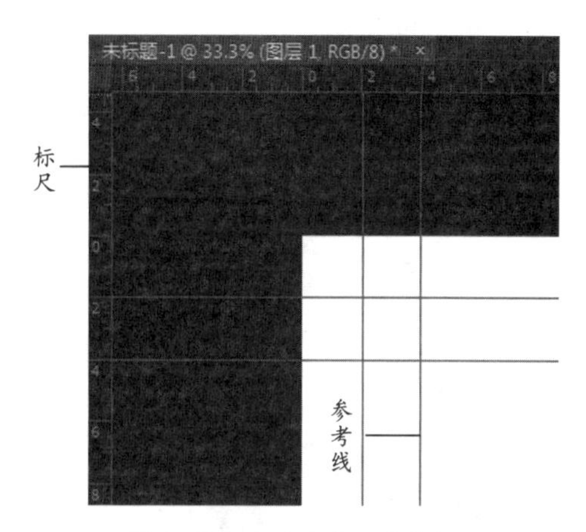

图 1-65　显示参考线和标尺

显示或隐藏参考线的快捷键为 Ctrl+H。将鼠标指针放到标尺栏里，按住鼠标左键并拖动，可以创建参考线，见图 1-66。

双击参考线，可以在打开的对话框中改变参考线的颜色等属性，见图 1-67。

图 1-66　创建参考线

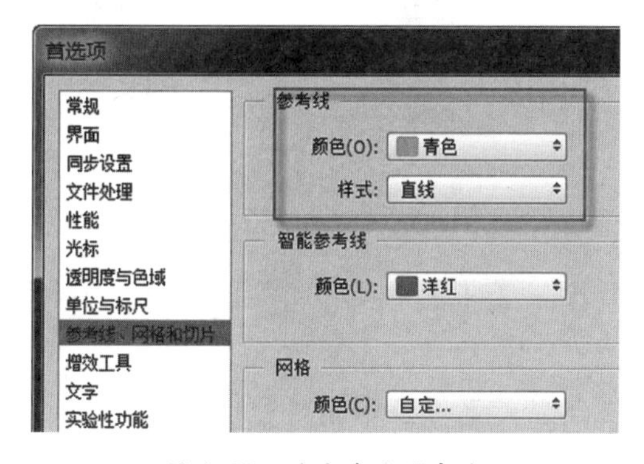

图 1-67　改变参考线颜色

1.3.8 图像的基础特性

平面设计中使用的图像主要是位图图像和矢量图像，这两种图像的性质是完全不同的。位图图像又称为点阵图像或绘制图像，是由像素组成的。这些像素点通过不同的排列方式和颜色调整，可以构成形态各异的图像。当位图图像无限放大后，可以看见构成图像的像素块，见图 1-68。

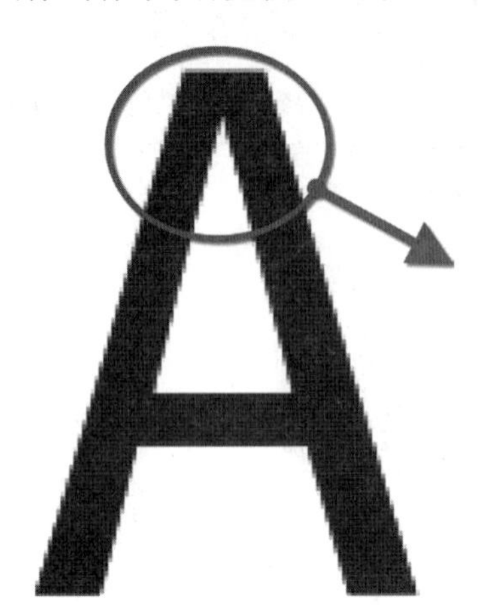

图 1-68 放大位图图像

矢量图像是根据几何特性来绘制的图形，只能依靠软件生成，这种类型的图像文件包含独立的分离图像，可以自由无限制地重新组合。它的特点非常显著，无限放大后图像依然清晰，不会失真，见图 1-69。矢量图像适用于图形设计、版式设计、文字设计和标志设计。

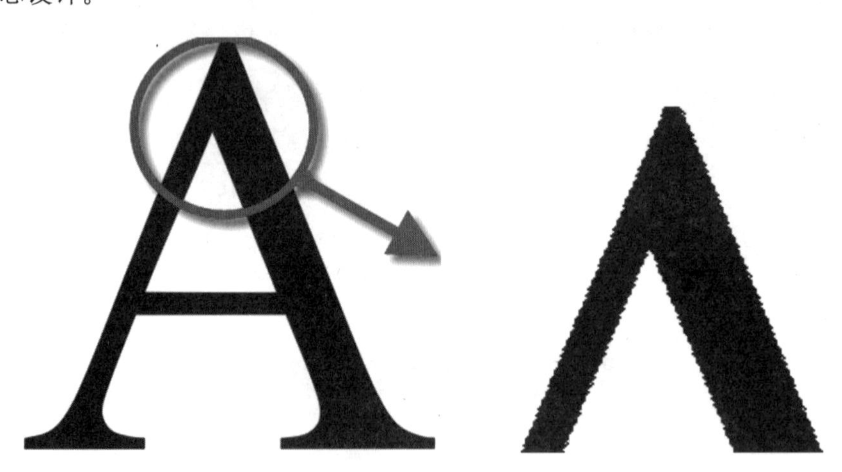

图 1-69 放大矢量图像

1.4 案例——为图片制作边框

1. 使用矩形选框工具创建选区及填充颜色

使用“矩形选框工具”可以通过鼠标拖拽来创建矩形选框选区，单击工具栏中的

“矩形选框工具”按钮，或者按住快捷键 M，即可选择“矩形选框工具”，在属性栏中的显示见图 1-70。当在画布上单击并拖动鼠标（按下左键不松开），则会出现宽度和高度的数值，见图 1-71。

图 1-70 创建矩形选框选区

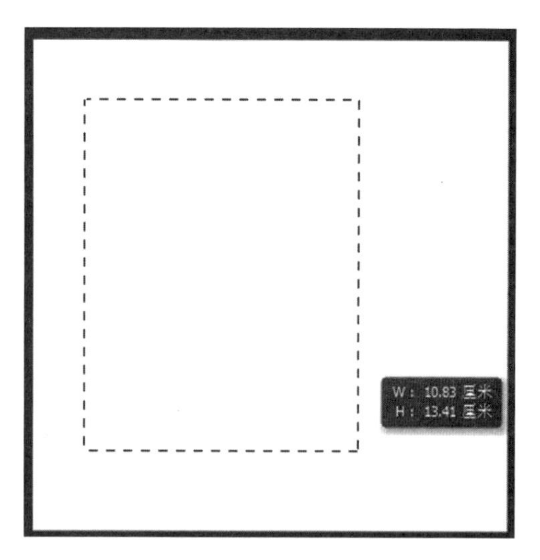

图 1-71 宽度和高度的数值

2. 文字工具的使用

“文字工具”分为“横排文字工具”“直排文字工具”“横排文字蒙版工具”和“直排文字蒙版工具”。默认设置为“横排文字工具”。

使用“文字工具”可以通过单击工具栏的“文字工具”按钮（见图 1-72），或者按快捷键 T，即可创建文字，见图 1-73。在属性栏中可以看到的参数设置见图 1-74。

横排文字工具 T
直排文字工具 T
横排文字蒙版工具 T
直排文字蒙版工具 T

图 1-72 文字工具

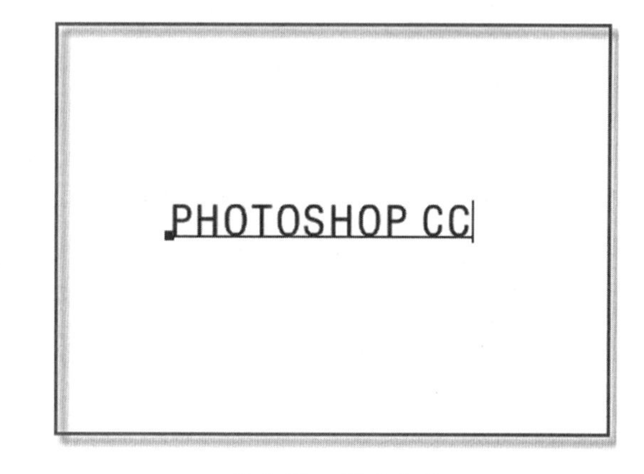

图 1-73 创建文字

图 1-74 文字工具属性栏

3. 本案例的实施步骤

（1）打开素材图片，见图 1-75。

图 1-75 素材图片

(2) 创建新图层，见图 1-76。

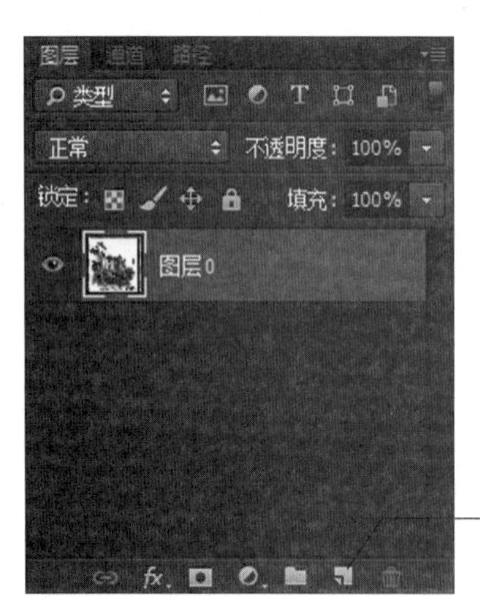

图 1-76 创建新的图层

(3) 单击工具栏中的“文字工具”，见图 1-77。在工作区新建图层上输入文字部分“Photoshop CC 2015-03-09”，文字输入结束后按 Enter 键完成输入，效果见图 1-78。

(4) 单击“字符”面板，可以进行字体、字体大小、字距微调、字体颜色等各个参数的设置，见图 1-79。

(5) 选择菜单栏中的“图层”/“栅格化”/“文字”命令，即可对文字进行栅格化处理，见图 1-80。

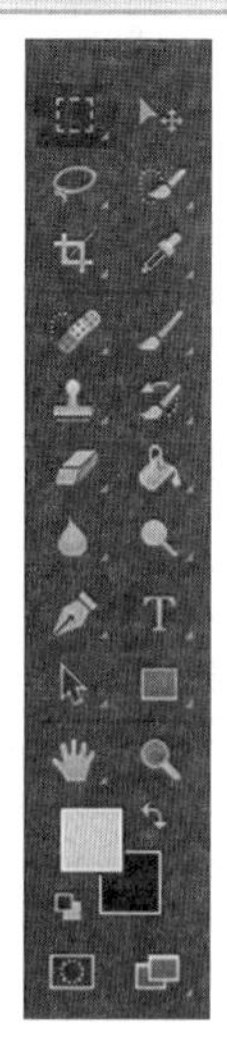

图 1-77　文字工具

图 1-78　利用文字工具输入文字

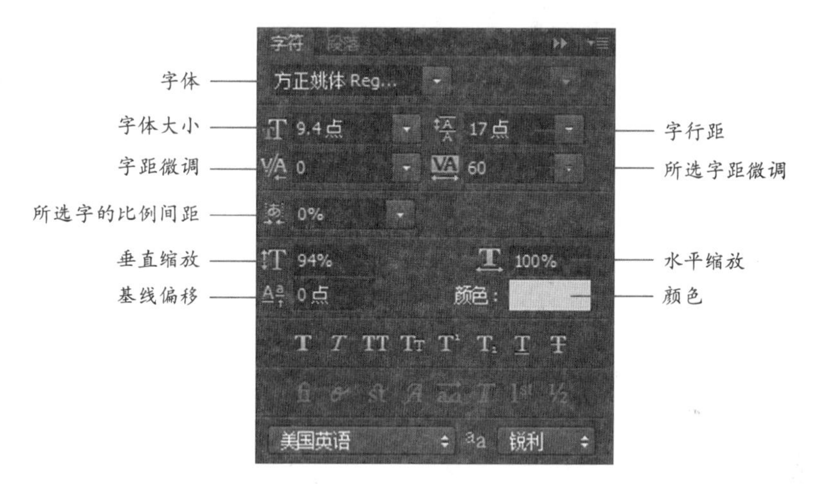

图 1-79　面板组合中的“字符”面板

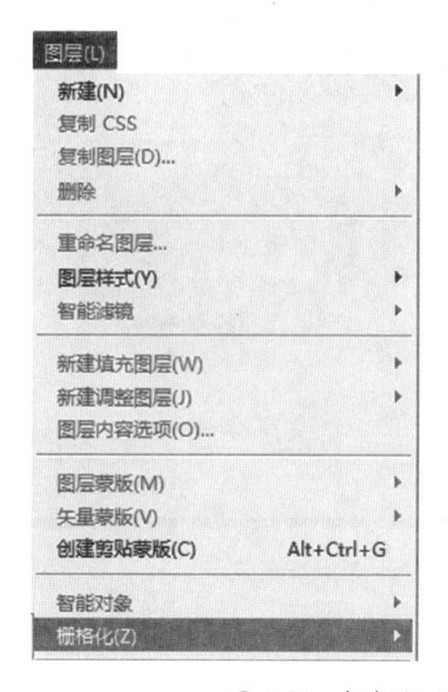

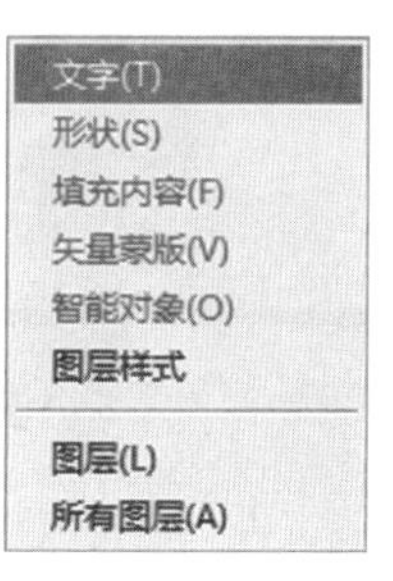

图 1-80　栅格化文字

（6）再次新建一个图层，在“工具栏”中选择“矩形选框工具”或者按快捷键 M，进行选区操作，见图 1-81。在图像上右击，执行“选择反向”命令，见图 1-82。

图 1-81　进行选区操作

图 1-82　“选择反向”命令

（7）更改背景色为黑色，按 Alt+Delete 快捷键填充背景色，即为选区添加颜色，见图 1-83。

图 1-83　添加背景色

（8）命名并保存文件，则完成本实例的制作。

1.5　钢笔工具的使用

1.5.1　钢笔工具的介绍

钢笔工具是绘制路径的基本工具，使用此工具可以精确绘制出直线路径和曲线路径。在创建直线路径时，通过单击即可完成；创建曲线路径时，则必须通过移动控制手柄使路径变形为曲线形态。

单击工具栏中的“钢笔工具”按钮。在属性栏中可以设置工具绘制模式和路径组合方式等，见图 1-84。

图 1-84　“钢笔工具”属性栏

1.5.2　使用钢笔工具绘制路径

单击“钢笔工具”，在新建画布上绘制路径，见图 1-85。完成路径绘制后在属性栏中单击“选区”按钮，弹出“建立选区”对话框，可以进行参数设置，见图 1-86，单击“确定”按钮，即可得到选区效果，见图 1-87。

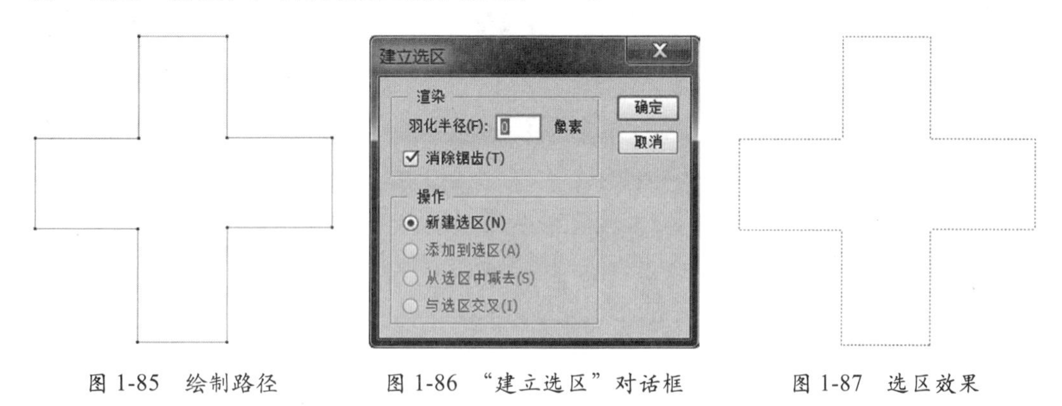

图 1-85　绘制路径　　图 1-86　“建立选区”对话框　　图 1-87　选区效果

当设置羽化半径数值为 10 像素时，见图 1-88，绘制的形状中发生转折的地方会有变化，见图 1-89。

图 1-88　设置羽化半径

图 1-89　羽化后的效果

1.5.3 案例——花纹的绘制

（1）执行“文件”/“新建”菜单命令，打开“新建”对话框，在对话框将“名称”设置为“花纹”，然后对“大小”和“分辨率”等参数进行设置，将背景色设置为“白色”，单击“确定”按钮，见图 1-90。单击“图层”面板中的“创建新图层”按钮，创建一个新图层“图层 1”，见图 1-91。

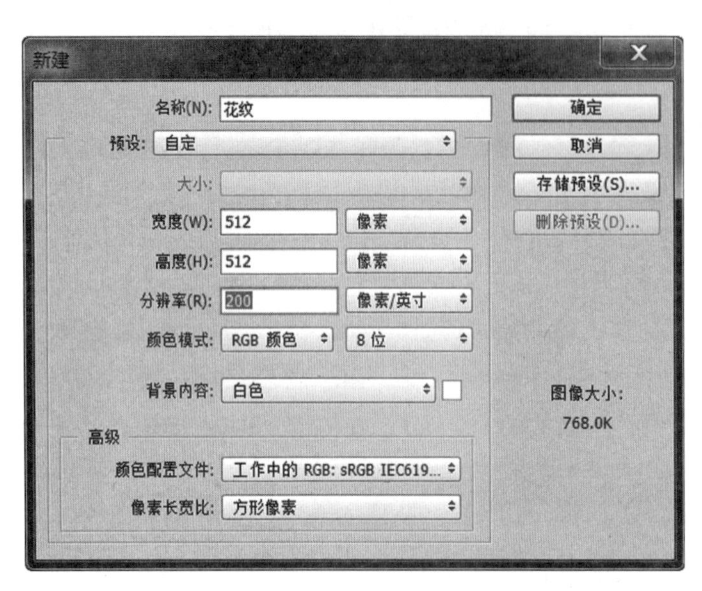

图 1-90 “新建”对话框

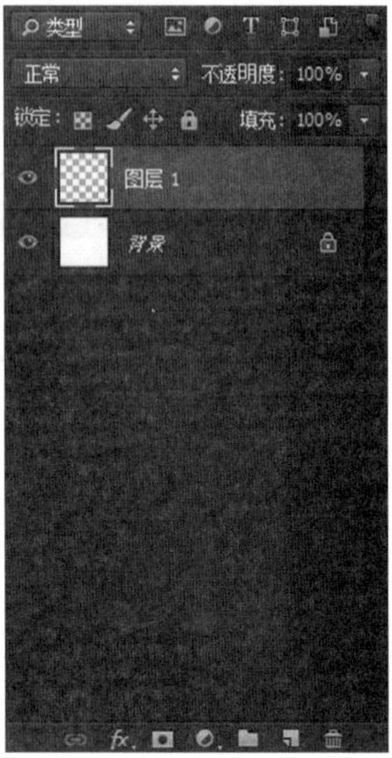

图 1-91 创建图层

（2）选择“钢笔工具”，设置绘制模式为“形状”，然后在“图层 1”上拖拽鼠标，绘制花叶的路径，见图 1-92。绘制完成后按快捷键 Ctrl+Enter，执行将路径转换成选区的操作，见图 1-93。再将选区填充为黑色，见图 1-94。

图 1-92 创建路径的形状　　图 1-93 创建选区　　图 1-94 填充黑色

（3）再次单击“图层”面板中的“创建新图层”按钮，创建新图层“图层 2”，见图 1-95。

（4）选择“钢笔工具”，设置绘制模式为“形状”，然后在“图层 2”上拖拽鼠标，进行花蕊路径的绘制，见图 1-96。绘制完成后按快捷键 Ctrl+Enter，将路径转换成选区，见图 1-97。然后将选区填充为白色，见图 1-98。

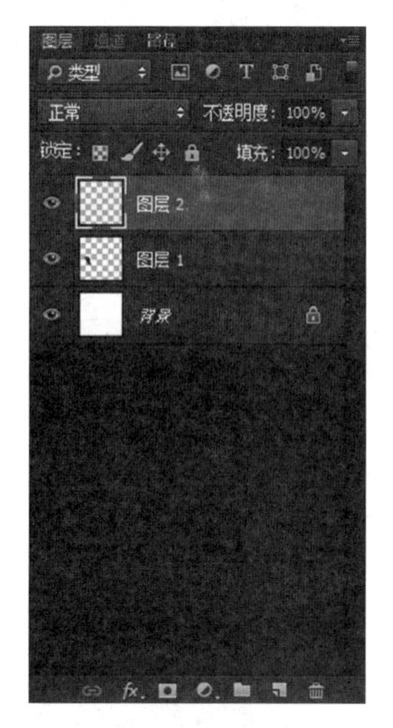

图 1-95 创建新图层

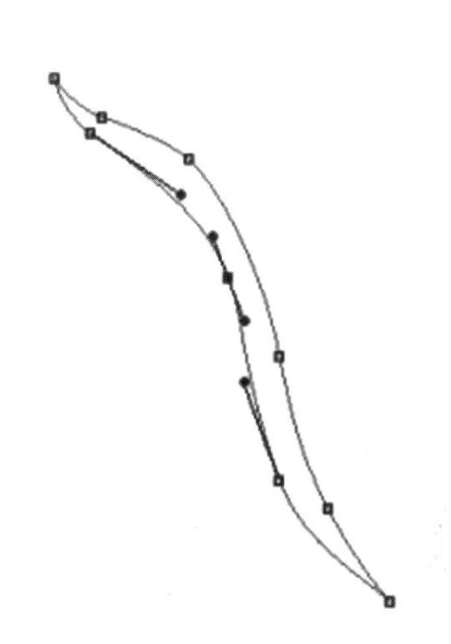

图 1-96 再次创建路径

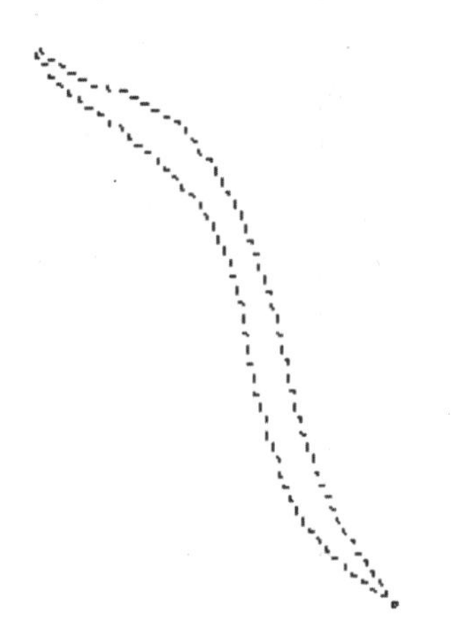

图 1-97 将路径转换为选区

图 1-98 填充白色

（5）选择“图层 1”，按住 Shift 键加选“图层 2”，执行菜单栏中的“图层”/“合并图层”命令，进行图层的合并，快捷键为 Ctrl+E。合并后将“图层 2”命名为“花叶”，见图 1-99。

（6）选择图层“花叶”并右击，执行“复制图层”命令，见图 1-100。在打开的对话框中将图层命名为“花叶 2”，见图 1-101。单击“确定”按钮，在图层面板中得到“花叶 2”图层，见图 1-102。重复操作上述步骤，用同样的方法得到图层“花叶 3”，见图 1-103。

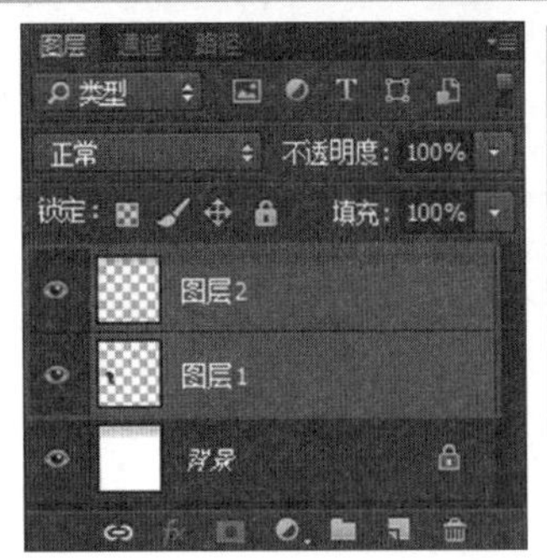

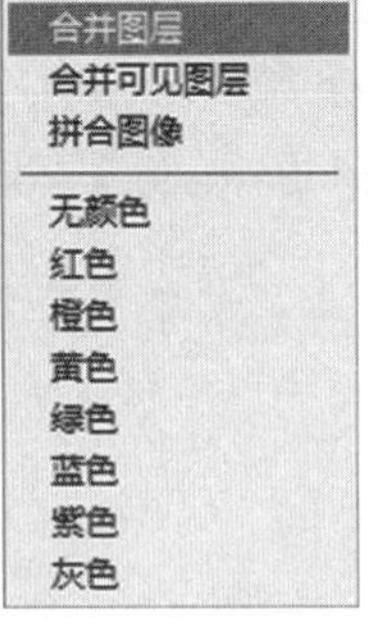

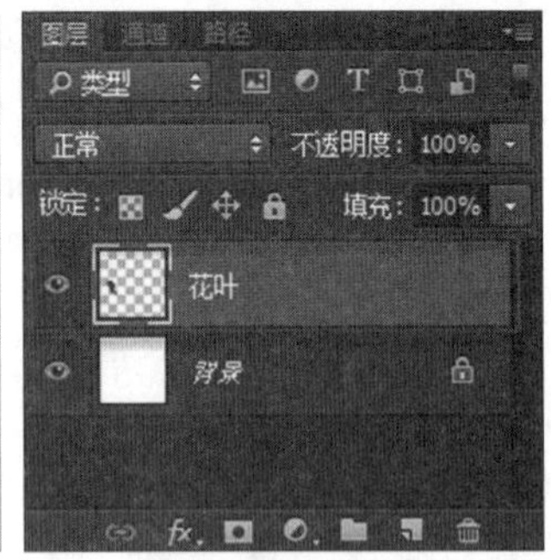

图 1-99 合并图层

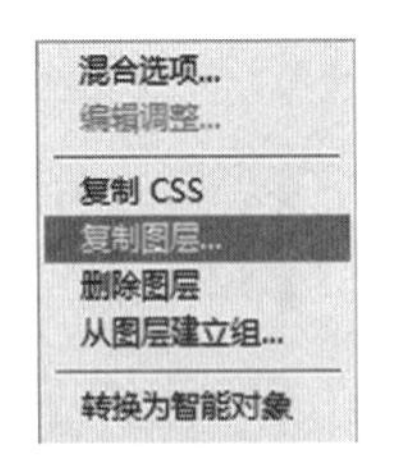

图 1-100 复制图层

图 1-101 复制图层的命名

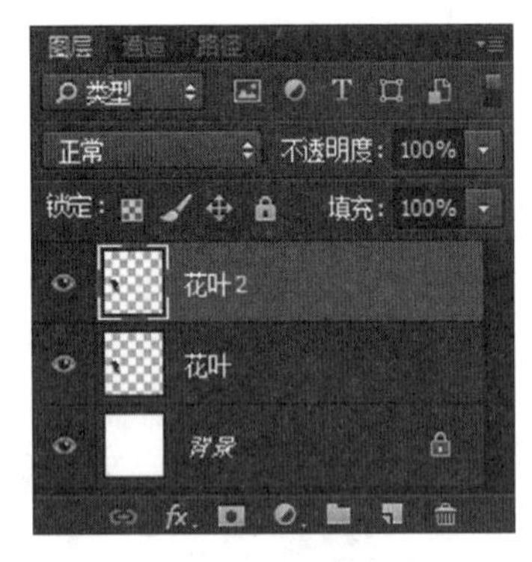

图 1-102 继续复制图层

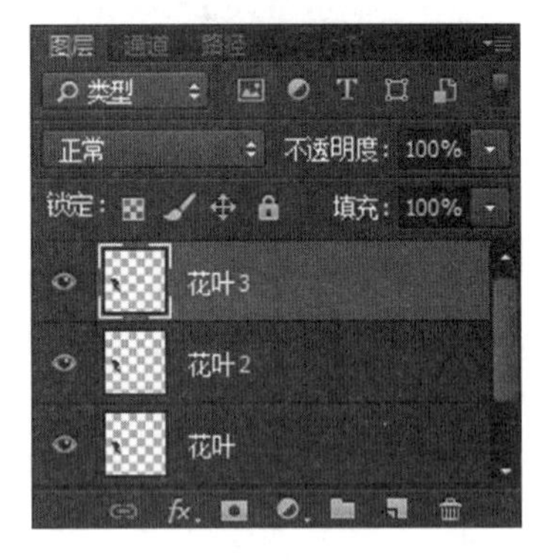

图 1-103 显示新复制的图层

(7) 选择“移动工具”，移动图层“花叶 2”和“花叶 3”，见图 1-104。结合“编辑”菜单栏中的“变换”和“旋转”命令，将“花叶 2”图层和“花叶 3”图层调整到合适位置，见图 1-105。

图 1-104 移动图层的效果

图 1-105　调整图层的位置

（8）单击“图层”面板中的“创建新图层”按钮，将新图层命名为“花茎 1”，见图 1-106。选择“钢笔工具”进行花茎的绘制，调整路径手柄到适合的位置，得到理想效果，依次完成各部分花茎的绘制，见图 1-107。

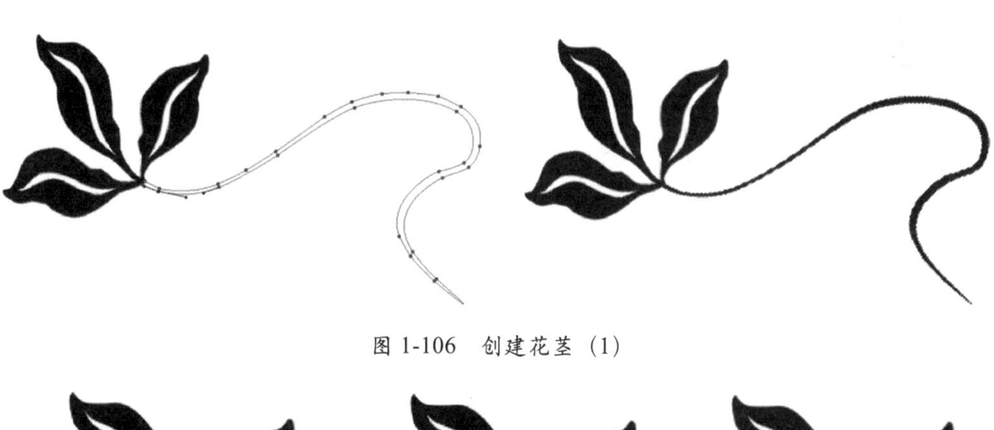

图 1-106　创建花茎（1）

图 1-107　创建花茎（2）

(9) 重复执行绘制步骤的第 1 ～ 8 步，完成最终效果，见图 1-108。

图 1-108　最终合成后的效果

1.6 小　　结

本章重点介绍了 Photoshop CC 工作区域的基本架构和基础编辑功能，以及 Photoshop 涉及的行业和领域。通过初步的了解和学习，大家可以将 Photoshop CC 更好地应用于平面设计、UI 设计、插画设计、网页设计等设计领域。

1.7 习　　题

一、 选择题

1．创建新文件的快捷键是（　　）。

A．Ctrl+N　　B．Ctrl+A　　C．Ctrl+C　　D．Ctrl+E

2．按 Alt+Delete 快捷键，为选区填充颜色，填充的是（　　）。

A．当前前景色　　B．自定义颜色　　C．当前背景色　　D．图案

二、 问答题

1．默认情况下，面板组合中都包含了哪几个面板？

2．参考线的颜色是可以改变的吗？怎样操作？

第2章　图层与通道

学习目标

1. 了解图层、通道、蒙版的概念，掌握图层、通道、蒙版的基本操作方法。

2. 了解图层样式、图层混合模式、通道、蒙版等技术的应用，掌握通道、蒙版的操作技巧。

知识点

1. 图层样式、图层混合模式的设置与应用。

2. 通道的基本应用技术。

3. 蒙版与通道的结合应用。

在图形图像处理的学习中，图层、通道、蒙版是Photoshop CC中极为重要的部分，本章介绍了图层类型、图层面板、图层管理、图层效果、图层样式、通道分类、通道面板、通道的基本操作、通道的应用以及各种蒙版的创建，蒙版的作用和编辑技法。认识、了解通道是从图像色彩角度编辑修改图像的一种方法，蒙版是用来隔离和保护图像的区域。

2.1　图层介绍

2.1.1　图层的概念

图层是在图像制作时可重叠在一起并且透明的“拷贝纸”。在制作图像时，使用“图层”可以把一幅完整的图像分别在不同的图层上绘制并进行编辑，由于各个部分不在一个图层上，所以对任一部分进行改动都不会影响到其他的图层。最后通过调整各个“图层”的关系，将这些“图层”按想要的次序叠放在一起，实现更加丰富的图像效果。

2.1.2　图层面板

图层面板是Photoshop软件中不可缺少的控制面板。图层面板主要用于对“图层”进行管理和编辑操作。在Photoshop中“图层”面板默认会显示出来。如果开始时没有显示“图层”面板，可以通过在菜单栏中选择“窗口”/“图层”命令来显示。“图层”面板如图2-1所示。

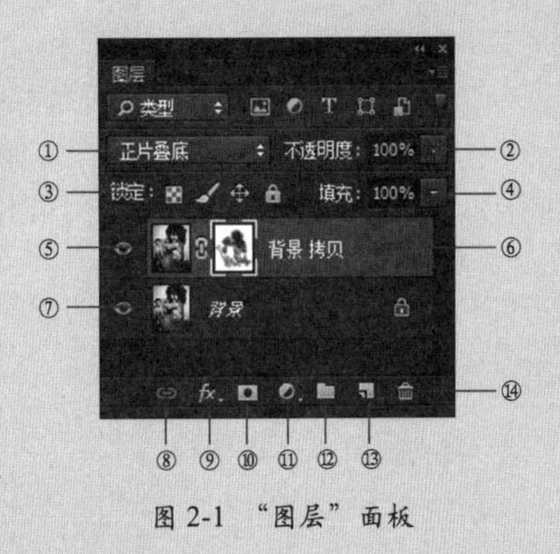

图2-1　“图层”面板

① 图层混合模式：此选项决定当前图层的图像与其下面图层图像之间的混合形式。系统提供了27种模式选项。

② 不透明度：设置图层混合时图像的不透明度。

③ 锁定：锁定图层的方式，从左至右依次为锁定透明像素、锁定图像像素、锁定位置和锁定全部四种方式。这些方式只对普通图层起作用，对背景层无效。

- 锁定透明像素：单击此按钮，将锁定当前图层的透明区域，再对图层进行填充颜色或绘制图形时，只能在图像的部分进行。
- 锁定图像像素：单击此按钮，不能对当前层进行绘图及编辑。
- 锁定位置：单击此按钮，将锁定当前图层的位置和变换功能，不能对其进行移动和变换操作。
- 锁定全部：单击此按钮，当前的图层或图层组将完全处于锁定状态，不能对其进行修改和编辑操作。此时只能改变图层的排列顺序。

④ 填充：用来设置图层的填充效果，与图层的"不透明度"选项相似。"填充"选项影响图层中绘制的像素或图层上绘制的形状，但不影响图层效果的不透明度；而"不透明度"选项影响应用于图层的任何图层样式和混合模式。

⑤ 指示图层可见性：单击此图标，可以将图层显示或隐藏。

⑥ 图层名称：显示各个图层的名称，一般显示在缩览图的右边。如果想要修改图层的名称，则在"图层"面板中的图层名称处双击或选择菜单栏中的"图层"/"图层属性"菜单命令，然后在弹出的"图层属性"对话框中修改图层的名称即可。

⑦ 图层缩览图：显示本图层中的图像。

⑧ 链接图层：链接多个图层，使链接的图层中的图像能够同时进行编辑。链接的图层也可以执行对齐与分布、合并图层等操作。

⑨ 添加图层样式：单击此按钮，可以在当前图层上添加图层样式。

⑩ 添加蒙版：单击此按钮，可以在当前图层上添加图层蒙版。

⑪ 创建新的填充或调整图层：单击此按钮，可以在"图层"面板中创建不改变原图层并能调整颜色和色调的调整图层。

⑫ 创建新组：单击此按钮，可以创建一个图层组。

⑬ 创建新图层：单击此按钮，可以在"图层"面板中创建新的普通图层。

⑭ 删除图层：单击此按钮，可以将选定的图层删除。

2.2 图层类型

在 Photoshop 中有多种图层类型，每一种图层类型都具有其特有的功能。下面将对这些图层进行详细的讲解，如图 2-2 所示。

① 背景图层：这是"图层"面板中最下面的图层，一幅图像只能有一个背景图层。Photoshop 无法更改背景图层的顺序、混合模式或不透明度。但可将背景图层转换为普通图层后进行编辑。

② 普通图层：是最常见的图层，普通图层完全透明，可以进行图像的各种编辑操作。

③ 文本图层：这是在图像中输入文字后自动生成的图层，主要用于编辑文字内容。如要使用画笔、滤镜、渐变填充等功能编辑文本，必须先栅格化文本图层，将文本图层转换为普通图层。

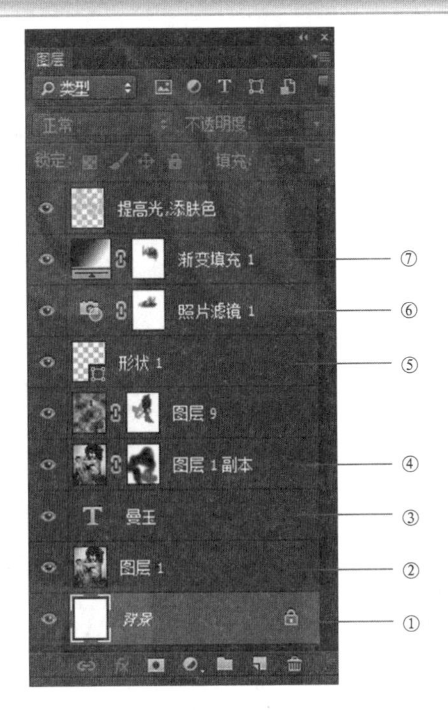

图 2-2 图层类型

④ 蒙版图层：在不破坏图像的基础上，显示或隐藏部分图像的图层。

⑤ 形状图层：制作矢量效果的图层。使用形状工具绘制形状，系统自动生成形状图层。

⑥ 调整图层：调整图像颜色和色调的图层。调整图层会影响它下面的所有图层，而不会改变图像中的像素值。

⑦ 填充图层：调整图像填充效果的图层。填充图层可以应用于多个图层。

2.3 图层的编辑

2.3.1 图层的新建、复制和删除

1. 新建普通图层的途径

方法一：利用"图层"面板中的"创建新图层"按钮，新建普通图层，如图 2-3 所示。

方法二：利用"图层"面板的快捷菜单。单击右上角的扩展按钮，在弹出的菜单中选择"新建图层"命令，如图 2-4 所示。

方法三：在菜单栏中选择"图层"/"新建"/"图层"命令，如图 2-5 所示，同样可以弹出"新建图层"对话框，如图 2-6 所示，其操作方式和作用效果与"图层"面板快捷菜单中的"新建图层"命令完全一样。

方法四：按新建图层的快捷键 Shift+Ctrl+N，可以在弹出的"新建图层"对话框里进行设置。用快捷键 Alt+Shift+Ctrl+N 可以直接新建一个普通图层。

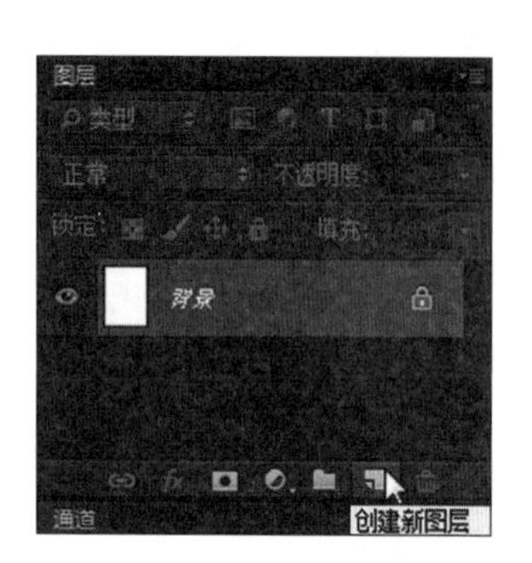

图 2-3 “创建新图层”按钮

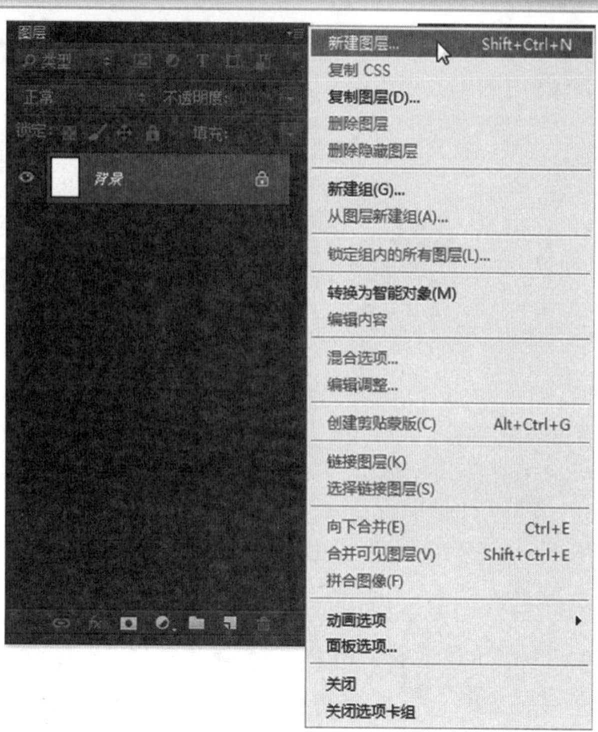

图 2-4 “图层”面板中的“新建图层”命令

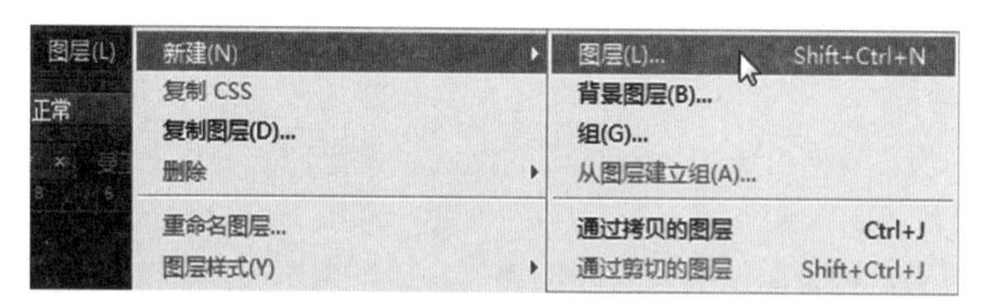

图 2-5 “图层”菜单中的“新建”/“图层”命令

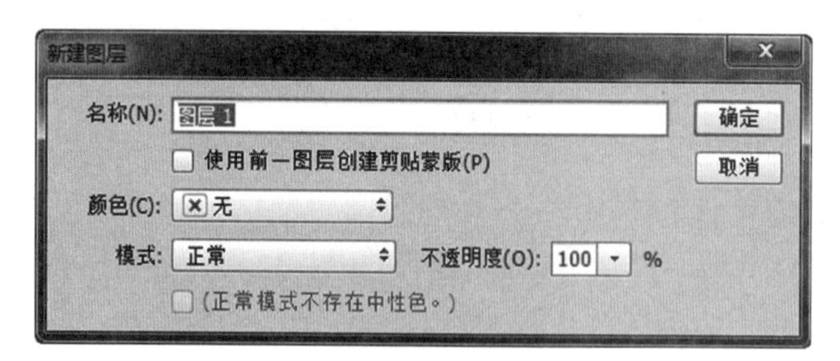

图 2-6 “新建图层”对话框

注意：选择“图层”/“新建”/“通过剪切的图层”命令，可以创建一个新图层，并将选区的内容剪切后放置在该图层。图像在新图层中的位置与其在原图层中的位置一样。

2．复制图层的途径

方法一：利用“图层”面板中的“创建新图层”按钮，选择“当前图层”后按下左键拖动鼠标，将“当前图层”拖动到“创建新图层”按钮上后放开鼠标，可以创建图层的副本，如图 2-7 所示。

方法二：选择“当前图层”后，单击“图层”面板右上角的扩展按钮，在弹出的快捷菜单中选择“复制图层”命令，如图 2-8 所示。

图 2-7　拖动当前图层来复制图层

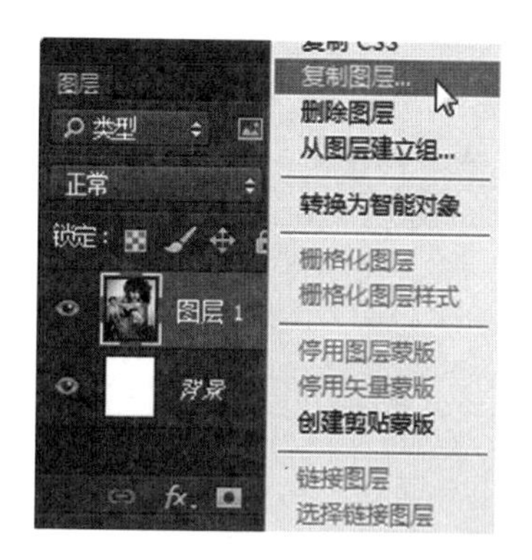

图 2-8　从快捷菜单中选择“复制图层”命令

方法三：在菜单栏中选择“图层”/“复制图层”命令，也可以复制图层，如图 2-9 所示。

方法四：选择“图层”/“新建”/“通过拷贝的图层”命令，可创建一个图层副本，并将选区的内容复制后放置在该图层中，图像在新图层中的位置与其在原图层中的位置一样，如图 2-10 所示。

图 2-9　“图层”菜单中的“复制图层”命令

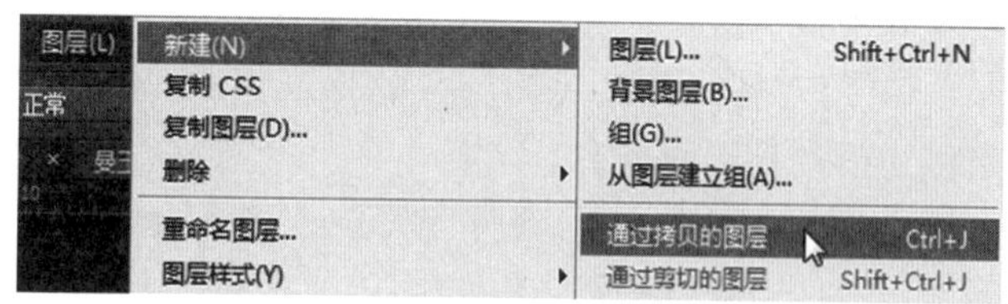

图 2-10　“通过拷贝的图层”命令

方法五：按快捷键 Ctrl+J 来复制图层。

3．删除图层的方法

方法一：利用“图层”面板中的“删除图层”按钮来删除图层，如图 2-11 所示。

方法二：选择“当前图层”后，单击“图层”面板右上角的扩展按钮，在弹出的快捷菜单中选择“删除图层”命令，如图 2-12 所示。

方法三：在菜单栏中选择“图层”/“删除”/“图层”命令，同样可以删除图层，如图 2-13 所示。

方法四：按快捷键 Delete 也可以删除图层。

图 2-11　“图层”面板中的“删除图层”按钮

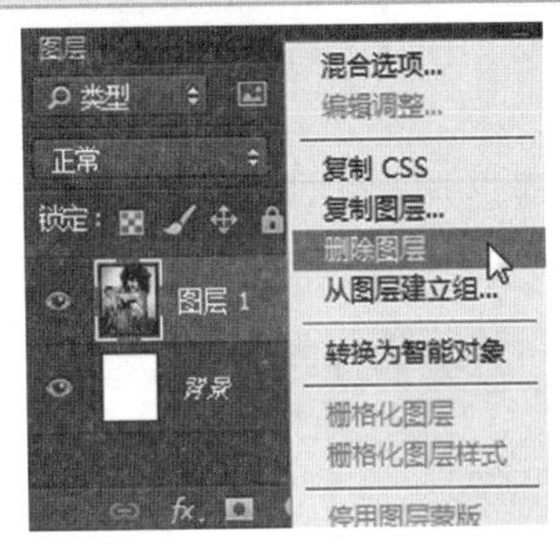

图 2-12 “图层”面板中的“删除图层”命令

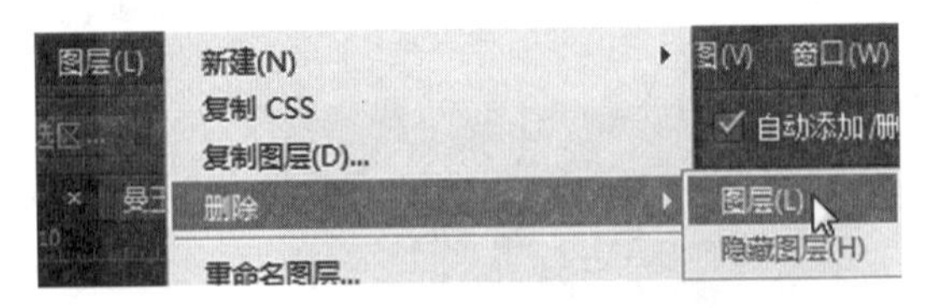

图 2-13 “图层”菜单中的“删除图层”命令

2.3.2 图层的对齐与分布

在 Photoshop 里，可以重新调整图层的位置，使它们按照一定的方式沿直线自动对齐或按一定的比例分布。

1. 对齐图层

要对齐图层，必须选择两个或两个以上的图层，或链接两个或两个以上的图层。若要将一个或多个图层的内容与某个选区边框对齐，要在图像内建立一个选区，然后在“图层”面板中选择图层，使用此方法可对齐图像中任何指定的点。选择或链接多个图层后，选择工具箱中的移动工具，在属性栏中可见 6 个对齐按钮被激活，如图 2-14 所示。

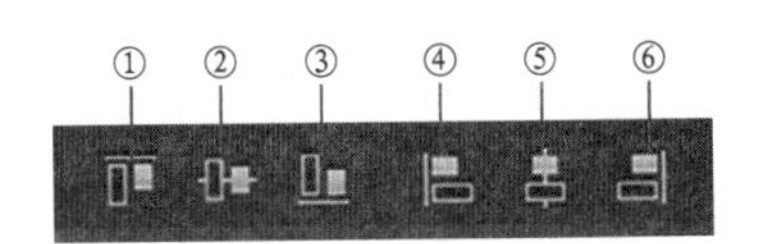

图 2-14 对齐图层

① 顶对齐：将选定图层上的顶端像素与所有选定图层最顶端的像素对齐，或与选区边框的顶边对齐。

② 垂直居中对齐：将选定图层上的垂直中心像素与所有选定图层的垂直中心像素对齐，或与选区的垂直中心对齐。

③ 底对齐：将选定图层上的底端像素与所有选定图层最底端的像素对齐，或与选区边框的底边对齐。

④ 左对齐：将选定图层上的左端像素与所有选定图层最左端图层的左端像素对齐，或与选区边框的左边对齐。

⑤ 水平居中对齐：将选定图层上的水平中心像素与所有选定图层的水平中心像素对齐，或与选区的水平中心对齐。

⑥ 右对齐：将选定图层上的右端像素与所有选定图层最右端像素对齐，或与选区边框的右边对齐。

对齐图层的方法是：首先选择需要对齐的图层，然后选择“图层”/“对齐”子菜单中相应的对齐命令，或者在移动工具的选项栏中单击对齐方式所对应的按钮，即可对齐选择的图层。

2. 分布图层

分布图层命令用于调整多个图层之间的间距。首先选择三个或三个以上的图层，也可链接三个或三个以上的图层。选择或链接图层后，选择工具箱中的移动工具，在

选项栏中，可见分布按钮被激活，如图 2-15 所示。

① 按顶分布：从每个图层的顶端像素开始，间隔均匀地分布图层。

② 垂直居中分布：从每个图层的垂直中心像素开始，间隔均匀地分布图层。

③ 按底分布：从每个图层的底端像素开始，间隔均匀地分布图层。

④ 按左分布：从每个图层的左端像素开始，间隔均匀地分布图层。

⑤ 水平居中分布：从每个图层的水平中心开始，间隔均匀地分布图层。

⑥ 按右分布：从每个图层的右端像素开始，间隔均匀地分布图层。

分布图层的方法是：首先选择需要分布的图层，然后在移动工具的选项栏中单击分布方式所对应的按钮，或者选择“图层”/“分布”子菜单中的相应分布命令，即可分布选择的图层，如图 2-16 所示。

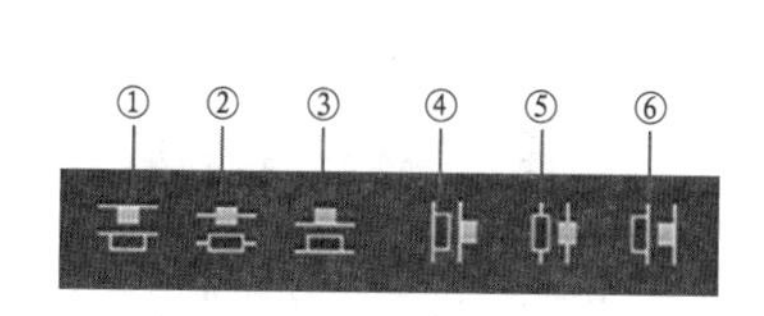

图 2-15　分布按钮

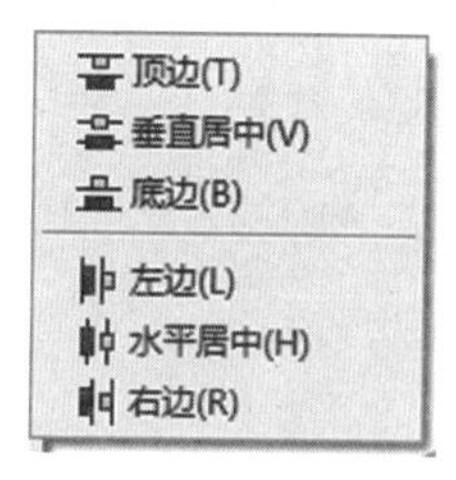

图 2-16　分布相应命令

2.3.3　图层的合并与链接

1. 图层的合并

在一个图像中建立的图层越多，则该文件所占用的磁盘空间也就越多，因此，对一些不必要分开的图层，可以将它们合并以减少文件所占用的磁盘空间，同时也可以提高操作速度。要将图层合并，选择“图层”菜单或“图层”面板中的相应命令即可，如图 2-17 所示。合并图层的常用菜单命令有“向下合并”“合并可见图层”和“拼合图像”，各命令的功能分别如下。

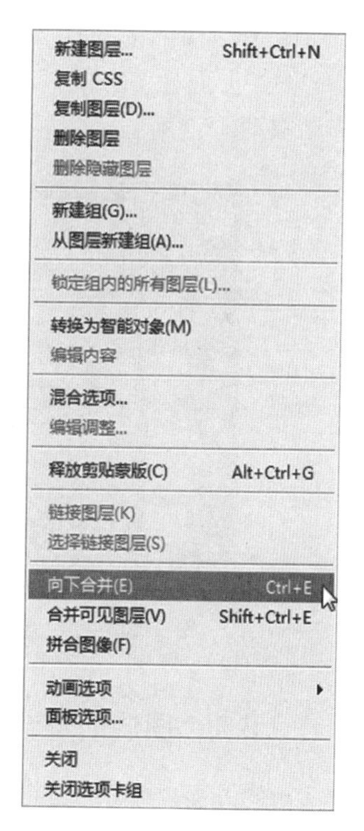

图 2-17　图层合并相关的命令

① 向下合并：可将当前图层合并到下方的图层中，其他层保持不变。使用此命令合并图层时，需要将当前图层的下一图层设为显示状态。该命令的快捷键是 Ctrl+E。

② 合并可见图层：可将图像中所有显示的图层合并，而隐藏的图层则保持不变。该命令的快捷键是 Shift+Ctrl+E。

③ 拼合图像：可将图像中所有显示的图层拼合到背景图层中，如果图像中没有背景图层，将自动把拼合后的图层作为背景图层。如果图像中含有隐藏的图层，将在拼合过程中丢弃隐藏的图层。在丢弃隐藏图层时，会弹出提示对话框，提示用户是否确实要丢弃隐藏的图层。

注意：“压印”功能可创建一个将图像中所有可见图层合并的新图层。快捷键是Alt+Shift+Ctrl+E。

2. 图层的链接

链接图层的作用是固定多个图层，使得对链接图层中的任意一个图层所做的移动、变换等操作也能同时应用到其他链接的图层上。

创建图层链接的方法为：在“图层”面板上选择两个或两个以上的图层，单击“图层”面板下方的“链接图层”按钮，当选中的图层名称后面出现链接标识时，表示选中的图层链接在一起了，如图 2-18 和图 2-19 所示。

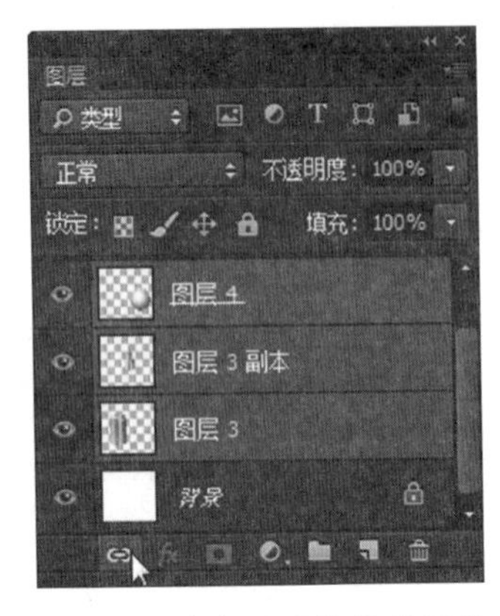

图 2-18　选择需要链接的图层

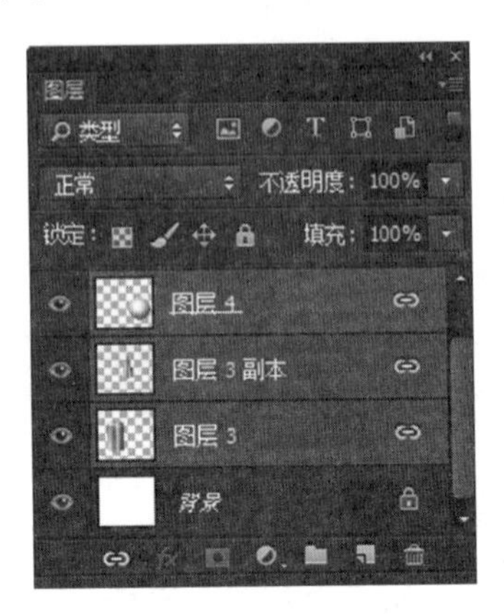

图 2-19　链接后的图层面板

取消图层链接的方法为：在“图层”面板上选择链接图层中的任意一个图层，单击“图层”面板下方的“链接图层”按钮，此时当前图层名称后面的链接标识消失了，表示取消了当前图层与其他图层的链接，如图 2-20 和图 2-21 所示。

图 2-20　有链接的图层

图 2-21　取消链接后的图层

2.3.4　图层的混合模式

图层混合模式是指将当前图层中的图像与其下面图层中的图像以何种模式进行混合后，得到的特殊效果。在 Photoshop 中制作图像，使用图层混合模式可以创建出

各种图像效果。下面对常用的混合模式进行详细介绍，如图 2-22 所示。

① 正常：系统默认的模式，新建图层后混合模式都为正常。在此模式下，可以通过调节图层不透明度和图层填充值的参数，使下面一层图像有不同的效果，如图 2-23 所示。

提示：该部分黑白图片无法看清效果，大家可以上机尝试。

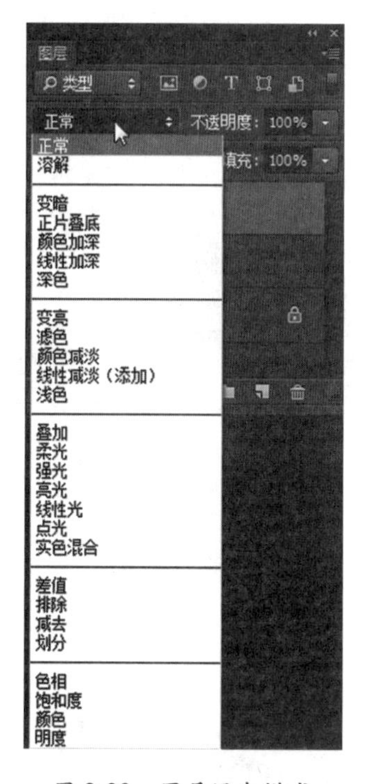

图 2-22　图层混合模式

图 2-23　混合模式为“正常”

② 溶解：该混合模式能创建点状喷雾式的图像效果。不透明度越低，像素点越分散，而分散的位置是随机的，并在溶解的位置显示背景，如图 2-24 所示。

③ 变暗：选择该混合模式，将当前图层或底层颜色中较暗的颜色来覆盖较浅的颜色，其中当前图层中亮的部分被替换，而较暗的部分保持不变，从而使整个图像变暗，如图 2-25 所示。

图 2-24　混合模式为“溶解”

图 2-25　混合模式为“变暗”

④ 正片叠底：选择该混合模式将当前图层融合底层颜色时，会突出显示较深的色调值。在这个模式中，任何颜色与黑色混合之后还是黑色，而任何颜色与白色混合，得到的还是该颜色，如图 2-26 所示。

⑤ 颜色加深：选择该混合模式可使图层亮度降低，色彩加深。与白色混合后图像不产生变化，如图 2-27 所示。

图 2-26　混合模式为“正片叠底”

图 2-27　混合模式为“颜色加深”

⑥ 线性加深：选择该混合模式可减小底层图像的亮度，使基色变暗以反映当前图层的颜色。与白色混合保持不变，如图 2-28 所示。

⑦ 深色：该混合模式是为显示当前图层和底层图层中相对较暗的图像，如图 2-29 所示。

图 2-28　混合模式为“线性加深”

图 2-29　混合模式为“深色”

⑧ 变亮：该模式与“变暗”模式相反，选择基色或混合色中较亮的颜色作为结果色。比混合色暗的像素被替换，比混合色亮的像素保持不变，如图 2-30 所示。

⑨ 滤色：该模式下混合后的颜色较亮，用黑色过滤时颜色保持不变，用白色过滤时产生白色。此效果类似于多个摄影幻灯片在彼此之上投影，如图 2-31 所示。

⑩ 颜色减淡：选择该混合模式会通过减小对比度使底层变亮以反映当前图层中的颜色，与黑色混合则不发生变化，如图 2-32 所示。

⑪ 线性减淡：该模式与“线性加深”模式相反，是通过增加亮度使底层颜色变亮以反映当前图层颜色的变化，与黑色混合则不发生变化，如图 2-33 所示。

图 2-30　混合模式为“变亮”

图 2-31　混合模式为“滤色”

图 2-32　混合模式为“颜色减淡”

图 2-33　混合模式为“线性减淡”

⑫ 浅色：该模式与“深色”模式相反，通过对前图层和底层图层比较，将显示两个图层中相对较亮的图像，如图 2-34 所示。

⑬ 叠加：该混合模式是“正片叠底”和“滤色”的组合模式。图像在进行叠加时，加深了背景颜色的深度，并且覆盖了背景上浅色的部分，如图 2-35 所示。

图 2-34　混合模式为“浅色”

图 2-35　混合模式为“叠加”

⑭ 柔光：该混合模式的效果如同在图像上打了一层柔和的光。使用这种模式混合后可以使当前颜色变亮或变暗。用纯黑色或纯白色绘画会产生明显较暗或较亮的区

域，但不会产生纯黑色或纯白色，如图 2-36 所示。

⑮ 强光：该混合模式的效果与耀眼的聚光灯照在图像上相似。可用于在图像中添加高光和阴影效果。与“柔光”模式相比，颜色或更浓重或更浅淡，这取决于图层上的颜色亮度。用纯黑色或纯白色绘画会产生纯黑色或纯白色，如图 2-37 所示。

图 2-36 混合模式为“柔光”

图 2-37 混合模式为“强光”

⑯ 亮光：该混合模式通过增加或减小对比度来加深或减淡颜色。以当前图层的颜色明暗程度决定混合后图像变亮或变暗，如图 2-38 所示。

⑰ 线性光：该混合模式通过减小或增加亮度来加深或减淡颜色。如果当前图层的颜色比 50% 灰色亮，则通过增加亮度使图像变亮。如果当前图层的颜色比 50% 灰色暗，则通过减小亮度使图像变暗，如图 2-39 所示。

图 2-38 混合模式为“亮光”

图 2-39 混合模式为“线性光”

⑱ 点光：该混合模式是根据当前图层颜色的亮度来替换颜色。“点光”模式对于相同图像之间的互叠，不产生直接效果，但应用于图层颜色的重叠会产生丰富的图像效果，如图 2-40 所示。

⑲ 实色混合：该混合模式混合后的颜色取决于底层图层颜色与当前图层的亮度，如图 2-41 所示。

⑳ 差值：该混合模式是将混合的两个图层颜色相互抵消，产生一种新的颜色效果。该模式与白色混合将反转颜色；与黑色混合则不产生变化，如图 2-42 所示。

㉑ 排除：选择该混合模式可产生一种与“差值”模式相似但对比度更低的效果。

与白色混合将显示相反的颜色，与黑色混合则不发生变化，如图 2-43 所示。

图 2-40　混合模式为“点光”

图 2-41　混合模式为“实色混合”

图 2-42　混合模式为“差值”

图 2-43　混合模式为“排除”

㉒ 减去：选择该混合模式是根据不同的图像，减去图像中的亮部和暗部，并与下一层图像混合，如图 2-44 所示。

㉓ 划分：选择该混合模式是将图像划分为不同的色彩区域并与下一层图像混合，会产生特殊的图像效果。如果两个图层颜色相同，混合后颜色为白色；如果当前图层为白色，混合后没有变化；如果当前图层为黑色，混合后颜色为白色，如图 2-45 所示。

图 2-44　混合模式为“减去”

图 2-45　混合模式为“划分”

㉔ 色相：选择该混合模式是将底层图层颜色的亮度与饱和度和当前图层颜色的色相相混合而产生出特殊的图像效果，如图 2-46 所示。

㉕ 饱和度：选择该混合模式是将底层图层颜色的亮度与色相和当前图层颜色的饱和度相混合而产生出特殊的图像效果。在 0 饱和度（灰色）的区域上用此模式不产生变化，如图 2-47 所示。

图 2-46　混合模式为“色相”

图 2-47　混合模式为“饱和度”

㉖ 颜色：选择该混合模式是将底层图层颜色的亮度和当前图层颜色的色相与饱和度相混合而产生出特殊的图像效果。“颜色”混合模式一般用于为图像添加单色效果，如图 2-48 所示。

㉗ 亮度：选择该混合模式是将底层图层颜色的色相与饱和度和当前图层颜色的亮度相混合而产生出特殊的图像效果，如图 2-49 所示。此模式的效果与“颜色”模式的效果相反。

图 2-48　混合模式为“颜色”

图 2-49　混合模式为“亮度”

2.4　图层样式

利用图层样式可以制作出多种特殊图像效果。在 Photoshop 中默认显示“样式”面板。该面板提供了大量的样式类型。如果开始时没有显示“样式”面板，可以在菜单栏中选择“窗口”/“样式”命令来显示“样式”面板。

2.4.1　样式面板

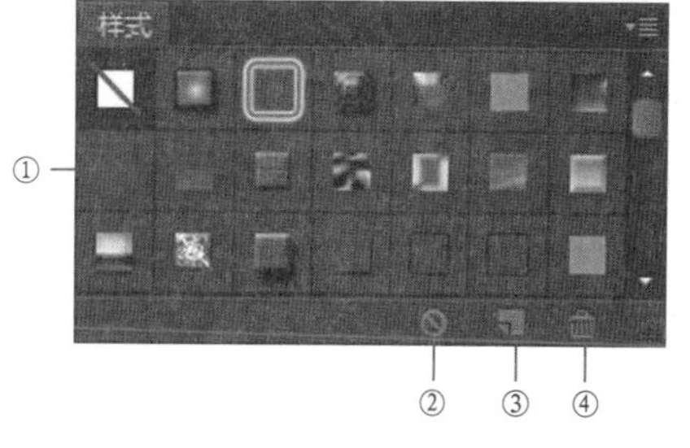

图 2-50　“样式”面板

“样式”面板中可以载入很多图层样式预设，也可以将自定义的图层样式存储为图层样式预设。下面首先来讲解“样式”面板的选项，如图 2-50 所示。

① 预设样式：系统默认的多种图层效果的组合，位于“样式”面板的中间，每一种样式都有一个缩览图，当把鼠标放置在缩览图上时，会出现该样式的名称。单击预设样式，可将其应用于所选图层。

② 清除样式：单击该按钮后，清除当前图层所应用的样式。

③ 创建新样式：单击该按钮后，可将当前图层上应用的图层样式创建为新的样式类型，保存在“样式”面板中。

④ 删除样式：拖动需要删除的预设样式到该按钮上，可删除预设样式。

2.4.2　图层样式的编辑

在“样式”面板中除了系统默认的图层样式预设之外，系统还提供了很多图层样式预设。

1. 载入样式

单击“样式”面板右上角的下三角按钮，在弹出的快捷菜单中选择“按钮”命令，如图 2-51 所示。这时弹出提示一个对话框，如图 2-52 所示。单击“追加”按钮，将载入当前选择的预设样式，如图 2-53 所示。单击“确定”按钮，则“按钮”库中的预设样式将替换掉“样式”面板中的现有样式。

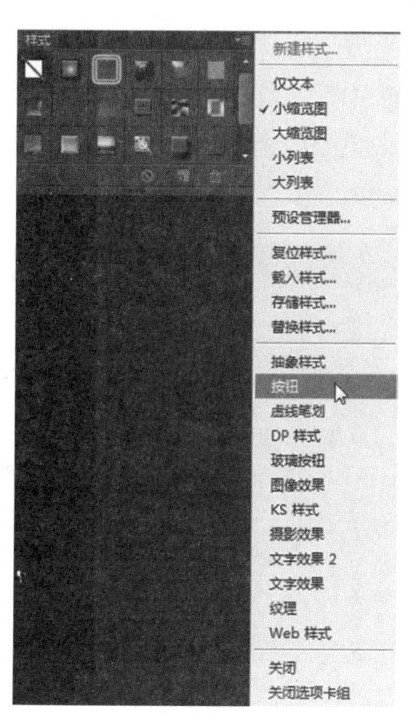

图 2-51　“按钮”命令

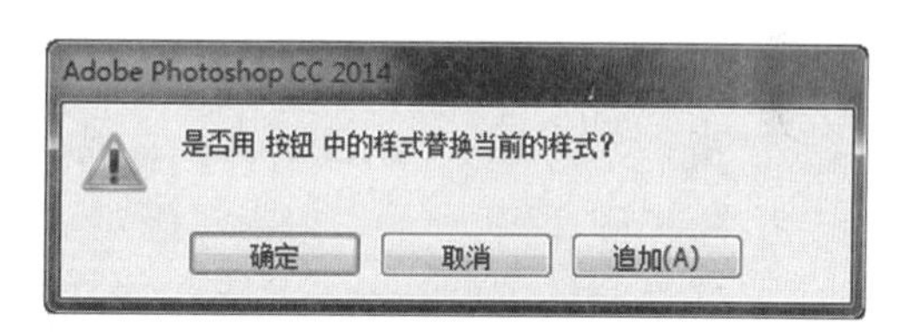

图 2-52　按钮样式替换对话框

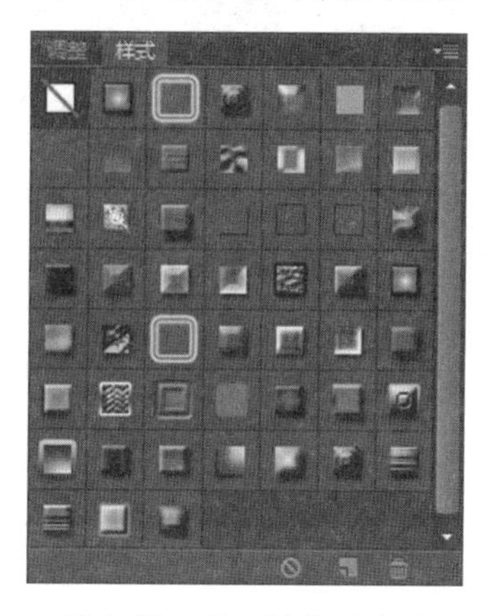

图 2-53　载入样式的效果

2．复位样式

单击“样式”面板右上角的下三角按钮（图 2-54），在弹出的快捷菜单中选择“复位样式”命令，如图 2-55 所示。在提示对话框中单击“确定”按钮，将“样式”面板中的预设样式恢复到系统默认的预设样式，如图 2-56 所示。

3．清除样式

选择“样式”面板中的“默认样式（无）”，可以将当前图层中的样式清除，也可单击“样式”面板底部的“清除样式”按钮，将当前图层中的样式删除。

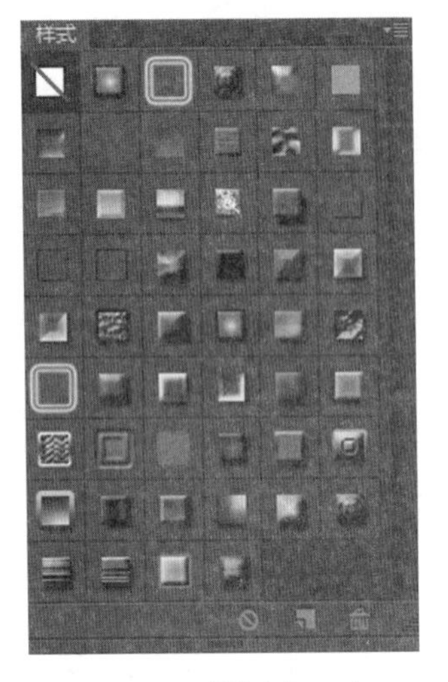

图 2-54 “样式”面板

图 2-55 “复位样式”命令

图 2-56 系统默认的预设样式

4．定义图层样式

在“图层”面板中单击“添加图层样式”按钮，可以在弹出的“图层样式”对话框中设置参数，如图 2-57 所示。完成后单击“确定”按钮，效果如图 2-58 所示。在“样式”面板中单击“创建新样式”按钮，在弹出的“新建样式”对话框中输入样式名称，如图 2-59 所示。单击“确定”按钮，将该图层的图层样式存储为预设样式，在“样式”面板中可以查找到该预设样式，如图 2-60 所示。

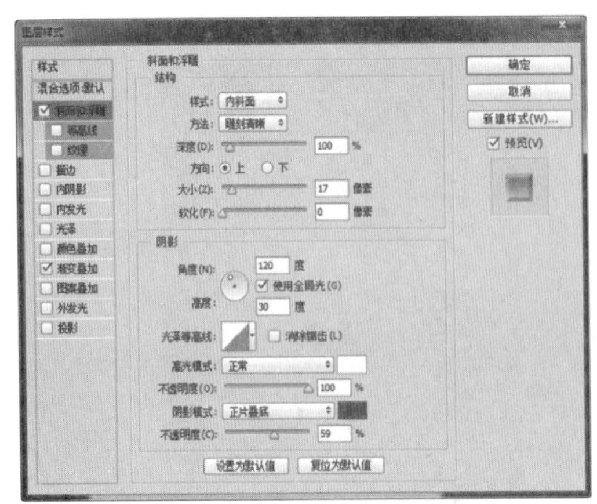

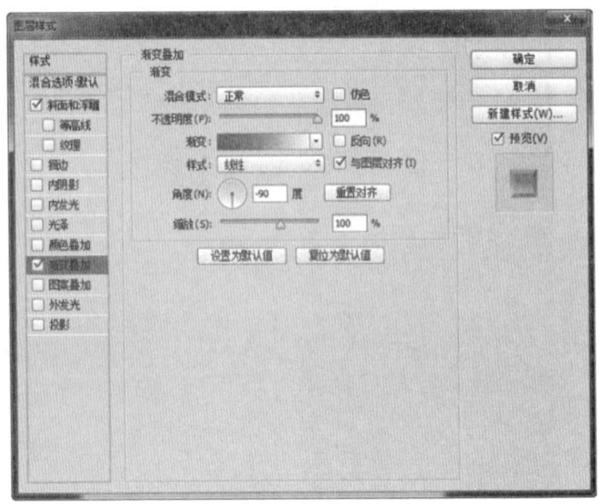

图 2-57 在“图层样式”对话框中设置参数

5．删除样式

拖动需要删除的预设样式到面板底部的“删除样式”按钮上，可删除预设样式，如图 2-61 所示。

图 2-58　应用图层样式创建的按钮

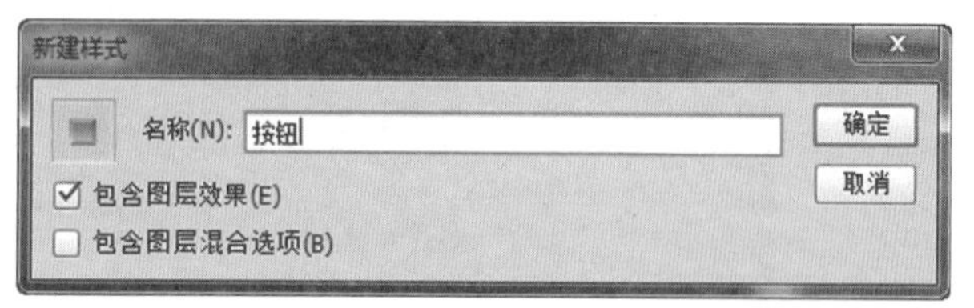

图 2-59　“新建样式”对话框

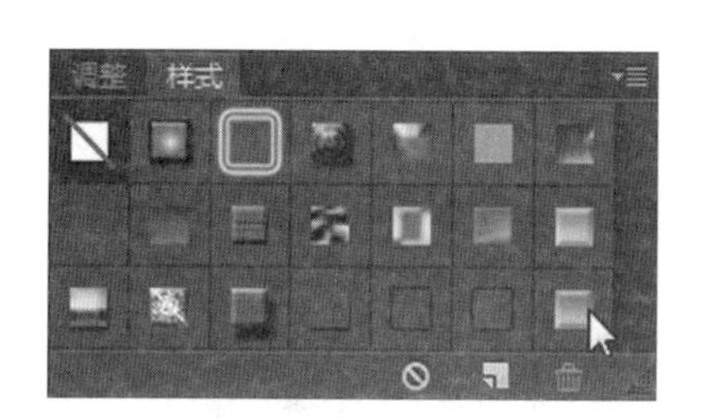

图 2-60　按钮样式

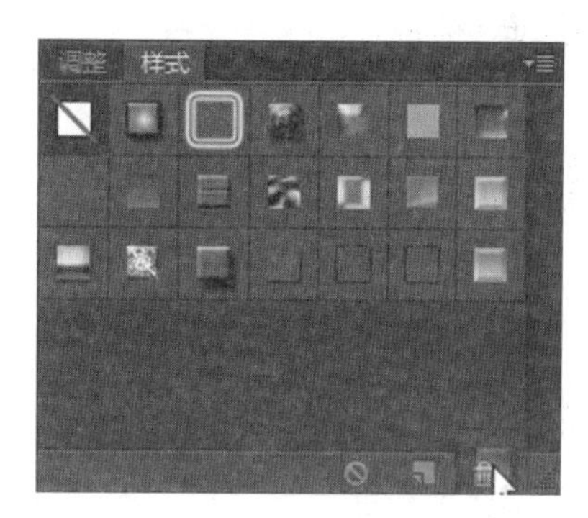

图 2-61　删除按钮样式

2.4.3　图层混合选项

选择需要添加图层样式的图层，在“图层”面板中双击图层名称后的灰色区域，或单击“添加图层样式”按钮，会打开“图层样式”对话框。在菜单栏中选择“图层”/“图层样式”/“混合选项”命令，也可以打开“图层样式”对话框，如图 2-62 所示。当图层具有样式时，“图层”面板中该图层名称的右边会出现“图层样式”图标。“图层样式”对话框在结构上分为如下 3 个区域。

① 图层样式列表区：该区域列出所有的图层样式，如果要同时应用多个图层样式，只需选中图层样式名称左侧的复选框。如果要编辑图层样式的参数，直接单击该图层样式的名称，即可在参数设置区中进行调整。

② 参数设置区：当选择不同的图层样式时，该区域会显示与之相对应的参数选项。

③ 样式预览区：当选择“预览”选项时，可以预览当前所设置的所有图层样式叠加后的效果。

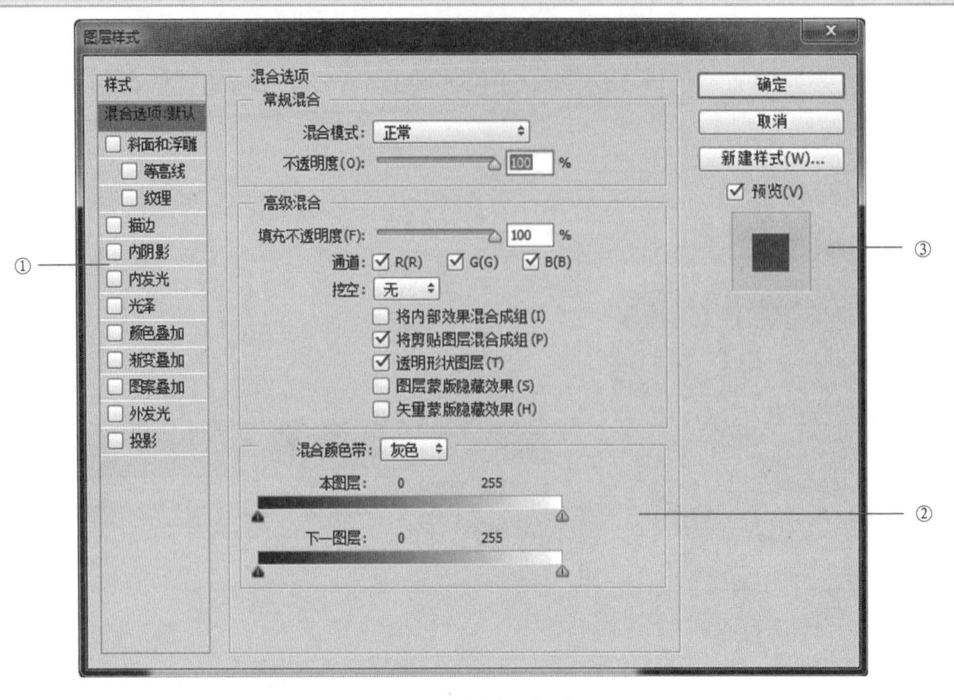

图 2-62 “图层样式”对话框

1．“混合选项”

① 常规混合：设置图层的混合模式和不透明度，如图 2-63 所示。这两项是调节图层最常用到的，是最基本的图层选项。它们和“图层”调板中的“图层混合模式”与“不透明度”是一样的。

② 高级混合：包括填充不透明度、通道、挖空等选项和分组混合效果，如图 2-64 所示。这些选项能精确地控制图层混合的效果，可以创建新的图层效果。

图 2-63 “常规混合”选项区

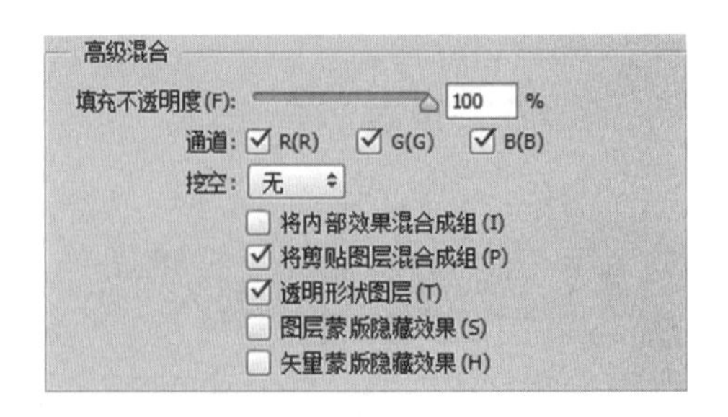

图 2-64 “高级混合”选项区

③ 混合颜色带：设置调整选定图层的亮度和图像的通道。“本图层”选项可以调整当前图层，“下一图层”选项可以调整当前图层下面的一个图层，如图 2-65 所示。

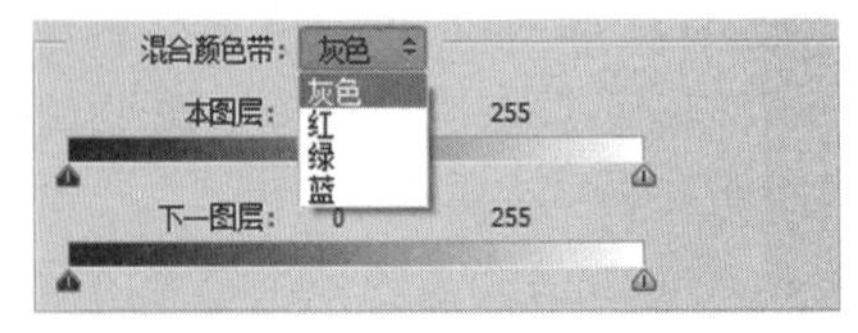

图 2-65 “混合颜色带”选项区

2．“斜面和浮雕”图层样式

“斜面和浮雕”图层样式可以使当前图层中的图像产生不同样式的立体效果，通过对面板内的选项进行设置,可以模拟立体效果的高光与阴影的关系。其参数设置如图 2-66 所示,各参数的含义如下。

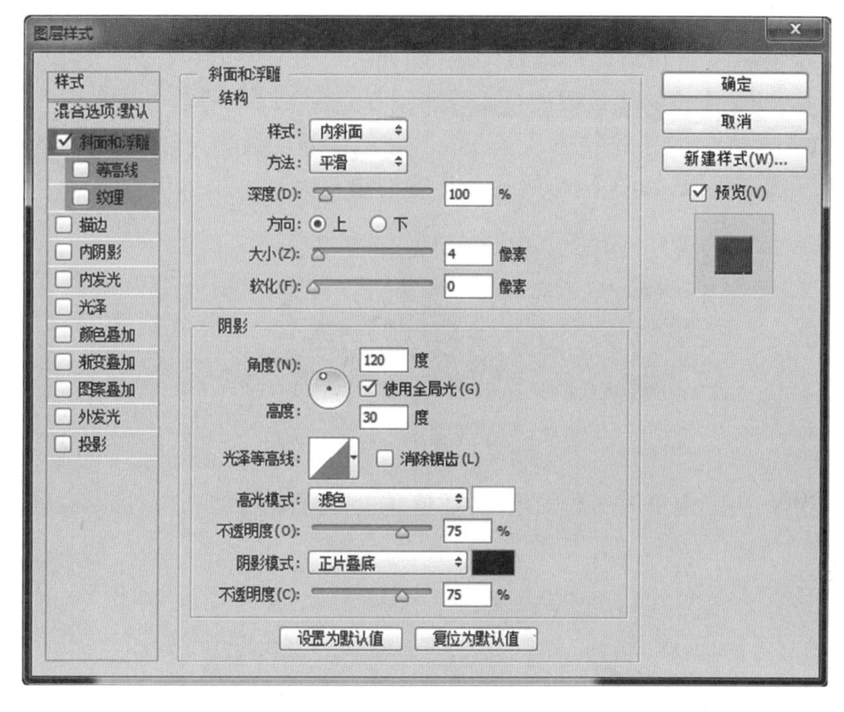

图 2-66 “斜面和浮雕”图层样式对话框

① 样式:在此选项中包括“外斜面”“内斜面”“浮雕效果”“枕状浮雕”和“描边浮雕”5 种浮雕样式,选择不同的选项会产生不同的浮雕效果,如图 2-67 所示。

② 方法:包括“平滑”“雕刻清晰”和“雕刻柔和”3 个选项,选择“平滑”选项得到的图像的边缘比较柔和;选择“雕刻清晰”选项得到的图像的边缘变化明显,立体感强;选择“雕刻柔和”选项得到的图像的效果介于“平滑”和“雕刻清晰”选项之间。如图 2-68 所示。

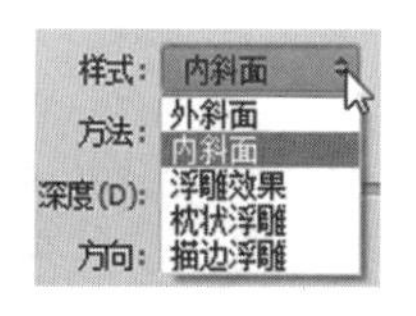

图 2-67 “样式”选项

图 2-68 “方法”选项

③ 深度:可以调整生成浮雕效果后的阴影强度,数值越大,斜面深度越深。

④ 方向:调整浮雕效果高光和阴影的方向,选择“上”选项表示高光在上面,选择“下”选项表示高光在下面。

⑤ 大小:可以调整生成浮雕效果阴影面积的大小。

⑥ 软化:可以调整生成浮雕效果后高光和阴影边缘的过渡效果。

⑦ 角度:可以调整光照的方向。

⑧ 高度:可以调整光源的位置。可以在文本框中输入数值进行调整,也可以使用鼠标拖动圆中的“符号”改变光照的方向及位置。

⑨ 光泽等高线：可以使用曲线编辑模式来调整生成浮雕的图层的光泽质感。

⑩ 高光模式：可以调整浮雕效果高光的混合模式，单击其右侧的色块，可以修改亮部的颜色，调整下方的不透明度可以改变亮部颜色的透明程度。

⑪ 阴影模式：可以调整浮雕效果阴影的混合模式，单击其右侧的色块，可以修改暗部的颜色，调整下方的不透明度可以改变暗部颜色的透明程度。

“斜面和浮雕”效果还包括“等高线”和“纹理”选项。“等高线”选项与“光泽等高线”选项相似，如图 2-69 所示。其参数含义如下。

图 2-69 “等高线”选项设置区

⑫ 范围：决定应用等高线的范围，数值越大则范围越大。

“纹理”选项参数设置区如图 2-70 所示，其参数含义如下。

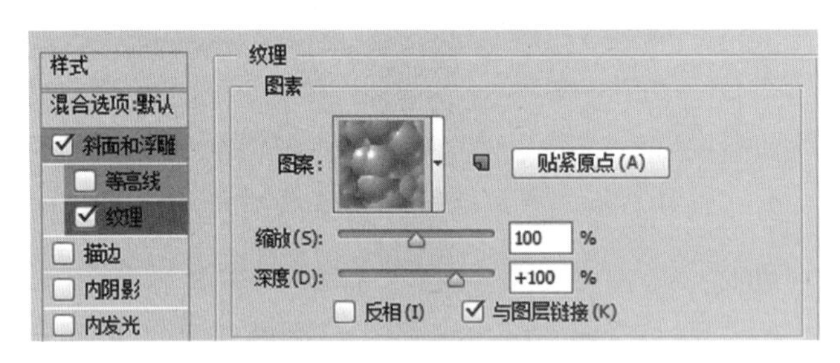

图 2-70 “纹理”选项设置区

⑬ 图案：单击此选项右侧的小三角按钮，可弹出“图案”选项面板，如图 2-71 所示，在此面板中可以选择应用于浮雕效果的图案，如图 2-72 所示。

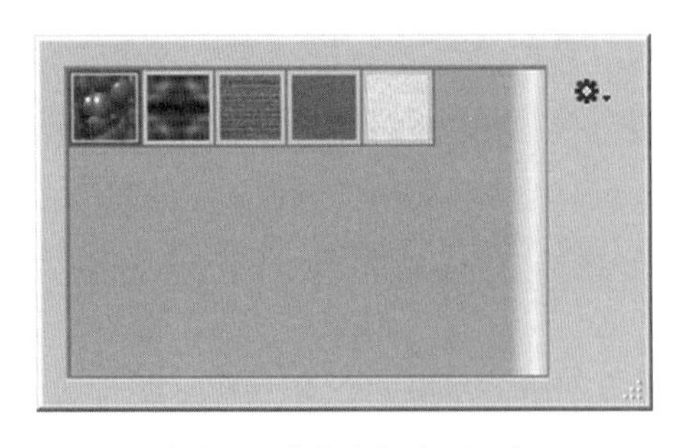

图 2-71 “图案”选项面板

图 2-72 载入图案后的图像效果

⑭“新建图案”按钮：可以把当前图案创建为一个新的预设并放置在“图案”选项面板中，当下次使用时可以调出。

⑮ 贴紧原点：单击此按钮，可以使图案的浮雕效果从图像的角落开始。

⑯ 缩放：拖动滑块或设置其右侧的数值，可以将应用于浮雕效果的图案放大或缩小，数值越小，图案越小、越密。

⑰ 深度：拖动滑块或设置其右侧的数值可以调整浮雕纹理的深度，数值为正值时表示浮雕效果凹进去，数值为负值时表示浮雕效果凸出来。

⑱ 反相：勾选此选项，可以将应用于浮雕纹理的明暗反转。

⑲ 与图层链接：用于链接图案与图层。

3."描边"图层样式

"描边"图层样式可以用颜色、渐变或图案 3 种方式为当前图层中的图像勾画轮廓。其对话框中的参数设置如图 2-73 所示。各参数的含义如下。

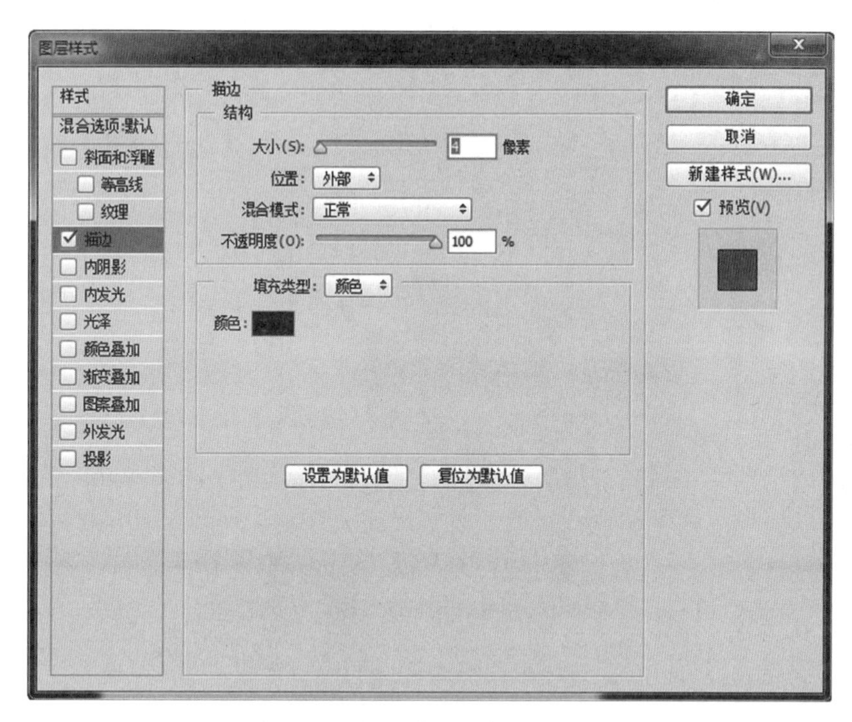

图 2-73 "描边"图层样式对话框

① 大小：可以调整描绘边缘的宽度。

② 位置：可以调整描绘边缘与图像边缘的相对位置。在下拉列表中，可以选择"外部""内部"和"居中"3 种位置。

③ 填充类型：此选项可以选择对描绘边缘的填充类型。在下拉列表中，有"颜色""渐变"和"图案"3 个选项。当选择不同的类型时，其下显示的参数也各不相同。选择不同选项对图形描边后的效果如图 2-74 所示。

图 2-74 在"填充类型"选项中选择不同的选项对图像产生的不同效果

4."内阴影"图层样式

"内阴影"图层样式可以使当前图层中的图像向内产生阴影效果,在其右侧的参数设置区中可以设置"内阴影"的不透明度、角度、阴影的距离和大小等参数,如图2-75所示。"内阴影"效果如图2-76所示。各参数的含义如下。

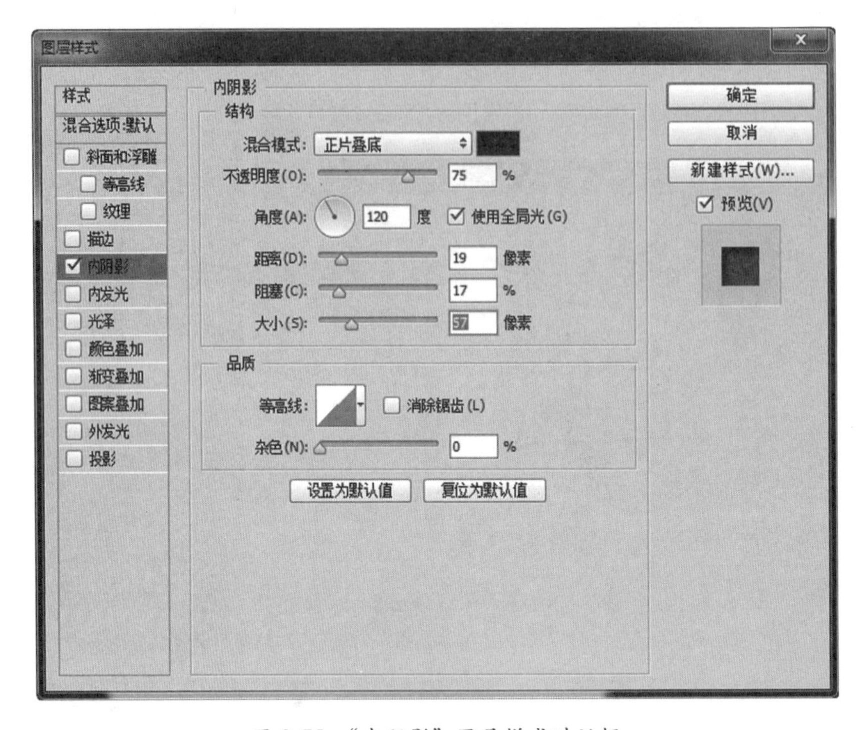

图2-75 "内阴影"图层样式对话框

① 混合模式:可以在此选项中选择内阴影的混合模式。

② 不透明度:选项中的数值决定了内阴影的不透明度。

③ 角度:可以调整内阴影的角度。

④ 使用全局光:勾选此选项,可使用图层上所有与光源相关的效果所使用的光源角度相同。如果不勾选此选项,设置的光源角度只作用于当前图层效果,其他图层效果可以设置其他光源角度。

⑤ 距离:调整图像的内阴影与原图像之间的距离。数值越大,原图像内阴影越大。

⑥ 阻塞:决定内阴影边缘的扩散程度,值越大,应用范围越宽,轮廓也变得越柔和。当其下方的"大小"选项值为0时,此选项不起作用。

⑦ 大小:设置内阴影的大小。

⑧ 等高线:通过设置曲线,调整内阴影的样式,可以选择预设的样式,也可以自定义样式,单击"等高线"选项右侧的按钮,弹出如图2-77所示的选项面板,在此面板中可以选择等高线的样式。单击"等高线"选项右侧的图标,将弹出如图2-78所示"等高线编辑器"对话框,在此对话框中可以重新编辑等高线的样式。

⑨ 消除锯齿:勾选此选项,可以使内阴影周围像素变得平滑。

⑩ 杂色:向内阴影添加杂色,数值越大,生成的杂点越多。

图 2-76　“内阴影”效果

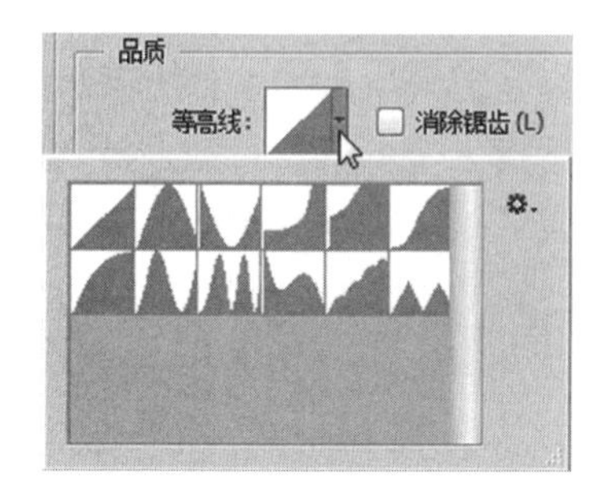

图 2-77　等高线样式选项面板

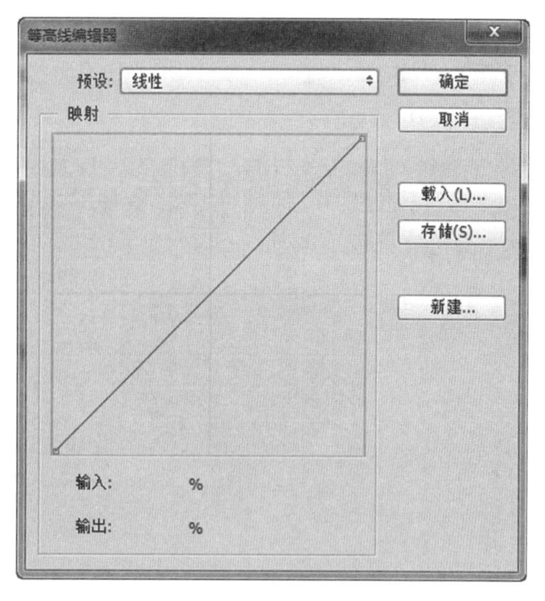

图 2-78　“等高线编辑器”对话框

5．“内发光”图层样式

“内发光”图层样式可以为图层中图像边缘的内部添加发光效果，其右侧为参数设置区，如图 2-79 所示。“内发光”效果如图 2-80 所示。各参数的含义如下。

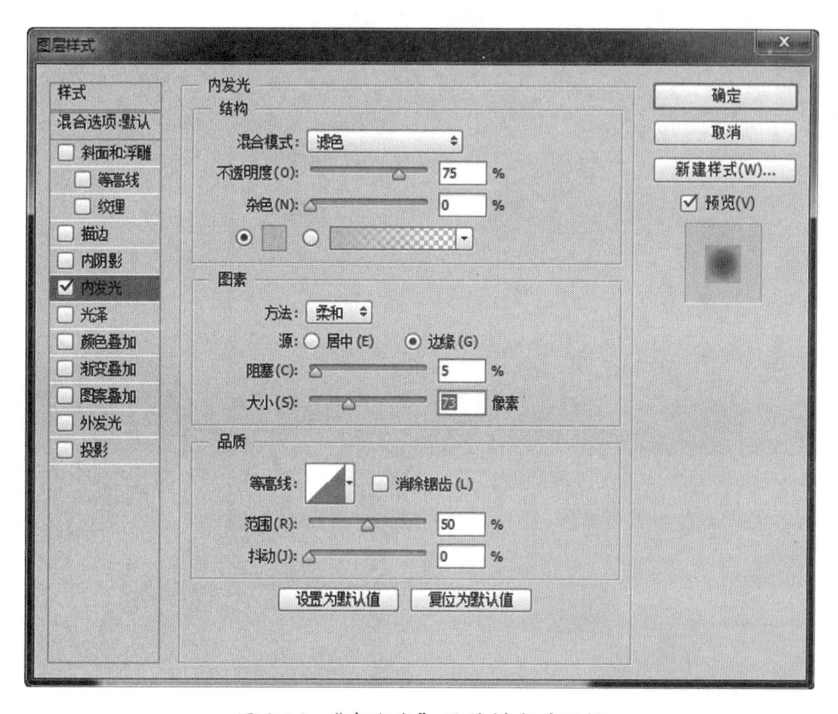

图 2-79　“内发光”图层样式对话框

①　：用于设置发光的颜色，单击左边的颜色框可打开拾色器选择单色，为“内发光”填充一种颜色；单击右边的色谱，可打开“渐变编辑器”对话

框设置渐变色；单击下拉按钮,可在弹出的渐变列表中选择渐变样式。

② 方法：此选项的下拉菜单中包括“柔和”和“精确”两个选项,如图 2-81 所示。当选择“柔和”时,其发光的边缘根据图形的整体外形发光；当选择“精确”选项时,其发光的边缘根据图形的每一个部位发光。

③ 范围：可以调整其内部发光的范围大小,数据越大,效果越不明显。

④ 抖动：可以使渐变中的多种颜色以颗粒状态混合。数值越大,混合的范围越大,发光效果越不明显。

图 2-80 “内发光”效果

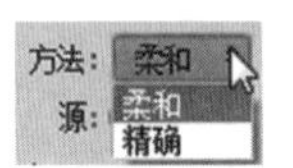

图 2-81 “方法”选项

6. “光泽”图层样式

“光泽”图层样式可以根据图层的形状制作光滑的内部阴影,使当前图层中的图像产生类似绸缎的感觉,如图 2-82 所示为“光泽”对话框,在参数设置区中可以设置光泽的颜色、不透明度、角度、距离和大小等参数,“光泽”效果如图 2-83 所示。

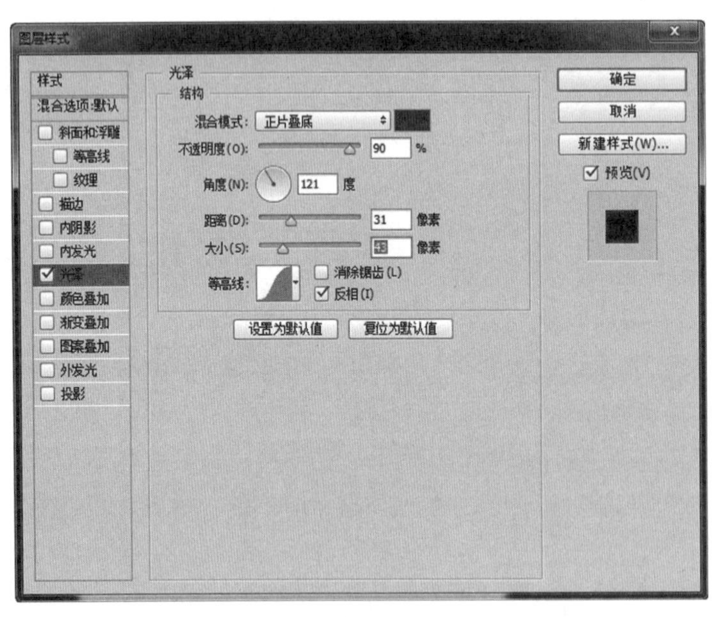

图 2-82 “光泽”对话框

图 2-83 “光泽”效果

7. “颜色叠加”图层样式

“颜色叠加”图层样式可以为图层中的图像叠加某种颜色,选择该命令后,弹出的对话框如图 2-84 所示。在此对话框中可以设置不同颜色叠加的“混合模式”和“不透明度”,效果如图 2-85 所示。

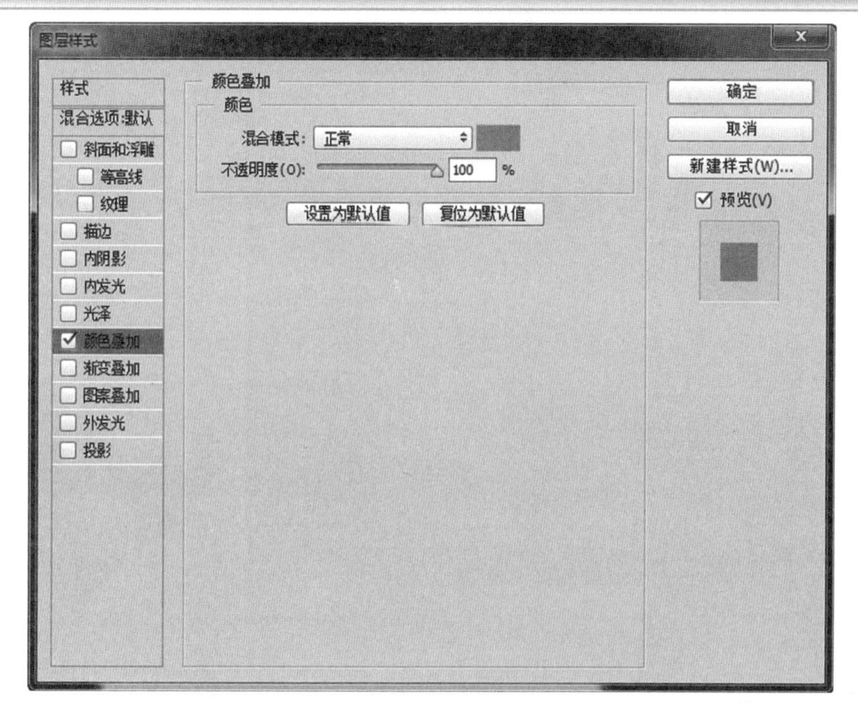

图 2-84　“颜色叠加”图层样式对话框

图 2-85　“颜色叠加”前后效果的对比

8．“渐变叠加”图层样式

“渐变叠加”图层样式可以为图层中的图像添加渐变效果。在该对话框中可以选择 Photoshop 提供的渐变样式或者自定义各种渐变类型，并设置渐变的缩放程度，如图 2-86 所示。图 2-87 所示为“渐变叠加”前后效果的对比。

9．“图案叠加”图层样式

“图案叠加”图层样式可以在图层上叠加图案，其对话框及操作方法与“图案叠加”样式相似，如图 2-88 所示。在该对话框中可以选择图案类型，通过设置不同的“混合模式”和“不透明度”，使图案图像和图层图像产生独特的叠加效果。“图案叠加”效果如图 2-89 所示。

10．“外发光”图层样式

“外发光”图层样式可以为当前图层中图像边缘的外部添加发光效果，其右侧为参数设置区，如图 2-90 所示。具体参数与“内发光”相似，“外发光”效果如图 2-91 所示。

图 2-86 “渐变叠加”图层样式对话框　　图 2-87 “渐变叠加”效果

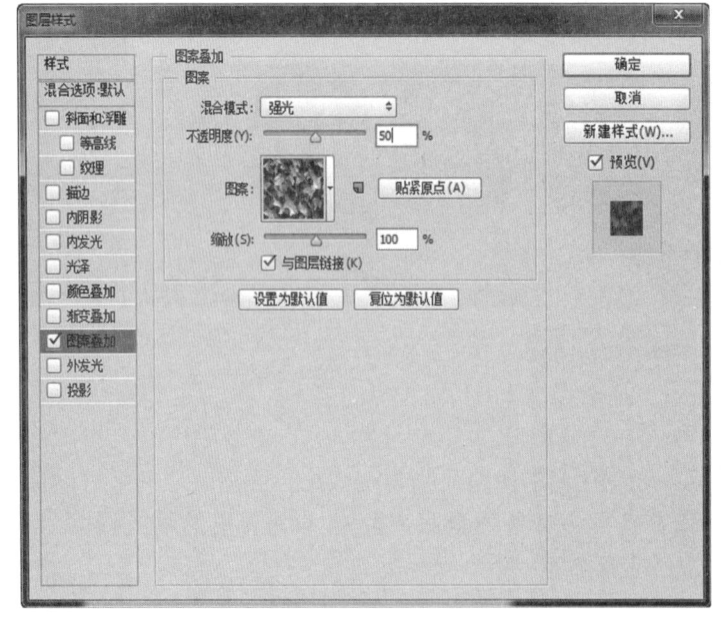

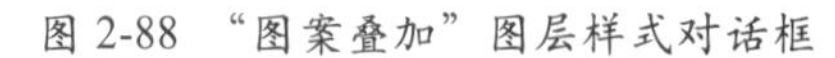

图 2-88 “图案叠加”图层样式对话框　　图 2-89 “图案叠加”效果

11. “投影”图层样式

“投影”图层样式是图层样式中常用的一种图层样式效果，选择“投影”选项可以根据图像的轮廓添加阴影效果，使图像漂浮在背景层上。该样式对话框与“内阴影”图层样式的参数大致相同，其对话框如图 2-92 所示。“投影”效果如图 2-93 所示。

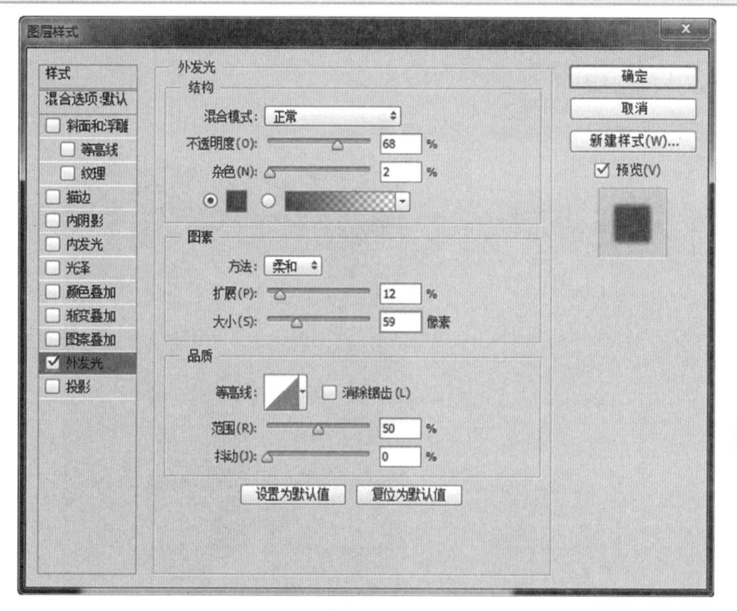

图 2-90　“外发光”图层样式对话框

图 2-91　“外发光”效果

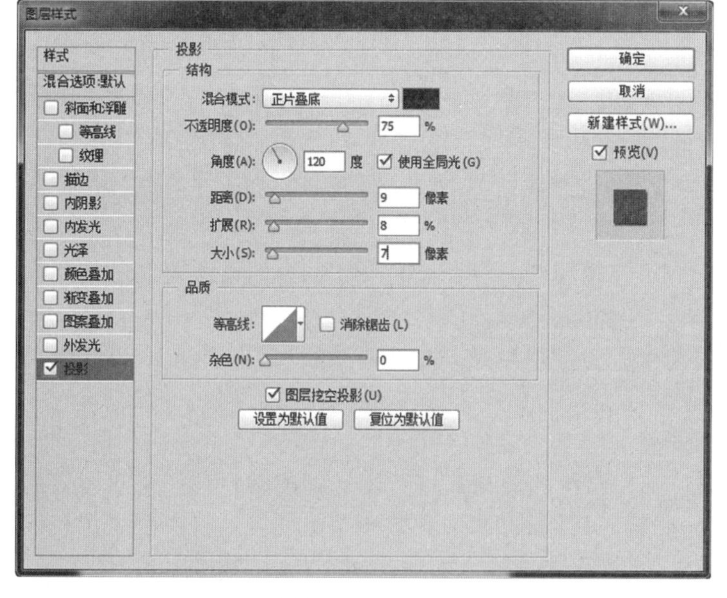

图 2-92　“投影”图层样式对话框

图 2-93　“投影”效果

2.5　蒙版技术

2.5.1　蒙版的概念

蒙版是 Photoshop 软件核心的功能之一，它是用来隔离和保护图像的区域。在 Photoshop 软件中通过对蒙版的编辑，使蒙版中的图像发生各种效果变化，可以使蒙版图层中的图像和其他图像之间自然地混合在一起。

蒙版可以用来保护图像的任何区域而不受编辑的影响,并能使对它的编辑操作作用到所在的图层,有效地解决了编辑图像时误操作的发生,从而在不改变图像信息的情况下得到实际的操作结果,并且在图片融合、特殊效果制作、建立复杂的选择区方面有着其独特的功能。

在 Photoshop CC 2014 中,新增了“蒙版”面板的功能,在面板的右上角有“选择像素蒙版”和“选择矢量蒙版”两个按钮,其中蒙版边缘、颜色范围和反响功能也以按钮的形式显示到面板中。它将一些常用的命令集合在一起,不必再来回切换,就可以完成较为复杂的任务,如图 2-94 所示。

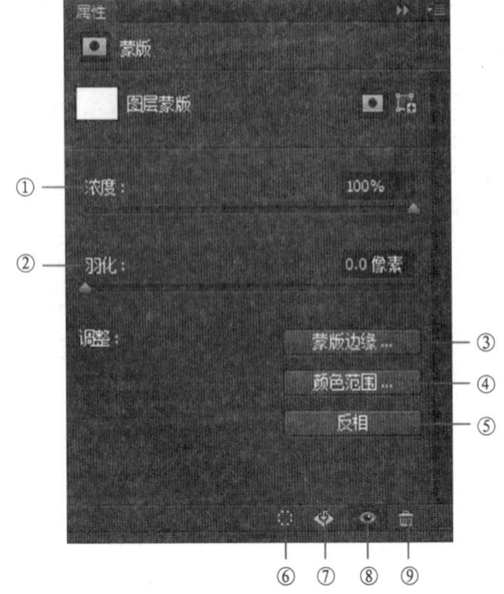

图 2-94 “蒙版”面板

① 浓度:可以调整当前所选蒙版的不透明度。当滑块到达 100% 的浓度时,蒙版完全不透明,遮挡住图层下的所有区域。当浓度降低时,蒙版下的更多区域变得可见。

② 羽化:可以羽化模糊蒙版边缘。

③ 蒙版边缘:可以打开“调整蒙版”对话框,对蒙版进行调整。

④ 颜色范围:可以打开“色彩范围”对话框,对蒙版进行调整。

⑤ 反相:将翻转图层蒙版。

⑥ 从蒙版中载入选区:可将蒙版转换为选区,相当于按下 Ctrl 键后再单击蒙版的效果。

⑦ 应用蒙版:可将蒙版应用在图层中,蒙版缩览图消失,此时蒙版定义的透明信息被应用在图层中。

⑧ 停用/启用蒙版:可将蒙版暂停使用及开始使用蒙版,相当于按下 Shift 键后再单击蒙版的效果。

⑨ 删除蒙版:可将蒙版删除。

蒙版可以进行抠图;淡化图片边缘的效果;进行图层间的融合。如果对图像的某一特定区域运用颜色变化、滤镜和其他效果时,蒙版中被选的区域(也就是黑色区域)就会受到保护和隔离,而不被编辑。

蒙版是一种灰度图像,将不同的灰度色值转化为不同的透明度,使受其作用的图层上的图像产生相对应的透明效果。蒙版的灰度值增加时,被覆盖的区域会变得更加透明,利用这一特性,可以用蒙版改变图片中不同位置的透明度,甚至可以代替“橡皮”工具在蒙版上擦除图像,而不影响到图像本身。

Photoshop 中的蒙版和选区、通道是有区别的,蒙版和选区、选区和通道之间可以相互转换。蒙版和选区在使用效果上有相似之处,但蒙版可以利用 Photoshop 的大部分功能甚至滤镜,可以更为详细地描述出具体的操作区域。蒙版和通道都可以存储选区,建立选区后,就只能在选区里面进行修改;蒙版和通道都可以像一般图层一样进行编辑,得出复杂的选区或柔和的渐变效果。在合并图层或将蒙版效果应用到图层时,

蒙版会自动删除，而通道在人为删除前会永久保存。

蒙版具有多种类型，其中较为常用的蒙版包括：图层蒙版、矢量蒙版、剪贴蒙版和快速蒙版。本节将逐一讲述蒙版的操作和编辑。

2.5.2　图层蒙版

在 Photoshop 软件中，通过直接对蒙版进行操作，不仅避免了对图像的直接破坏，而且为图层操作提供了更多的发挥余地，使图层中图像的融合更具梦幻般的变化。“添加图层蒙版”按钮位于图层面板的下方，下面来介绍一下图层蒙版的相关内容。

1. 添加图层蒙版

在图层面板中隐藏“图层 1”，选择“背景”图层，再选择工具栏中的“磁性套索工具”，在图像左侧的两个照片位置创建两个选区，如图 2-95 所示。选择“图层 1”，按下“图层”面板下方的“添加图层蒙版”按钮，在图像中可以看到蒙版中黑色区域的图像被隐藏，白色区域的图像显示出来，如图 2-96 所示。

图 2-95　选区 1

图 2-96　添加“图层 1”的蒙版

“添加图层蒙版”有以下几种方法：第一，在菜单栏中执行“图层”/“图层蒙版”/“显示全部”命令，直接添加图层蒙版（如图 2-97 所示）；第二，单击图层面板下方的“添加图层蒙版”按钮；第三，按快捷键 Alt+L+M+R，也可添加图层蒙版。最终效果及图层蒙版如图 2-98 和图 2-99 所示。

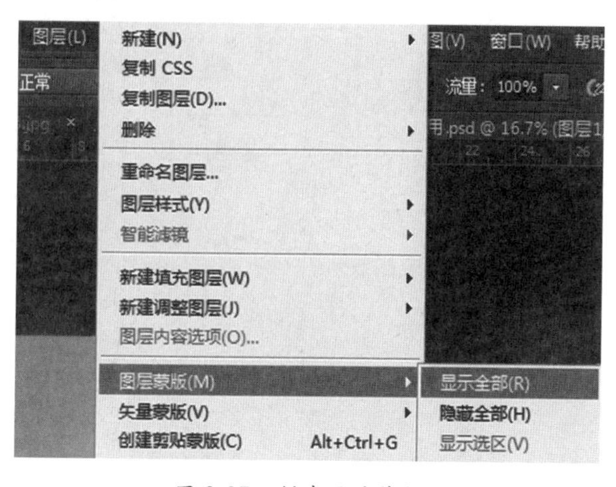

图 2-97　创建图层蒙版 1

图 2-98　最终效果

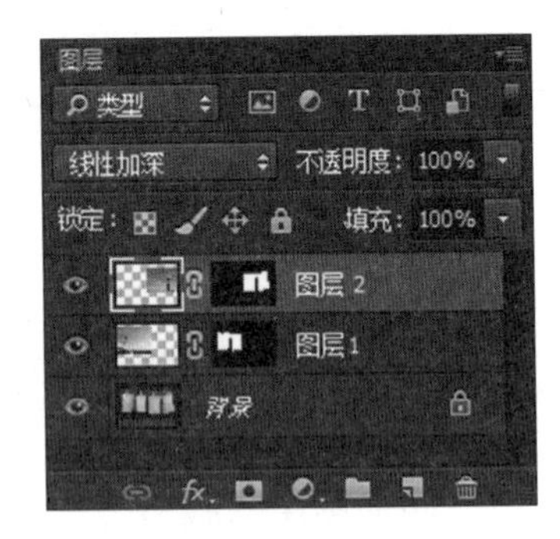

图 2-99　图层蒙版

2."调整蒙版"对话框

打开"蒙版"面板，单击"蒙版边缘"按钮 蒙版边缘... ，在打开的"调整蒙版"对话框中的"视图"选项中选择"背景图层"，并设置参数（如图 2-100 所示），调整前后效果如图 2-101 和图 2-102 所示。

① 视图：选择视图以调整图像的可见性，按 F 键循环切换视图，按 X 键暂时停用所有视图。

② 半径：将蒙版边缘柔化。

③ 平滑：取消边缘锯齿。

④ 羽化：数值越大，边缘越模糊。

⑤ 对比度：数值越大，边缘越清晰。

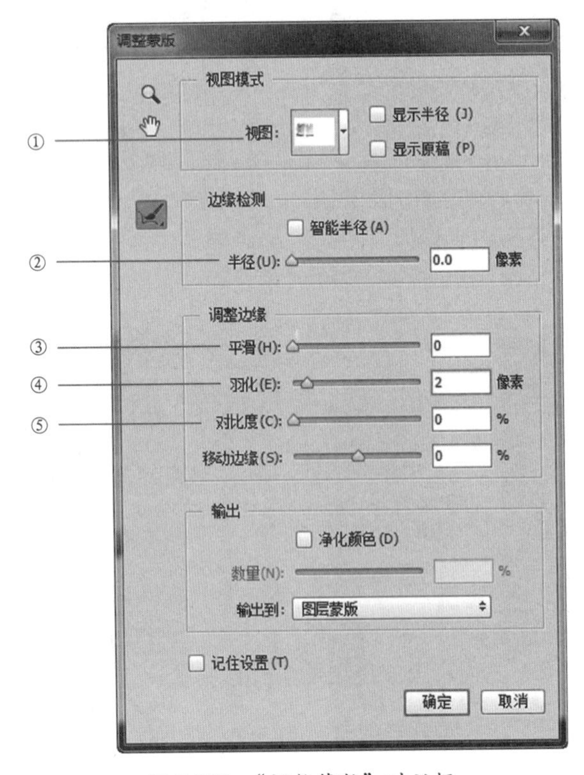

图 2-100　"调整蒙版"对话框

图 2-101　羽化调整前

图 2-102　羽化调整后

蒙版中的灰度范围为 0 ～ 100，黑色为完全透明，白色为完全不透明（如图 2-103 所示），灰色则是半透明状（如图 2-104 所示），而从黑色至白色过渡的灰色依次为由完全透明过渡到完全不透明（如图 2-105 所示）。利用蒙版的这种特性，在对图片进行融合、淡化等处理时，有效地使用蒙版，会得到比羽化选区更柔和的效果。

图 2-103　蒙版填充黑白色

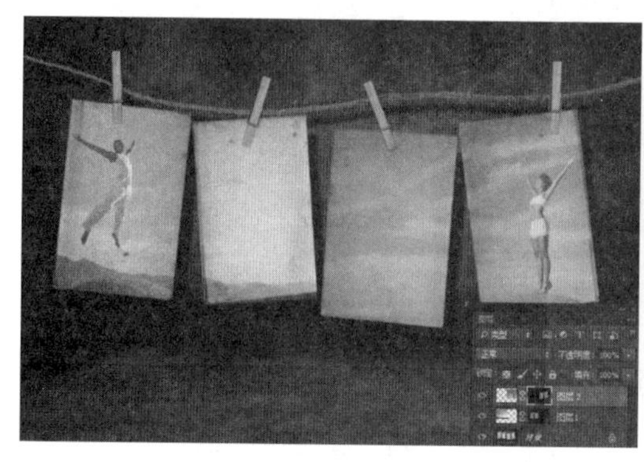

图 2-104　蒙版选区内填充灰色

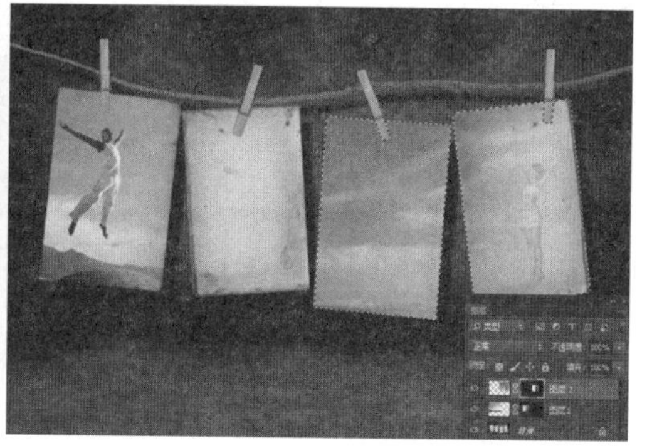

图 2-105　蒙版选区内填充黑到白的渐变色

2.5.3　矢量蒙版

矢量蒙版也叫形状蒙版，是依靠路径、形状工具来定义蒙版中的区域，实现对图像的抠出。由于矢量蒙版是矢量图形，因此在变换与输出时能够保证最终的效果清晰、

光滑。

在菜单栏中执行“图层”/“矢量蒙版”/“显示全部”命令,可直接添加矢量层蒙版,如图 2-106 所示;或者双击图层面板下方的“添加图层蒙版”按钮,也可添加矢量层蒙版,效果如图 2-107 所示。

右击矢量蒙版缩览图并选择“栅格化矢量蒙版”命令,可将矢量蒙版栅格化。而矢量蒙版一旦栅格化,即转换为图层蒙版,就无法再返回矢量蒙版,如图 2-108 所示。

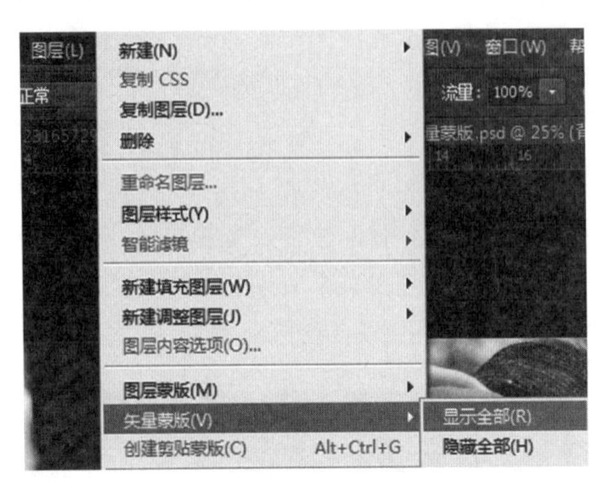

图 2-106　创建矢量蒙版

图 2-107　矢量蒙版效果

图 2-108　栅格化矢量蒙版

2.5.4　剪贴蒙版

剪贴蒙版是一组具有剪贴关系的图层,它由两个以上图层构成,处于下方的图层被称为基底图层,用于控制其上方图层的显示区域,而其上方的图层则被称为内容图层。在每一个剪贴蒙版中,基底图层都只有一个,基底图层名称上带有下划线,而内容图层则可以有若干个。

剪贴蒙版的使用非常灵活,接下来我们来学习如何创建剪贴蒙版。创建剪贴蒙版有以下几种方法:第一,在菜单栏中执行“图层”/“创建剪贴蒙版”命令,直接创建

剪贴蒙版（如图 2-109 所示）；第二，在“图层”面板中右击内容图层，在弹出的菜单中选择“创建剪切蒙版”命令（如图 2-110 所示）；第三，按住 Alt 键并在两个图层中间单击，可创建剪贴蒙版；第四，按快捷键 Alt+Ctrl+G，也可创建剪贴蒙版。图像的最终效果及剪贴蒙版如图 2-111 和图 2-112 所示。

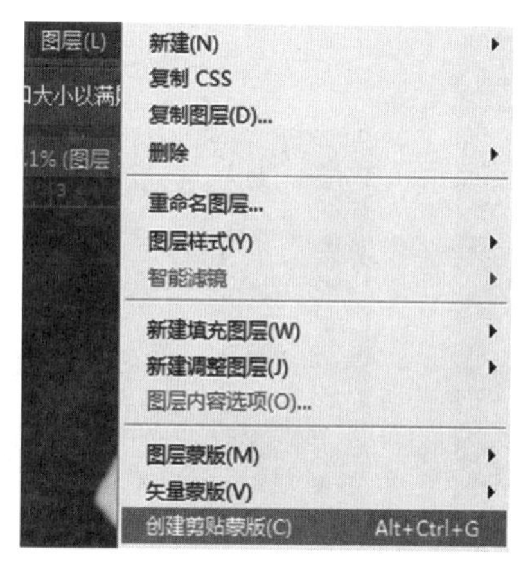

图 2-109　创建剪贴蒙版方法 1

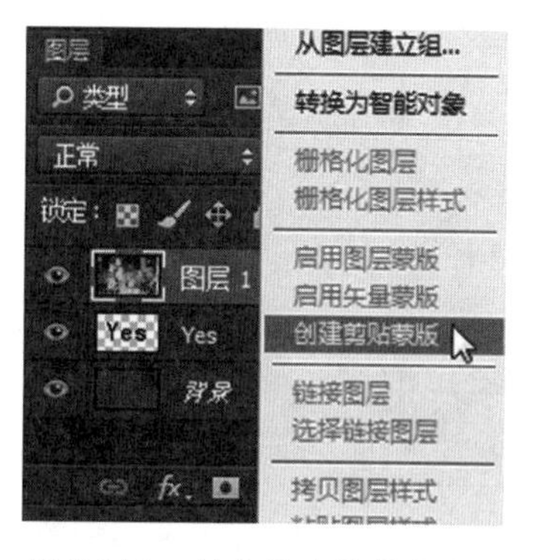

图 2-110　创建剪贴蒙版方法 2

图 2-111　最终效果

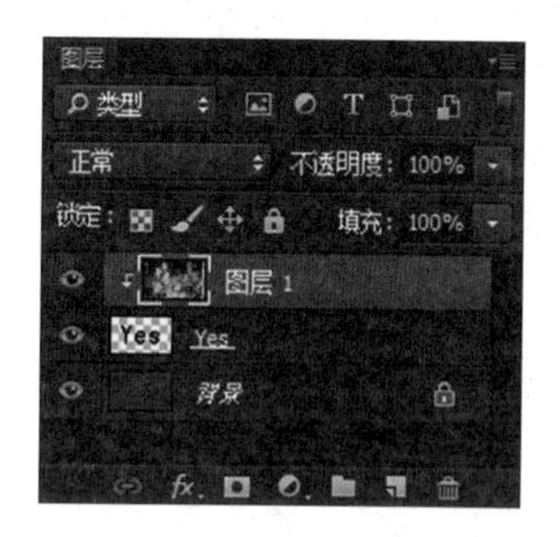

图 2-112　剪切蒙版

剪贴蒙版与普通图层蒙版的区别如下。

① 普通的图层蒙版只作用于一个图层，是在图层上面进行遮挡。但剪贴蒙版却是对一组图层进行影响，而且是位于被影响图层的最下面。

② 普通的图层蒙版本身不是被作用的对象，而剪贴蒙版本身又是被作用的对象。

③ 普通的图层蒙版仅是影响对象的不透明度，而剪贴蒙版除了影响所有上层图层的不透明度外，其自身的混合模式及图层样式都将对所有上层图层产生直接影响。

2.5.5　设置快速蒙版选项

快速蒙版模式是创建和查看图像的临时蒙版，可以辅助创建选区。快速蒙版与一般的 Alpha 通道有些不同。如果说 Alpha 通道可以存储和编辑，那么快速蒙版就只能编辑而不具备存储功能。如果要永久保存选区，必须将选区存储为 Alpha 通道。下面通过实例来了解快速蒙版。

1. 创建快速蒙版

选择工具箱底部的“以快速蒙版模式编辑”按钮，设置前景色与背景色为默认颜色。选择画笔工具，调整画笔大小，在视图中的“女孩”图像上进行涂抹，将“女孩”图像全部遮盖，如图 2-113 和图 2-114 所示。

图 2-113　绘制快速蒙版

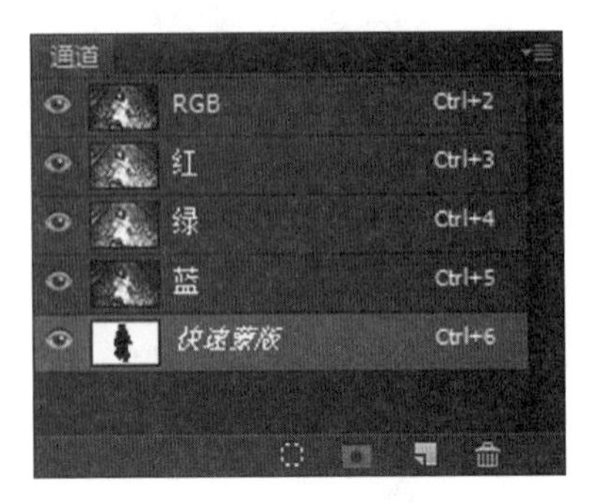

图 2-114　快速蒙版通道

在涂抹的过程中，根据画面的需要调整画笔大小。红色所覆盖的区域，表示该区域图像为受保护状态。

2. 将蒙版转换为选区

单击工具箱中的“以标准模式编辑”按钮，关闭快速蒙版，进入标准编辑模式，图像中产生了选区，“通道”面板里的“快速蒙版”通道消失，如图 2-115 和图 2-116 所示。按下 Q 键，可以返回刚才的快速蒙版状态。快捷键 Q 可以使选区与快速蒙版涂抹状态相互切换。

图 2-115　选区 1

图 2-116　快速蒙版消失

3. 快速蒙版选项

双击“以标准模式编辑”按钮，可以弹出快速蒙版选项，蒙版颜色默认为红色，不透明度为 50%。单击颜色色块按钮，在弹出的“选择快速蒙版颜色”中可以重新设置颜色，如图 2-117 和图 2-118 所示。

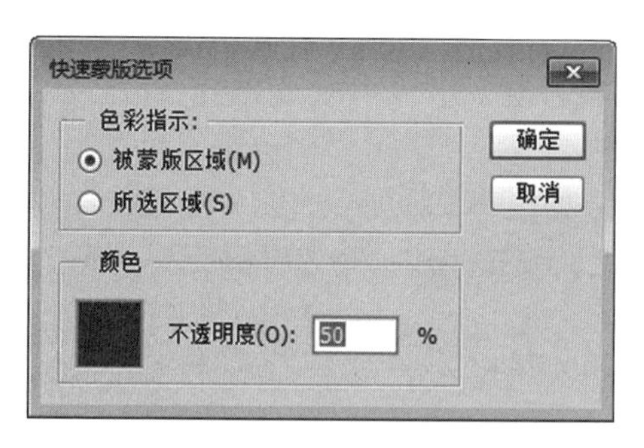

图 2-117　“快速蒙版选项”设置

图 2-118　蓝色遮盖的快速蒙版

“被蒙版区域”有颜色的区域为遮罩的区域,无颜色的区域为选取区域。“所选区域”表示有颜色的区域为选取的区域,无颜色的区域为遮罩区域。

2.6　通道技术

2.6.1　通道的概念

通道是 Photoshop 软件中极为重要的功能之一,它是用来存储图像颜色信息和选择范围的一个载体。在 Photoshop 软件中通道的功能十分强大,它可以编辑处理选区,单独调整通道的颜色,对图像进行应用以及计算等高级操作。本节将从最基础的部分开始介绍通道的工作方式及操作技能。

2.6.2　通道类型

在 Photoshop 软件中,通道的类型分别为颜色通道、Alpha 通道和专色通道,如图 2-119 所示。下面将对这些通道进行详细的讲解。

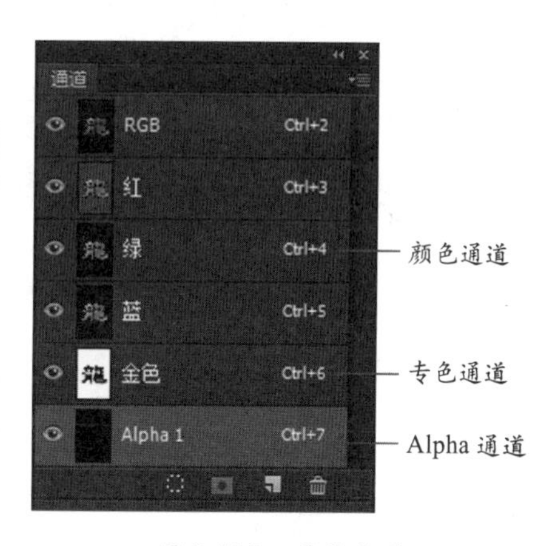

图 2-119　通道类型

1. 颜色通道

在 Photoshop 中颜色通道十分重要,颜色通道用于保存和管理图像中的颜色信息。颜色通道的数量和图像的颜色模式有关。颜色通道可在“通道”面板上显示。如果屏幕上看不到“通道”面板,可执行“窗口”/“通道”命令,将“通道”面板调出来。在系统默认情况下,“通道”面板上的每个单色通道均以灰度显示,但复合颜色通道仍以彩色形式显示。

2. Alpha 通道

Alpha 通道是一种特别的通道,用于保存和编辑选区。Alpha 通道相当于 8 位的灰度图像,它不会直接对图像的颜色产生影响。

3. 专色通道

专色通道主要用于图像的专色印刷,如银色、金色以及凹凸压膜等。通过专色通

道可以标明特殊印刷的区域，可以产生一个除C、M、Y、K四色版以外的专色板。

单击“通道”面板右上方的扩展按钮，在弹出的下拉菜单中选择“新建专色通道”命令，如图2-120所示。在弹出的“新建专色通道”对话框中可以设置名称，在“名称”文本框输入通道名称，如图2-121所示。在“油墨特性”区域中单击“颜色”按钮，可以打开“拾色器”（专色）对话框设置颜色，如图2-122所示。在“密度”文本框中输入0～100%的百分比值，可设置颜色浓度。设置完成后单击“确定”按钮。

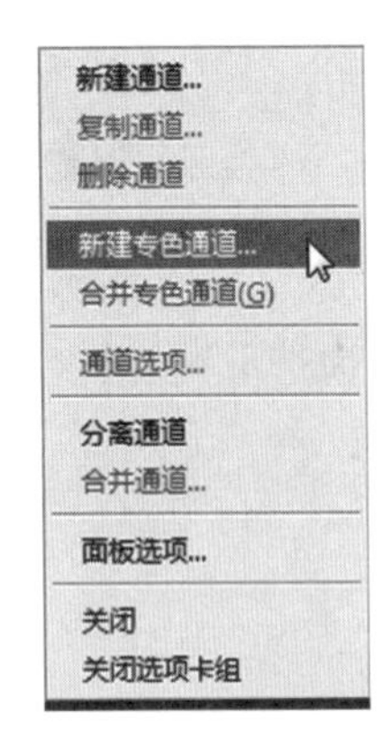

图2-120　新建专色通道

图2-121　“新建专色通道”对话框

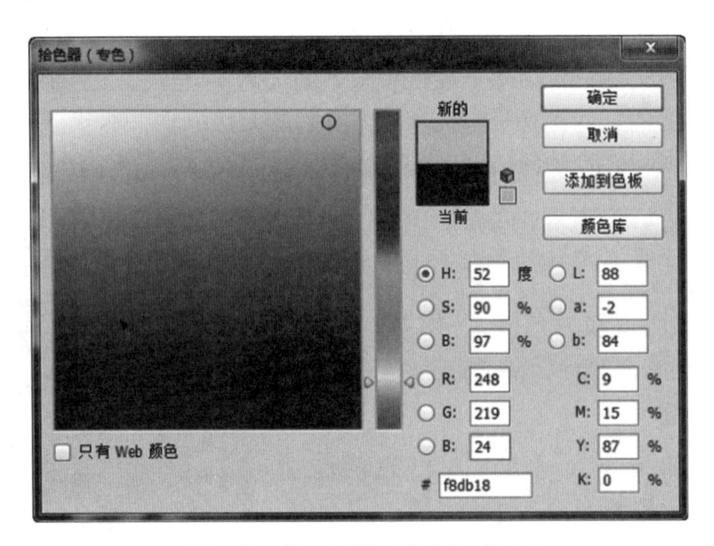

图2-122　“拾色器”（专色）对话框

当“密度”文本框中数值为0时，表示可模拟光泽面。光泽面可用作保护图层或平滑图层。数值为100%时，表示可实现使打印出的油墨完全覆盖其下的所有油墨的模拟效果。

在“通道”面板的下方可以看到出现了一个新建的专色通道，如图2-123所示。最终效果如图2-124所示。

2.6.3　通道面板

通道面板的形式与图层面板相似，通道面板提供了通道和选区之间的切换功能以及编辑通道的相关功能。

图 2-123　专色通道

图 2-124　最终效果

如果在 Photoshop 软件中没有显示通道面板，可以选择菜单中的“窗口”/“通道面板”命令，打开通道面板，下面来了解一下通道面板的相关内容。

1. 通道面板的工具按钮

在通道面板的右下方共有 4 个工具按钮，如图 2-125 所示。

① 将通道作为选区载入：可将当前通道图像载入选区。

② 将选取存储为通道：可将图像中设置为选区的部分保存为一个 Alpha 通道。

③ 创建新通道：创建新通道或复制通道。

④ 删除当前通道：删除选定的通道，或把一个通道拖到此按钮上来删除该通道。

2. 通道面板的快捷菜单

单击通道面板右上方的扩展按钮，在弹出的菜单中提供了编辑通道的相关功能，如图 2-126 所示。

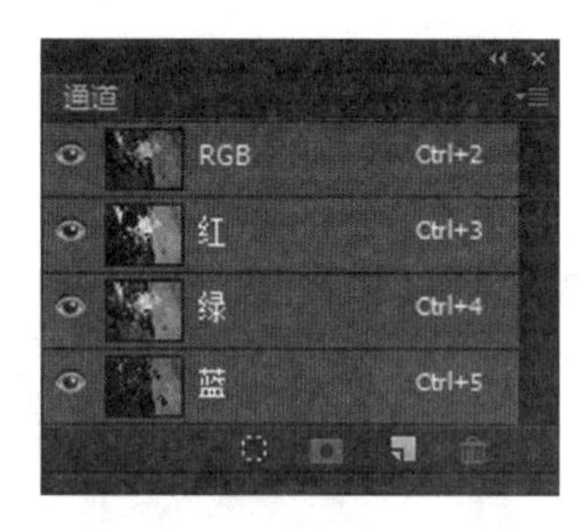

图 2-125　“通道”面板

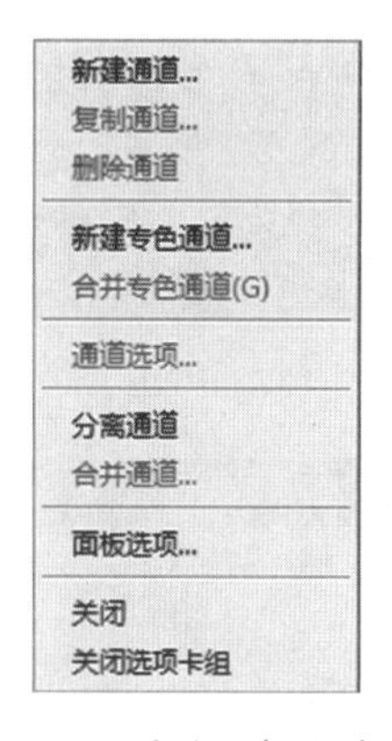

图 2-126　通道面板快捷菜单

① 新建通道：创建新的通道。与通道面板中“创建新通道”按钮的功能一样。

② 复制通道：复制通道。与在通道面板中将需要复制的通道拖至“创建新通道”按钮上的功能一样。

③ 删除通道：删除选定的通道。

④ 新建专色通道：创建新的专色通道。

⑤ 合并专色通道：新建专色通道后，该命令将变为可用。将专色通道与图像合并以后，删除专色通道。

⑥ 通道选项：在“通道选项”对话框中可以设置蒙版范围，更改颜色和名称，还可以将 Alpha 通道转换为专色通道。

⑦ 分离通道：执行此命令可以将图像分为基本颜色通道和 Alpha 通道。

⑧ 合并通道：执行此命令可以重新合并被分离的通道。

⑨ 面板选项：在“面板选项”对话框中可以根据需要设置“通道”面板上缩览图的大小。缩览图越大，图像处理速度越慢。

2.6.4 通道编辑

通道的编辑主要包括在通道面板中调整通道的颜色，编辑 Alpha 通道，对通道进行计算，使图像达到各种艺术效果。

1. 图像的颜色模式

在 Photoshop 中编辑图像时，经常使用到的颜色模式有：RGB（红色、绿色、蓝色）颜色模式；CMYK（青色、洋红、黄色、黑色）颜色模式；灰度模式；Lab 颜色模式等。而在特别的颜色输出时所用到的颜色模式有索引颜色和双色调等。

（1）RGB 颜色模式

RGB 颜色模式图像包括 Red（红）、Green（绿）、Blue（蓝）三个分量通道和一个 RGB 彩色复合通道，如图 2-127 ～图 2-131 所示。

图 2-127　RGB 颜色模式图像

图 2-128　RGB 通道面板

图 2-129　红色通道

图 2-130　绿色通道

图 2-131　蓝色通道

（2）CMYK 颜色模式

CMYK 颜色模式图像包括 Cyan（青色）、Magenta（洋红）、Yellow（黄色）、Black（黑

色）四个分量通道和一个 CMYK 彩色复合通道。CMYK 颜色模式是一种输出打印的颜色模式。执行“图像”/“模式”/“CMYK 模式”命令，将图像的颜色模式转换为 CMYK 模式，如图 2-132 和图 2-133 所示。

图 2-132　CMYK 颜色模式图像

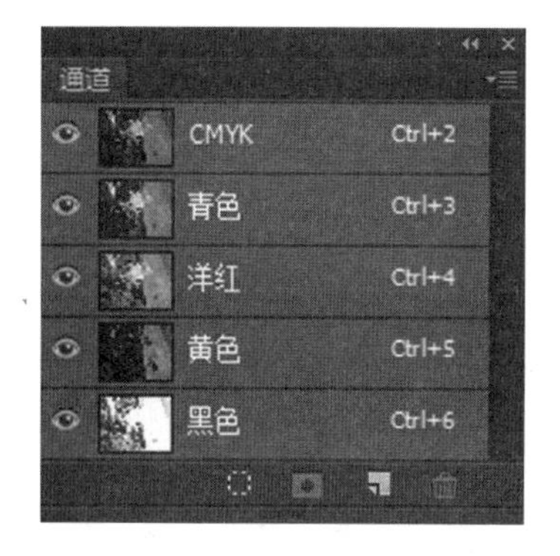

图 2-133　CMYK 通道面板

（3）灰度模式

灰度模式的图像和黑白位图模式图像只包含一个通道，如图 2-134 和图 2-135 所示。

图 2-134　灰度模式图像

图 2-135　灰度通道面板

（4）Lab 颜色模式

Lab 颜色模式的图像包括一个复合通道和一个亮度通道、一个 a 通道和一个 b 通道(a 通道反映绿色和品红色，b 通道反映黄色和绿色)，如图 2-136 和图 2-137 所示。

图 2-136　Lab 颜色模式图像

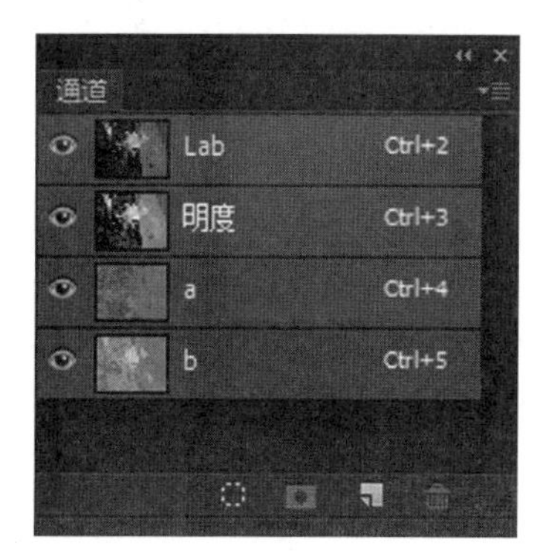

图 2-137　Lab 颜色通道面板

2．调整图像

在通道中可以利用调整命令对单种颜色通道进行调整，使图像的颜色发生变化，从而创造出具有艺术感的效果。下面的实例将利用调整命令在颜色通道中进行图像颜色的调整。

（1）打开通道面板

打开要调整的图像 before.jpg。在窗口的右下方单击“通道”，打开通道面板，如图 2-138 所示。

图 2-138　打开通道面板

（2）调整红通道

选择“调整”面板里的“创建新的曲线调整图层”按钮，在打开的面板中选择红通道，在曲线上单击两次分别在上下各添加一个锚点。选择上面的锚点并轻轻向上拖动，然后选择下面的锚点轻轻向下拖动，使曲线成 S 形，如图 2-139 ～图 2-141 所示。

图 2-139 “调整”面板

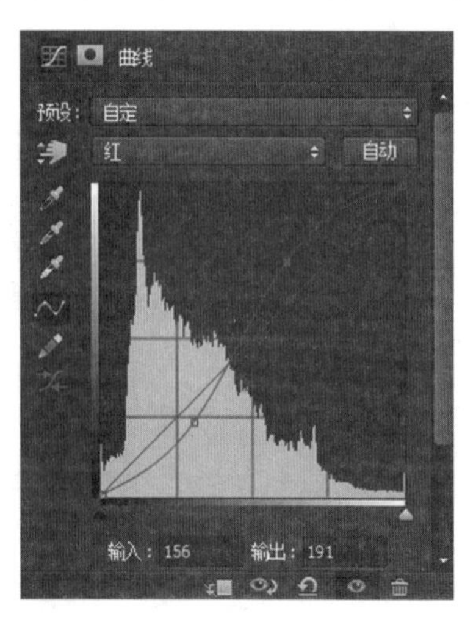

图 2-140　在“曲线”面板中调整红通道

图 2-141　调整红通道后的效果

（3）调整绿通道

选择绿通道，对绿通道进行调整，先在曲线上单击两次分别在上下各添加一个锚点，然后选择锚点上下调整，使曲线成 S 形，如图 2-142 和图 2-143 所示。

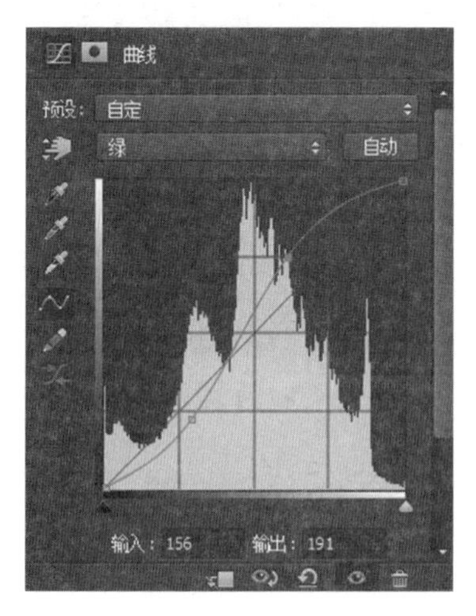

图 2-142　在“曲线”面板中调整绿通道

图 2-143　调整绿通道后的效果

（4）调整蓝通道

选择“调整”面板里的“创建新的色阶调整图层”按钮，在打开的面板中选择蓝通道，然后分别向中心拖动阴影滑块和高光滑块，设置的参数值分别为 70、1.00、218，如图 2-144 ～图 2-146 所示。

3．Alpha 通道的应用

Alpha 通道和颜色通道一样，相当于一个 8 位的灰度图像。它可支持不同的透明度，相当于蒙版的功能，使某个区域以外的部分不受任何着色工具及编辑命令的影响。下面用 Alpha 通道来完成一个实例的制作。

① 打开要应用 Alpha 通道的 1.psd 文件，如图 2-147 所示。

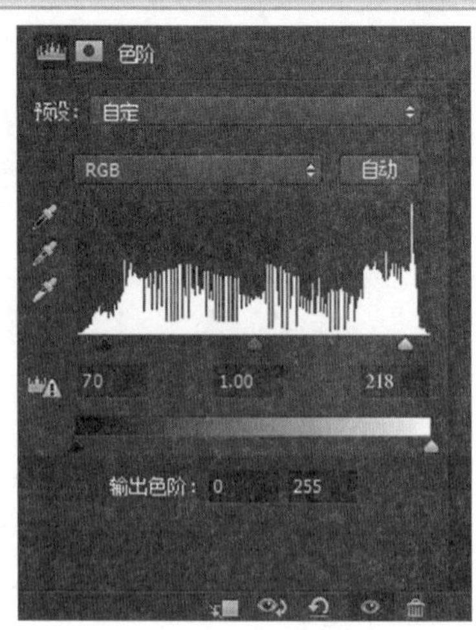

图 2-144　在“调整”面板中选择“色阶”按钮

图 2-145　在“色阶”面板中调整蓝通道

图 2-146　调整蓝通道后的效果

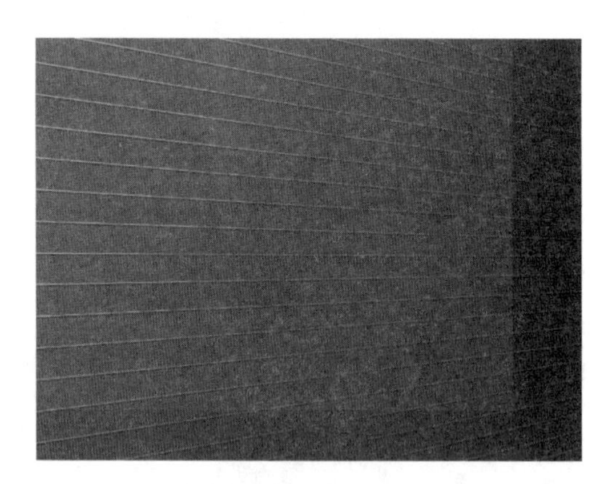

图 2-147　打开文件

② 在主窗口的右下侧单击“通道”按钮,打开通道面板,创建一个 Alpha 通道。选择新创建的 Alpha1 通道（如图 2-148 所示）。按快捷键 Ctrl+A 全选通道,填充为白色,如图 2-149 所示。

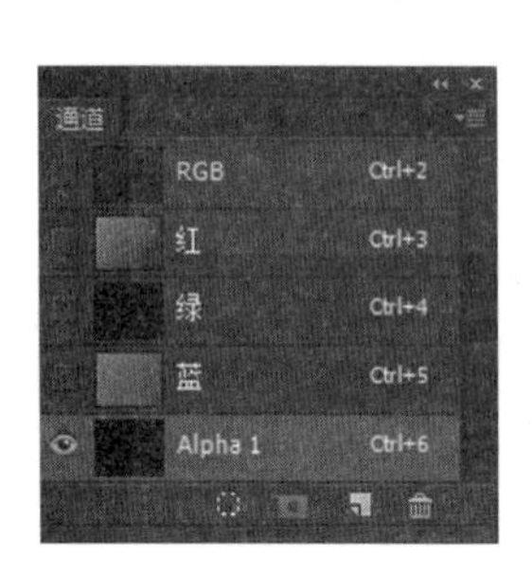

图 2-148　新建 Alpha 通道

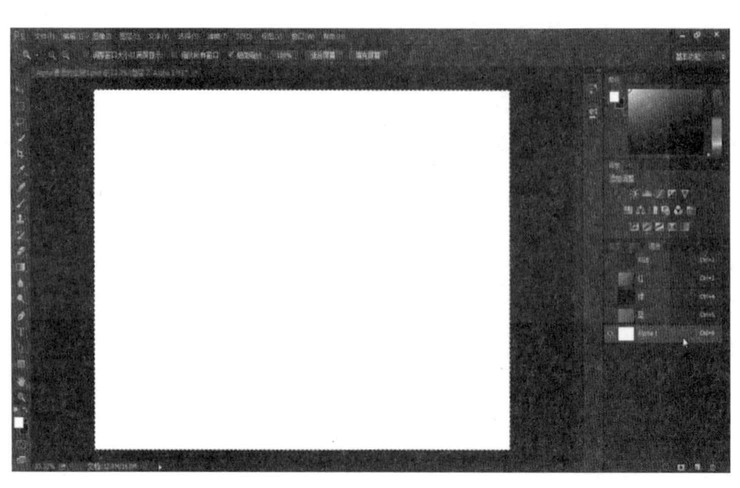

图 2-149　填充 Alpha 通道为白色

③ 在 Alpha 通道上用“横排文字蒙版工具”输入文字，在选择区域内填充黑色。取消选区（按快捷键为 Ctrl+D）并调整位置，如图 2-150 和图 2-151 所示。

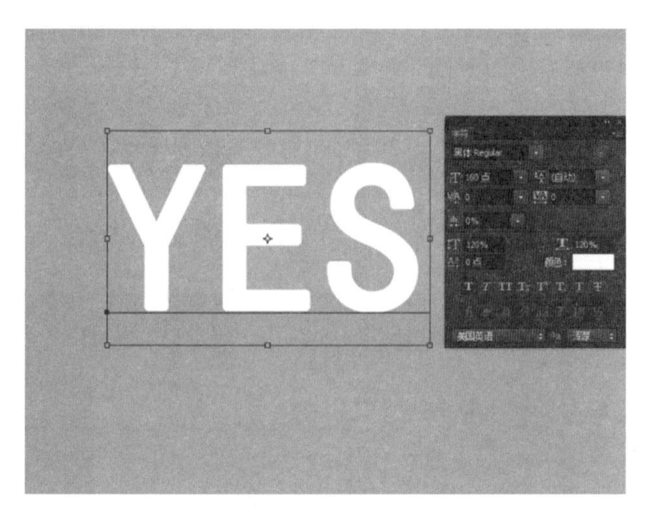

图 2-150　输入文字

图 2-151　在选区内填充黑色

④ 执行“滤镜”/“像素化”/“彩色半调”命令，如图 2-152 所示。分别设置相应的参数值，如图 2-153 所示，效果如图 2-154 所示。

图 2-152　“彩色半调”命令

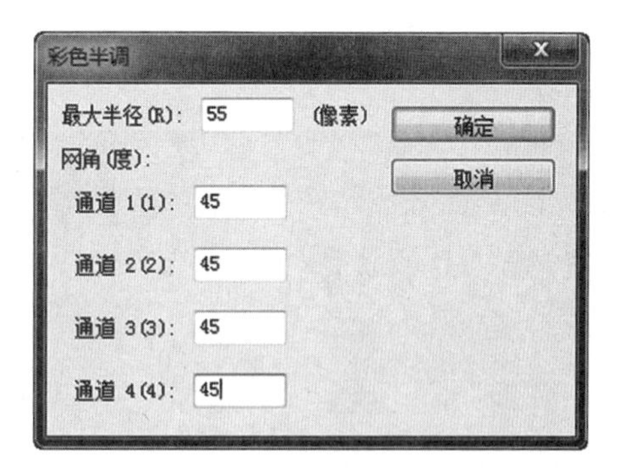

图 2-153　“彩色半调”对话框

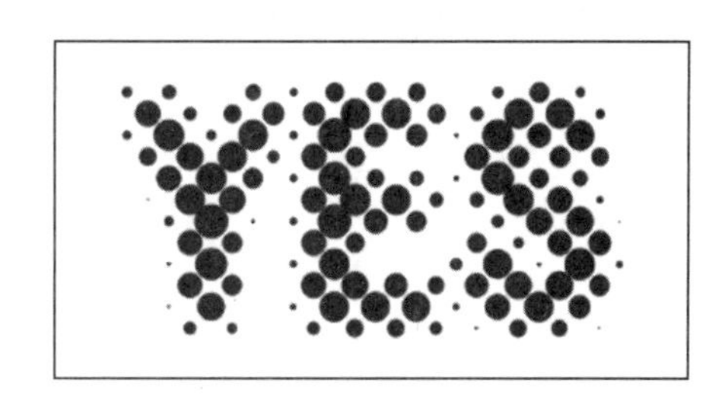

图 2-154　彩色半调效果

⑤ 选择 RGB 复合通道，新建图层 3，执行“选择”/“载入选区”命令（如图 2-155 所示），在“载入选区”对话框中设置通道为 Alpha1，载入 Alpha 通道，如图 2-156 所示。将 Alpha 通道的选择区域调出，进行反选（快捷键为 Ctrl+I）并填充白色，载入效果如图 2-157 所示。

⑥ 取消选区（快捷键为 Ctrl+D），对文字执行“编辑”/“变换”/“扭曲”命令，调整到倾斜状态，效果如图 2-158 所示。

图 2-155 “载入选区”命令

图 2-156 “载入选区”对话框

图 2-157 “载入选区”效果

图 2-158 扭曲文字

⑦ 选择图层 3，单击图层面板下方的“添加图层样式”按钮，分别设置外发光和内发光图层样式相应的参数，如图 2-159 和图 2-160 所示，最终效果如图 2-161 所示。

4. 通道计算

通道计算的方式有两种菜单命令：即“图像”/“应用图像”与“图像”/“计算”。执行菜单栏中的“图像”/“应用图像”命令，能直接设置通道混合模式。执行菜单栏中的“图像”/“应用图像”命令，可以对同一文件的不同图层、通道进行计算，也可以对不同文件进行计算。

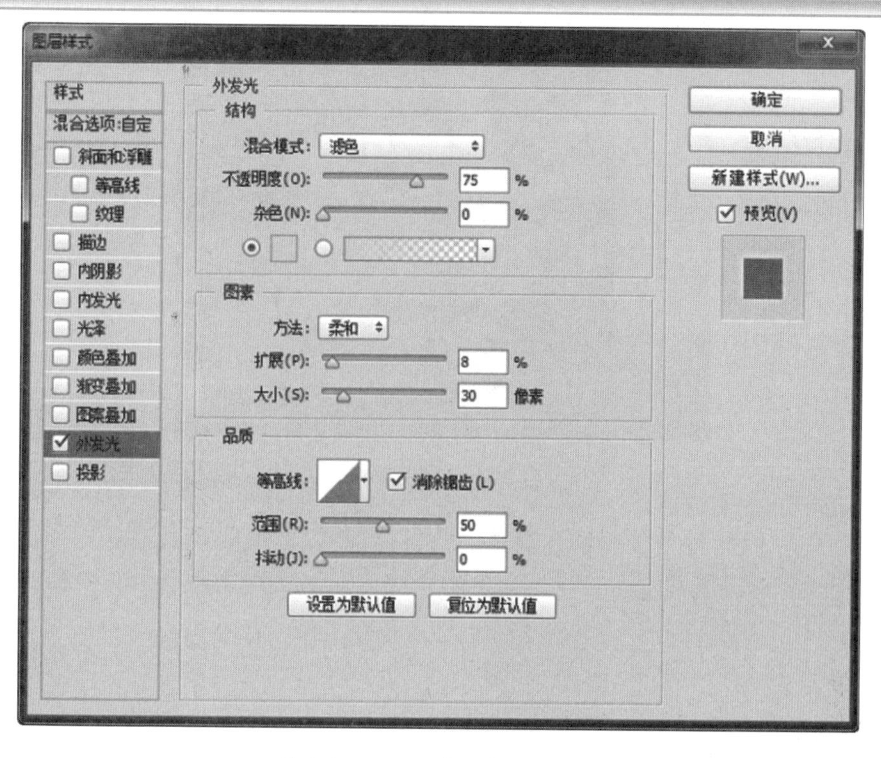

图 2-159 设置外发光图层样式

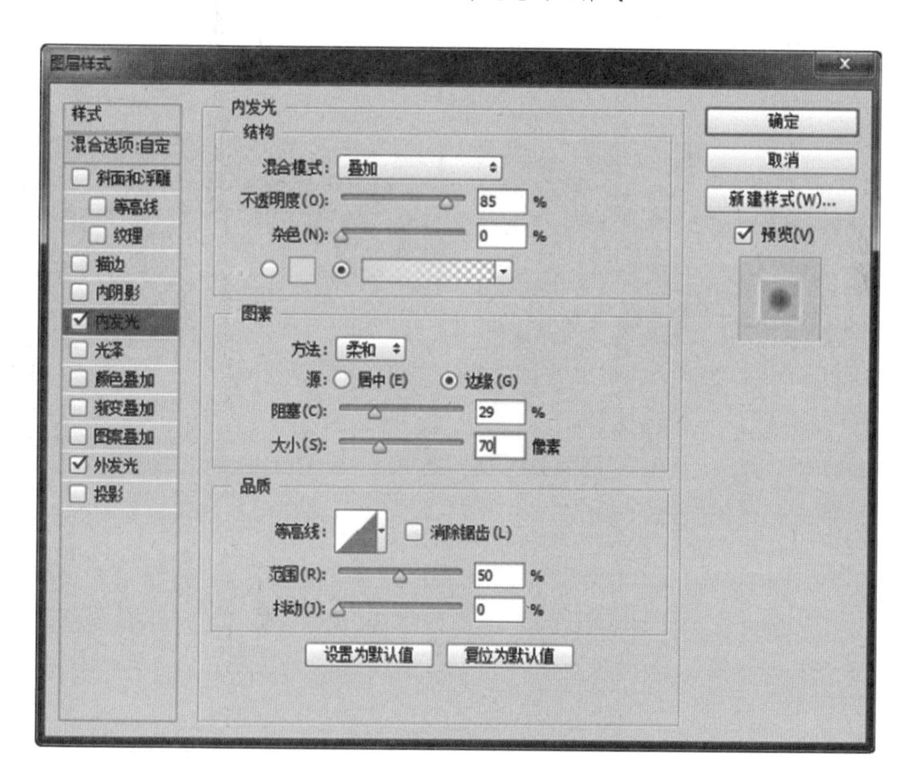

图 2-160 设置内发光图层样式

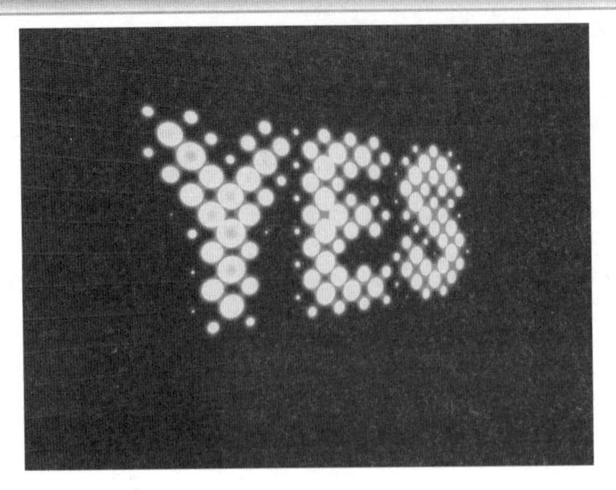

图 2-161　最终效果

所谓通道计算，就是按照预先设定的数学计算方式，把一个通道或复合通道与其他通道进行合成。通道计算的特点在于能直接合并独立颜色通道上的内容。进行通道计算时，不同图像的大小必须一致。

(1)“应用图像”命令

“应用图像”命令能把一幅打开的图像合成在其前景图像上或者把源图像与其自身合成。可以在“应用图像”对话框中选择图像合成的图层、通道以及混合模式和不透明度，制作出不同的画面效果。

打开“应用图像 1.jpg”文件，如图 2-162 所示。再打开“应用图像 2.jpg”文件，如图 2-163 所示。

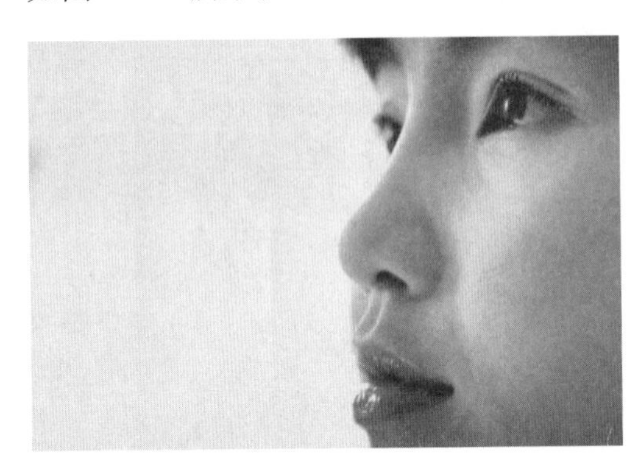

图 2-162　应用图像 1.jpg

图 2-163　应用图像 2.jpg

选择“应用图像 1.jpg”文件，执行“图像”/“应用图像”命令，如图 2-164 所示。在弹出的“应用图像”对话框中设置参数，如图 2-165 所示。完成后单击“确定”按钮，效果如图 2-166 所示。

(2)“计算”命令

“计算”命令的操作选项几乎与“应用图像”命令一样，但它们的作用对象存在一些区别。“计算”命令可以将两个图像中的通道进行混合，该命令只能应用于单个独立的通道，它将一幅图像中的一个通道与另外一幅图像或同一图像的一个通道进行合成图像。

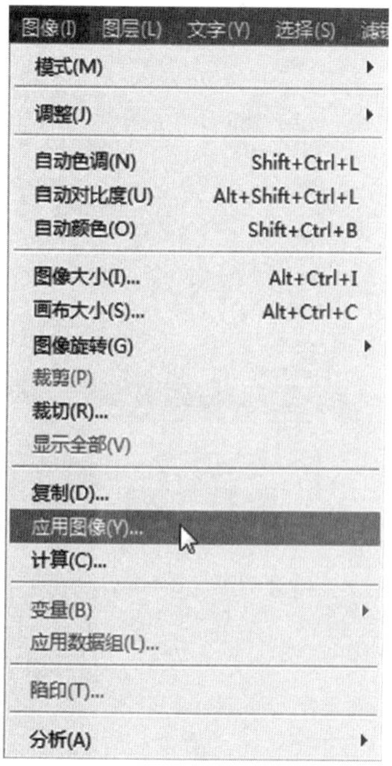

图像(I) 图层(L) 文字(Y) 选择(S)
模式(M)
调整(J)
自动色调(N) Shift+Ctrl+L
自动对比度(U) Alt+Shift+Ctrl+L
自动颜色(O) Shift+Ctrl+B
图像大小(I)... Alt+Ctrl+I
画布大小(S)... Alt+Ctrl+C
图像旋转(G)
裁剪(P)
裁切(R)...
显示全部(V)
复制(D)...
应用图像(Y)...
计算(C)...
变量(B)
应用数据组(L)...
陷印(T)...
分析(A)

图 2-164 “应用图像”命令

应用图像
源: 应用图像2.jpg
图层: 背景
通道: RGB
反相(I)
确定
取消
预览(P)
目标: 应用图像1.jpg(RGB)
混合: 减去
不透明度(O): 100 %
缩放(E): 1
保留透明区域(T)
补偿值(F): 0
蒙版(K)...
图像: 应用图像2.jpg
图层: 背景
通道: 灰色
反相(V)

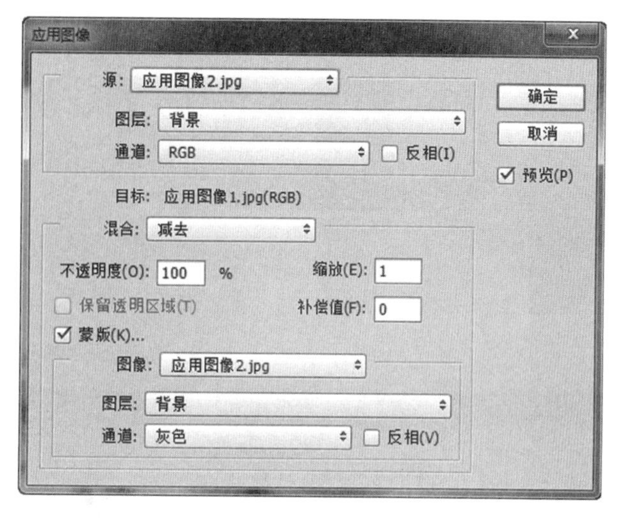

图 2-165 “应用图像”对话框

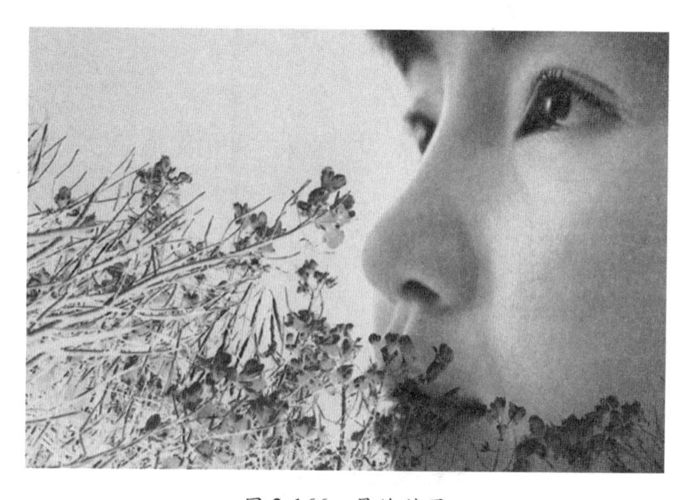

图 2-166 最终效果

打开“计算 1.jpg”文件，如图 2-167 所示。再打开“计算 2.jpg”文件，如图 2-168 所示。

选择“计算 1.jpg”文件，执行“图像”/“计算”命令，如图 2-169 所示。在弹出的“计算”对话框中设置参数，如图 2-170 所示。完成后单击“确定”按钮，效果如图 2-171 所示。

在通道面板中可以看到 Alpha 1 通道，按住 Ctrl 键的同时单击 Alpha 1 通道，拾取 Alpha 1 通道选区如图 2-172 所示，效果如图 2-173 所示。在图层面板中复制背景图层，如图 2-174 所示。

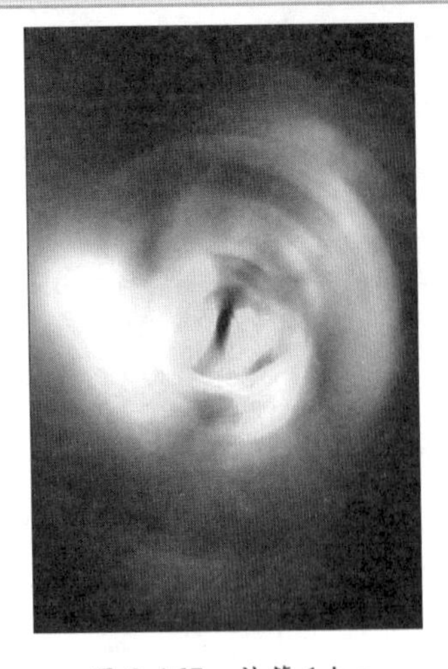

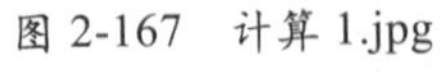

图 2-167　计算 1.jpg

图 2-168　计算 2.jpg

图 2-169　“计算”命令

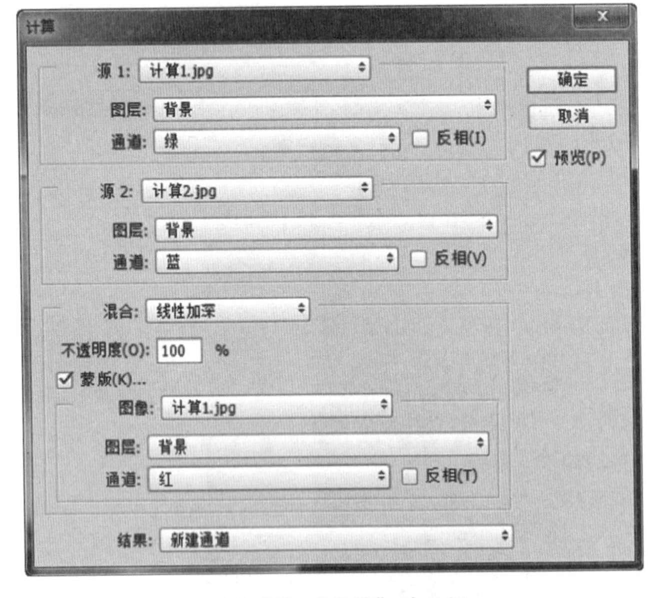

图 2-170　“计算”对话框

图 2-171　Alpha 1 通道图像

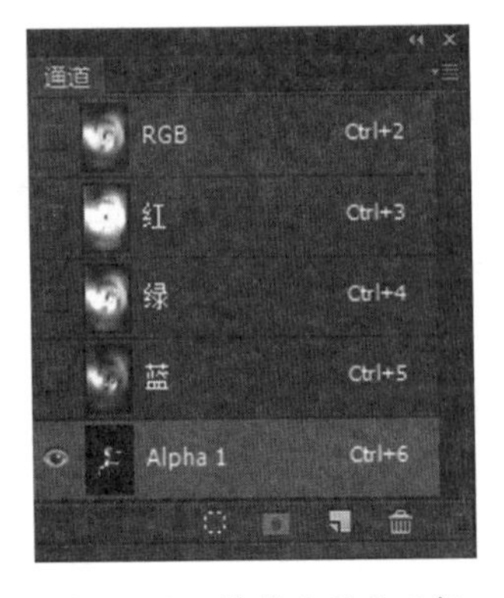

图 2-172　计算后通道面板

图 2-173　计算后效果

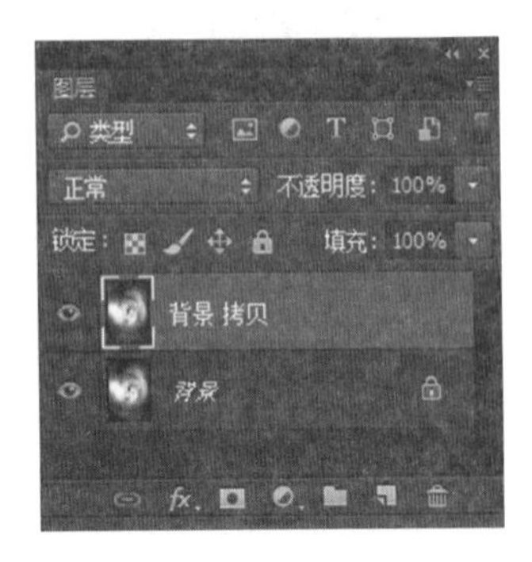

图 2-174　复制图层

执行"滤镜"/"滤镜库"/"艺术效果"/"彩色铅笔"命令,在弹出的对话框中设置参数,如图 2-175 所示。完成后单击"确定"按钮,取消选区(快捷键为 Ctrl+D),如图 2-176 所示。

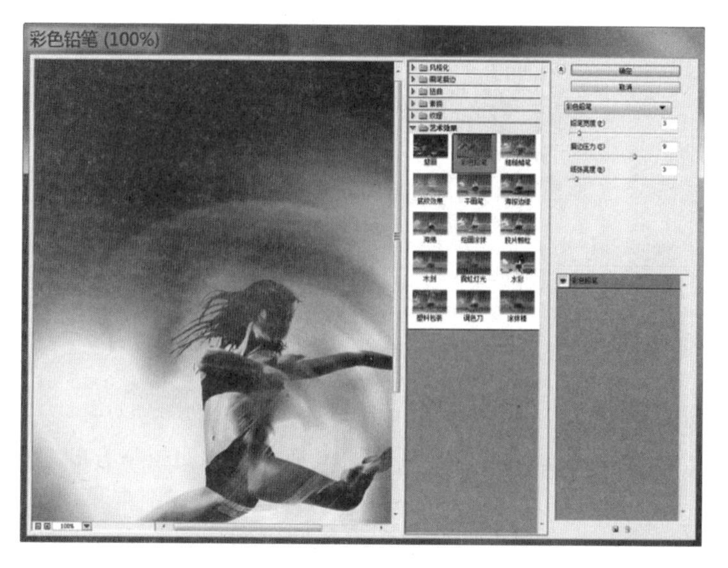

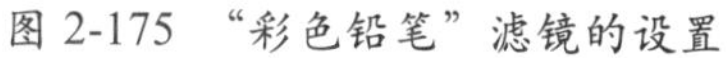

图 2-175 "彩色铅笔"滤镜的设置

图 2-176 滤镜效果

2.6.5 通道的基本操作

通道的基本操作包括添加通道、删除通道、选区存储为通道、载入选区、分离与合并通道、快速蒙版等,这些操作主要通过通道面板来完成。

1. 添加通道

添加通道可以通过新建通道和复制通道的方式实现。

(1) 新建通道

新建通道的方法很多。单击通道面板右下方的"创建新通道"按钮的同时,按下 Alt 键不放,或者单击通道面板右上方的扩展按钮,在弹出的菜单中选择"新建通道"命令,都可以打开"新建通道"对话框。通常新建的第一通道名称为 Alpha 1,如图 2-177 所示。

"名称"文本框中可以输入通道的名称,为通道命名。

"色彩指示"区域有两个单选项。"被蒙版区域"表示在新建的通道中有颜色的区域为遮罩的区域,无颜色的区域为选取区域。"所选区域"表示在新建的通道中有颜色的区域为选取的区域,无颜色的区域为遮罩区域。

"颜色"区域有一个色块按钮,单击此按钮,将打开"拾色器"(通道颜色)对话框,可以为通道选取一种颜色,如图 2-178 所示。"不透明度"文本框可以设置百分比值,用来决定通道颜色的不透明度,默认为 50%。此设置对图像本身没有影响。

注意: 当选择"被蒙版区域"选项时,在 Alpha 通道上白色代表创建或存储的选择区域,黑色代表蒙版区域(选择区域以外部分),由深到浅的灰色代表选择区域的羽化程度。

图 2-177 “新建通道”对话框

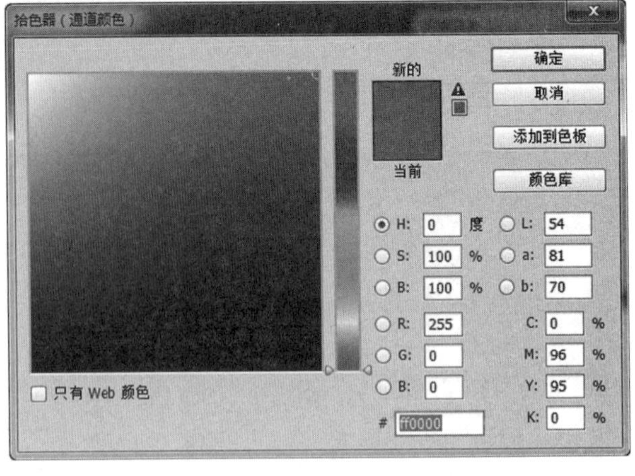

图 2-178 “拾色器”(通道颜色)对话框

(2) 复制通道

复制通道可以用多种方法。用鼠标直接将要复制的通道拖至通道面板下方的“创建新通道”按钮上再放开鼠标,复制的通道名称为原通道名称后加上“副本”两字;或者单击通道面板右上方的扩展按钮,在弹出的菜单中选择“复制通道”命令,可以打开“复制通道”对话框。

打开“天鹅.jpg”文件,如图 2-179 所示。在窗口的右下侧单击“通道”,打开通道面板。

选择通道面板上的“蓝”通道,其他通道自动隐藏。在“蓝”通道上右击并从弹出的快捷菜单中选择“复制通道”命令,如图 2-180 所示。

图 2-179 打开文件

图 2-180 复制通道

在弹出的“复制通道”对话框中设置参数,如图 2-181 所示。“为 (A)”文本框中输入复制的通道名称。“目的”区域的“文档”下拉列表中可以选择将通道复制到哪个文件中,默认为当前图像文件。设置完成后单击“确定”按钮,创建“蓝 副本”通道,如图 2-182 所示。

2. 删除通道

删除某个颜色通道,意味着从图像中减去该颜色成分,从而影响图像的整体效果。这时,图像从彩色模式转变为多通道模式。

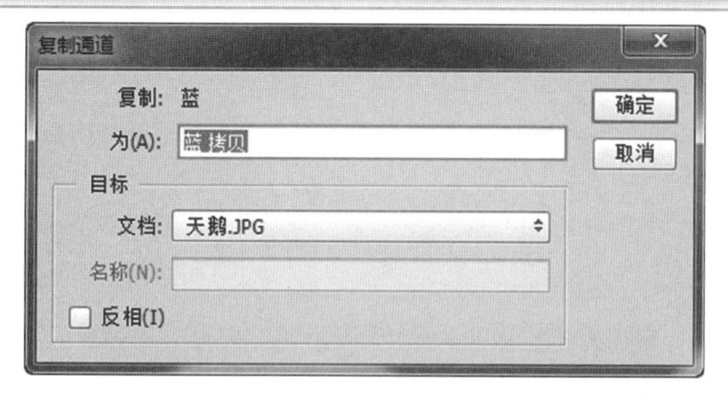

图 2-181　“复制通道”对话框

图 2-182　“蓝 副本”通道

删除通道主要有四种操作方式。可以用鼠标直接将要删除的通道拖至通道面板下方的“删除当前通道”按钮上再放开鼠标；可以选中要删除的通道，然后单击通道面板下方的“删除当前通道”按钮；也可以单击通道面板右上方的扩展按钮，在弹出的菜单中选择“删除通道”命令；还可以选中要删除的通道，右击并从弹出的快捷菜单中选择“删除通道”命令。

3．选区存储为通道

将选区存储为通道有两种方式，下面来详细介绍一下。

用“快速选择工具”在图像上创建一个选区，如图 2-183 所示，然后单击通道面板右下方的“将选取存储为通道”按钮，它可以将图像上的选区创建为 Alpha 1 通道，如图 2-184 所示。

图 2-183　创建选区

图 2-184　选取存储为通道

注意：单击通道面板右下方的“将选取存储为通道”按钮的同时，按下 Alt 键不放，可以打开“存储选区”对话框。

选区创建后，执行菜单栏中的“选择”/“存储选区”命令，如图 2-185 所示，打开“存储选区”对话框，如图 2-186 所示。

在“存储选区”对话框中，“目标”区域里的“文档”下拉列表有两个选项，一个是当前图像文件的名称，一个是“新建”，默认为当前图像文件的名称。

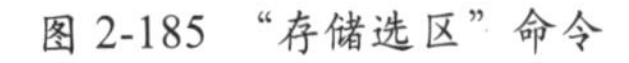

图 2-185 “存储选区”命令

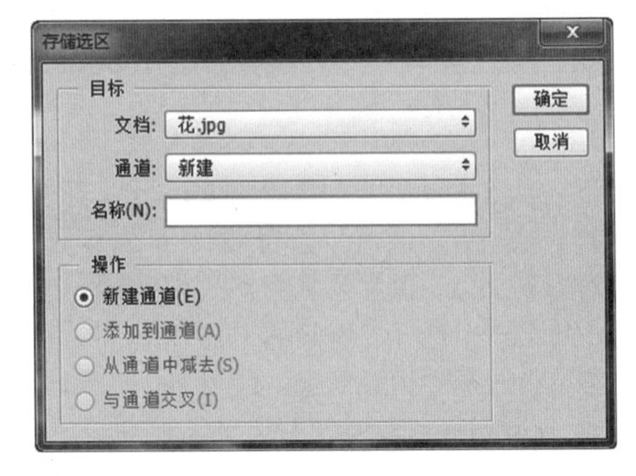

图 2-186 存储选区对话框

“通道”下拉列表中有选区的保存位置。如果所建通道是第一个创建的通道,那么只有一个“新建”选项。

“名称”文本框中输入通道的名称。如果不输入名称,且该通道是第一个创建的通道,系统将默认以 Alpha 1 命名。

“操作”区域共有 4 个单选项,分别为“新建通道”“添加到通道”“从通道中减去”和“与通道交叉”选项。

如果“文档”下拉列表中选择“新建”,将选区保存在新建通道中,则“操作”区域只有“新建通道”可用,其他选项均为不可用状态。

如果打开的图像文件中有建立的通道,如图 2-187 所示,当“文档”下拉列表中选择“花 2”,要将选区保存在已有通道中,则“操作”区域其他单选项变为可用状态,并且原有的“新建通道”选项变为“替换通道”单选项,如图 2-188 所示。

图 2-187 已建立的通道

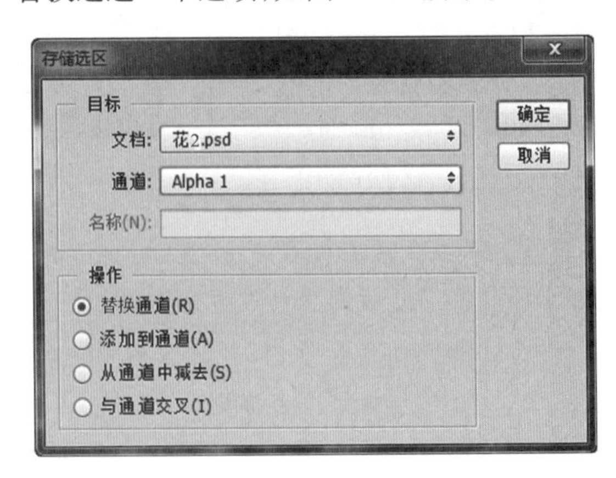

图 2-188 “存储选区”对话框中选择“替换通道”

4. 载入选区

执行“文件”/“打开”命令（快捷键为 Ctrl+O），打开需要载入选区的“花 2.psd”文件。执行“图像”/“载入选区”命令，如图 2-189 所示。

在弹出的“载入选区”对话框中设置参数，如图 2-190 所示。完成后单击“确定”按钮，效果如图 2-191 所示。

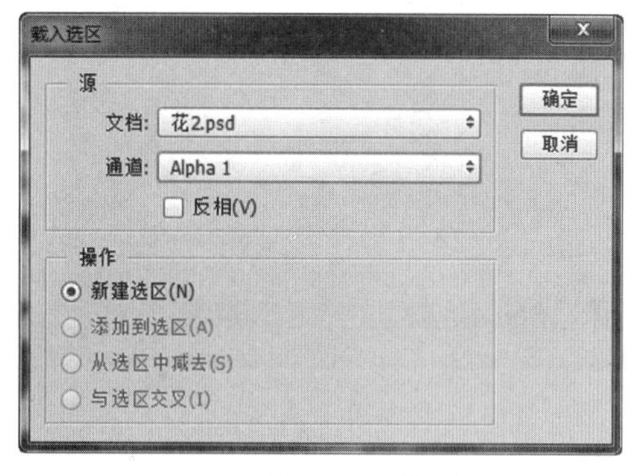

图 2-190 “载入选区”对话框

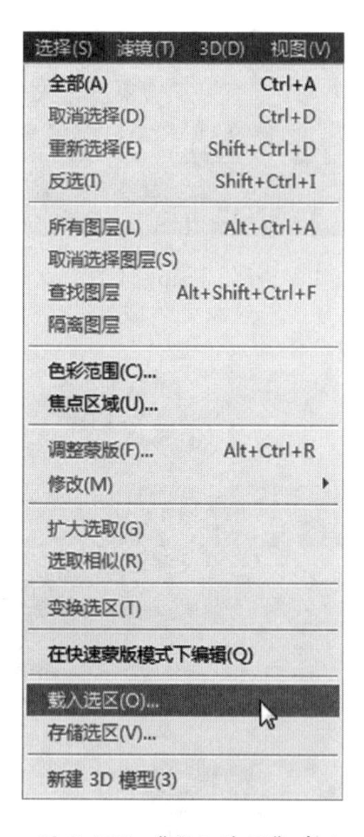

图 2-189 “载入选区”命令

图 2-191 反选效果

注意：如果打开的图像文件没有保存选区，并且图像文件中没有建立的通道，那么“载入选区”命令处于不可用状态。

5. 分离与合并通道

在 Photoshop 中，“分离通道”命令是将图像中的每一个通道分离为一个单独的灰度图像。“合并通道”命令是将多个颜色通道合并为一个图像。下面介绍如何分离与合并通道。

打开“黄草地 .jpg”和“羊 .jpg”文件，如图 2-192 和图 2-193 所示。

分别将两个图像进行分离，在通道面板中单击通道面板右上方的扩展按钮，在弹出的菜单中选择“分离通道”命令。分别将两个图像中的 R 通道、G 通道、B 通道分离为单独的灰度图像，如图 2-194 所示。

在通道面板中单击通道面板右上方的扩展按钮，在弹出的下拉菜单中选择“合并通道”命令。在弹出的“合并通道”对话框中选择模式为 RGB 颜色，单击“确定”

按钮，如图 2-195 所示。在弹出的“合并 RGB 通道”对话框中单击绿色下拉按钮，选择“羊 .JPG_ 绿”，单击“确定”按钮，将通道合并，如图 2-196 所示。最终效果如图 2-197 所示。

图 2-192　黄草地 .jpg

图 2-193　羊 .jpg

图 2-194　两个图像分离出的 R 通道、G 通道、B 通道

图 2-195　“合并通道”对话框

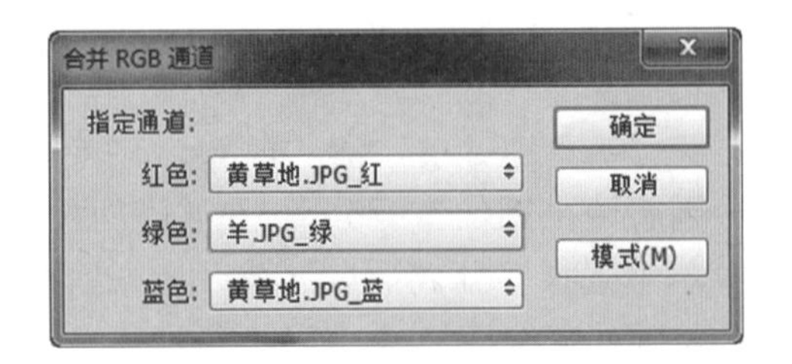

图 2-196　“合并 RGB 通道”对话框

图 2-197　最终效果

注意：合并通道时，合并的图像必须是灰度模式，并具有相同的像素和尺寸。

6．快速蒙版

所谓快速蒙版就是一个临时蒙版或一个临时性的 Alpha 通道。快速蒙版也是以半透明的红色膜将选区以外部分遮挡起来。快速蒙版只是临时的，当进入快速蒙版时也会生成一个对应的临时通道，当退出快速蒙版编辑后，该通道就会消失。

创建快速蒙版的方法是单击工具箱上的“以快速蒙版模式”（以标准模式编辑）图标，双击“快速蒙版”图标，可调出它的对话框，如图 2-198 所示，单击“确定”按钮。在通道面板上出现一个名称为快速蒙版的通道，如图 2-199 所示。

图 2-198　“快速蒙版选项”对话框

图 2-199　快速蒙版通道

退出快速蒙版模式的操作很简单，单击工具箱上的“以标准模式编辑”图标即可。单击“以标准模式编辑”图标后，图像上的红色蒙版消失，出现了选择区域，在通道面板上的临时快速蒙版通道随之消失。

如果要将快速蒙版通道保存，其操作方法如下。

① 用鼠标拖动快速蒙版通道至通道面板下方的“创建新通道”按钮上后再放开鼠标。

② 转换到选择模式后，单击通道面板右下方的“将选取存储为通道”按钮。

2.7 设计案例——消失的女神

2.7.1 修整背景

执行“文件”/“打开”命令(Ctrl+O),打开“女神.jpg”文件,如图 2-200 所示。打开图层面板,选择图层面板里的“背景”图层后按下左键拖动鼠标,将“背景”图层拖动到“创建新图层”按钮上,放开鼠标,复制“背景”图层,创建“背景 拷贝”图层,如图 2-201 所示。同理,再次复制“背景”图层,得到“背景 拷贝 2”图层。单击“背景”图层和复制的“背景 拷贝 2”图层前面的可视图标,关闭“背景”图层和复制的“背景 拷贝 2”图层,效果如图 2-202 所示。

图 2-200 女神图像

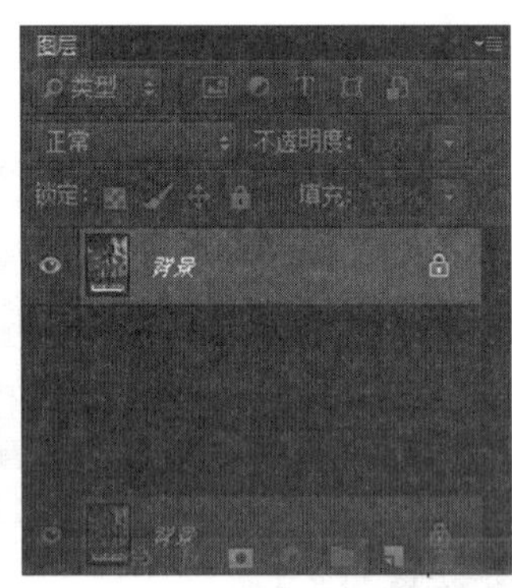

图 2-201 复制“背景”图层

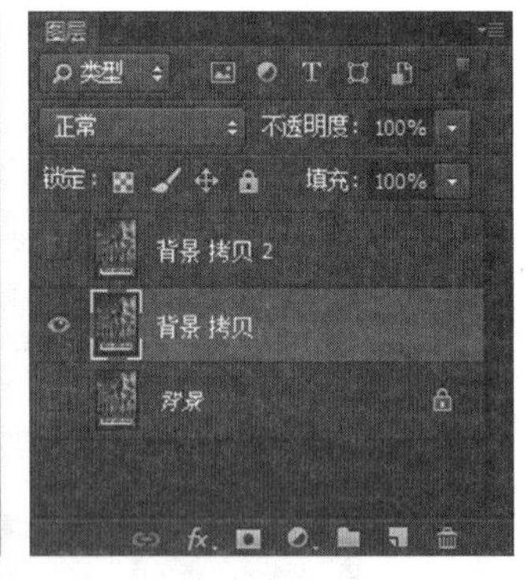

图 2-202 只显示“背景拷贝”图层

选择工具箱中的“仿制图章工具”,在图像上按住 Alt 键来拾取白云部分,然后松开 Alt 键,在图像上进行绘制,将女神像的一部分绘制为蓝天白云,注意要进行多次拾取样本,尽量做到真实的感觉,效果如图 2-203 所示。

2.7.2 巧用通道抠像

打开通道面板,选择“蓝”通道,将“蓝”通道拖拽至“创建新通道”按钮上,松开鼠标左键复制“蓝”通道。注意拖拽时不能松开鼠标的左键,这样就会得到一个“蓝拷贝”通道。如图 2-204 所示。

选择“蓝 拷贝”通道,执行菜单栏里的“图像”/“调整”/“色阶”命令或者按快捷键 Ctrl+L,打开“色阶”对话框,如图 2-205 和图 2-206 所示。调整“色阶”对话框中的色阶参数值,让“女神像”图片的背景变为白色,“女神像”变为黑色,这样使“女神像”图片黑白对比强烈,黑色更黑,白色更白。效果如图 2-207 所示。

图 2-203　用仿制图章工具绘制后的效果

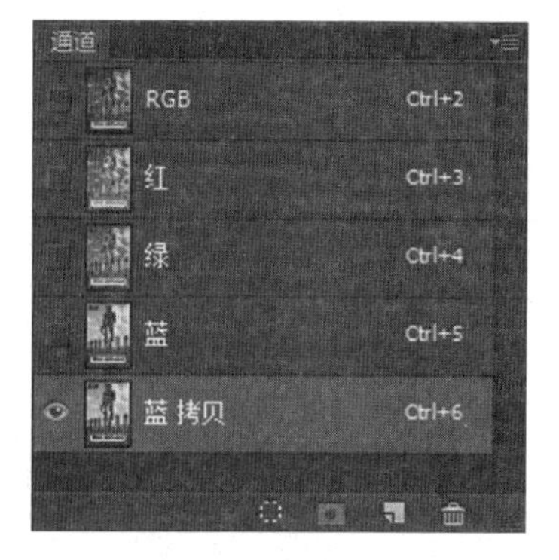

图 2-204　“蓝 拷贝”通道

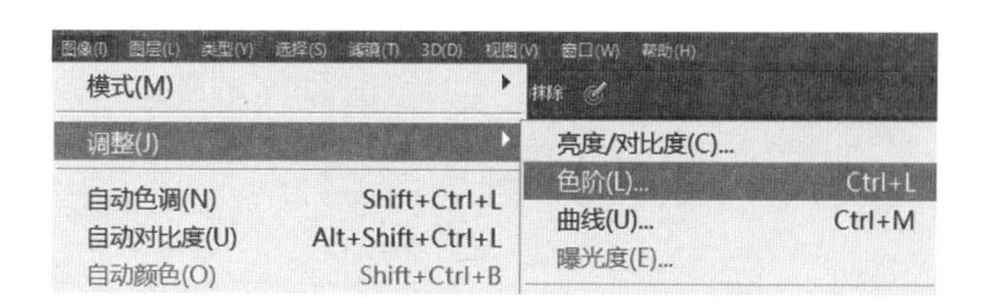

图 2-205　“色阶”命令

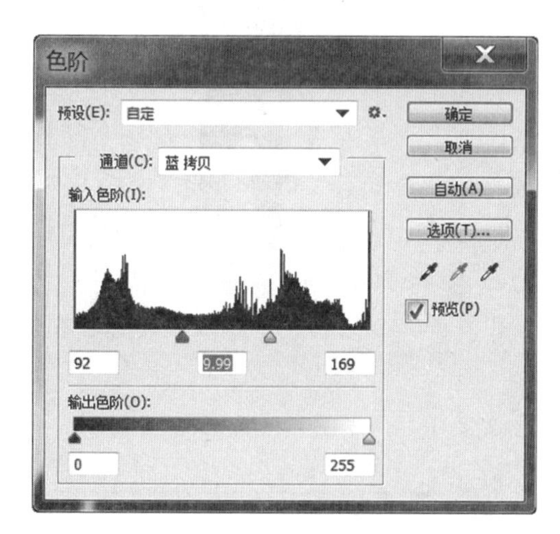

图 2-206　“色阶”对话框

图 2-207　调整色阶后的效果

选择“画笔工具”，在画笔属性栏里设置画笔笔头的大小和硬度，如图 2-208 所示。并按快捷键 D，将前景色和背景色设置为默认的黑色和白色。用画笔工具将“女神像”图片中黑色的部分画为黑色。按 X 键，把前景色与背景色调换，再用画笔工具将“女神像”的背景绘制为白色，这样可以使画面的黑白对比更加明显，能更好地拾取选区。效果如图 2-209 所示。

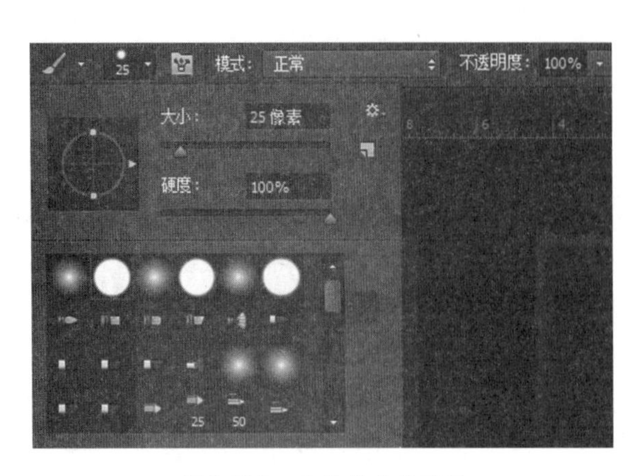

图 2-208　画笔笔头设置图

图 2-209　绘制女神像为黑色

选择通道面板中的“蓝 拷贝”通道，按住 Ctrl 键并用鼠标左键单击“蓝 拷贝”通道的通道缩览图，如图 2-210 所示。执行将“女神像”图片变为加载选区的命令，效果如图 2-211 所示。

图 2-210　拾取蓝拷贝通道

图 2-211　拾取选区

按快捷键 Shift+Ctrl+I，执行反选命令，这样就选中画面中为黑色的部分，效果如图 2-212 所示。选择通道面板中的 RGB 通道，如图 2-213 所示。“女神像”图片中黑色的“女神像”被选中，如图 2-214 所示的效果。

选择图层面板上“背景 拷贝 2”图层，单击图层面板右下角的“添加蒙版”按钮，添加图层蒙版，如图 2-215 所示。图片效果如图 2-216 所示。

图 2-212　反选选区

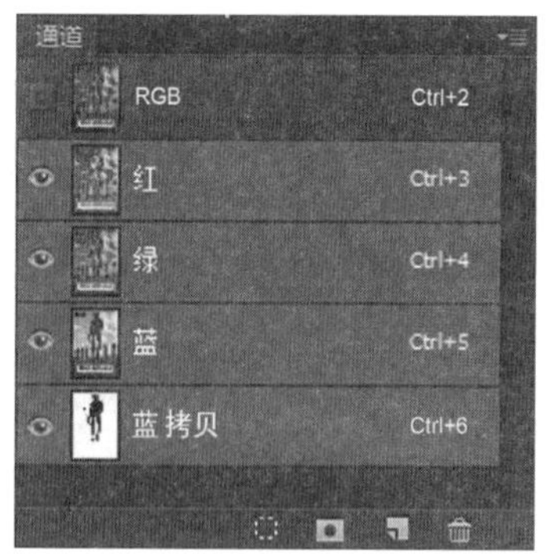

图 2-213　回到 RGB 通道

图 2-214　女神图像被选中

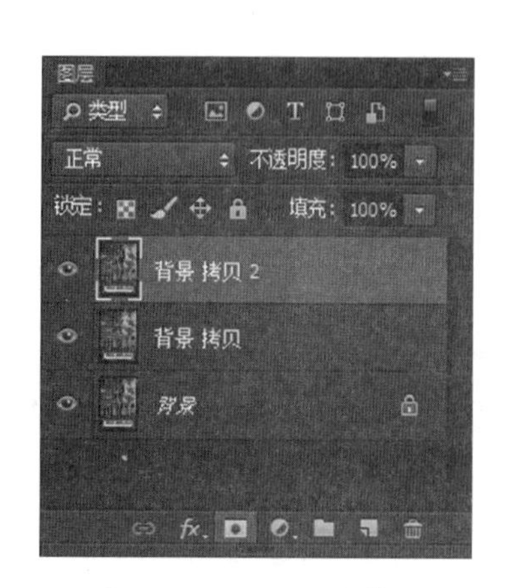

图 2-215　添加图层蒙版

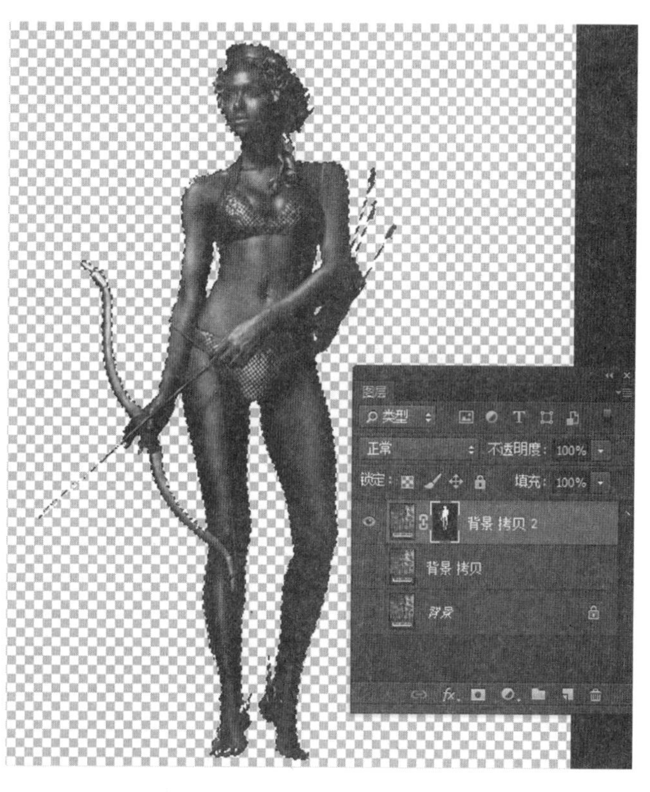

图 2-216　添加图层蒙版效果

2.7.3　定义个性画笔

执行“文件”/“新建”命令，在“新建”对话框中设置参数，宽度（W）和高度（H）分别为 20 毫米左右，“背景内容”设置为透明。参数值如图 2-217 所示。

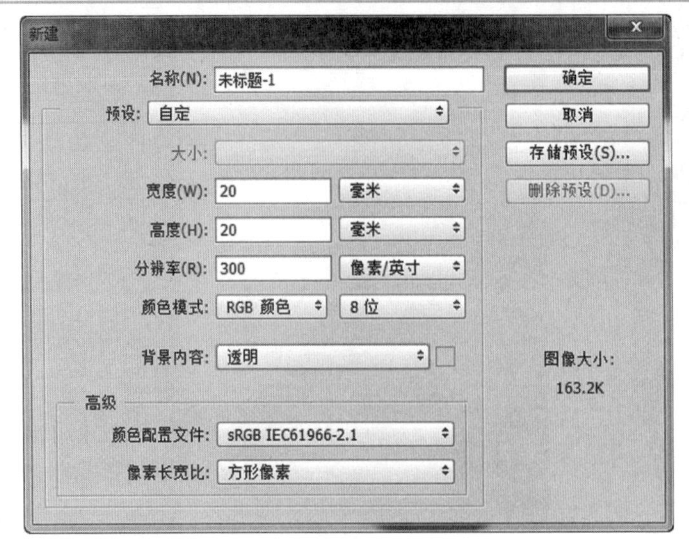

图 2-217 “新建”对话框

选择“自定形状工具” ，然后选择属性栏中的形状选项，并单击面板后面的倒三角，在打开的扩展菜单中选择“全部”命令，如图 2-218 所示，会弹出一个对话框，单击“追加”按钮。如图 2-219 所示。

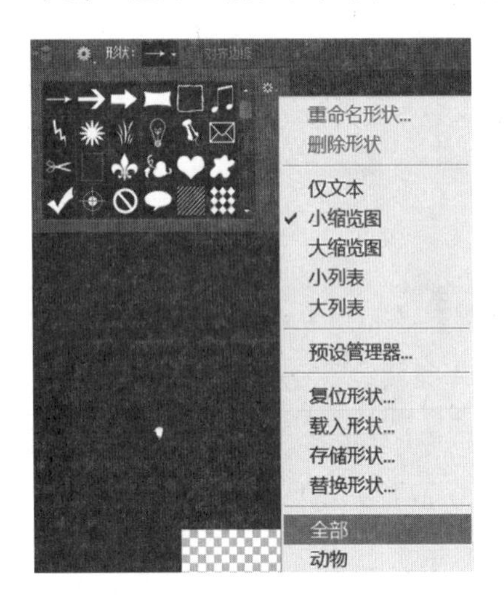

图 2-218 “全部”命令

图 2-219 “追加形状”对话框

在属性栏中设置形状的“像素”选项，选择树叶形状的图案，工具模式为像素，如图 2-220 所示。前景色设置为黑色，按住 Shift 键在画布上拖动鼠标，绘制出刚才所选的树叶形状图案，效果如图 2-221 所示。

单击背景层中的“指示图层可见性”图标，将背景层关掉。选择 “裁切工具” ，选择与树叶图案大小差不多的矩形，然后按 Enter 键执行裁切命令，效果如图 2-222 所示。

图 2-220 设置形状的属性

图 2-221　绘制树叶形状

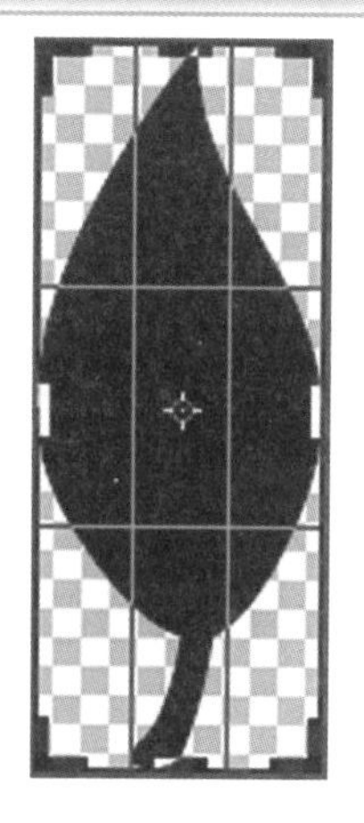

图 2-222　裁切树叶形状

执行“编辑”/“定义画笔预设”命令，在弹出的“画笔名称”对话框中设置画笔的名称，如图 2-223 和图 2-224 所示，单击“确定”按钮确认。此时画笔工具里已经有刚刚保存的树叶形状的画笔，如图 2-225 所示。

编辑(E) 图像(I) 图层(L) 类型(Y) 选择(S) 滤镜(T) 3D
还原裁剪(O) Ctrl+Z
前进一步(W) Shift+Ctrl+Z
后退一步(K) Alt+Ctrl+Z
渐隐(D)... Shift+Ctrl+F
剪切(T) Ctrl+X
拷贝(C) Ctrl+C
合并拷贝(Y) Shift+Ctrl+C
粘贴(P) Ctrl+V
选择性粘贴(I)
清除(E)
拼写检查(H)...
查找和替换文本(X)...
填充(L)... Shift+F5
描边(S)...
内容识别比例 Alt+Shift+Ctrl+C
操控变形
自由变换(F) Ctrl+T
变换(A)
自动对齐图层...
自动混合图层...
定义画笔预设(B)...
定义图案...
定义自定形状...

图 2-223　“定义画笔预设”命令

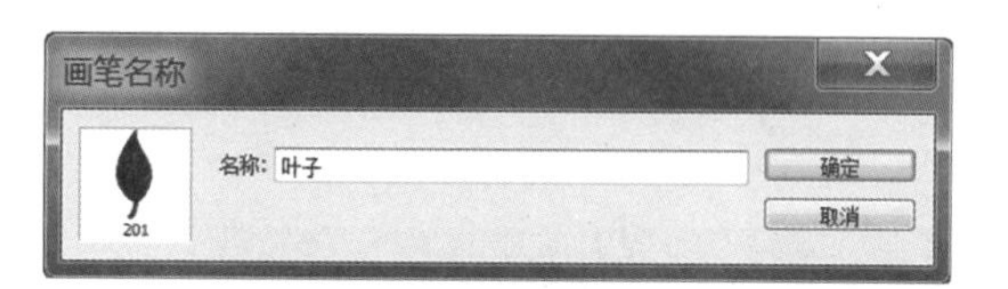

图 2-224　“画笔名称”对话框

图 2-225　选择叶子画笔

回到“女神”图片上，选择“画笔工具”，执行“窗口”/“画笔”命令，会出现一个选择对话框。然后选择刚刚保存的树叶形状的画笔，设置“大小”和“间距”等参数值，如图 2-226 所示。

接下来选择画笔笔尖形状下的“形状动态”和“散布”选项。将“形状动态”选项中的“大小抖动”的值调至 70% 左右，并调整“角度抖动”值为 80% 左右，如图 2-227 所示。将“散布”选项里的“散布”的值调至 700% 左右，“数量”的值设为 2，并把“数量抖动”的值调至 100% 左右，如图 2-228 所示。

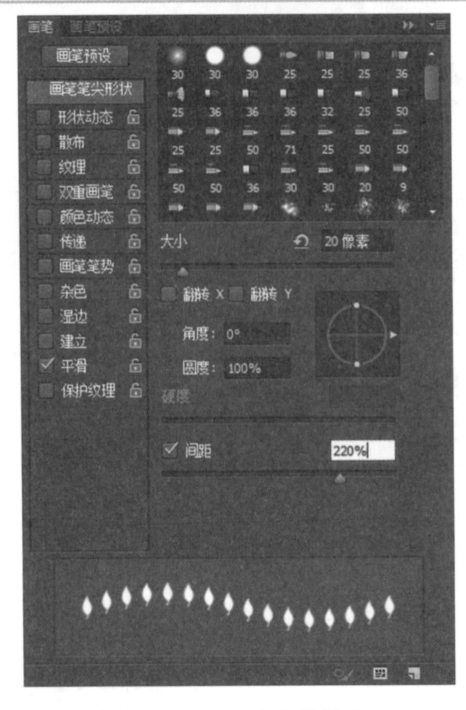

图 2-226 设置画笔间距

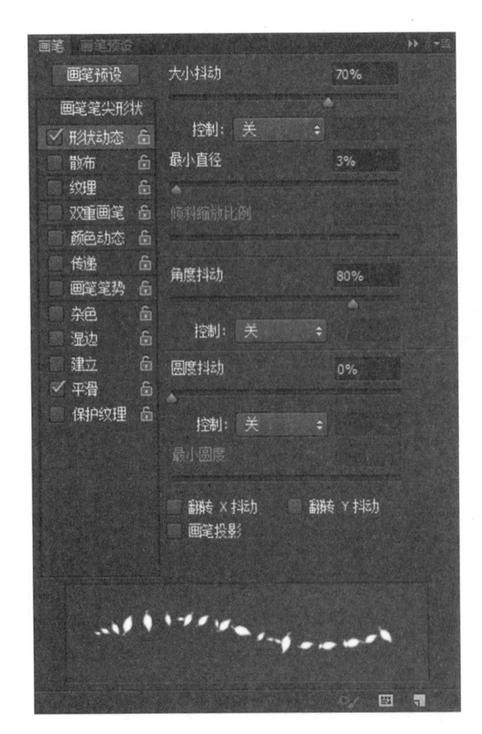

图 2-227 设置“形状动态”选项

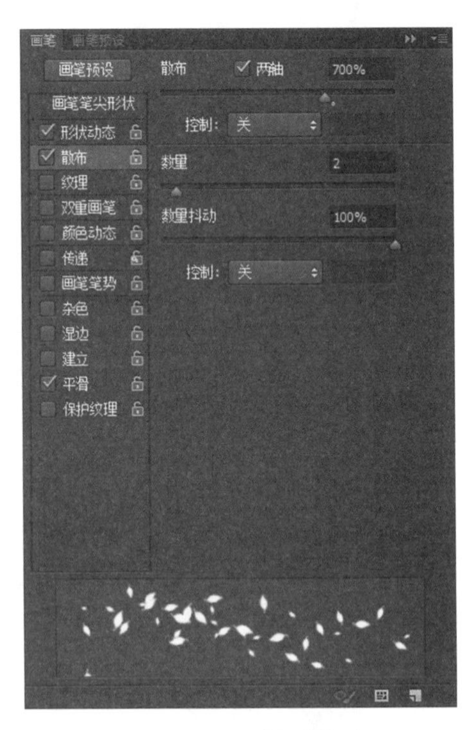

图 2-228 设置“散布”选项

2.7.4 巧用蒙版——消失女神

单击“背景 拷贝 2”图层里的图层蒙版缩览图，注意图层蒙版缩览图被框起来就表示选择上了图层蒙版缩览图，如图 2-229 所示。

选择刚保存的“画笔工具”(树叶形状),将前景色设为黑色,在“背景 拷贝 2”图层里的图层蒙版缩览图上绘制树叶图案。绘制时要变换画笔的大小,使画面看起来有层次感。按“[”键可以缩小画笔,按“]”键可以放大画笔。效果如图 2-230 所示。

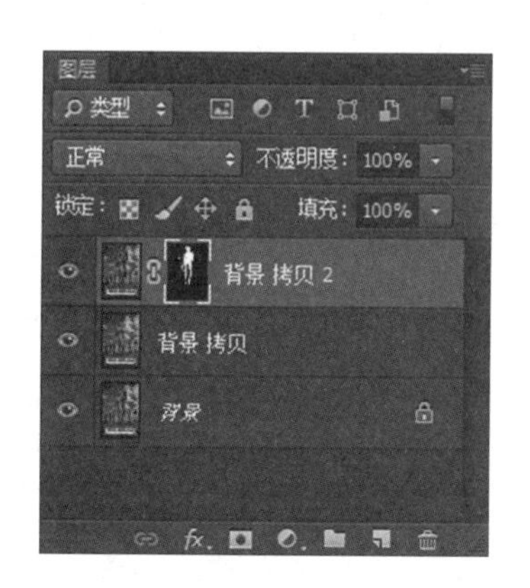

图 2-229　选择图层蒙版缩览图

图 2-230　在蒙版上绘制树叶

选择“吸管工具” ,单击“女神”图片中较深的颜色,设置为前景色,再按住 Alt 键吸取“女神像”较浅的颜色,设置为背景颜色。效果如图 2-231 所示。

在图层面板中单击右下角的“创建图层”按钮,新建“图层 1”,如图 2-232 所示。选择“图层 1”。选择刚定义的笔画,选择画笔笔尖形状下的“颜色动态”选项,设置“颜色动态”选项中的“前景 / 背景抖动”的参数值为 100%,如图 2-233 所示。变换笔头大小绘制飘落的树叶,并新建多个图层,调整多个图层的透明度参数值来产生画面的前后关系,使图片更为真实,画出的效果有一种女神像破碎的感觉。最终效果如图 2-234 所示。

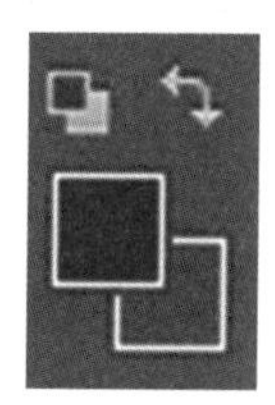

图 2-231　拾取的叶子颜色

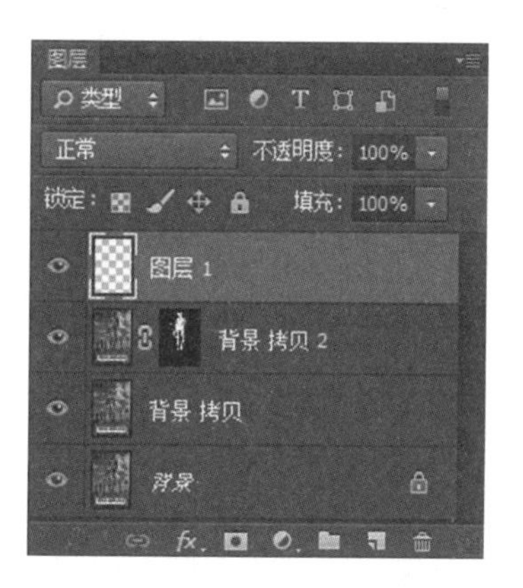

图 2-232　新建图层 1

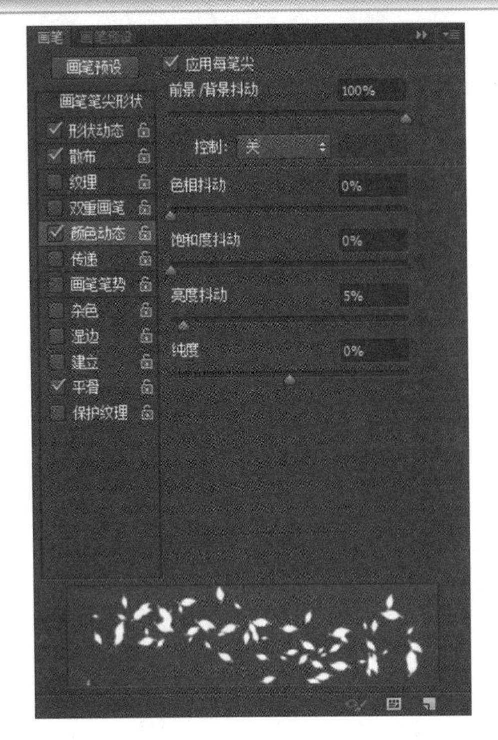

图 2-233　颜色抖动

图 2-234　最终女神像效果

2.8　小　　结

本章介绍了图层类型、图层面板、图层管理、图层效果、图层样式、通道分类、通道面板、通道的基本操作、通道的应用以及各种蒙版的创建,蒙版的作用和编辑技法。认识、了解通道是从图像色彩角度编辑修改图像的一种方法,而蒙版是用来隔离和保护图像的区域。

2.9　习　　题

一、选择题

1．Alpha 通道最主要的用途是（　　）。

A．保存图像色彩信息　　B．创建新通道

C．存储和建立选择范围　　D．为路径提供的通道

2．若要进入快速蒙版状态,应该（　　）。

A．建立一个选区　　B．单击工具箱中的快速蒙版图标

C．选择一个 Alpha 通道　　D．在“编辑”菜单中选择“快速蒙版”

二、问答题

1．新建一个图层有哪些方法?

2．RGB 颜色模式与 CMYK 颜色模式有什么区别?

3．简述剪贴蒙版与普通的图层蒙版的区别。

第3章　斑斓的色彩世界

学习目标

1．了解色彩的基本属性，认识色光、色料、中性色彩混合特性，合理运用于设计当中。

2．了解色彩模式的区别与特性，并针对不同的输出目的合理应用。

3．了解色彩调整的特征，能够根据图片条件和输出目的选择恰当的色彩调节方式完成设计任务。

知识点

1．色彩基础知识， 色光、色料、中性色之间的特征。

2．色彩模式的特性以及转换知识。

3．色彩调节的预期效果及应用技术。

学习图形图像处理必须要掌握好色彩的运用，所以了解一些关于色彩的知识是非常必要的。那么究竟什么是色彩呢？怎样去利用色彩知识做好设计作品呢？学习下面的内容将会引导学习者逐步地认识色彩，并能合理地将色彩应用到设计中。

3.1　色彩的基本属性

3.1.1　色彩的概念

色彩，是光作用于人眼引起的除了形象以外的视觉特征，并由光线的一部分经有色物体反射刺激人的眼睛而在人的头脑中产生的一种反应。没有光就看不到色彩，所以光是呈现色彩的必要条件。

现在常用的色彩模式有 RGB 模式、CMYK 模式、Lab 颜色、灰度几种，其中 RGB 模式和 CMYK 模式最有代表性。RGB 色彩模式是最基础的色彩模式，是色光叠加模式。计算机、电视屏幕上显示的图像，均以 RGB 色光呈现，这是因为显示器的物理结构就是遵循 RGB 构建的。CMYK 又被称作印刷色彩模式，是色料色彩模式。它和 RGB 的不同之处在于必须依赖光线存在。在黑暗的房间里人们可以看见屏幕上的内容，却无法辨清纸介质、物体等的固有色彩，这是因为光线投射到物体上，再反射到人眼中，才能看到内容。没有外界光源的作用，是无法感受物体颜色的。

3.1.2　色彩的基本属性

一、色彩三要素

色彩由三个属性组成：色相、亮度和饱和度。

（1）色相

色相指的是基本颜色，如红色、黄色、绿色和蓝色，如图 3-1 所示为色环展示。

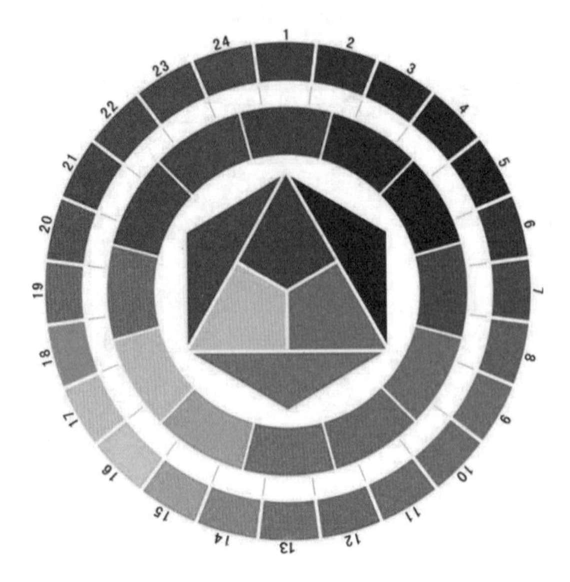

图 3-1　色环

（2）亮度

亮度定义的是物体的明暗程度，图 3-2 是孟塞尔色立体呈现的色彩属性。色彩的亮度指的是相对明暗的程度，是接收到光的物体表面的反射程度。亮度越高，色彩越明亮。通常用 0（黑色）~ 100%（白色）的百分比来度量。

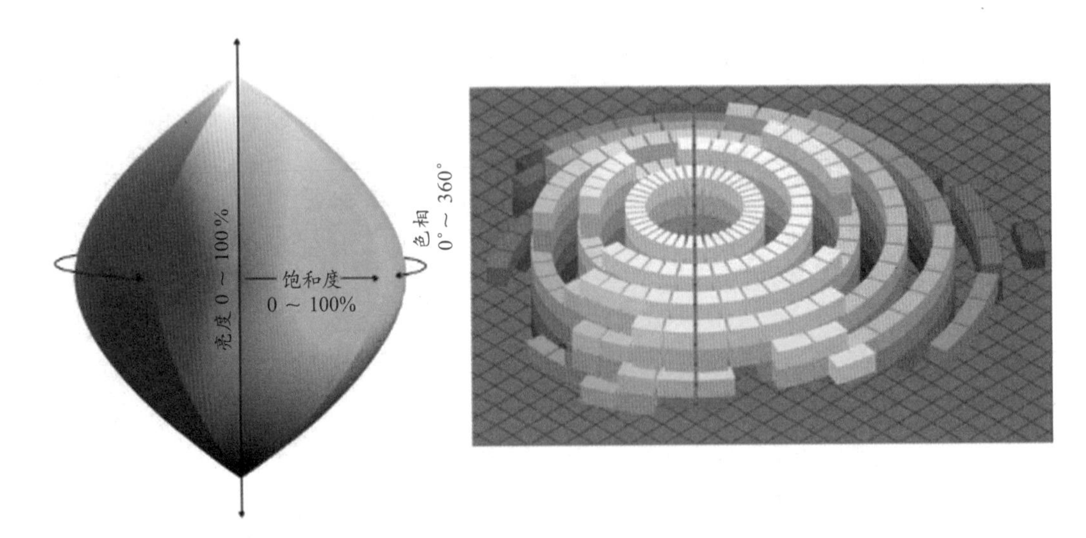

图 3-2　孟塞尔色立体图

（3）饱和度

饱和度定义了色彩的纯净程度，又被称为彩度。也是指颜色中含黑灰的程度。它是以色彩中具有同一亮度的中性灰度的区别程度来衡量的。饱和度越低，色彩越灰暗；当饱和度是零时，色彩变成灰色。

二、色彩混合

两种以上的色彩可以混合生成新的色彩，可分为“色光混合”“色料混合”和“空间混合”。

1．色光混合

色光可以分解，也可以混合。不同色彩的光混合投射在一起，生成新的色光，被称为色光混合，是加色混合模式。由三原色光红、绿、蓝叠加而成的颜色，是计算机显示器及其他数字设备显示颜色的基础，三种颜色叠加后能生成千万种色彩。R + G=Y（红光＋绿光＝黄光）、B + R=C（蓝光＋红光＝青光）、G + B=M（绿光＋蓝光＝品红光）、R + G + B =W（红光＋绿光 ＋蓝光＝白光），一对补色相叠加会生成白光。如图 3-3 所示。

2．色料混合

色料混合是把不同色彩的色料混合在一起，生成新的颜色，所以也称减色混合模式。C、M、Y 三色是常用的颜料三原色。青（Cyan）、品红（Magenta）、黄（Yellow）是打印机等硬拷贝设备使用的标准色彩，它们分别是红（R）、绿（R）、蓝（B）三基色的补色。颜料三原色属于减色法混合，是一种颜料色彩的混合模式。如图 3-4 所示。

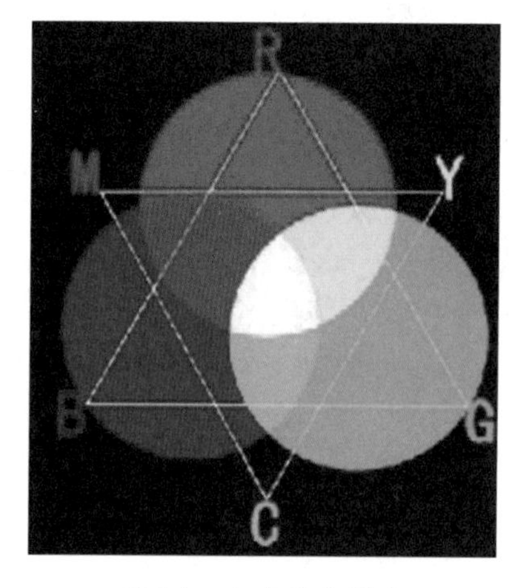

图 3-3　加色混合模式

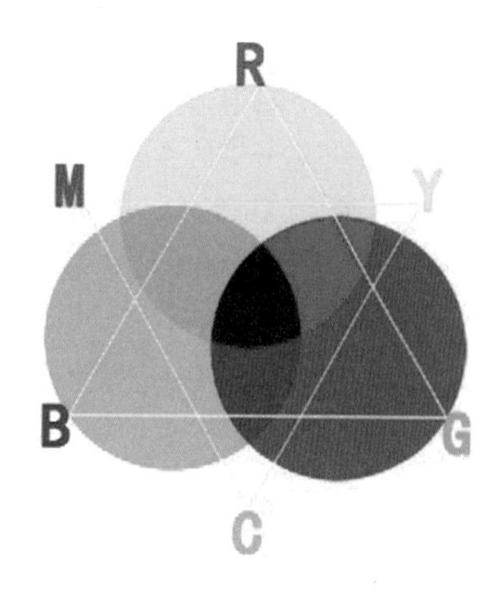

图 3-4　减色混合模式

- M + C=B（品红色＋青色＝蓝色）
- W－R－G=B（白光－红光－绿光＝蓝光）
- M + Y=R（品红色＋黄色＝红色）
- W－G－B=R （白光－绿光－蓝光＝红光）
- C + Y=G（青色＋黄色＝绿色）
- W－R－B=G（白光－红光－蓝光＝绿光）

3．中性色混合

光色的加色混合和颜色的减色混合，都是在色彩未进入视觉感受之前就已经混合好了，是一种物理的混色。在生活中还存在另一种情况，就是颜色在进入视觉之前没有混合，而是在一定位置、大小和视距等条件下，通过人眼的作用在人的视觉里发生

混合的感觉,这种发生在视觉内的色彩混合现象是生理混色。由于视觉混合的效果在人的知觉中没有发生颜色变量或变暗的感觉,它所得的亮度感觉为相混合各色的平均值,因此被称为“中性混合”。

“中性混合”有以下两种方式。

(1) 色彩的旋转混合

当红、绿两块颜色同时放入一个圆形的两个半圆里,以高于20圈/秒的速度旋转,眼睛会看到由红、绿两个半圆混成橙红色的圆(图3-5),此时看到的橙色是红、绿两块颜色旋转中进行的色彩混合结果。

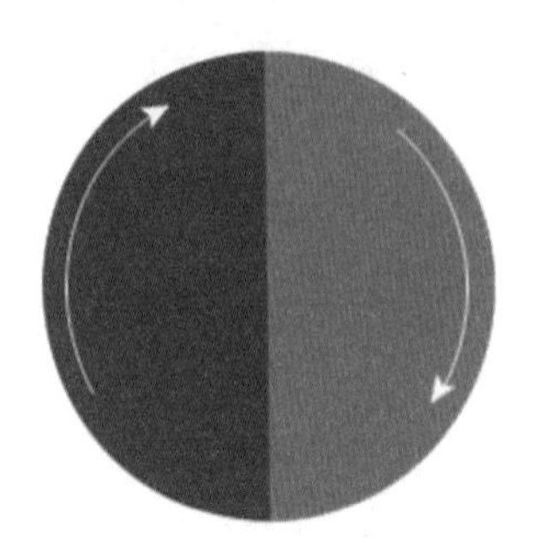

图3-5 红、绿颜色以20圈/秒速度旋转,混合生成橙红色

(2) 色彩的空间混合

当人的眼睛与密集的色点处于一个恰当的距离时,人眼会产生空间混合。大家熟知的点彩派绘画就是利用空间混合的原理来处理耀眼的光感。现代的四色印刷就是依据了C、M、Y、K四色的空间排列原理,用微小的色点通过不同角度的网屏,混合成印刷品呈现的丰富色彩。

同样的原理也应用在计算机、电视显示屏上,其色彩是由红、绿、蓝三原色的小点通过空间排列混合而成的。

3.1.3 数字色彩知识

下面介绍一下色彩模式。

在常用的图形图像处理软件中,通常都使用了HSB、RGB、Lab及CMYK几种色彩模式,这些色彩模式被用来反映不同的色彩范围,其中一些模式可以用对应的命令相互转换。

1. HSB模式

基于人类对色彩的感觉,HSB色彩模式描述了颜色的三个基本特征。

① H——色相,在0～360度的标准色轮上。色相是按位置度量的。在通常的使用中,色相是由颜色名称标识的,比如红、橙或绿色。

② S——饱和度,是指颜色的强度或纯度。饱和度表示色相中彩色成分所占的比例,用0(灰色)～100%(完全饱和)的百分比来度量。在标准色轮上,从中心向边缘饱和度是递增的。

③ B——亮度,是颜色的相对明暗程度,通常用0(黑)～100%(白)的百分比来度量。

2．RGB 模式

根据人眼光谱灵敏度实验曲线证明，可见光在波长为 630 nm（红色）、530 nm（绿色）和 450 nm（蓝色）时的刺激达到高峰。通过光源中的强度比较，人们便可感受到光的颜色。这种视觉理论是使用三种颜色基色：红（R）、绿（G）、蓝（B）在监视器上显示颜色的基础，称之为 RGB 色彩模型。在颜色重叠的位置，产生青色、品红和黄色。因为 RGB 颜色合成产生白色，所以 RGB 模型为加色模型，用于光照、视频和显示器。例如，显示器通过红、绿、蓝荧光粉发射光线产生彩色。

3．Lab 色彩模式

Lab 色彩模式的颜色是不依赖于设备的。无论使用哪一类型的设备（如显示器、打印机、扫描仪）创建或输出图像，Lab 色彩模式产生的颜色都保持一致。

Lab 颜色由心理明度分量（L）和两个色度分量组成，即 a 分量（从绿到红）和 b 分量（从蓝到黄）。

4．CMYK 模式

CMYK 模式以打印油墨的特性为基础，当白光照射到半透明油墨上时，部分光谱被吸收，部分被反射回眼睛。

C（青色）、M（品红）和 Y（黄色）能够合成吸收所有颜色并产生黑色。因此 CMYK 模式也被称作减色模型。由于印刷（打印）油墨都会包含一些杂质，这三种油墨实际上产生一种土灰色，必须与黑色（K）油墨混合才能产生真正的黑色。

5．索引色彩模式

索引色彩模式最多使用 256 种颜色。当图像转换为索引色彩模式时，通常会构建一个调色板存放索引图像中的颜色。如果原图像中的一种颜色没有出现在调色板中，程序会选取已有颜色中最相近的颜色或使用已有颜色模拟该种颜色。在索引色彩模式下，通过限制调色板中颜色的数目可以减少文件大小，同时保持视觉上的品质不变。在网页中常常需要使用索引模式的图像。

6．位图色彩模式

位图模式的图像是由黑色与白色两种像素组成，每一个像素用“位”来表示。“位”只有两种状态：0 表示有点，1 表示无点。位图模式主要用于早期不能识别颜色和灰度的设备。如果需要表示灰度，则需要通过点的抖动来模拟。位图模式通常用于文字识别，如果扫描需要使用 OCR（光学文字识别）技术识别的图像文件，须将图像转化为位图模式。

7．灰度色彩模式

灰度模式最多使用 256 级灰度来表现图像，图像中的每个像素有一个 0（黑色）~ 255（白色）的亮度值。灰度值也可以用黑色油墨覆盖的百分比来表示（0 表示白色，100% 表示黑色）。

在将彩色图像转换灰度模式的图像时，会扔掉原图像中所有的色彩信息。与位图模式相比，灰度模式能够更好地表现高品质的图像效果。

值得注意的是，尽管一些图像处理软件允许将灰度模式的图像重新转换为彩色模

式，但是已经丢失的颜色信息是无法恢复的，只能通过为图像上色的方法使图像呈现彩色效果。因此，将彩色模式的图像转换为灰度模式图像前一定要做好备份。

8．多通道模式

在 Photoshop 软件中将图像转换为多通道模式后，系统将根据原图像产生相同数目的新通道，但该模式下的每个通道都为 256 级灰度通道（其组合仍为彩色），这种显示模式通常用于处理特殊打印。用户删除了 RGB、CMYK、Lab 颜色模式中的某个通道，该图像会自动转换为多通道模式。

3.2 图像的色彩调整

3.2.1 查看图像的直方图

直方图是用图形表示图像的每个亮度色阶处的像素数目，可以显示图像是否包含有足够的细节进行较好的校正，也提供图像色调范围的快速浏览图，或图像的基本色调类型。暗色调图像的细节都集中在暗调处（在直方图的左边部分显示），亮色调图像的细节集中在高光处（在直方图右边部分显示），中间色调则在直方图的中间部分显示。如图 3-6 所示。

图 3-6 查看图像的直方图

3.2.2 色阶的调整

当图像偏亮或偏暗时，可通过色阶调整使图像的色彩得到修正，对于暗色调图像，可将高光设置为一个较低的值，以避免太大的对比度。其中的输入色阶可以用来增加图像的对比度，在色阶面板中“输入色阶”，左边的黑色小箭头向右拖动是增大图像中的暗调的对比度，使图像变暗；右边的箭头向左拖动是增大图像中的高光的对比度，使图像变亮；中间的箭头是调整中间色调的对比度，调整它的值可改变图像中间色调的亮度值，但不会对暗部和亮部有太大影响。输出色阶可降低图像的对比度，其中的黑色三角用来降低图像中暗部的对比度，白三角用来降低图像中亮部的对比度。

图 3-7 显示的图像色彩偏暗，通过调整色阶中灰场的参数，图像获得了非常自然的提亮效果。如果希望增强图像的对比度，可以将输入色阶的黑三角拖动到 20，这样原来亮度值为 20 的像素都变为 0，并且比 20 高的像素点也相应地减少了像素值，此时图像变暗，且暗部的对比度增加了。如果希望减少图像的对比度，可以调节输入色阶的白三角使其数值增大，那么原来亮度值至当前数值的像素点都变成当前值亮度，并且低于原始参数的像素点也被相应地增加，因此就能获得提亮的图像，对比度也得到增强，如图 3-8 ～图 3-10 所示。

图 3-7　偏暗的图像

图 3-8　调整色阶后的图像

图 3-9　对比度增强的图像

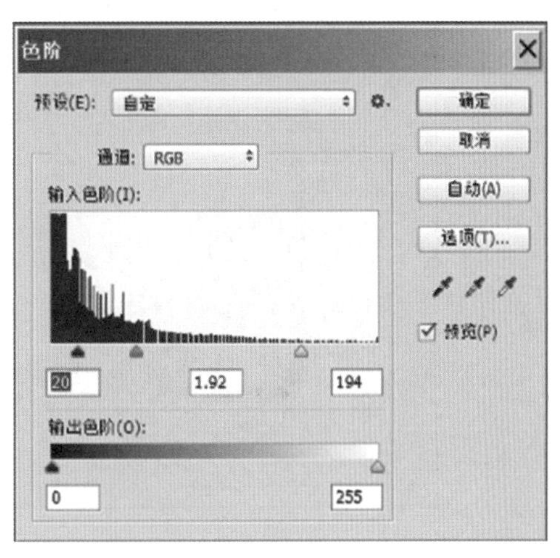

图 3-10　调整输入的黑色三角值使对比增强

“色阶”面板的右下方有黑、灰、白三个吸管，分别代表黑场、灰场、白场。选择黑吸管在图像中单击时，拾取范围内的所有像素的亮度值将减去吸管单击处像素的亮度值，比此处亮度值暗的颜色都将变为黑色，整体图像变暗。选择白吸管则反之，图像中所有像素的亮度值将加上吸管单击处像素的亮度值，比此处亮度值暗的颜色都将变为白色，使整体图像看起来变亮。同时可以使用灰吸管拾取图像上某一位置颜色的亮度来调整整幅图像的亮度和色调。当所做调整不满意时，按住键盘上的 Alt 键，“色阶”对话框中的“取消”按钮就变成“复位”按钮，单击“复位”按钮图像就还原到初始状态。

3.2.3 “曲线”调节

“曲线”调节可以综合地调整图像的亮度、对比度、色彩等。此调节命令实际上是色调分离、亮度 / 对比度等多个菜单的综合。与“色阶”调整一样，“曲线”允许调整图像的色调范围，但它不是只使用三个变量（高光、暗调和中间调）来进行调整，用户可以调整 0~255 范围内（灰阶曲线）的任意点，同时又可保持 15 个其他值不变，因为曲线上最多只能有 16 个调节点。通过调整曲线的形状，即可调整图像的亮度、对比度、色彩等，其横坐标代表原始图像的色调，纵坐标代表图像调整后的色调，对角线用来显示当前的输入和输出数值之间的关系，在没有进行调整时，所有的像素都有相同的输入和输出数值。

观察曲线对话框，系统默认 RGB 色彩模式，如图 3-11 所示。曲线最左面代表图像的暗部，像素值为 0（黑色）；最右面代表图像的亮部，像素值为 255（白）；图中的每个方块大约代表 64 个像素值。

当图像切换成 CMYK 模式，如图 3-12 所示，曲线对话框曲线的最左边代表亮部，数值为 0；最右边代表暗部，数值为 100%。在默认的曲线对话框中每个方格代表 25%，输入和输出的后面用百分比表示。输入、输出的范围都在 0 ~ 255 之间。调整

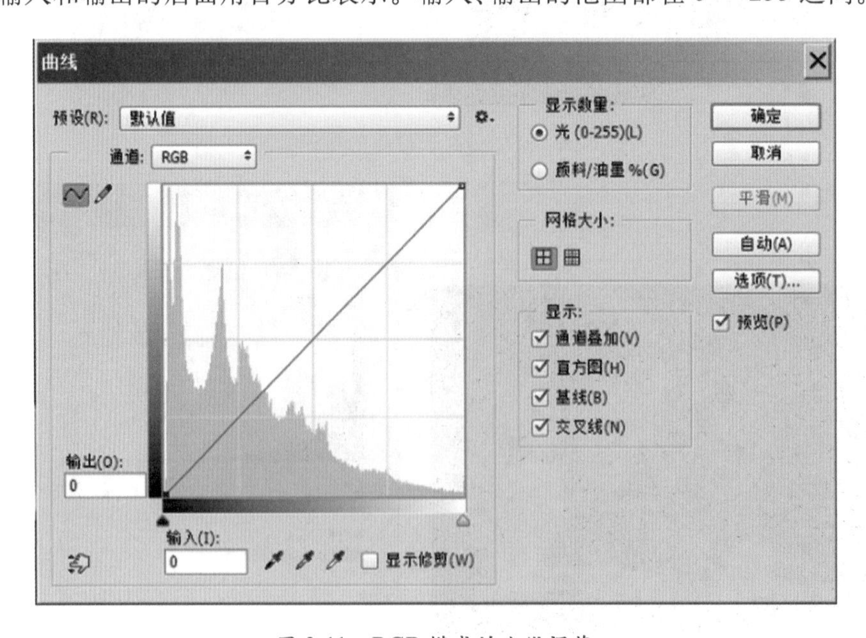

图 3-11　RGB 模式的曲线调节

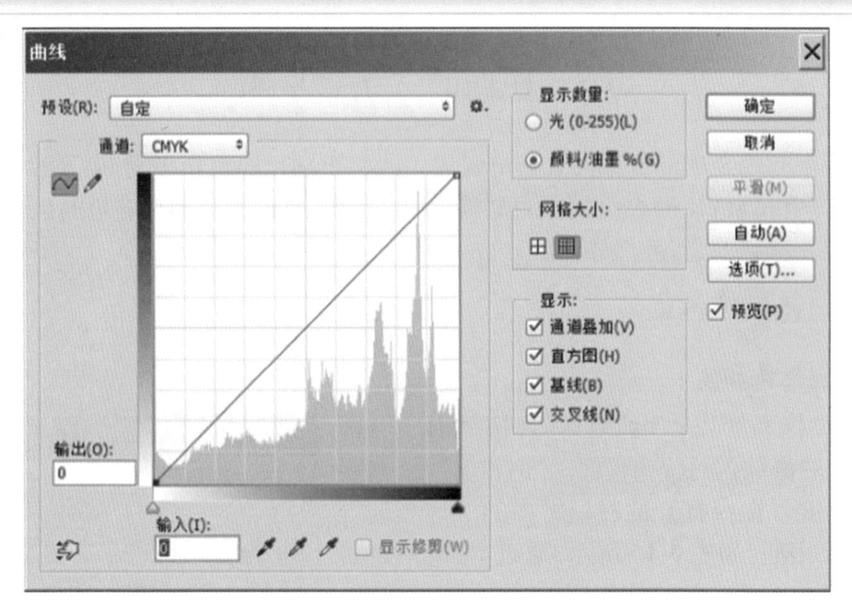

图 3-12　CMYK 模式的曲线调节

曲线时,首先单击曲线上的点,然后拖动该点便可调整曲线的形状。当曲线向左上弯曲时,图像色调变亮;当曲线向右下弯曲时,图像色调变暗。

在曲线上的任意位置单击,即可增加一个点。当“预览”选项选中时,用鼠标拖动此点,可以实时看到图像发生的变化。

对于较灰暗的图像,最常见到的曲线调整是 S 形的曲线,见图 3-13 和图 3-14 效果,这种曲线可增加图像的对比度。同时还可选择单独的颜色通道,将鼠标光标放在图像中要调色的位置,按住鼠标左键移动,就可以在曲线对话框中看到用圆圈表示鼠标所指区域在该对话框中的位置。如果所修改的位置是显示在曲线的中部,那么可单击曲线的四分之一和四分之三处将其固定,则修改时对亮部和暗部就不会有太大影响了。

图 3-13　灰暗的图像

图 3-14　调整曲线后的图像

“曲线”调整和“色阶”调整一样,可设置黑、白、灰场,其用法和“色阶”对话框中一样。

3.3 图像的“色彩平衡”

图像中每个色彩的调整都会影响图像中的整个颜色的色彩平衡，应了解并掌握如何在RGB和CMYK颜色之间进行转换，例如，可以通过增加颜色补色的数量来减少图像中某一颜色的量，反之亦然。

3.3.1 调整色彩平衡

1．自然饱和度

“自然饱和度”是图像整体的明亮程度，“饱和度”是图像颜色的鲜艳程度。“饱和度”与“色相/饱和度”命令打开的对话框中的“饱和度”选项效果相同，如图3-15所示，通过增加参数值可以提高整个画面的“饱和度”。但是如果调节到较高数值，图像会产生因色彩过饱和而引起图像失真的现象。

图3-15 “自然饱和度”对话框

调节“自然饱和度”选项则不会出现以上这种情况。它在调节图像饱和度时对已经饱和的像素实施保护，只作微小的调整。而对于不饱和的像素则会大幅度增加其饱和度，从而达到较好的饱和效果。使用该选项调整时对皮肤的肤色有很好的保护作用，这样不但能够增加图像某一部分的色彩，而且还能使整幅图像饱和度正常。

如图3-16所示图像是以同样的数值来调整一张人像照片，即将“自然饱和度”和“饱和度”的数值都调整为50，结果显示自然饱和度调整后的肤色正常，影像真实自然。而由“饱和度”调整的图片中人物的皮肤饱和度显示非常不自然。

原图　　“自然饱和度”调整后　　“饱和度”调整后

图3-16 调整图像饱和度

2．色彩平衡

“色彩平衡”对话框可以调节彩色图像中颜色的混合，它提供的是一般化的色彩校正，如要更加精确地控制单个颜色，还是使用“色阶”“曲线”对话框或专门的色彩校正工具更为合适。“色彩平衡”对话框左边的颜色和右边的颜色互为补色，拖动滑块可以将图像的颜色调整为需要的颜色，下方的三个选项为暗调、中间调、高光，分别是以图像的暗区、中性区、亮区为调整对象。选择任一选项，将调整图像中相应区域的颜色，如图3-17所示。

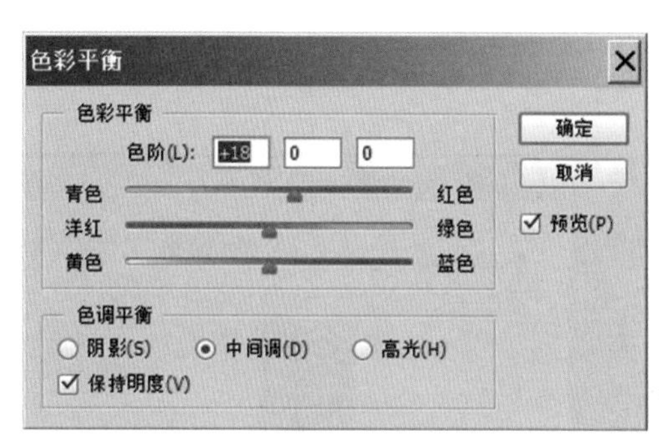

图 3-17 “色彩平衡”对话框

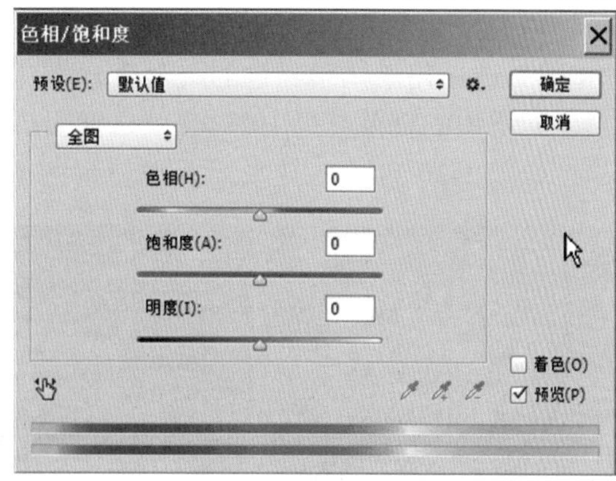

图 3-18 色相 / 饱和度

3. 色相 / 饱和度

“色相 / 饱和度”对话框可以调整图像中单个颜色的色相、饱和度、亮度，如图 3-18 所示。它的三个调整参数分别可调整色相、饱和度、亮度。调整色相，也就是调整颜色的变化，调整时以调整框中的数值加上图像中的数值得到最终色，当数值为最大或最小时，颜色将是原来颜色的补色。调整饱和度，就是调整颜色的鲜艳度，通俗地说就是某种颜色在图像中所占数量的多少，值越大，颜色就越鲜艳，反之图像就趋向于灰度化。调整亮度就是调整图像的明暗度，值越大，图像就越亮；当值为最大时，图像将是白色，反之就是黑色。

当选择“着色”选项后，图像的原有色相全部去除，并以重新调整的色彩着色。

在“编辑”下拉列表框中有全图、红色（表示选择红色像素）、黄色、绿色、青色、蓝色、洋红几个选项，“全图”是针对整个图像做调整，而其他的选项则是调整图像中的单色。当选择了单色后，面板下方的三个吸管和两个颜色条便可用了。三个吸管的作用是，第一个吸管在图像中单击吸取一定的颜色范围，第二个吸管单击图像可在原有颜色范围上增加一个颜色范围，第三个吸管是在原有的颜色范围上减去一个颜色范围。

4. 替换颜色

“替换颜色”面板其预览图的下方有两个选项，“选区”和“图像”，当选中“选区”时，在想要替换颜色的区域单击，选中的部分为白色，其余为黑色，上方的容差值可调整选中区域的大小，值越大，选择区域越大。当选中“图像”，预览框中将显示整个图像的缩略图。右边的三个吸管和“色相 / 饱和度”的三个吸管的作用是一样的，用法也是一样，当按住 Shift 键或 Alt 键时可以增加或减少颜色取样点。下方的调整框和“色相 / 饱和度”的三个调整框的作用是一样的。如图 3-19 所示为替换颜色的效果。

5. 可选颜色

“可选颜色”命令可对 RGB、CMYK 等模式的图像进行分通道调整，在它的对话框颜色选项中选择要修改的颜色，然后拖动下方的三角标尺来改变颜色的组成。在下边的“方法”后面有两个选项：相对、绝对。“相对”选项用于调整现有的 CMYK 值，假如图像中现在有 50% 的黄色，如果增加 10%，那么实际增加的黄色是 5%，也就

是增加后为 55% 的黄色，用现有的颜色量 × 增加的百分比，得到实际增加的颜色量；“绝对”选项用于调整颜色的绝对值，假设图中现有 50% 的黄色，如果增加了 10%，那么实际增加的黄色就是 10%，也就是增加后为 60% 的黄色。

如图 3-20 和图 3-21 所示为调整黄色前后的效果。

图 3-19 替换颜色效果

图 3-20 原始图像

图 3-21 调整了黄色值后的效果

6. 通道混合器

“通道混合器”是对图像的每个通道分别进行调色。在对话框的输出通道的下拉菜单中自动选择要调整的通道，对每个通道进行调整，并在预览图中看到最终效果，其中的“常数”选项，是增加该通道的补色。若选中“单色”的选项，则会把图像转为灰度的图像，然后再进行调整，这种方法用于处理黑白的艺术照片，可以得到高亮度的黑白效果，比直接去色得到的黑白效果要好得多。如图 3-22 所示。

图 3-22　图的右侧是经过调整后的黑白效果

7. 渐变映射

“渐变映射”命令用来将相等的图像灰度范围映射到指定的渐变填充色上。如果指定双色渐变填充，图像中的暗调映射到渐变填充的一个端点颜色，高光映射到另一个端点颜色，中间调映射到两个端点间的层次。也就是它会自动将渐变色中的高光色映射到图像的高光部分，将渐变色中的暗调部分映射到图像的暗调部分。单击此对话框中渐变图标后面的黑色三角，可以改变渐变的颜色，方法和渐变工具中的用法是一样的。下方的两个选项“仿色”可以使色彩过渡更平滑，“反向”可使现有的渐变色逆转方向。设定完成后，渐变会依照图像的灰阶自动套用到图像上，形成渐变效果，如图 3-23 所示。

图 3-23　右图添加了渐变映射效果

3.3.2 特殊的色彩和色调调整命令

1．反相

“反相”是用来生成原图的负片的，当应用反相命令后，白色就变为黑色，黑色变为白色，也就是原来的像素值由255变成了0，由0变成255。彩色图像中的像素点也取其对应值（255－原像素值＝新像素值）。

2．色调均化

“色调均化”可以重新分配图像中各像素的值，选择该命令后，Photoshop会寻找图像中最亮和最暗的像素值、平均亮度值，使图像中最亮的像素代表白色，最暗的像素代表黑色，中间各像素值按灰度重新分配（若此图像中比较暗，那么此命令会使图像变得更暗，黑色的像素增多，反之就是变亮）。如图3-24所示。

图3-24　右图为执行“色调均化”后的效果

3．阈值

“阈值”命令可将彩色或灰阶的图像变成高对比度的黑白图，在该对话框中可通过拖动三角来改变阈值，也可直接在阈值色阶后面输入数值阈值。当设定阈值时，所有像素值高于此阈值的像素点将变为白色，所有像素值低于此阈值的像素点将变为黑色，可以产生类似位图的效果。

4．色调分离

“色调分离”命令可定义色阶的多少，在灰阶图像中可用这个功能来减少灰阶数量，同时还能形成一些特殊的效果。在“色调分离”对话框中，可直接输入数值来定义色调分离的级数。在灰阶图中通过改变色调分离的级数可以改变图像的灰阶过渡，参数范围为2～255。但参数为2时，与位图模式的效果相同，它的黑白过渡的级数是2，也就是2的1次方，只有黑白过渡，因为色彩范围是0~255，所以灰阶的过渡级数是不能超过255的。当为255时，也就是2的8次方，会产生一幅8位通道的灰阶图，这和将图像转为灰度，或去色后产生的颜色效果是一致的，如图3-25所示。

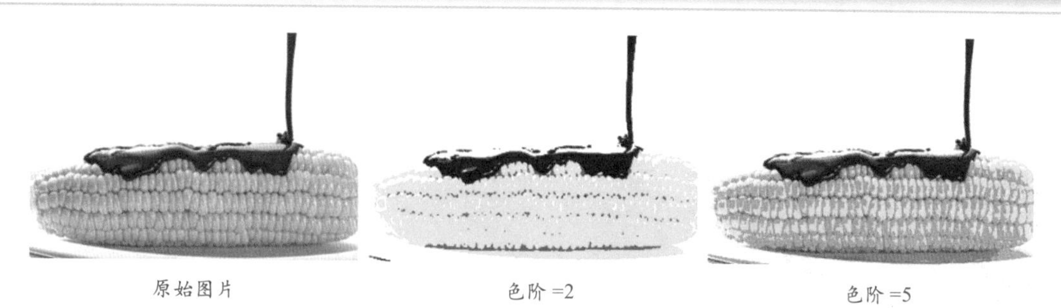

图 3-25　色调分离不同色阶参数的效果

5．去色

"去色"命令可以让图像中所有颜色的饱和度成为 0,转化后的效果如同灰阶图像效果,但其彩色模式还会保留。如将 RGB 模式的图像去色后,图像仍是 RGB 模式,但以灰阶图呈现效果。

3.3.3　火焰字,让你认识色彩模式

火焰文字是利用转换图像的色彩模式完成的,其中图像色彩模式的转换次序、方式对最终效果的形成起决定作用。

1．设置文字

新建一个 800 × 400 文档,设置背景颜色模式为"灰度",背景颜色为黑,分辨率为 72 像素 / 英寸。

选择工具面板中文字蒙版工具,设置前景色为"白色",在黑色背景层输入文字"火焰山",本例中使用了"米芾"字体,学习者如果没有该字体可以选择笔画较粗的字体,如图 3-26 所示。

配合 Alt+Backspace 快捷键将前景色填充至文字蒙版中,按 Ctrl+D 快捷键取消选区,如图 3-27 所示。

图 3-26　黑色背景上输入蒙版文字

图 3-27　给文字中填充白色

2．旋转图像

执行"图像" / "图像旋转" / "顺时针 90 度"命令,文档向右旋转 90°。

3．添加滤镜效果

执行"滤镜" / "模糊" / "高斯模糊"命令,设置模糊参数为 6。

继续执行"滤镜" / "风格化" / "风"命令,设置"方法"为"风","方向"为"从左",效果如图 3-28 所示。

执行“图像”/“图像旋转”/“逆时针 90 度”命令，文档向左旋转 90°，效果如图 3-29 所示。继续执行“滤镜”/“扭曲”/“波纹”命令，设置“数量”为 100%，“大小”为“小”，效果如图 3-30 所示。

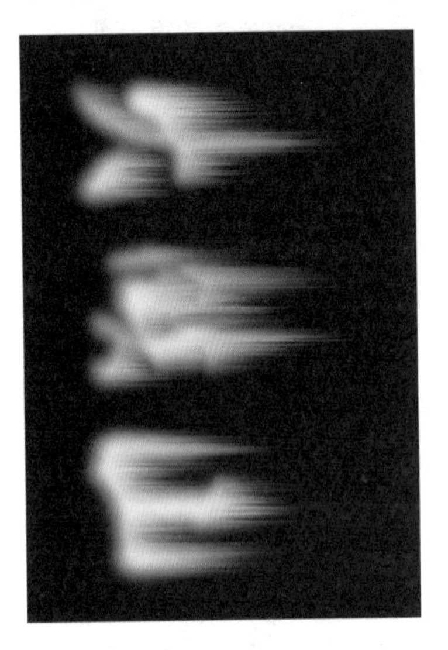

图 3-28 旋转文字

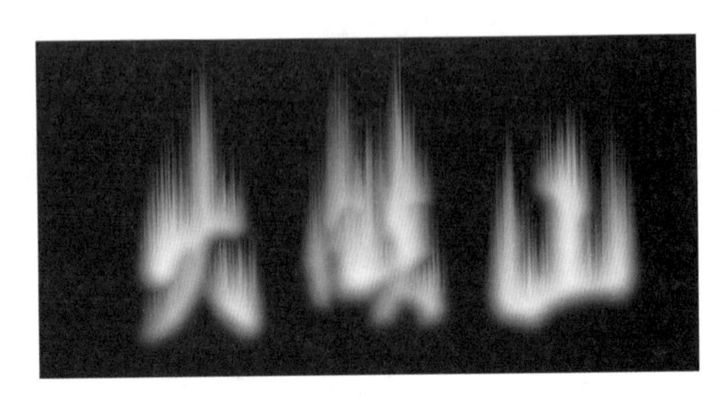

图 3-29 风吹效果的文字

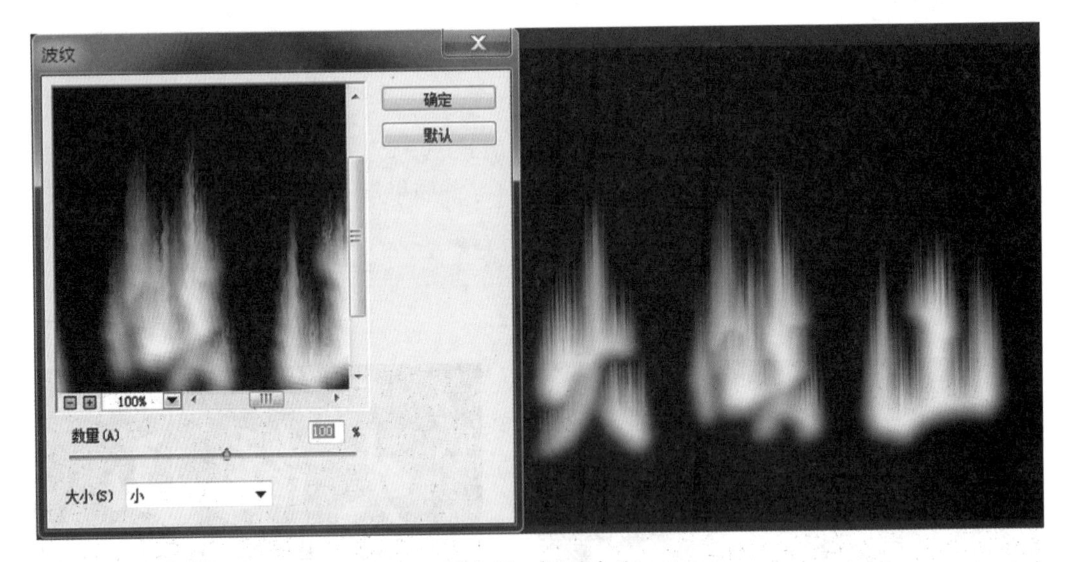

图 3-30 设置波纹

4. 色彩模式转换

执行“图像”/“模式”/“索引颜色”命令，此时色彩模式由“灰度”转换成“索引颜色”模式。选择“图像”/“模式”子菜单，可见级联菜单中“颜色表”命令呈可执行状态。如图 3-31 所示。

选择“颜色表”命令，弹出“颜色表”面板，选择“黑体”色表，可见黑体颜色表呈现为黑—红—黄—白推进色表，如图 3-32 所示。

此时文字已经呈现火焰效果，效果如图 3-33 所示。

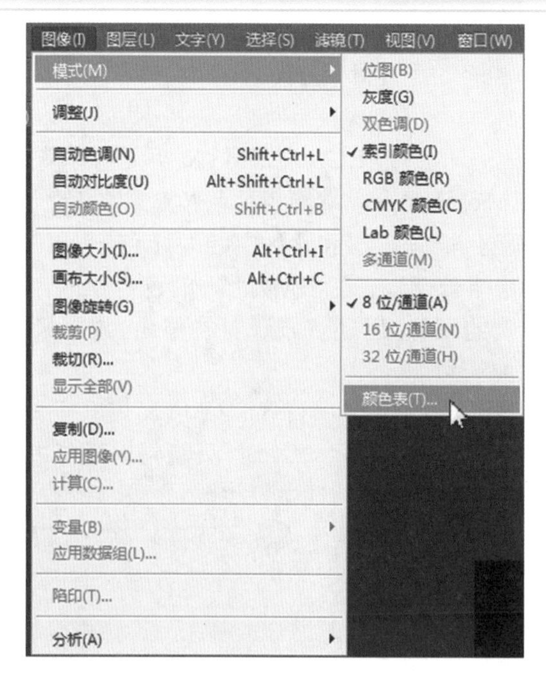

图 3-31　“颜色表”命令

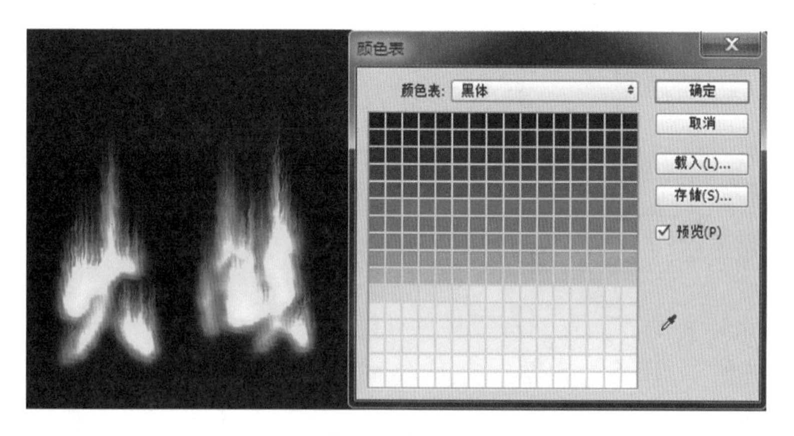

图 3-32　颜色表中显示黑体颜色

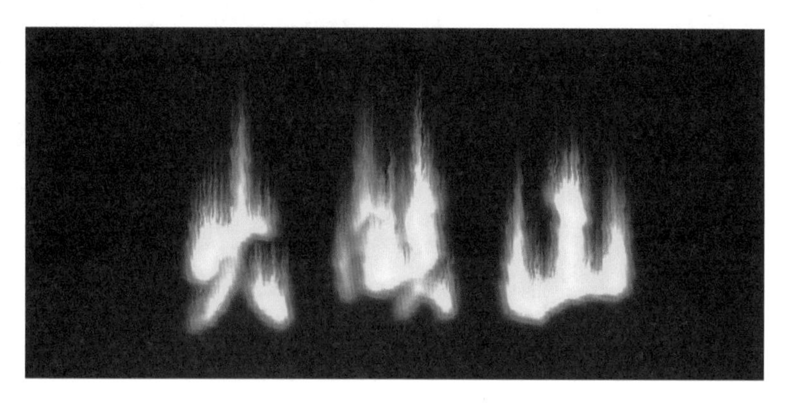

图 3-33　火焰文字效果

3.4 小　　结

在实际工作中使用最多的就是RGB和CMYK两大色彩模式，通过上述学习就可以清楚什么情况下使用何种模式。应掌握两种色彩模式之间的差异。

RGB色彩模式是用于屏幕等显示设备中的发光色彩，而CMYK色彩模式是反光的，需要有辅助光源才能被感知，是印刷品唯一的色彩模式。如今一些数码彩印设备也可以打印RGB模式的图像，但还仅限于打样输出，大批量的油墨印刷不能采用RGB模式。

RGB的色域范围要比CMYK多出许多，CMYK模式中的色彩与RGB色彩不可转换，当色彩模式由RGB转换为CMYK时，只能是以近似的色彩替换，所以RGB图像转换成CMYK后会有色彩灰暗的现象发生。

在RGB通道的灰度图中偏白则表示发光的程度较高，而CMYK通道的灰度图中偏白部分则说明油墨含量低，在设计过程中合理地考虑这些因素，会令设计输出达到较为满意的效果。

总之，当输出目的为屏幕图像时，就应采用RGB模式，以获得较广的色域。如果输出目的为打印或者印刷产品，则必须使用CMYK模式，这样才能保证印刷成品色彩与设计时一致。

3.5 习　　题

一、简答题

1．色彩的RGB和CMYK两种模式有哪些区别？说出它们之间最关键的两种区别即可。

2．设计目标为印刷产品，选择哪种色彩模式更合适？

二、选择题

1．黑体颜色表在以下（　　）中能找到。

A．RGB模式　　　　B．CMYK模式

C．灰度模式　　　　D．索引颜色模式

2．火焰文字效果的模式转换顺序正确的是（　　）。

A．灰度—索引颜色　　　　B．RGB—索引颜色

C．CMYK—索引颜色　　　　D．Lab颜色模式—索引颜色

第4章　文字效果设计

学习目标

1. 利用滤镜效果使文字发生各种各样的变化达到艺术化处理的效果。
2. 学会使用图层样式来实现文字不同质感的艺术效果字。
3. 掌握图层面板中混合模式的使用，变换不同的模式可以呈现不同的效果。

知识点

1. 掌握图层样式效果的具体应用。
2. 掌握变换不同的图层混合模式效果。

4.1　质感文字制作

在Photoshop软件中完成字体设计，在技术上有了更新的突破。不再局限于字体的基本变化，而是在形态、粗细、字间的连接与配置上达到统一的造型，可以进行细致严谨的规划，比普通字体更美观，更具特色。可以极力突出文字设计的个性色彩，创造与众不同的独具特色的字体，追求字体的质感，实现平面字体的立体化效果，给人以别开生面的视觉感受，创造富有个性的文字，使其外部形态和设计格调都能唤起人们的审美愉悦感受。

4.1.1　金属字效果制作

1. 制作金属字背景

选择“文件”/“新建”命令，弹出“新建”对话框，创建一个文档，名称设为“金属字”，宽度、高度分别为1000像素和500像素，颜色模式为“RGB颜色”，分辨率为“150像素/英寸”，如图4-1所示。

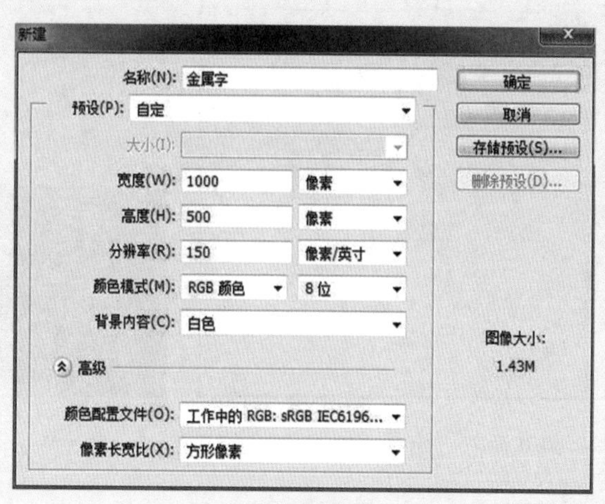

图4-1　新建文档的设置

创建一个新图层，设置前景颜色为灰色（#333333），然后填充前景色，如图 4-2 和图 4-3 所示。

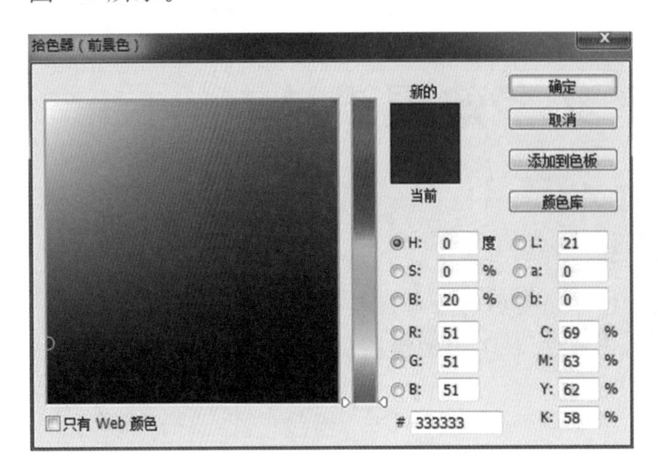

图 4-2　设置前景颜色为灰色

图 4-3　填充前景颜色的效果

打开文件名为“灰金属”图片，选择“编辑”/“定义图案”命令，打开的对话框如图 4-4 所示。

图 4-4　定义图案

添加“图案叠加”图层样式，选择已定义的“灰金属 .jpg”图案，参考图 4-5 设置“图案叠加”样式的参数。增加“图案叠加”样式后的效果如图 4-6 所示。

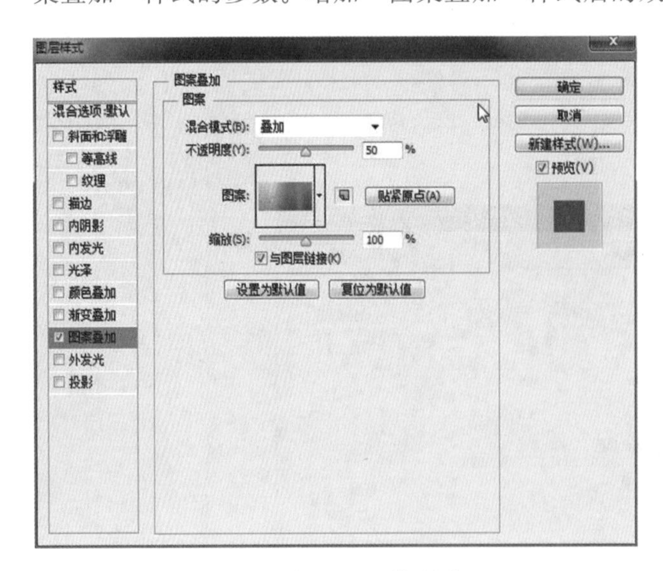

图 4-5　“图案叠加”样式

图 4-6　添加图案后的效果

再次新建图层，更改图层名称为“底色”，调整前景颜色为 #0099ff，填充前景颜色如图 4-7 所示。设置图层的混合模式为“叠加”，不透明度为“60%”，如图 4-8 所示。

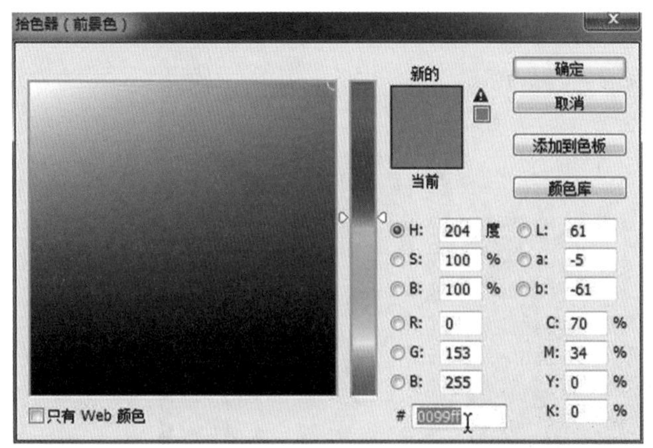

图 4-7　设置前景颜色

图 4-8　图层的颜色叠加模式

为“底图”图层添加图层样式为“渐变叠加”，为增加背景图片的层次感，参考图 4-9 设置参数。同时还添加了图层样式“颜色叠加”，如图 4-10 所示。

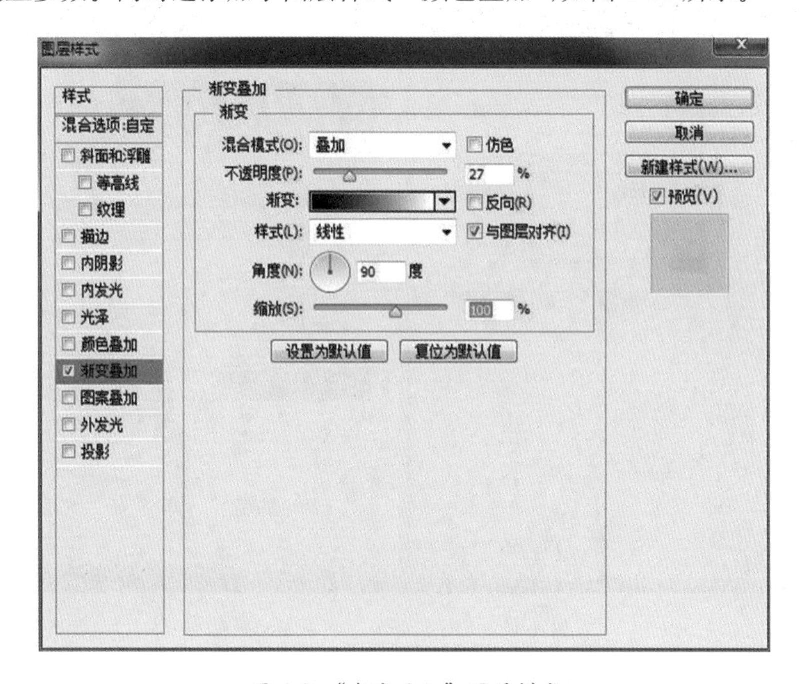

图 4-9　“渐变叠加”图层样式

为丰富背景，继续添加渐变过渡效果。再次新建图层并命名为“渐变”，填充任意颜色，添加“渐变叠加”图层样式，如图 4-11 所示，调整图层不透明度为 50%。为整个画面增加明暗过渡层，添加很多灰白相间的区域，中间区域保持白色，最终得到的效果如图 4-12 所示。

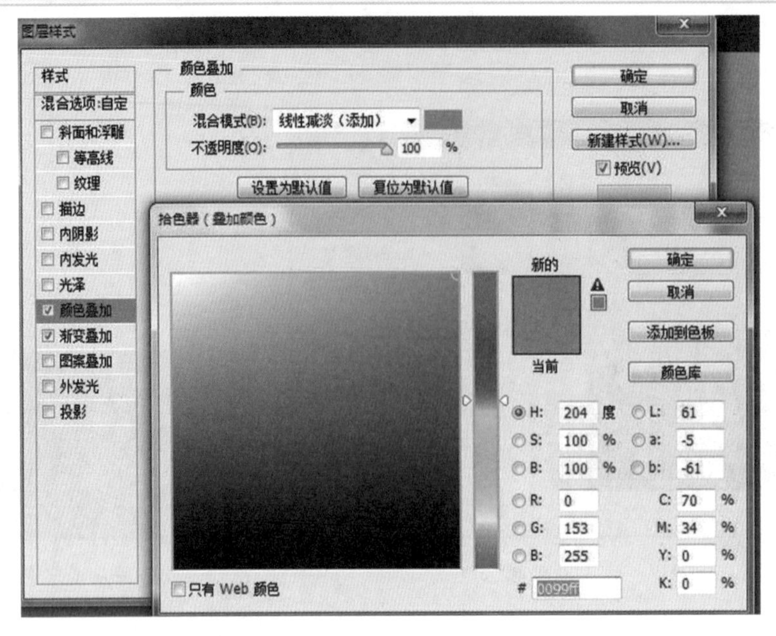

图 4-10 “颜色叠加”图层样式

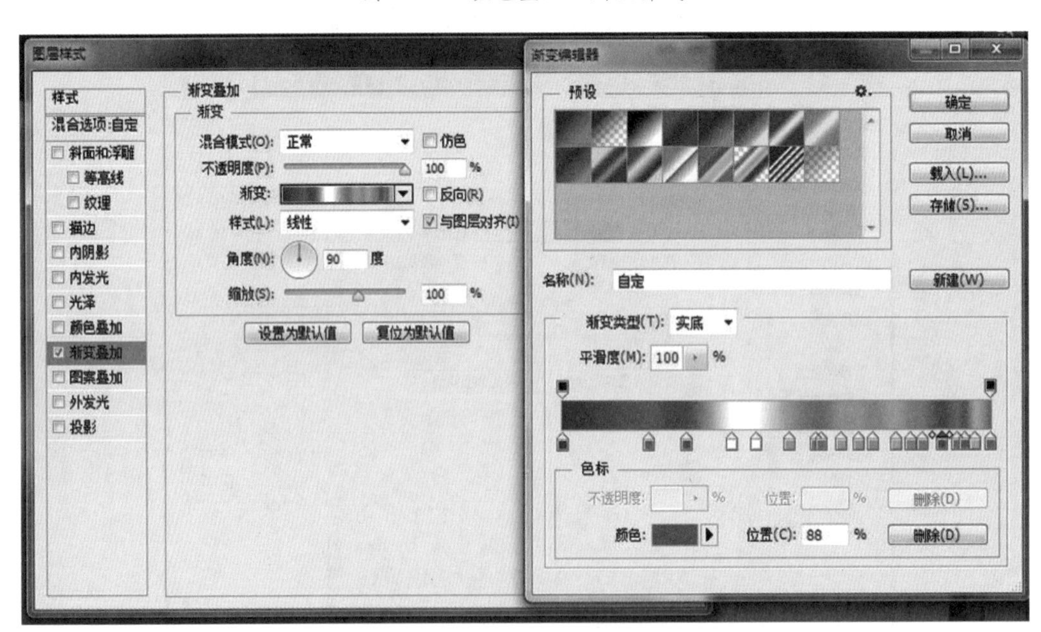

图 4-11 “渐变叠加”图层样式

图 4-12 添加“渐变叠加”图层样式后的效果

2. 制作文字的效果

单击文字工具T的小三角，选择“横排文字工具”，再选择 Hobo Std 字体，输入文字 PHOTOSHOP，然后再添加图层样式：外发光、投影。主要为突出文字与背景层次增加立体感觉，参数如图 4-13 和图 4-14 所示。完成后的效果如图 4-15 所示。

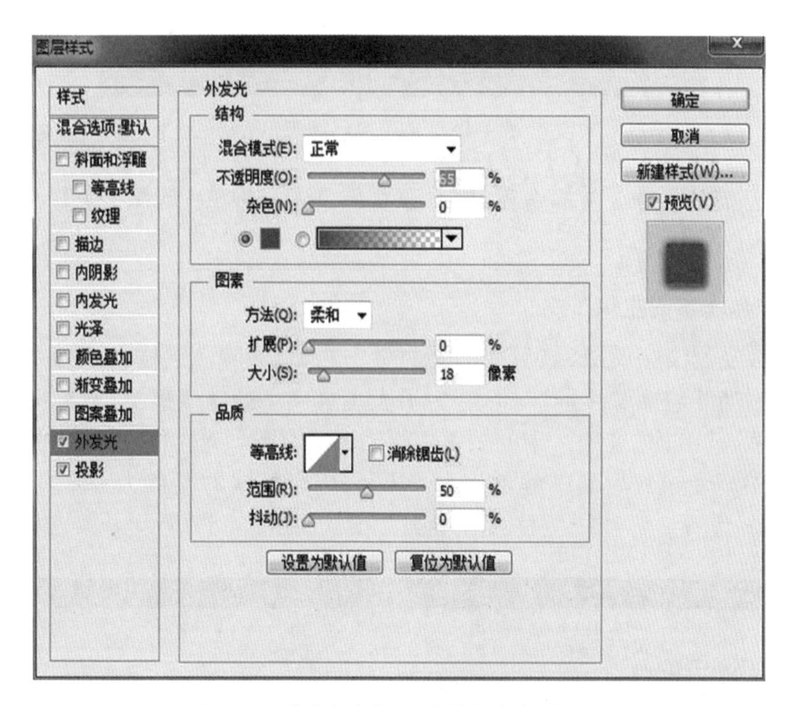

图 4-13 “外发光”图层样式参数的设置

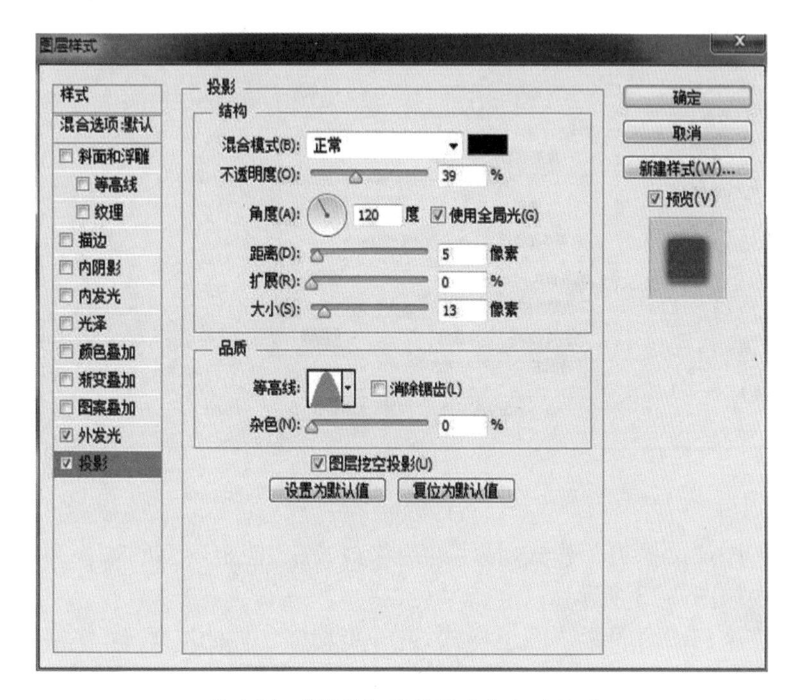

图 4-14 “投影”图层样式参数的设置

图 4-15　完成后的效果

提示：这里文字的颜色不重要，后面会叠加图案，所以这里不用调整文字的颜色，任何颜色都不会影响最后的效果。

3．制作金属字的主体部分

步骤一：复制文字图层，然后在图层面板中右击，清除图层样式，再添加新的图层样式。首先添加“斜面和浮雕”样式，为了表现金属字的立体感觉，增加字体厚度，体现金属字质感。“结构”选项区中的“样式”为“枕状浮雕”，“方法”为“雕刻清晰”。“阴影”选项区中高光模式后面的颜色为 #666666，阴影模式的颜色为 #333333。其他参数参考图 4-16 设置。等高线调整为“半圆”模式，如图 4-17 所示。

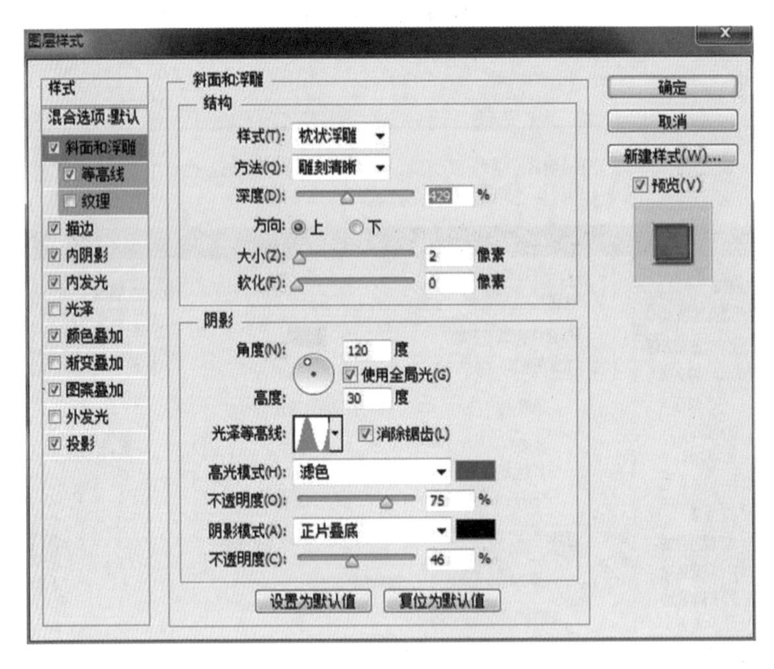

图 4-16　“斜面和浮雕”图层样式参数的设置

步骤二：添加“描边”样式，把字的边缘清晰化，使金属字的边缘亮起来并增加光泽度。参数如图 4-18 所示。

步骤三：添加“内阴影”图层样式，进一步增强字体的立体感，使字体的明暗对比度更清晰。“结构”选项区中“混合模式”设为“正片叠底”，“品质”选项区中“等高线”为“画圆步骤”，参数如图 4-19 所示。

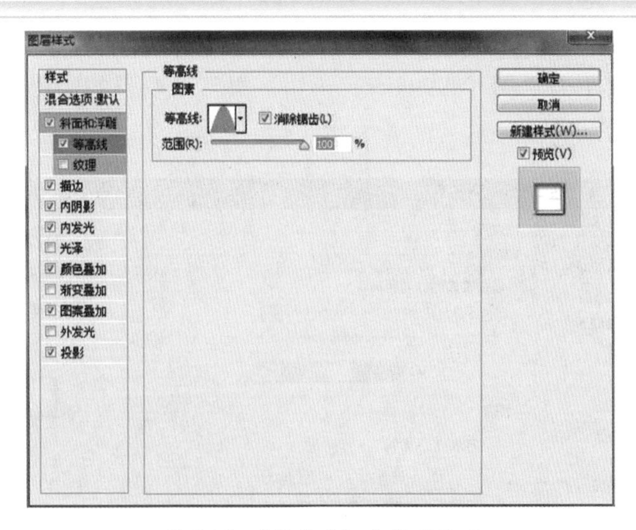

图 4-17　“等高线”参数的设置

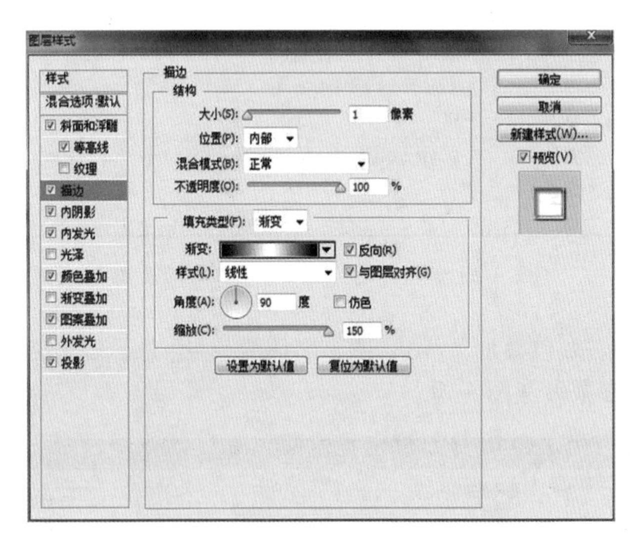

图 4-18　“描边”图层样式参数的设置

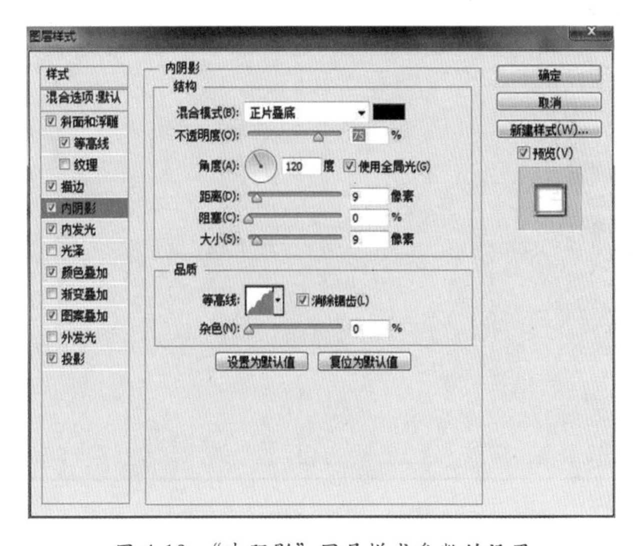

图 4-19　“内阴影”图层样式参数的设置

步骤四：添加“内发光”样式，“结构”选项区中“混合模式”设为“颜色减淡”，给文字添加从右到左为“灰（#999999）—白—黑”渐变色的阴影颜色，增加文字的立体感，参数参考图 4-20。

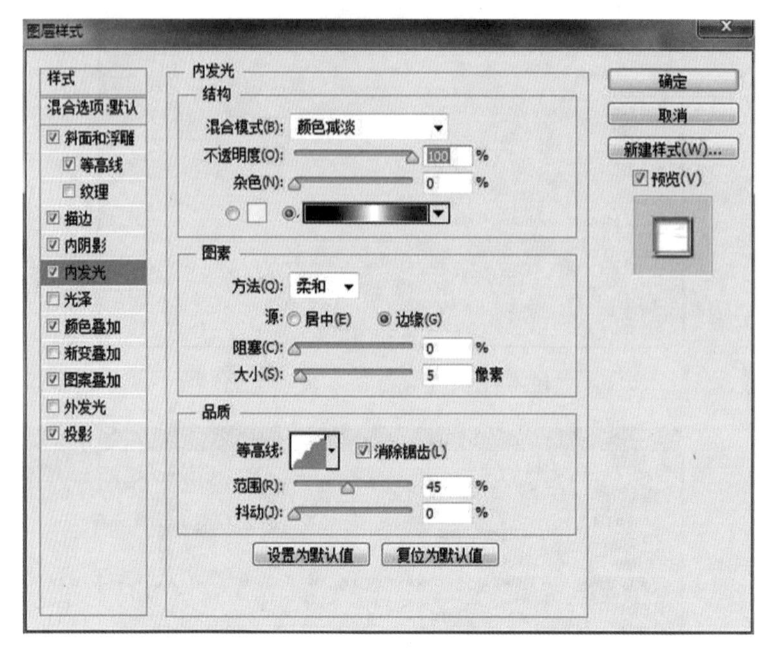

图 4-20 “内发光”图层样式参数的设置

步骤五：添加“颜色叠加”样式，调整字体颜色，给文字添加淡灰色（#333333），模拟金属的颜色，参数参考图 4-21。

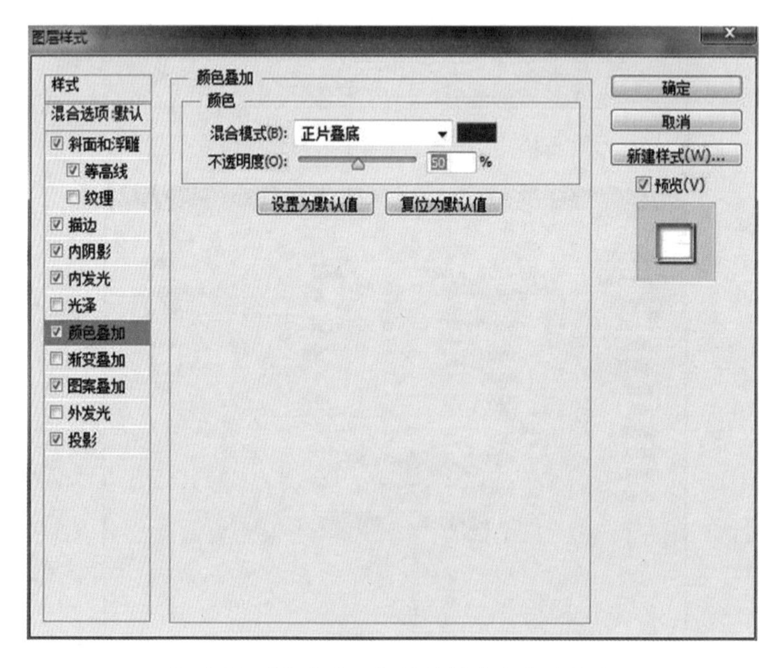

图 4-21 “颜色叠加”图层样式参数的设置

步骤六：添加“渐变叠加”样式，“渐变”选项区中“混合模式”为“柔光”，不透明度为81%，参数参考图4-22。

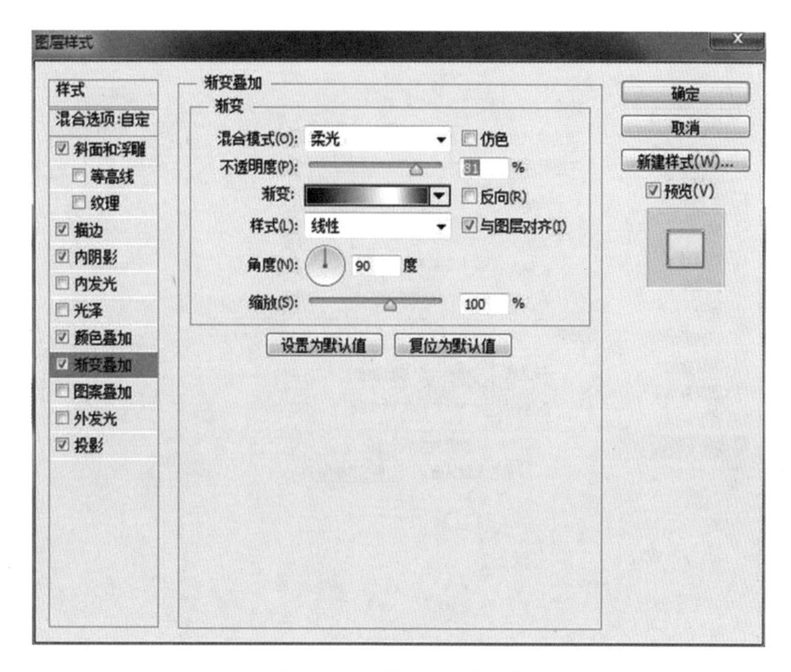

图4-22 “渐变叠加”图层样式参数的设置

步骤七：添加“图案叠加”样式，参数参考图4-23。

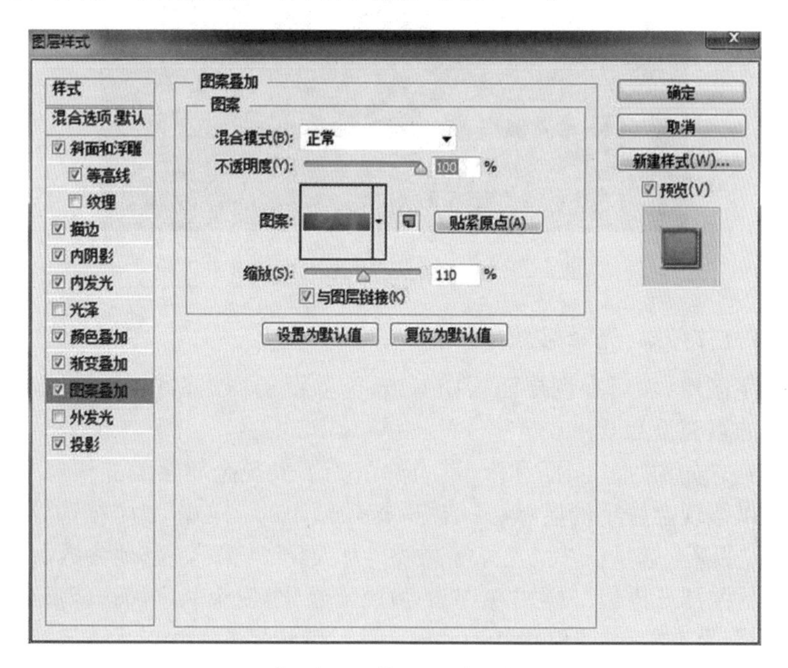

图4-23 “图案叠加”图层样式参数的设置

提示：选择定义好的图案。

步骤八：添加“投影”样式，“混合模式”为“正片叠底”，“角度”为120度，

“距离”为 2 像素，“大小”为 6 像素，参数设置参考图 4-24，完成图层样式后的文字效果如图 4-25 所示。

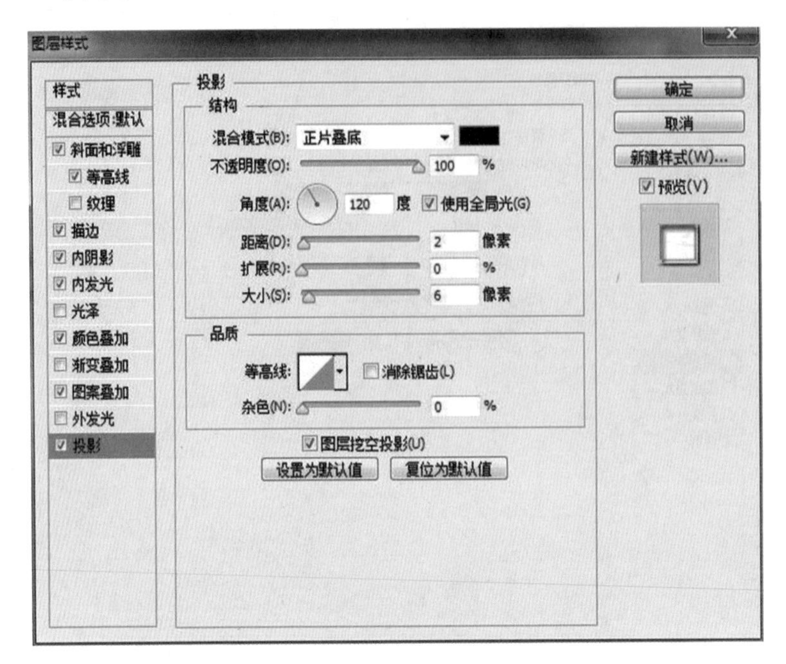

图 4-24 “投影”图层样式参数的设置

图 4-25 添加图层样式后的文字效果

4. 完成立体效果、光泽感、质感

复制文字图层，然后在图层面板中右击，清除图层样式，重新进行图层样式设置，并将该图层的填充设为 0。

步骤一：首先添加“斜面和浮雕”样式，为了表现金属字的立体感觉，进一步增加字体厚度以体现金属字的质感。“结构”选项区中的“样式”为“描边浮雕”，“方法”为“平滑”。“阴影”选项区中“光泽等高线”为“环形—双”。其他参数参考图 4-26。

步骤二：添加“描边”样式，把字的边缘清晰化，使金属字的边缘亮起来，增加光泽度。“大小”为 1 像素，“位置”为“内部”；“混合模式”为“柔光”，参数如图 4-27 所示。

步骤三：添加“内阴影”图层样式，进一步增强字体的立体感，使字体的明暗对比度更清晰。“结构”选项区中“混合模式”为“正片叠底”，“品质”选项区中“等高线”为“画圆步骤”，参数如图 4-28 所示。

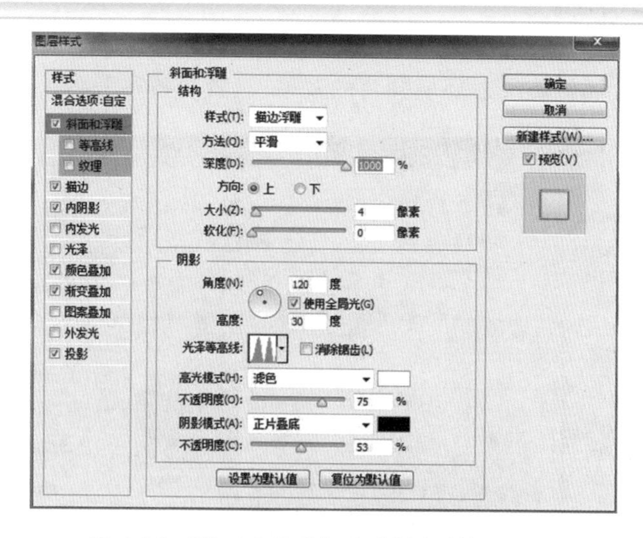

图 4-26　“斜面和浮雕”图层样式参数的设置

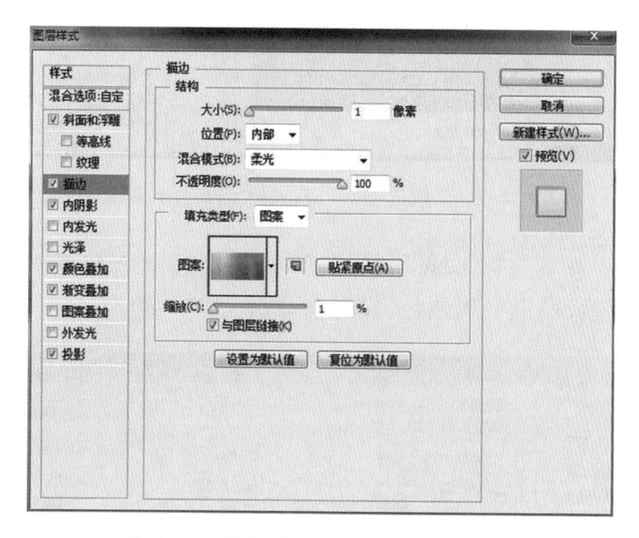

图 4-27　“描边”图层样式参数的设置

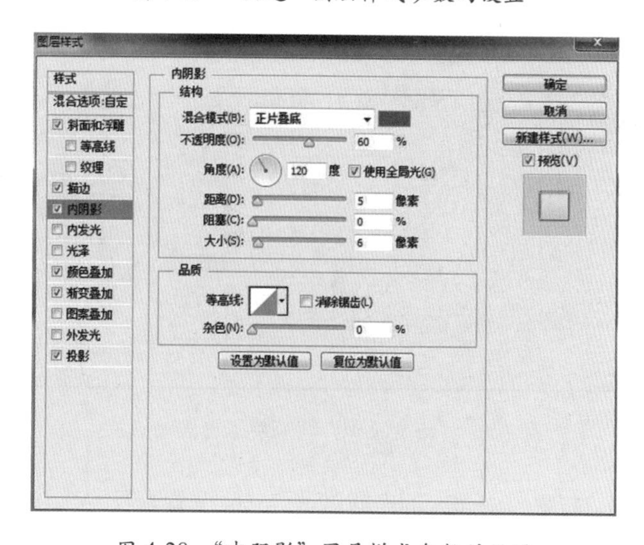

图 4-28　“内阴影”图层样式参数的设置

步骤四：添加“颜色叠加”样式，调整字体的颜色，给文字添加从灰蓝色(#336666)，模拟金属材质反射环境颜色的效果，设置参数参考图 4-29。

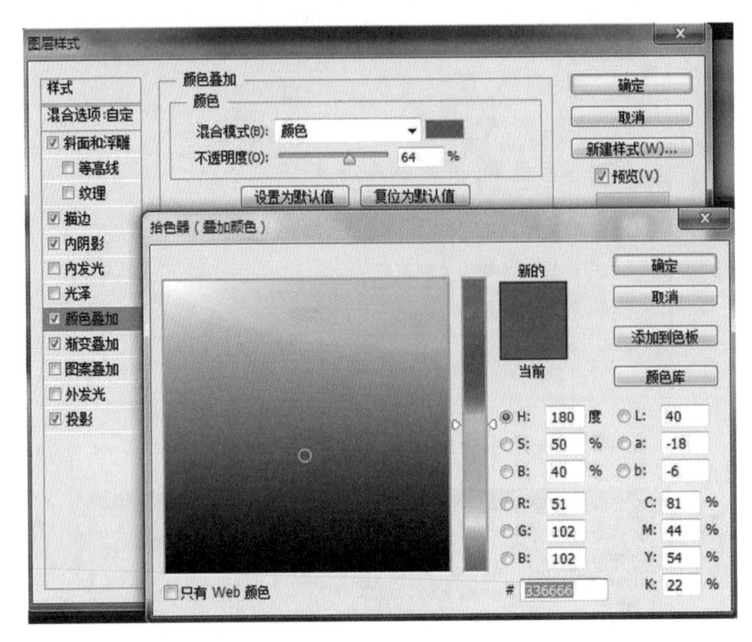

图 4-29 “颜色叠加”图层样式参数的设置

步骤五：添加“渐变叠加”样式，增加字体的光泽感，给文字添加从灰色（#333333）到白再到黑的渐变色，模拟金属颜色，设置参数参考图 4-30。

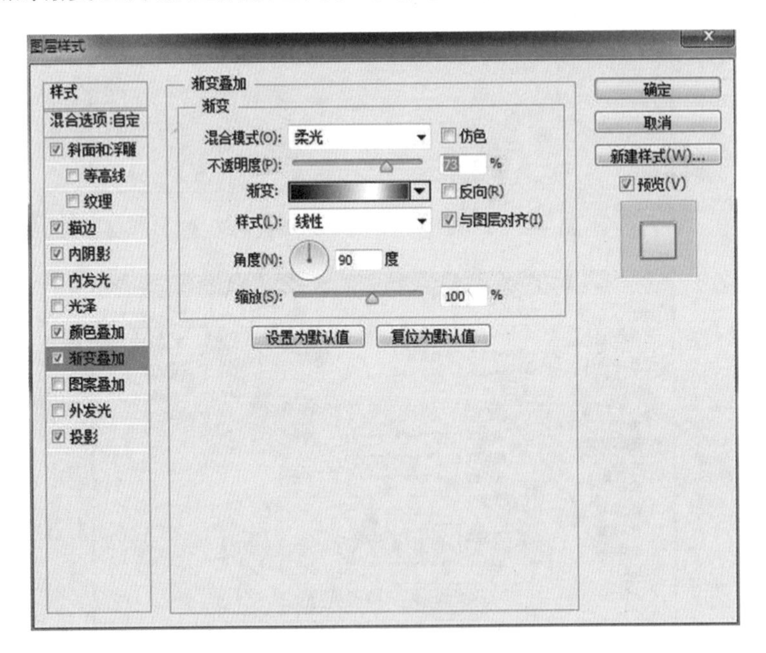

图 4-30 “渐变叠加”图层样式参数的设置

步骤六：添加“投影”样式，不透明度为 75%，设置参数参考图 4-31。

效果如图 4-32 所示。

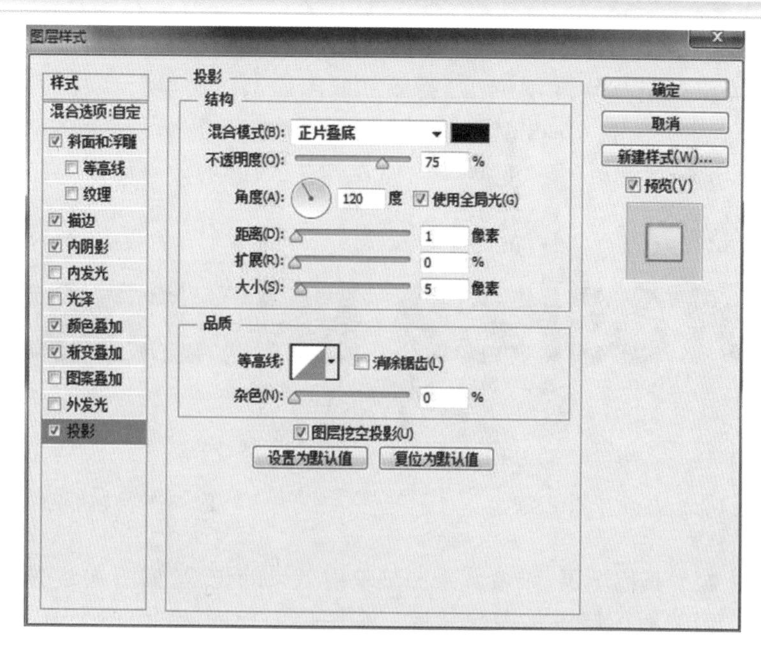

图 4-31　“投影”图层样式参数的设置

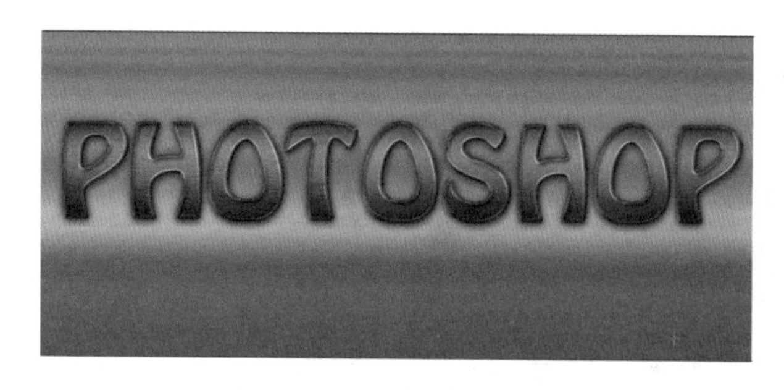

图 4-32　图层样式设置完成后的效果

5．制作金属表面的颗粒效果

步骤一：打开素材“金属 2.jpg”，按组合键 Ctrl+A 全选，按组合键 Ctrl+C 复制。激活“金属字 .psd”文件，按组合键 Ctrl+V 粘贴。给新图层命名为“杂点”。拾取文字选区：把鼠标指针放到图层面板中文字图层缩览图处按 Ctrl 键的同时单击。按组合键 Shift+Ctrl+I 反选，激活“杂点”图层，按 Delete 键，得到如图 4-33 所示效果。

步骤二：调整“杂点”图层的图层混合模式为“点光”，不透明度为 42%，效果如图 4-34 所示。

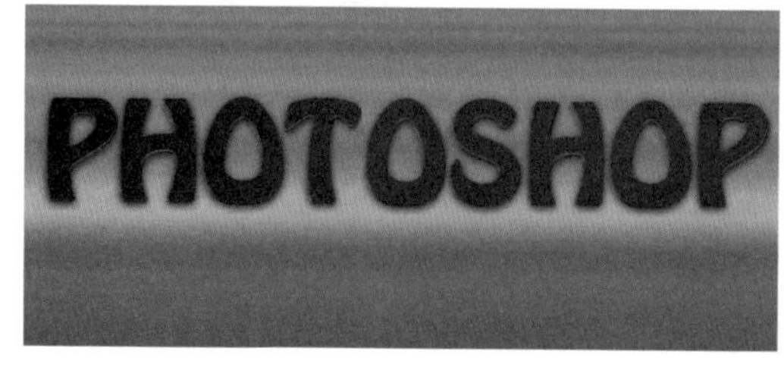

图 4-33　制作杂点效果图

图 4-34　调整杂点图层的效果

6．制作文字映射效果

步骤一：将三个文字图层编组，关掉其他图层的“眼睛”图标来隐藏图层，如图 4-35 所示。按组合键 Alt+Shift+ Ctrl+E 进行图层压印。

步骤二：选择“编辑”/“变换”/“垂直翻转”命令，效果如图 4-36 所示。

图 4-35　压印可见图层　　　图 4-36　复制投影

步骤三：显示其他图层，结合背景调整映射效果的位置，如图 4-37 所示。

步骤四：给映射图层添加图层蒙版。在图层面板底部的“添加图层矢量蒙版”按钮上单击，填充由黑到白的渐变颜色，最终参考图 4-38 所示的效果。

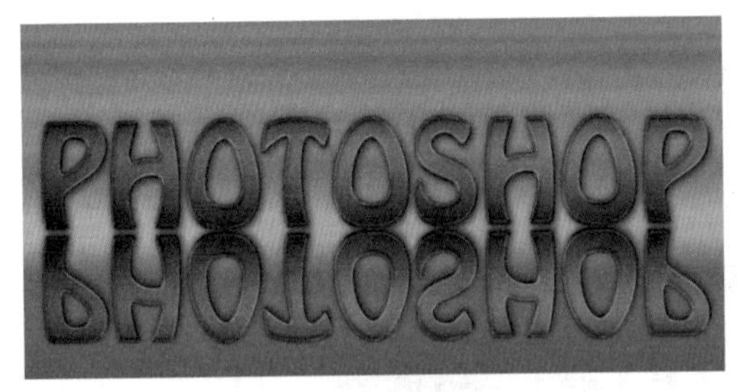

图 4-37　调整阴影到合适位置

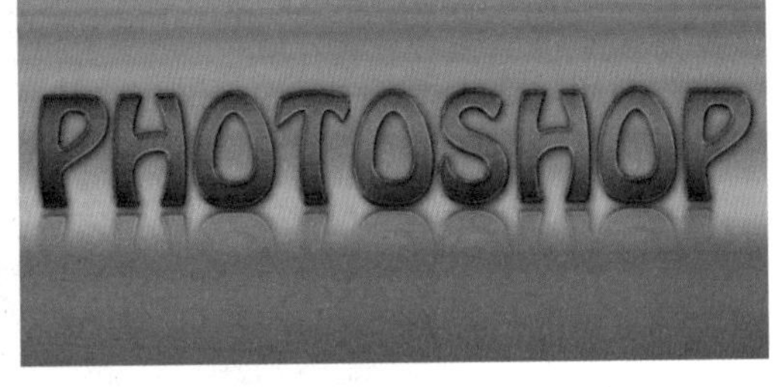

图 4-38　最终效果

4.1.2　水晶字效果的制作

1．创建文字的彩虹效果

打开“文件”/“新建”命令，弹出“新建”对话框，创建新文档，如图 4-39 所示。设文档的名称为“水晶字”，宽度和高度为“800 × 600 像素”，颜色模式为“RGB 颜色”，分辨率为“150 像素 / 英寸”，背景内容选择“背景色”（设置背景色为黑色），如图 4-40 所示。

前景颜色为“白色”。选择工具栏中的文字工具 来创建文字，选择字体为 Cooper Black，字号 80pt，创建文字 CRYSTAI，效果如图 4-41 所示。

2．文字彩虹效果的制作

双击字体层，弹出图层样式窗口，选中“渐变叠加”样式，设置其“混合模式”为正常，“样式”为“径向”，参数设置参考图 4-42。调整渐变样式，如图 4-43 所示，六色数值如下：#9ecaf0、#a5f99e、#f5b3f1、#f8ae97、#faf18e、#9df7fa，完成效果如图 4-44 所示。

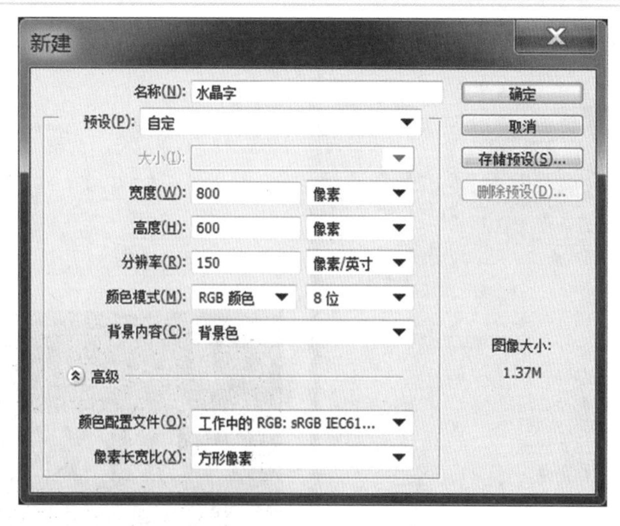

图 4-39　创建新文档

图 4-40　添充黑色背景的效果

图 4-41　创建文字

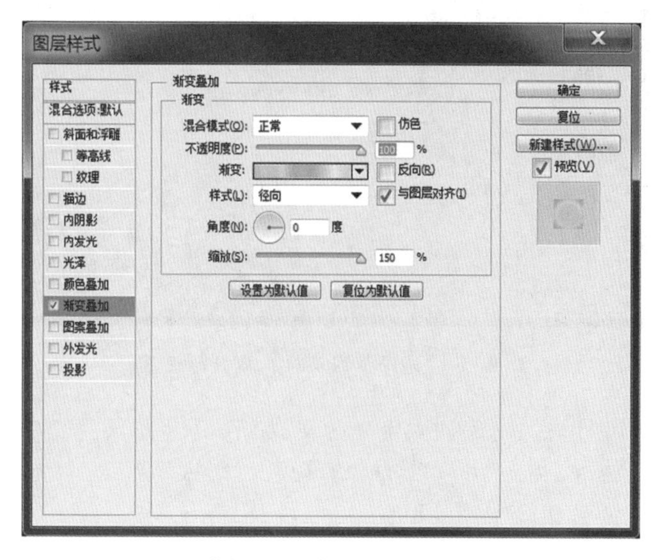

图 4-42　“渐变叠加”图层样式参数的设置

图 4-43 渐变颜色的设置

图 4-44 叠加渐变颜色的文字效果

3．添加文字的图层效果并完成水晶字的制作

选中“光泽”样式，添加光泽效果，如图 4-45 所示。“混合模式”设为“线性光”，“不透明度”设为 43%，“角度”为 17 度，“距离”为 12 像素，“大小”为 14 像素。“等高线”编辑器中的映射曲线如图 4-46 所示。添加“光泽”样式后的效果参考图 4-47。

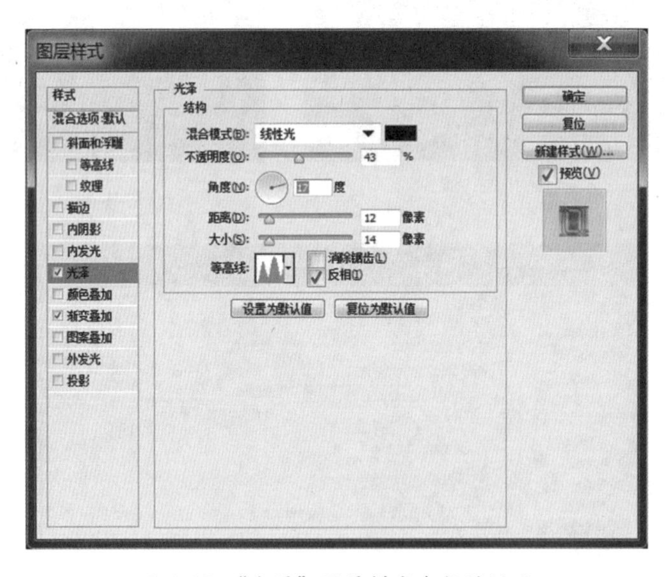

图 4-45 “光泽”图层样式参数的设置

选中“内发光”图层样式，添加内发光效果，如图 4-48 所示。“混合模式”设为“强光”，“不透明度”为 66%，“方法”为“柔和”，“阻塞”为 2，“大小”为 5 像素。添加“内发光”后的效果参考图 4-49。

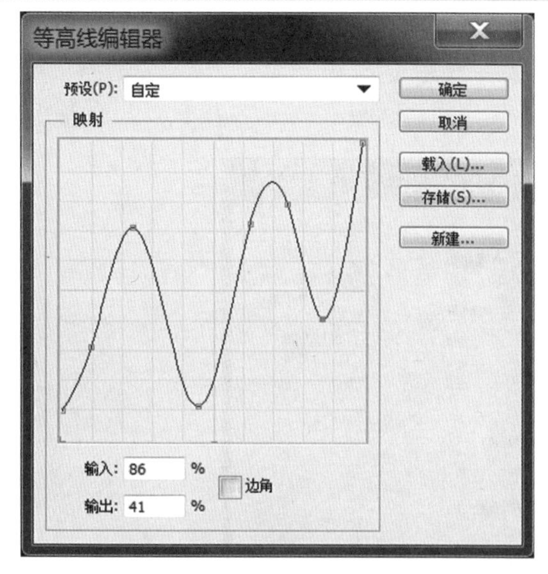

图 4-46　等高线编辑器映射曲线

图 4-47　添加“光泽”后的效果

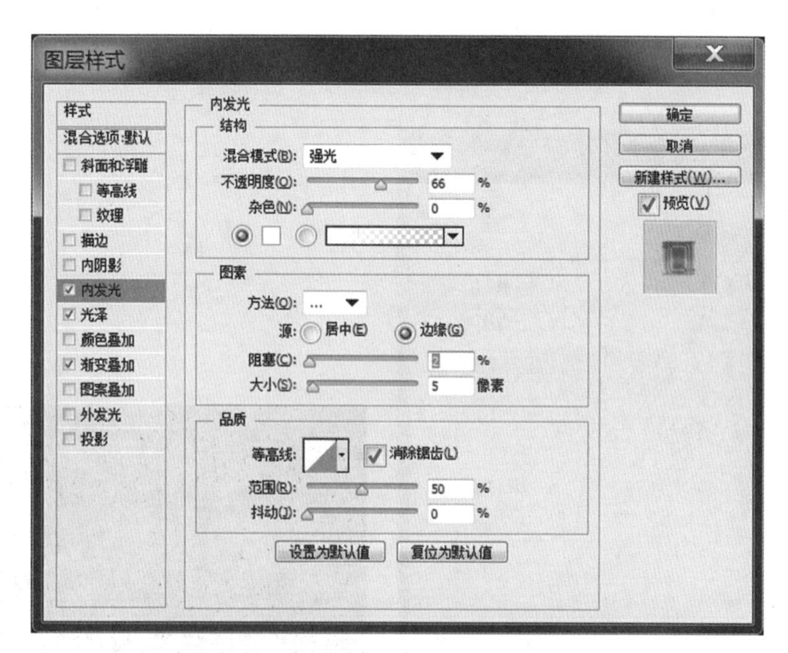

图 4-48　“内发光”图层样式参数的设置

图 4-49　添加“内发光”后的效果

选中“内阴影”图层样式来添加立体效果，如图 4-50 所示。“混合模式”设为“亮光”，“不透明度”为 40%，“角度”为 135 度，“距离”为 10 像素，“阻塞”为 0，“大小”为 45 像素。等高线编辑器如图 4-51 所示。添加“内阴影”后的效果参考图 4-52。

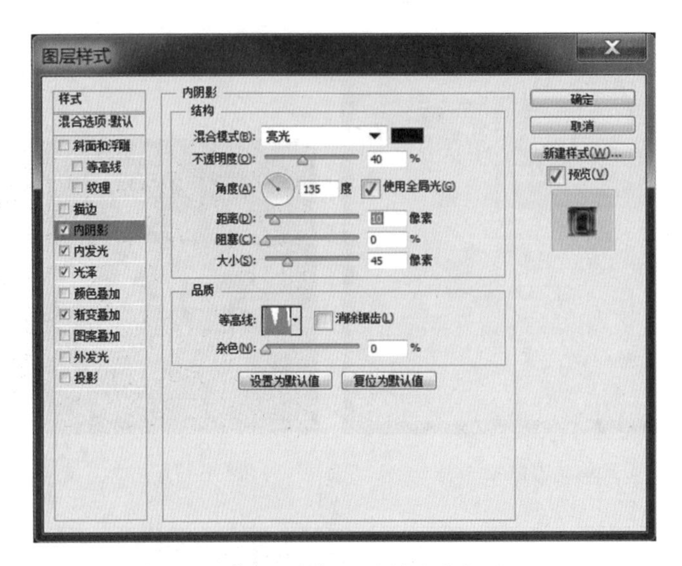

图 4-50 “内阴影”图层样式参数的设置

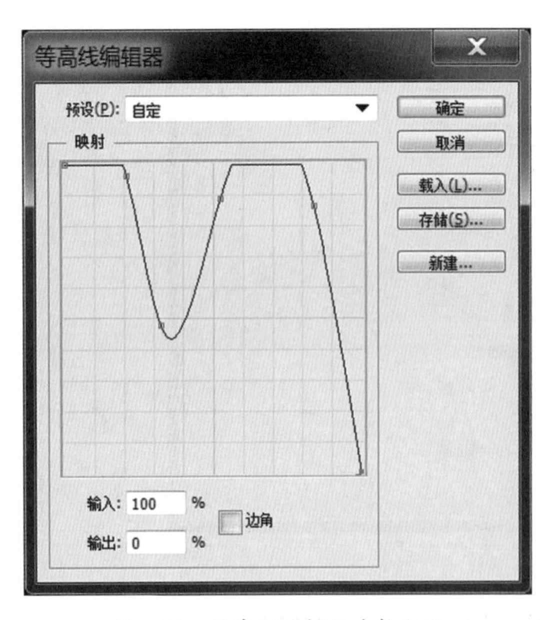

图 4-51 等高线编辑器映射曲线

图 4-52 添加“内阴影”后的效果

选中“斜面与浮雕”图层样式，给字体添加点光感，如图 4-53 所示。“样式”为“枕状浮雕”，“方法”为“平滑”，“深度”为 123%，“角度”为“111 度”，“高度”为“42 度”，“高光模式”为“实色混合”，“不透明度”为 40%。添加“内阴影”后的效果参考图 4-54。

选中“外发光”给字体添加光影效果，如图 4-55 所示。参考数值：混合模式为“排除”，“不透明度”为 75%，“方法”为“平滑”，“扩展”为 0，“大小”为 16 像素，“范围”为 75%；“抖动”为 94%。添加“外发光”后的效果参考图 4-56。

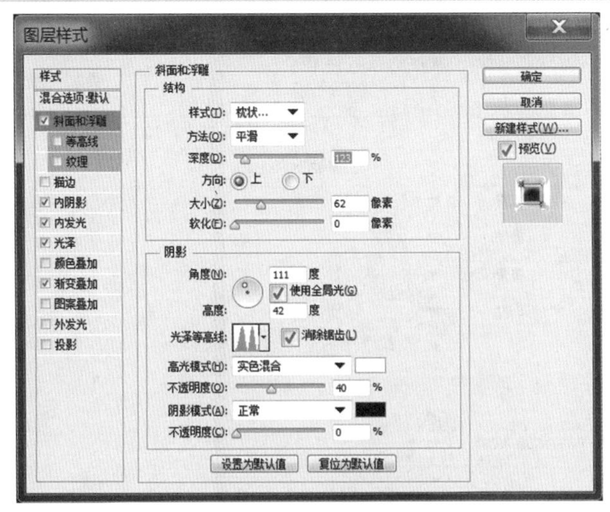

图 4-53 “斜面和浮雕”图层样式参数的设置　　图 4-54 添加“斜面和浮雕”后的效果

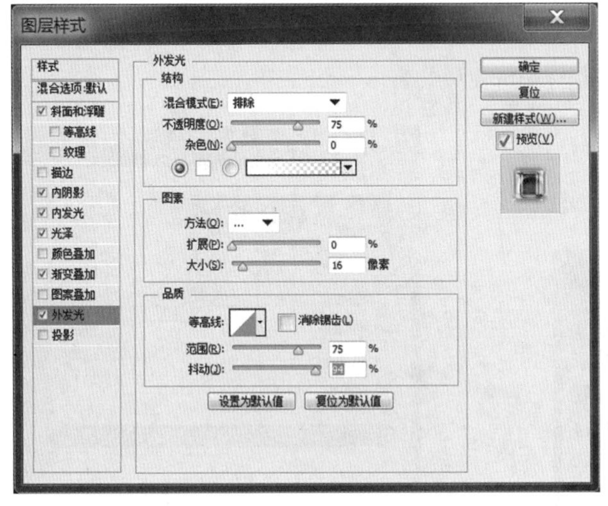

图 4-55 图层样式“外发光”参数的设置　　图 4-56 添加“外发光”后的效果

五彩水晶字的制作效果全部完成，图层样式的各种效果设置的参数只做参考，参数变化，水晶字的效果也会有所变化，制作时注意观察效果的变化。

4.2 效果文字制作

4.2.1 漂亮的光子字效果

1. 背景效果制作

打开“文件”/“新建”命令，弹出“新建”对话框，新建文档。创建名称为“光子字”的文档，宽度和高度为“1000 像素 ×600 像素”，颜色模式为“RGB 颜色”，分辨率为“150 像素 / 英寸”，白色背景，如图 4-57 所示。

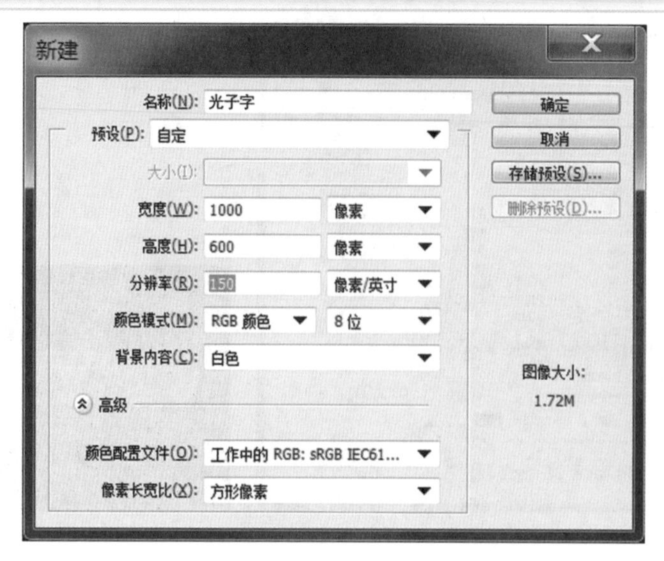

图 4-57　创建“光子字”文档

选择渐变工具，在背景拉一个深灰色（#464646）到黑色的线性渐变，如图 4-58 和图 4-59 所示。填充渐变后的效果如图 4-60 所示。

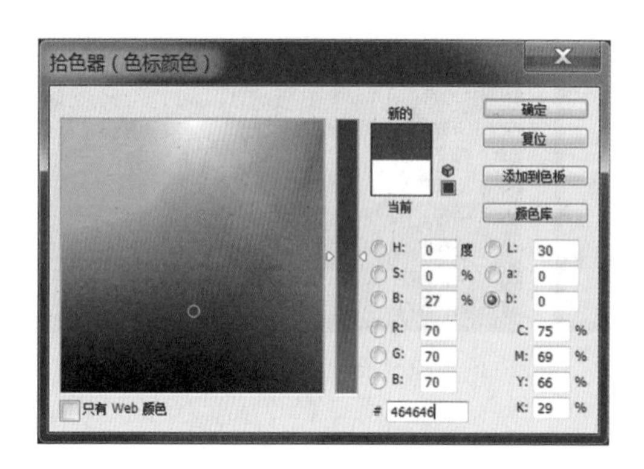

图 4-58　设置深灰颜色

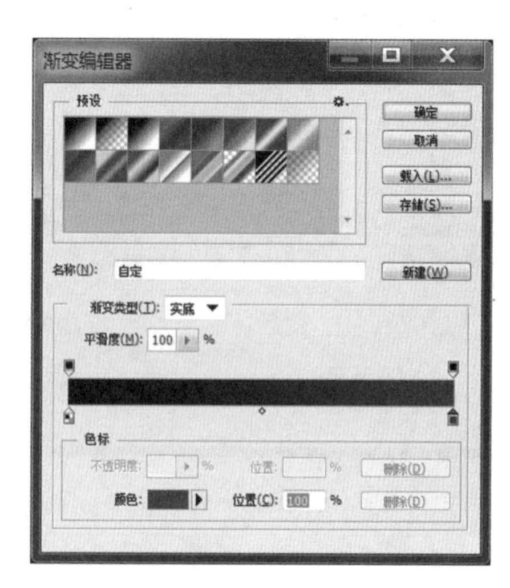

图 4-59　渐变的编辑

图 4-60　填充渐变效果

新建一个图层,选择渐变工具,选择彩虹渐变色,在画布上从上往下拉出渐变。然后把图层混合模式改为“颜色”,填充改为 25% 。如图 4-61 和图 4-62 所示。

图 4-61 彩虹渐变色以“颜色”模式混合

图 4-62 图层面板

在背景和图层 1 之间创建一个渐变调整层,如图 4-63 所示,单击图层面板中的图标,创建渐变图层,在打开的面板中单击上面的小三角和小棱形并左右划动,得到一个一边是黑色一边是透明的渐变,如图 4-64 和图 4-65 所示。再把渐变填充层的不透明度改为 65%,如图 4-66 所示。

图 4-63 创建一个渐变调整层

图 4-64 渐变填充

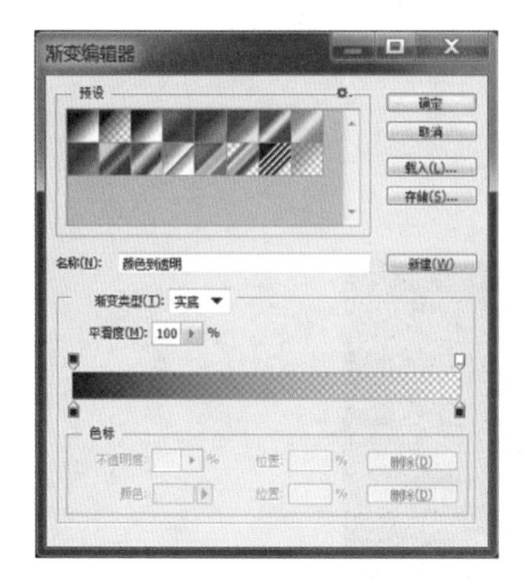

图 4-65 渐变的编辑

图 4-66 添加渐变填充层后的效果

2. 输入文字

选择文字工具 T ，在画布上输入 PSD，文字的颜色为黑色，调整文字大小为 150pt，选择 Cooper Black 字体，然后把文字层的图层混合模式改为“滤色”，如图 4-67 所示。

图 4-67 输入文字

3. 制作文字的效果

双击文字图层，调出图层样式。增加外发光效果，混合模式设为“颜色减淡”；不透明度为 50%；颜色为“白色”；图案大小为 30 像素，参数设置如图 4-68 所示。增加描边效果，大小为 2 像素；混合模式为“颜色减淡”；不透明度为 50%；颜色为“白色”，参数设置如图 4-69 所示。设置完的效果如图 4-70 所示。

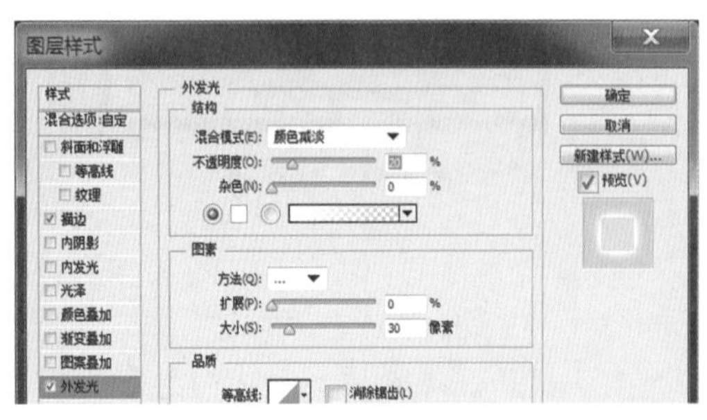

图 4-68 图层样式“外发光”参数的设置

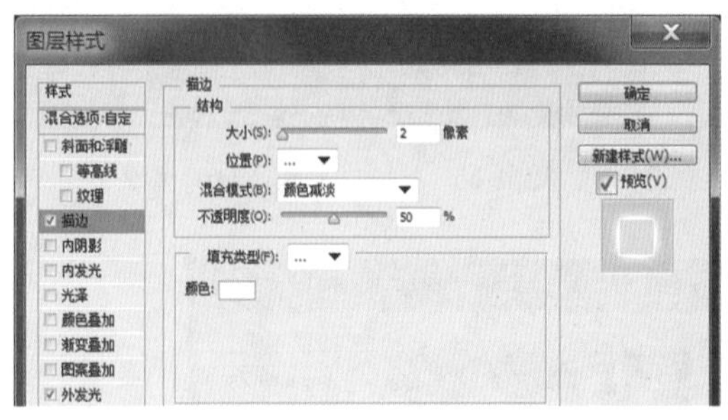

图 4-69 图层样式“描边”参数的设置

图 4-70 添加图层样式完成后的效果

4．制作文字发光的效果

按下Ctrl＋J组合键把文字复制出大概10个副本，把副本层前面的小眼睛都取消，然后分别对每一个图层用Ctrl＋T组合键把中心点拖到文字的底部，进行缩放、旋转，调整到把前面的图层显示出来。效果如图4-71所示。

图4-71　文字发光的效果

5．文字光带效果制作

选择椭圆选框工具，在上面拖出一个细长的椭圆，按Alt+Ctrl+D组合键羽化，数值为20，按字母D键把前背景颜色恢复到默认的黑白，按Q键进入快速蒙版，如图4-72和图4-73所示。执行“滤镜”/“模糊”/“动感模糊”命令，角度为0，距离为500像素，如图4-74和图4-75所示。按Q键，打开快速蒙版，再创建一个曲线调整图层，如图4-76和图4-77所示。

图4-72　细长的椭圆选区

图4-73　进入快速蒙版

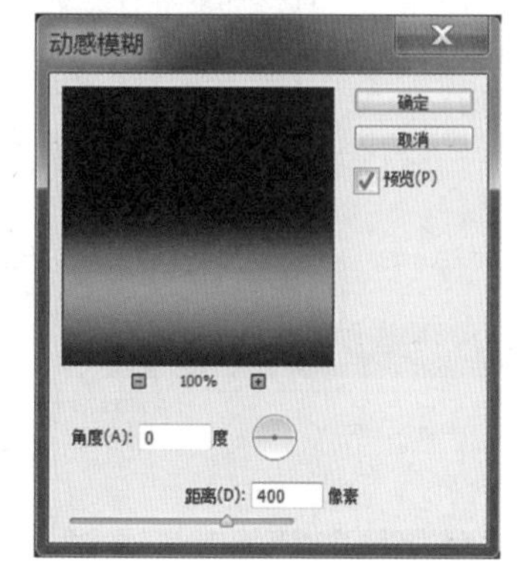

图4-74　动感模糊的设置

图4-75　增加动感模糊后的选区

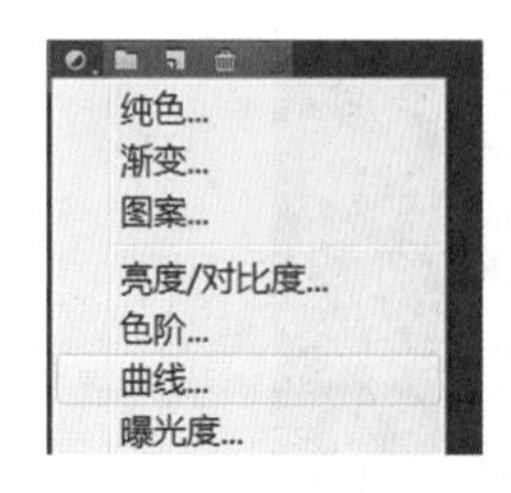

图 4-76　创建一个曲线调整图层

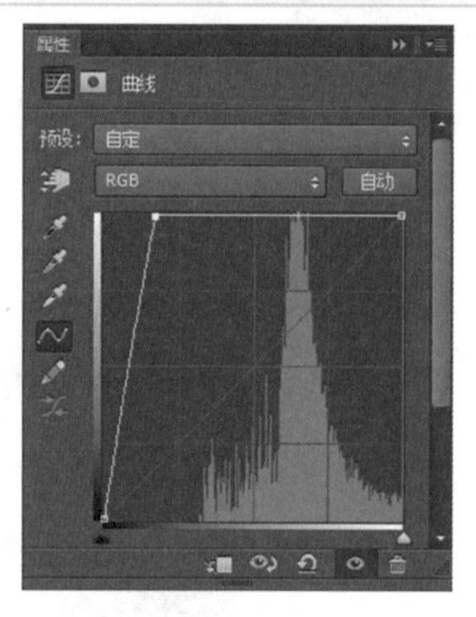

图 4-77　曲线调整形状

如图 4-78 所示，为了增加光感效果，复制曲线图层，图层模式调整为“叠加”。

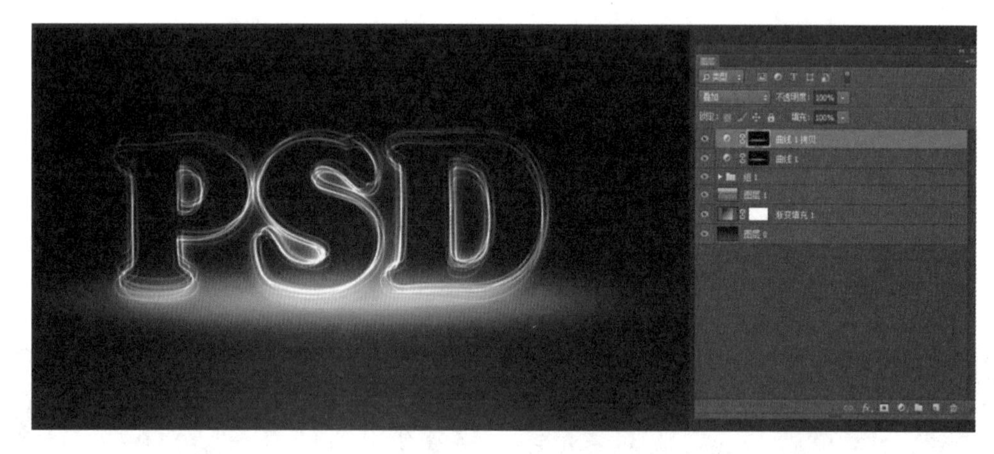

图 4-78　增加光感效果

6．透视效果制作

新建一个 300 像素 ×300 像素的文档，双击背景图层将其解锁，如图 4-79 所示。

双击图层，调出图层样式，设置“颜色叠加”和“描边”样式，参数设置如图 4-80 和图 4-81 所示。

把制作完成的效果定义为图案。选择“编辑”/“定义图案”命令，弹出的对话框如图 4-82 所示，单击“确定”按钮。

回到“光子字”文件上，新建一个图层，选择“编辑”/“填充”命令，再选择刚才定义的图案进行填充，如图 4-83 所示。按 Ctrl+T 组合键或选择“编辑”/“自由变换”命令调整点，右击并选择“透视”命令，效果如图 4-84 所示，然后把图层混合模式改为“变亮”，不透明度改为 40%，如图 4-85 所示。完成效果如图 4-86 所示。

图 4-79　新建文档

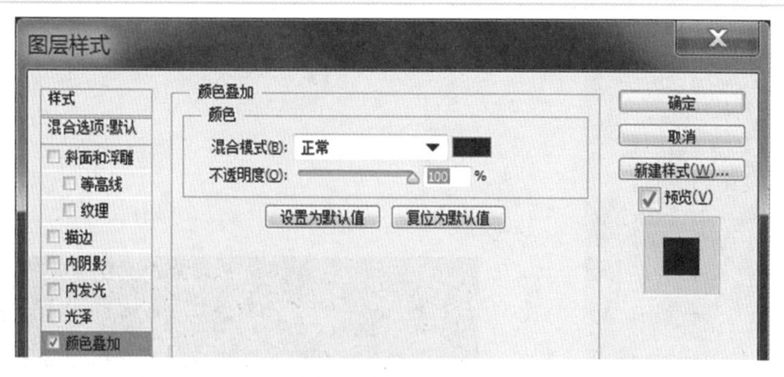

图 4-80　“颜色叠加”图层样式参数的设置

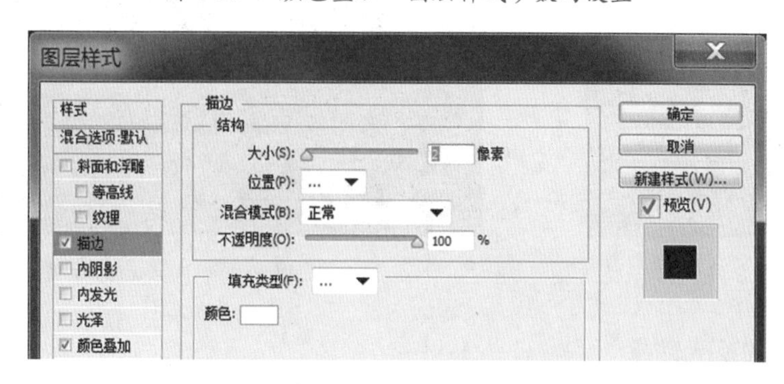

图 4-81　“描边”图层样式参数的设置

图 4-82　定义图案

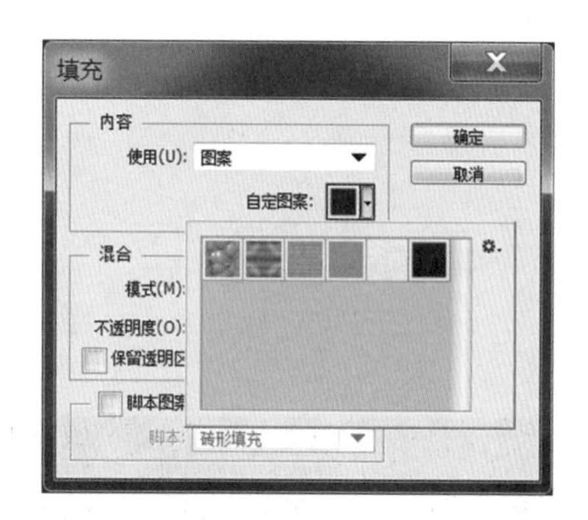

图 4-83　“填充”面板

图 4-84　自由变换来调整图案效果

图 4-85　图层混合模式为“变亮”

图 4-86　完成后的效果

7. 文字的反光效果

将 PSD 的组选定，再复制出一个组副本，然后把副本组选中并按 Ctrl+T 组合键，再右击并进行垂直翻转，移到文字的下面形成一个倒影，如图 4-87 所示。将组 2 的不透明度改为 39%，给组合 1 加上图层蒙板，选择黑白渐变，拉出一个黑白线性渐变，如图 4-88 所示。

图 4-87　制作倒影效果

图 4-88　给组添加图层蒙版

用同样方法制作 MONTAG 蒙太奇的字母效果，使画面构图完整，如图 4-89 所示，即为最终完成效果。

图 4-89　光子字的最终完成效果

4.2.2　圣诞积雪字的制作

1. 制作光照效果背景

选择“文件 / 新建”命令，弹出“新建”对话框，如图 4-90 所示。创建名称为“积雪字”的一个 610 像素 ×400 像素的新文档，分辨率为 150 像素 / 英寸。

选择“编辑”/“填充”命令，弹出“填充”对话框，如图 4-91 所示。并填充背景层为“50% 灰色”。效果如图 4-92 所示。在进行下一步操作之前要确保背景层处于解锁状态。(如果它是锁着的，双击它，然后单击“确定”按钮)。

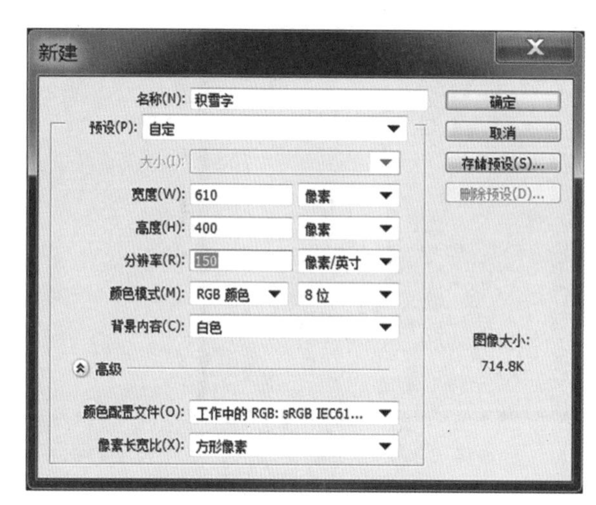

图 4-90　“积雪字”文档

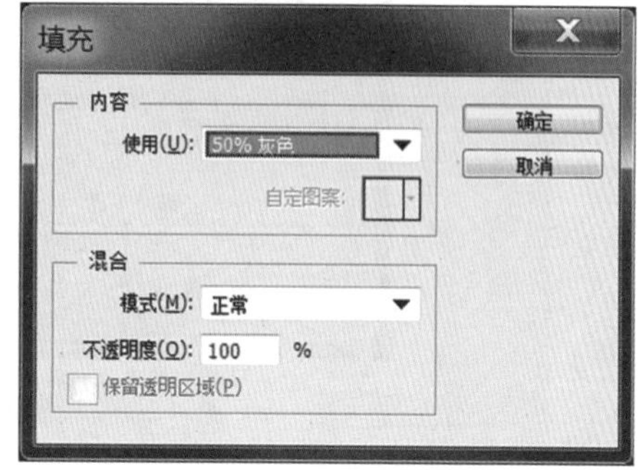

图 4-91　“填充”对话框

首先创建一个简单的光照背景。选择“滤镜”/“渲染”/“光照效果”命令，对它进行如图 4-93 所示设置。强度为 30，聚光为 90，曝光度为 0，光泽为 0，金属质感为 66，环境为 45，纹理为“无”，效果如图 4-94 所示。

图 4-92　填充背景层为“50% 灰色”

通过双击图层面板图标或者在图层面板上右击，进入图层的混合选项，选择“颜色叠加”，如图 4-95 所示。其中混合模式为“颜色”，透明度为 75%，设置颜色值为“#b9ccdd”，如图 4-96 所示。完成后的效果如图 4-97 所示。

图 4-93 “光照效果”面板

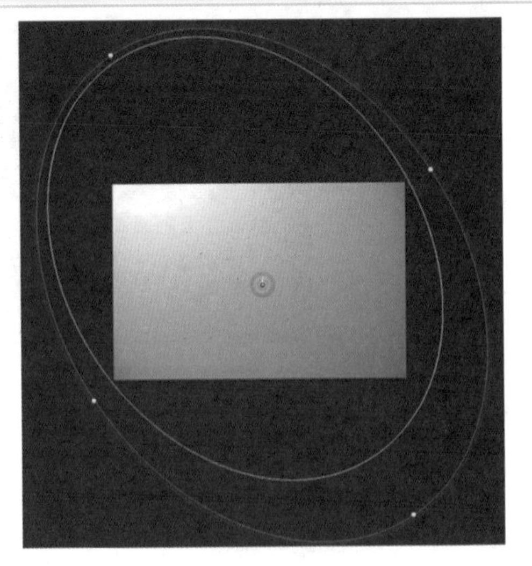

图 4-94 光照效果

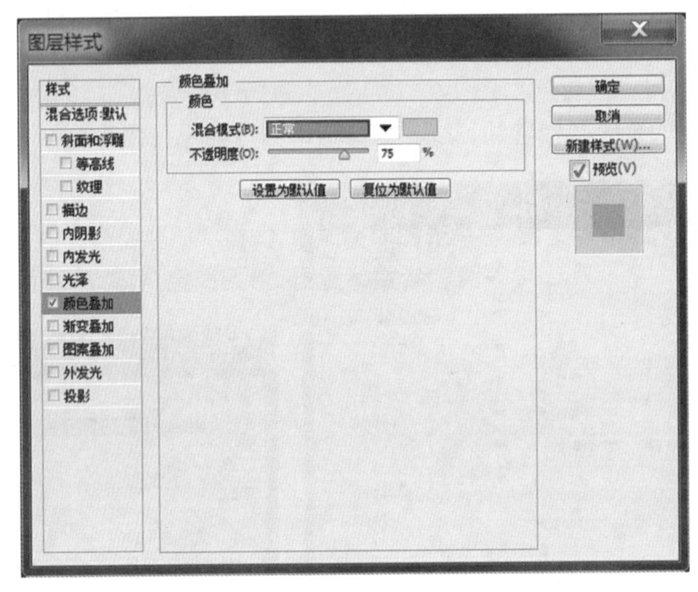

图 4-95 “颜色叠加”图层样式参数的设置

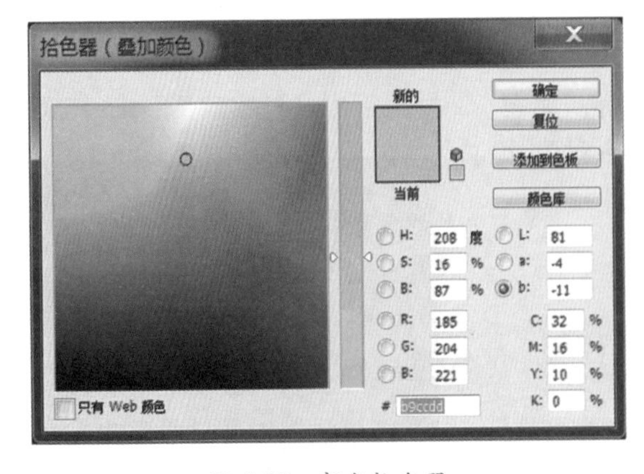

图 4-96 颜色拾色器

图 4-97 添加颜色的背景

2．制作冰雪覆盖的地面

选择自由钢笔工具，勾画出积雪效果，形状参考图 4-98 所示效果。

提示： 钢笔工具可以画到画布外面。

单击图层面板下面的创建图标，创建新图层，如图 4-99 所示。单击路径面板下面的转换选区图标，转换路径为选区，如图 4-100 所示。在新建的图层 1 中填充白色，设前景颜色为白色，使用快捷键 Ctrl+Delete 填充前景颜色，效果如图 4-101 所示，取消选区。

图 4-98　自由钢笔绘出冰雪效果

图 4-99　图层面板

图 4-100　路径面板

图 4-101　在选区内添充白色

单击图层样式图标，给图层 1 增加图层样式。添加投影效果，设置混合模式为“线性加深”，不透明度为 75%，距离为 2 像素，大小为 4 像素，勾选“消除锯齿”选项，设置的参数如图 4-102 所示。

添加外发光效果，设置混合模式为滤色，不透明度为 65%，杂色为 58%，填充色为白色，方法为“柔和”，扩展为 8%，大小为 5 像素，勾选“消除锯齿”，范围为 50%，抖动为 0，如图 4-103 所示。

添加内发光效果，设置混合模式为滤色，不透明度为 50%，杂色为 39%，方法为“柔和”，“源”选择“边缘”，大小为 5 像素，勾选“消除锯齿”，范围为 50%，抖动为 0，如图 4-104 所示。

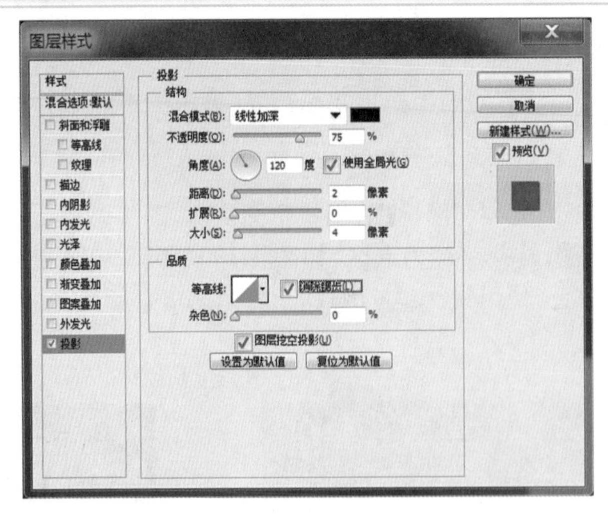

图 4-102 添加“投影”图层样式

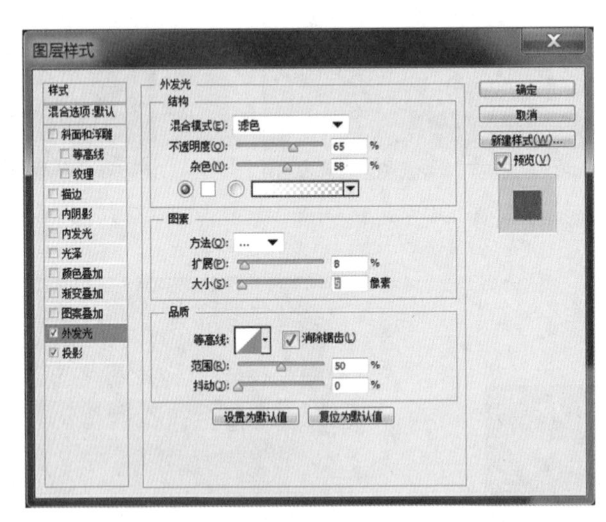

图 4-103 添加“外发光”图层样式

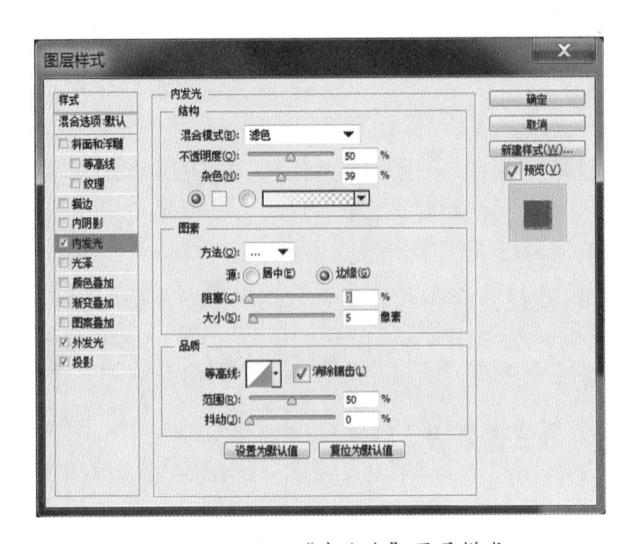

图 4-104 添加“内发光”图层样式

添加斜面和浮雕效果，设置样式为“内斜面”，方法为“平滑”，深度为100%，方向为“上”，大小为5像素，软化为1像素，角度为120度，高度为30度，勾选“取消锯齿”，取消“全局光”，高光模式为滤色，不透明度为75%，阴影模式为“正片叠底”，不透明度为45%，如图4-105所示。选择等高线，等高线设为“半圆”，勾选“消除锯齿”，不透明度为90%，如图4-106所示。

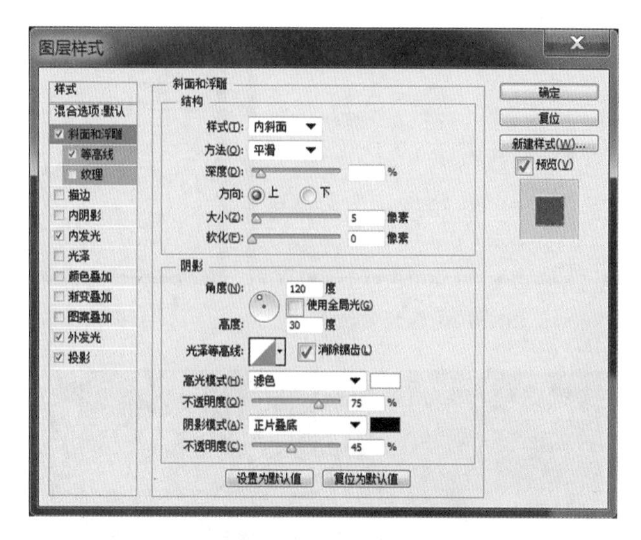

图4-105　“斜面和浮雕”图层样式参数的设置

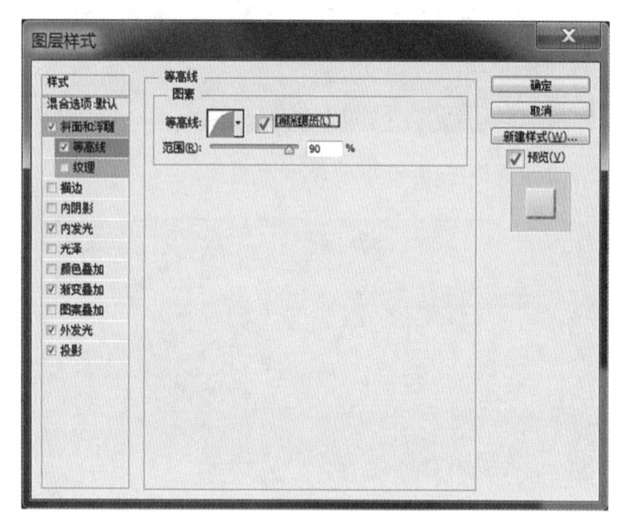

图4-106　“等高线”参数的设置

添加图层样式里的渐变叠加，如图4-107所示。设置渐变叠加的样式为“线性”，与图层对齐，反向。角度为90度，缩放为130%。渐变色为#d3d8de到白色，如图4-108所示。

3. 制作背景纹理

打开素材包中的大理石纹理，如图4-109所示，把它放在雪形状图层上方。改变纹理图层的混合模式为“正片叠底”，透明度为5%，可以得到如图4-110所示效果。

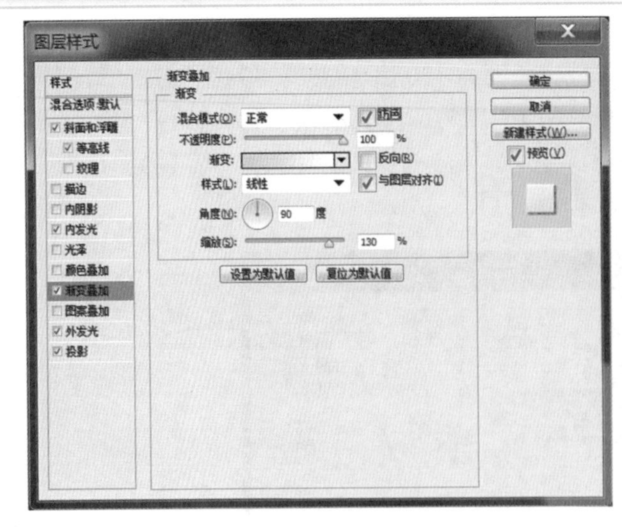

图 4-107 “渐变叠加”图层样式参数的设置

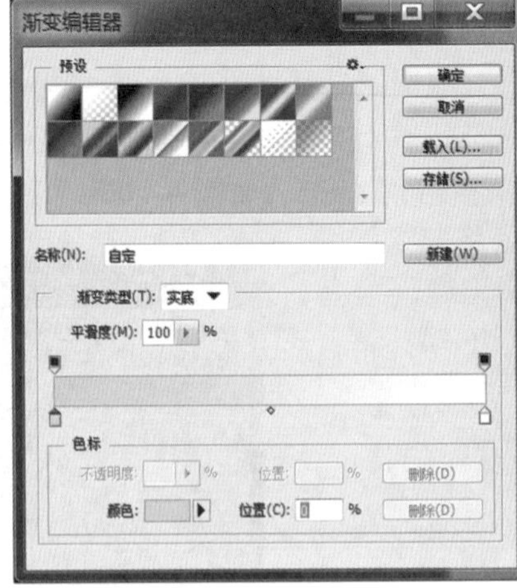

图 4-108 “渐变编辑器”对话框

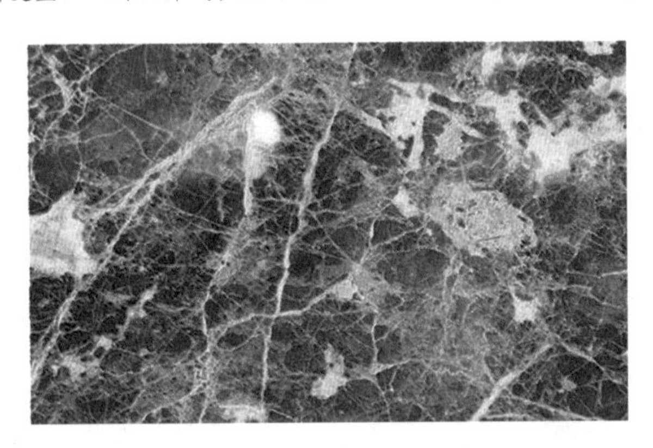

图 4-109 设置渐变色

图 4-110 填充渐变后的效果

4. 糖果字效果的制作

选择文字工具T,输入文字内容 merry christmas,选择 Arial Rounded MT bold 字体,文字颜色为白色,效果如图 4-111 所示。

对字体添加效果,在素材包中有糖果效果的样式,直接用拷贝图层样式粘贴图层样式。效果如图 4-112 所示。

图 4-111 添加文字效果

图 4-112 糖果效果的样式

复制文字层。对该文字图层添加“雪地”图层的样式。可以通过拷贝和粘贴图层样式来完成这一步操作,效果如图 4-113 所示。制作有积雪覆盖在糖果字体上的效果,需要创建一个图层蒙版。选择“图层”/“矢量蒙版”/“显示全部”命令。再选择钢笔工具,逐个绘制想要保留的出现在文字上的积雪部分,效果如图 4-114 所示。(圈起的那部分形状里有白雪效果)

图 4-113 白雪图层样式的效果 (1)

图 4-114 白雪图层样式的效果 (2)

在雪地的底部添加文本 AND A HAPPY NEW YEAR 新年快乐。完成积雪字的整体效果制作,如图 4-115 所示。

图 4-115 积雪字的整体效果

5．添加飘落的雪花效果

设置并定义笔刷。选择形状工具，“追加形状”为“自然”，选择合适的雪花形状，如图 4-116 所示；选择创建“形状”工具，绘制雪花形状。进入路径面板，单击下方的图标，转换路径为选区，如图 4-117 所示。选择“编辑”/“定义画笔预设”命令，打开“画笔名称”对话框，如图 4-118 所示。

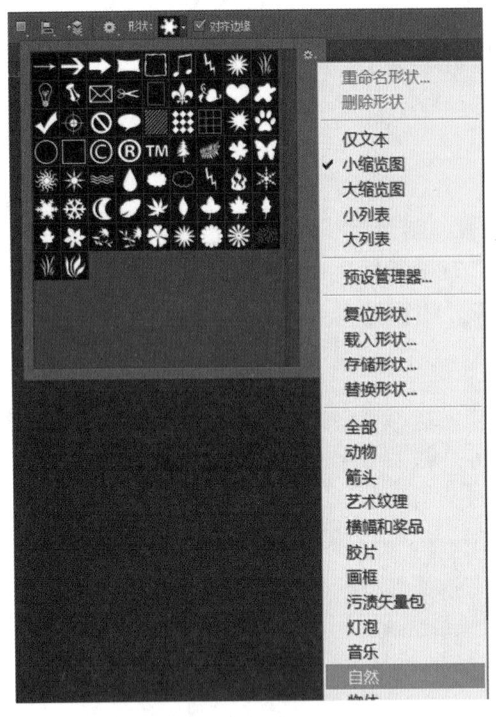

图 4-116　选择合适的雪花形状

图 4-117　转换路径为选区

图 4-118　定义雪花形状为画笔

选择画笔工具，单击，打开画笔预设面板进行画笔的设置：选择“雪花形状”，如图 4-119 所示；单击，选择形状动态，大小抖动为 100%，控制为“关”，最小直径为 0%，角度抖动为 100%，控制为“关”，圆度抖动为 0%，控制为“关”，参数如图 4-120 所示。

选择“散布”选项，设置散布值为 985%，勾选“两轴”，设置数量为 1，数量抖动为 45%，控制为“关”，如图 4-121 所示。选择“传递”选项，不透明度抖动为 90%，流量抖动为 0%，如图 4-122 所示。

在文字层的下方创建一个新图层，选择白色，然后在画布上涂抹，得到不同大小和不同透明度的雪花效果，如图 4-123 所示。

最后给图像外边缘添加一点白色光芒。在最上方创建一个新图层，填充黑色，设置填充不透明度为 0%。选择“混合选项”，混合模式设置为“线性减淡”，选择“内发光”，颜色为白色，不透明度为 25%。

现在糖果积雪字的效果已经完成，最终效果如图 4-124 所示。

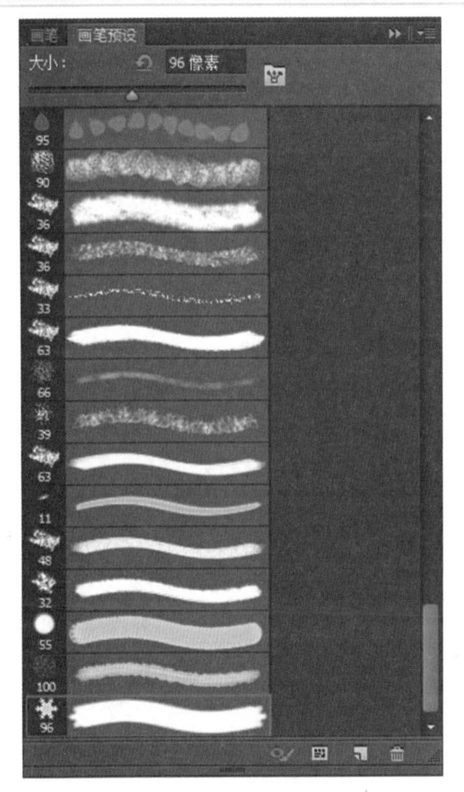

图 4-119　画笔预设面板

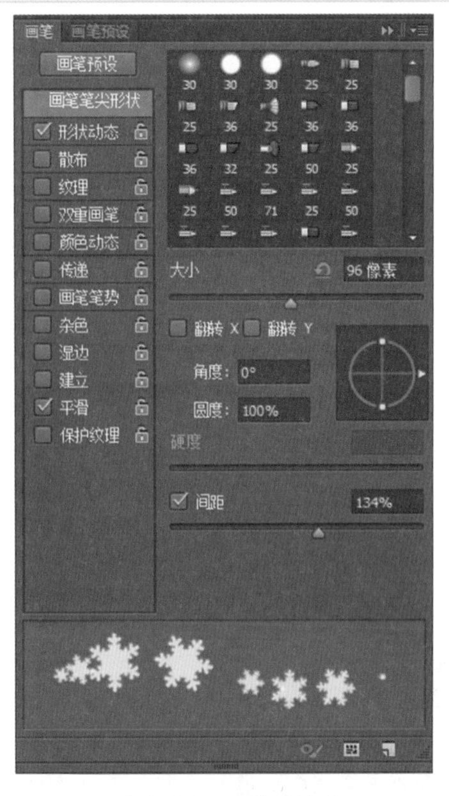

图 4-120　画笔的设置

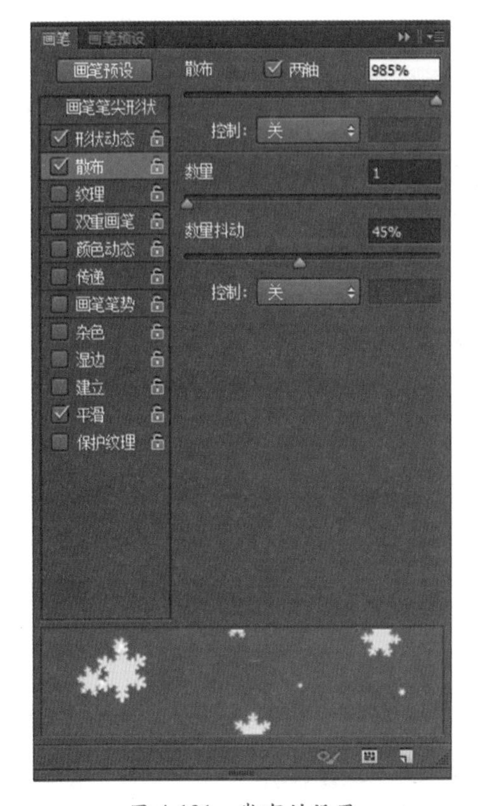

图 4-121　散布的设置

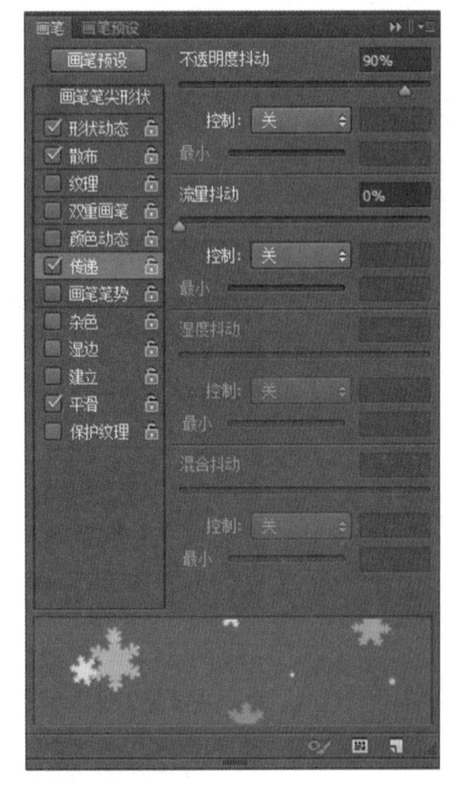

图 4-122　传递的设置

图 4-123　添加雪花背景效果

图 4-124　积雪字最终的效果

4.3　文字效果的应用

4.3.1　水墨风格楼书

下面制作“樱海庄园”广告招贴。

这个案例是大连视合设计公司为樱海庄园设计的售楼广告。在设计之初，考虑到这个楼盘要打造的是庄园式风格的别墅，要突出地域性，体现海景特色，同时楼盘的设计是以日式为主，楼盘名称中还有樱花的含义。

1. 创建“广告—樱海”文件

选择“文件”/“新建文件”命令（快捷键为 Ctrl+N），名称设为“广告—樱海”。因为广告要印刷，所以分辨率是 300 像素/英寸。颜色模式为 CMYK，这种模式是印刷品必须应用的颜色模式，这样设计稿才不会与印刷品颜色上有很大的差异（注意：在设计印刷品时，一定在成品尺寸上加 3mm 的出血。）如图 4-125 所示。选择“文件”/“存储为”命令（快捷键为 Shift+Ctrl+S），在操作过程中一定要定时地保存文件（快捷键为 Ctrl+S），文件保存为 PSD 格式。

图 4-125　新建文件

2．墨点效果的制作

我们制作具有中国水墨画风格的墨点效果，如图 4-126 所示。

图 4-126　墨点效果

创建新文件“墨点”，宽度为 15，高度为 10，参数参考图 4-127。设置前景色为黑色，选择渐变工具，选择黑色到透明的渐变，单击图层面板下方的“新建图层”图标，单击选取工具，绘制填充范围，填充渐变效果如图 4-128 所示。

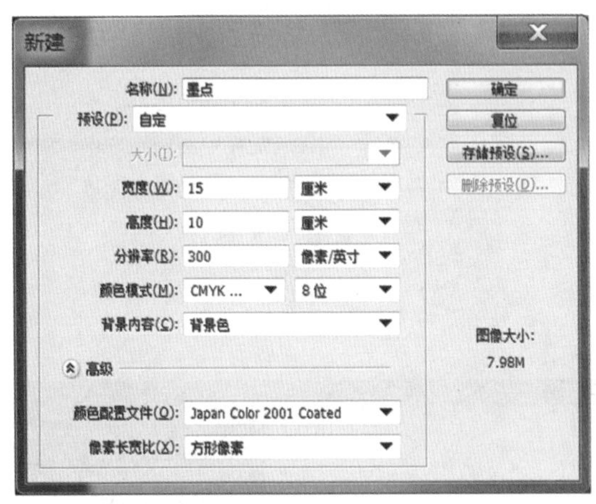

图 4-127　创建文件

图 4-128　渐变填充

顺时针旋转画布 90°，选择“图像”/“图像旋转”/“90 度（顺时针）”命令，如图 4-129 和图 4-130 所示。

选择“滤镜”/“风格化”/“风”命令，设置如图 4-131 和图 4-132 所示，完成后的风效果如图 4-133 所示。

再次选择“图像”/“图像旋转”/“90 度（逆时针）”命令，再次旋转为初始创建的效果，如图 4-134 和图 4-135 所示。

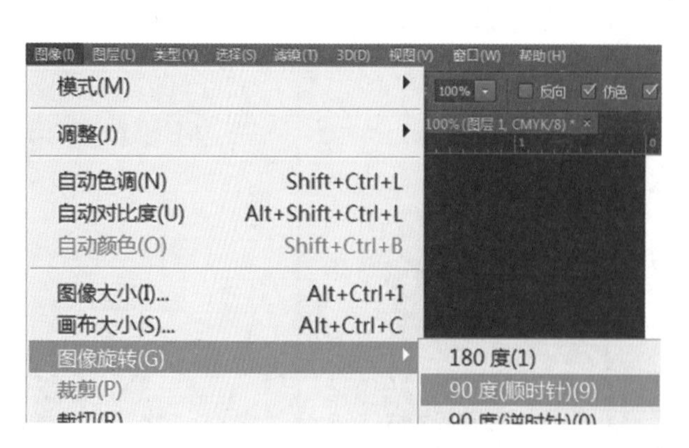

图 4-129　旋转画布

图 4-130　旋转后效果

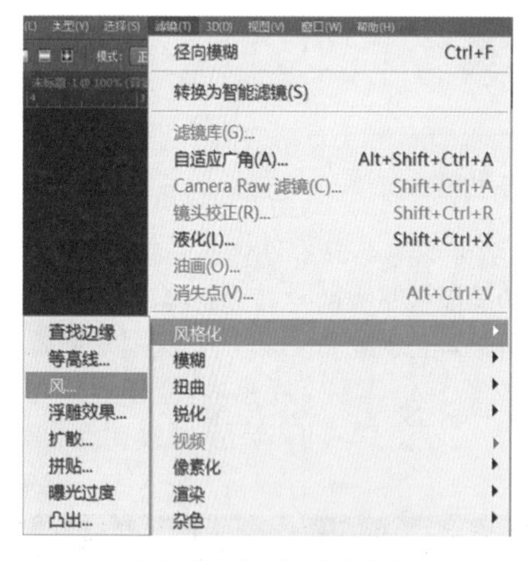

图 4-131　“风”效果命令

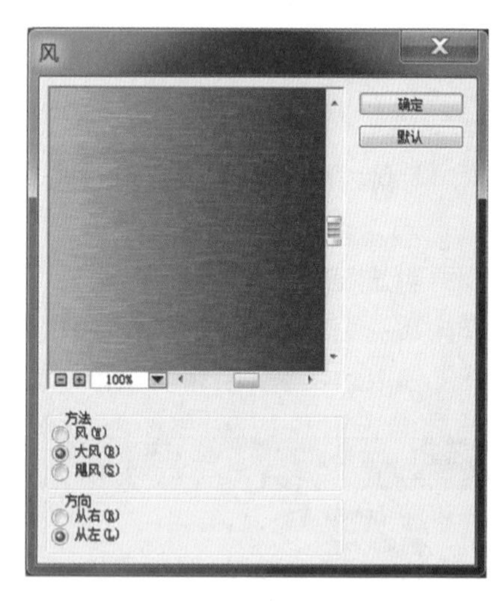

图 4-132　“风”效果的设置

图 4-133　应用“风”滤镜后效果

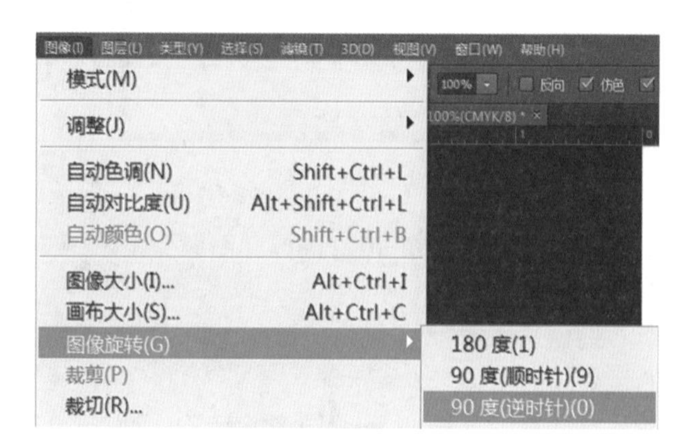

图 4-134　逆时针旋转

图 4-135　旋转后的效果

选择“滤镜”/“扭曲”/“极坐标”命令，如图 4-136 和图 4-137 所示。

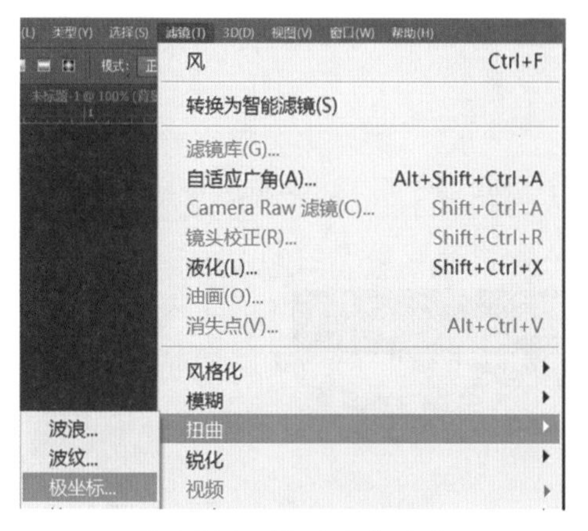

图 4-136　“极坐标”命令

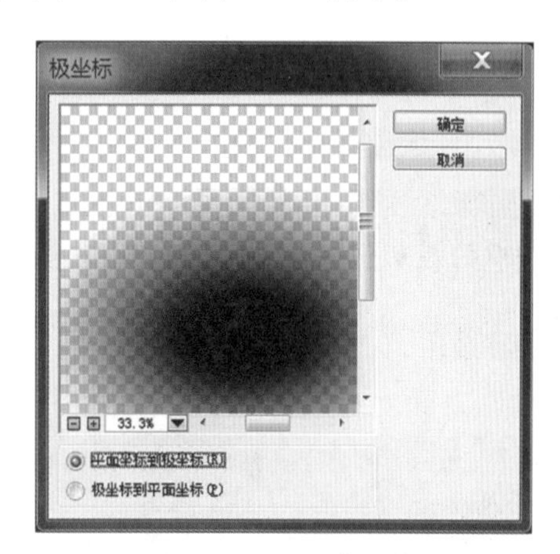

图 4-137　设置极坐标

完成后的极坐标效果如图 4-138 所示。由于得到的墨点不是圆形的，所以执行“自由变换”操作，快捷键为 Ctrl+T，将墨点调整为圆形，调整后的效果如图 4-139 所示。

图 4-138　应用极坐标后的效果

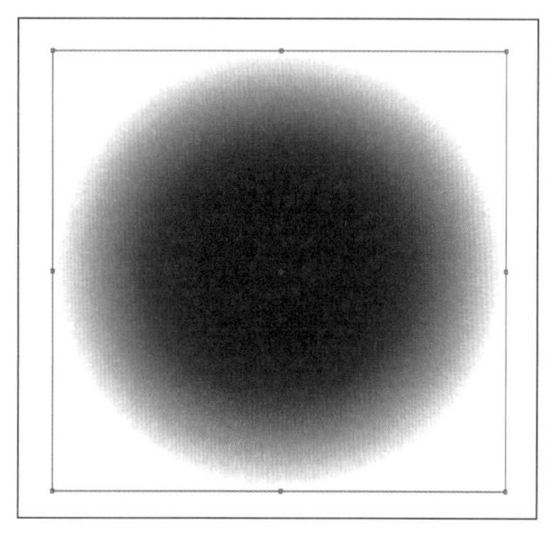

图 4-139　调整墨点

单击墨点图层，用鼠标拖动图层到面板下方的图标■上，复制墨点图层两次，同

时旋转一定的角度，效果参考图 4-140。用快捷键 Alt+Ctrl+Shift+E 压印图层，执行“滤镜”/“模糊”/“高斯模糊”命令，效果及参数参考图 4-141。

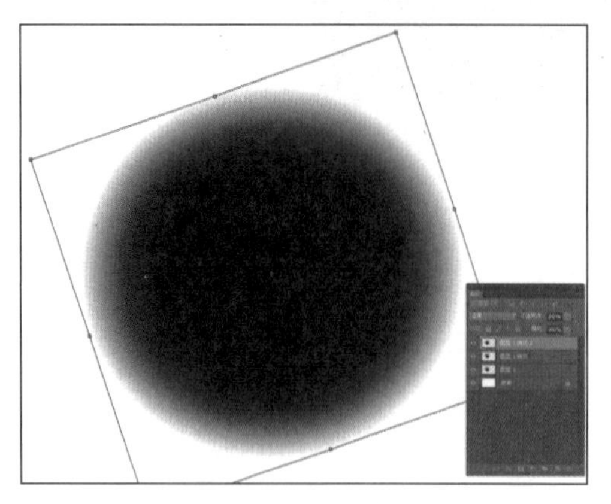

图 4-140　调整复制图层后的效果

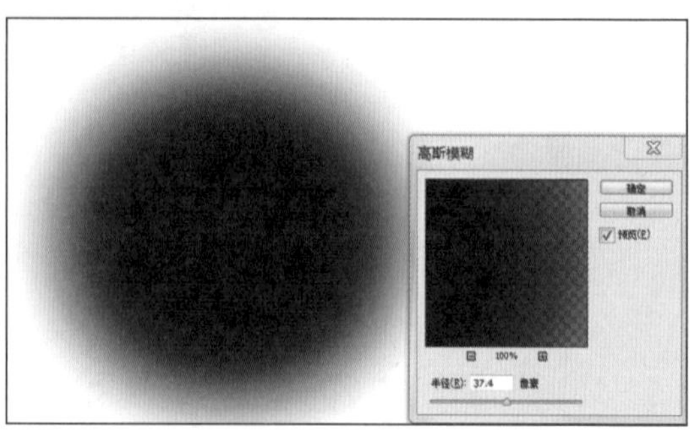

图 4-141　模糊后的墨点效果

3. 调整墨点颜色

激活压印图层，选择“图像”/“调整”/“色阶”命令（快捷键为 Ctrl+L），调整墨点为浅灰色，参数参考图 4-142 和图 4-143。

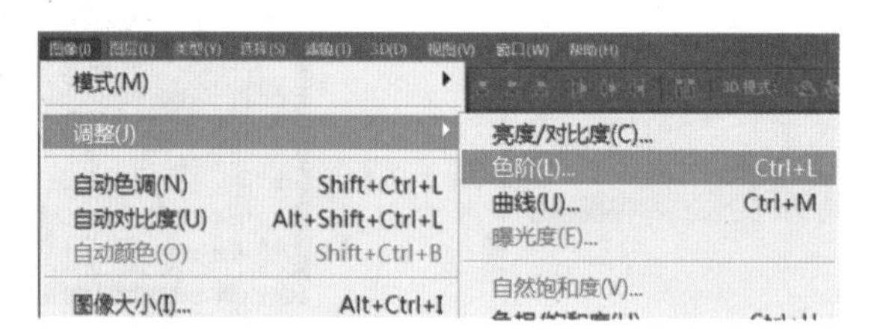

图 4-142　“色阶”命令

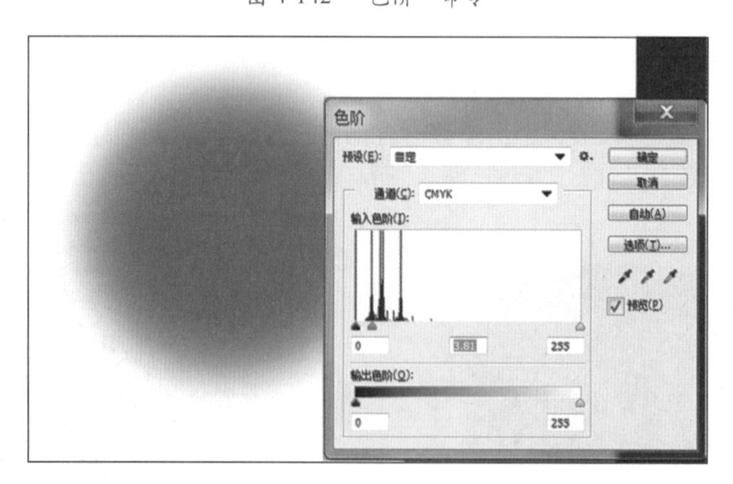

图 4-143　调整墨点为灰色

首先将墨点上色为洋红，选择“图像”/“调整”/“色彩平衡”命令（快捷键为 Ctrl+B），参数调整参考图 4-144 和图 4-145。

为墨点提高颜色纯度，选择“图像”/“调整”/“色相/饱和度”命令（快捷键为 Ctrl+U），参数调整参考图 4-146 和图 4-147。

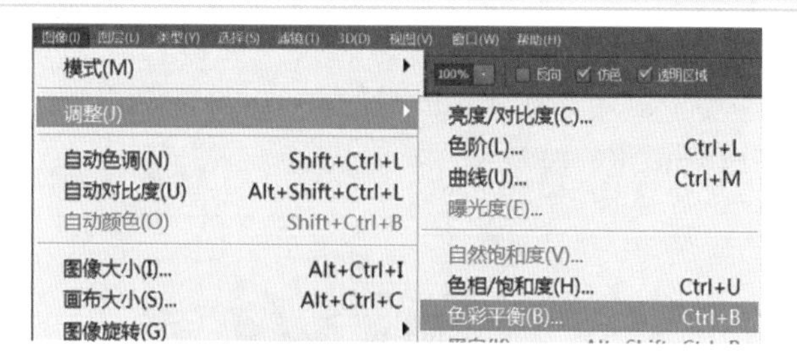

图 4-144　“色彩平衡”命令

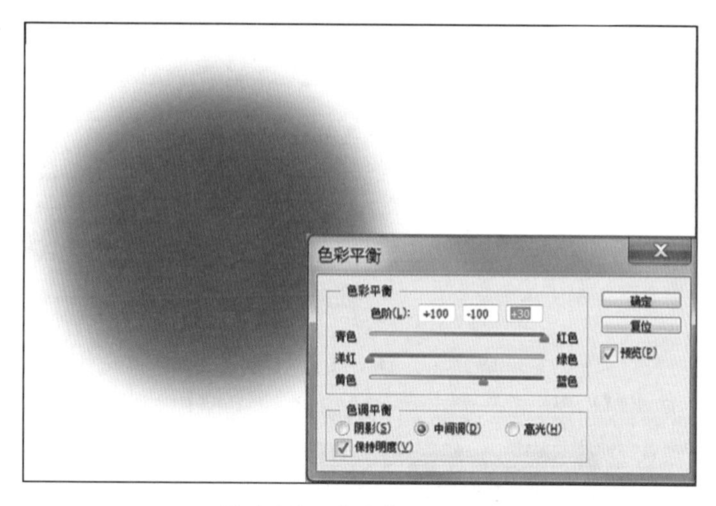

图 4-145　为墨点添加红色

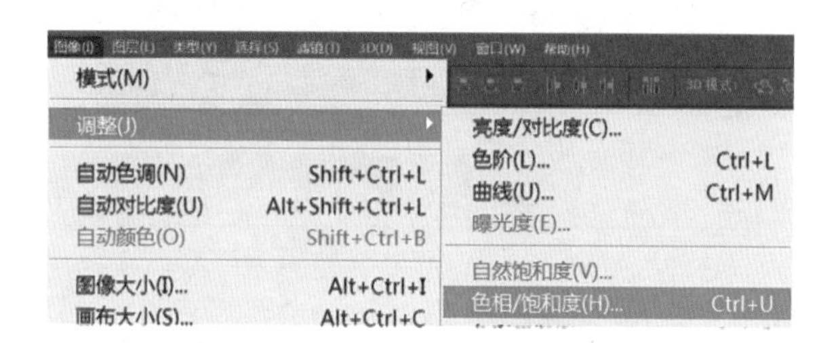

图 4-146　“色相 / 饱和度”命令

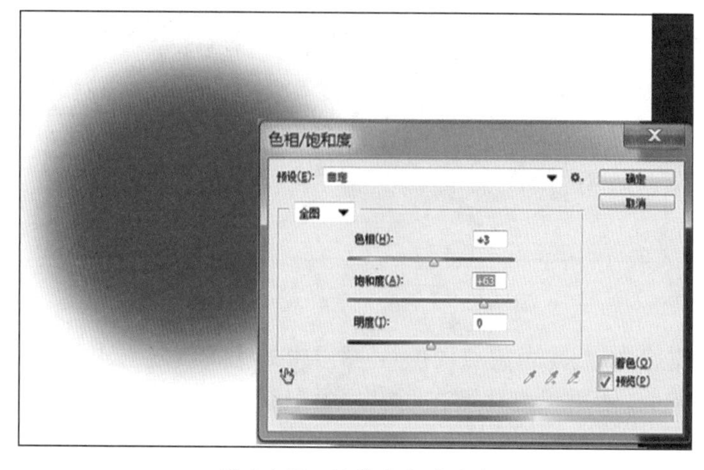

图 4-147　提高墨点的纯度

为了使墨点效果更真实，复制墨点图层，选择“编辑”/“自由变换”命令（快捷键为 Ctrl+T），围绕图形中心进行缩放，并调整大小，图层模式为“叠加”，不透明度为30%，效果参考图 4-148 和图 4-149。

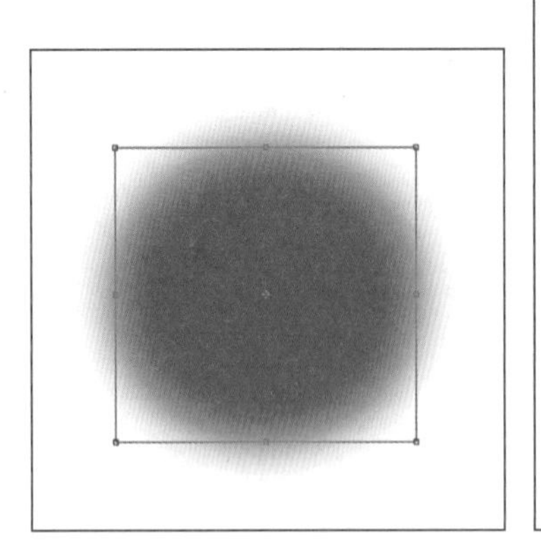

图 4-148　调整第二层墨点的大小

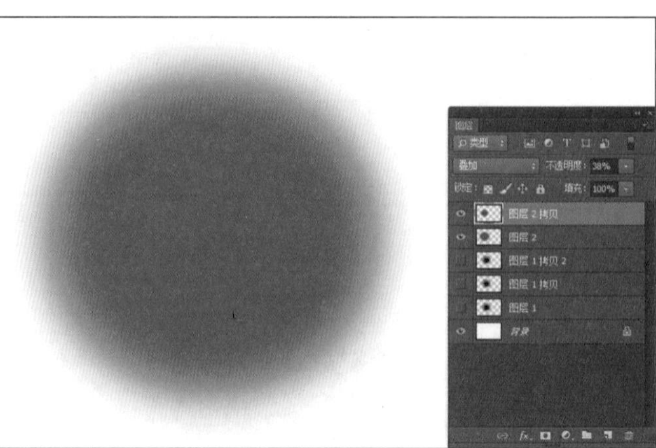

图 4-149　调整图层模式为“叠加”

单击背景层“眼睛”，关闭背景层，压印可见图层，单击涂抹工具，调整压印图层墨点的边缘，使其更自然，效果参考图 4-150 和图 4-151。

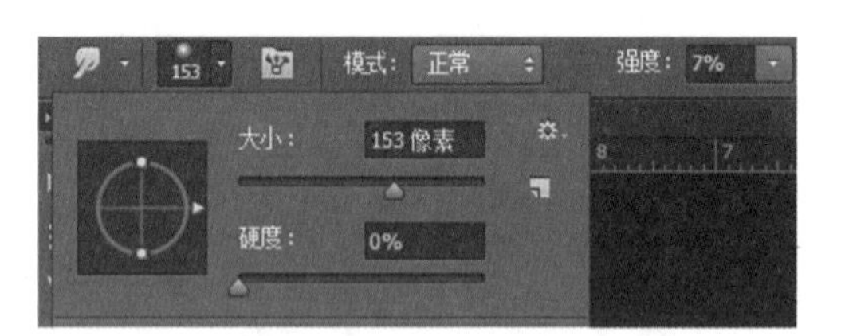

图 4-150　调整第二层墨点的大小

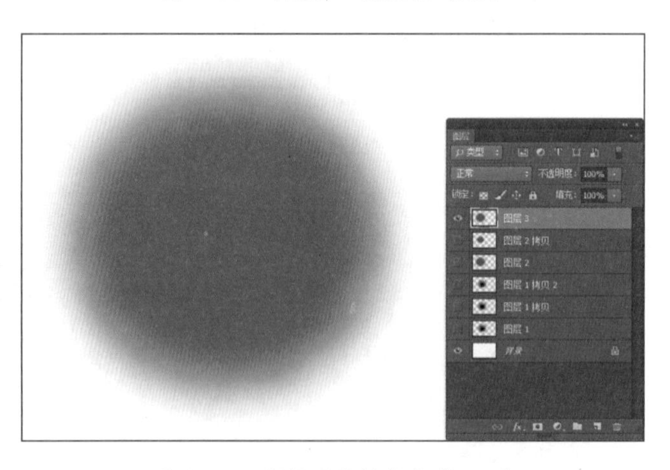

图 4-151　调整图层模式为“叠加”

制作墨点质感，复制黑色墨点图层 1，图层模式为“明度”，不透明度为 37%，为本图层添加图层蒙版，使用黑色画笔在图层蒙版中涂抹墨点中心的部分，参数效果参考图 4-152 和图 4-153。

用同样的方法制作蓝色墨点，调整参数参考图 4-154 ～图 4-156 所示效果。

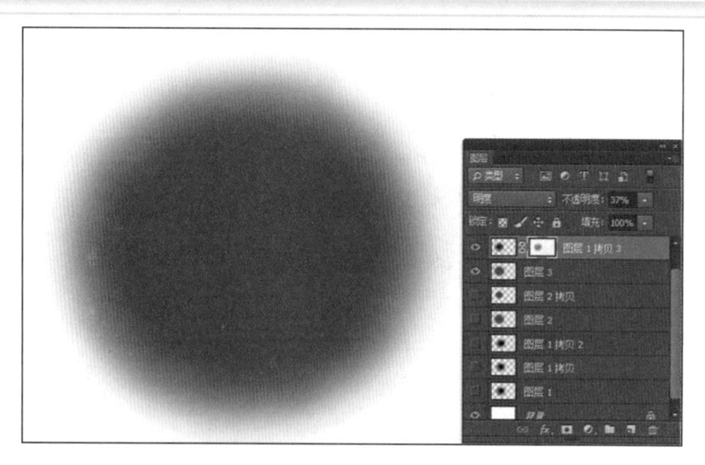

图 4-152 墨点质感的制作

图 4-153 画笔的设置

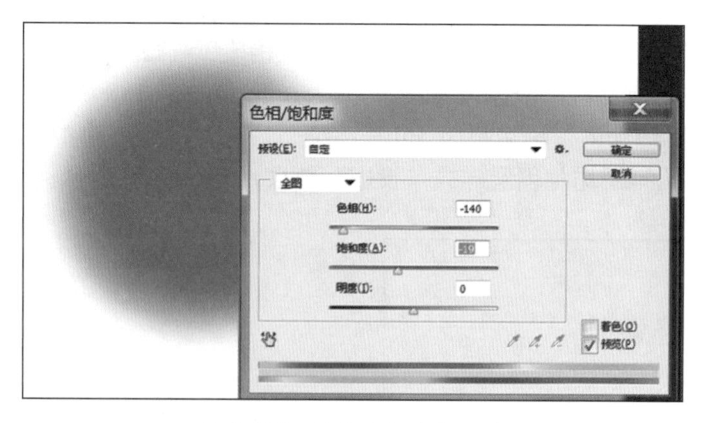

图 4-154 调整为蓝颜色 (1)

图 4-155 调整为蓝颜色 (2)

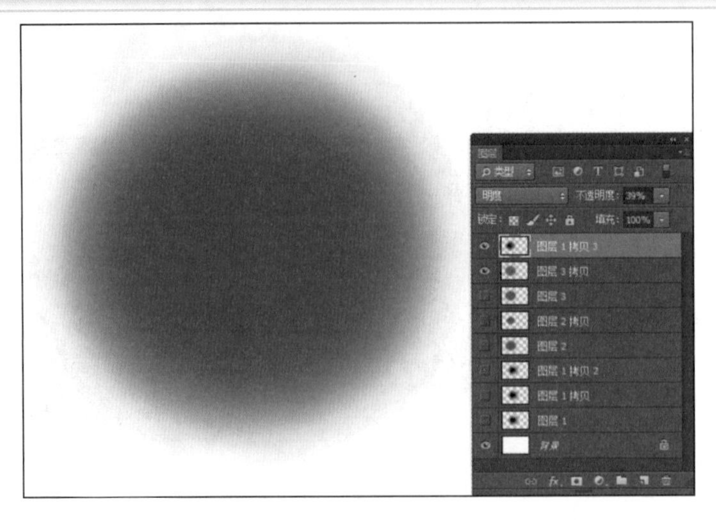

图 4-156 调整后效果

4. 广告的制作

把调整好的蓝色墨点图片放在整个画面的底部，在构图中这样会使画面比较平衡。在图层面板中的“填充”选项值为 75%，如图 4-157 所示，这样做使底图会有一定的透明度，效果柔和，可以突出楼盘的主题，为后面的制作起到了烘托的作用。

把楼盘地图的图片也拖放到蓝色底图上，使用钢笔工具画选区来处理地图。单击路径面板中的“转换路径”图标，将路径转换为选区，如图 4-158 所示。执行“选择”/“反向”命令，反选选区（快捷键为 Shift+Ctrl+I），按 Delete 键删除多余部分，输入文字的地址，同时为地图添加图层样式“投影”效果，如图 4-159 所示。

图 4-157 墨点效果

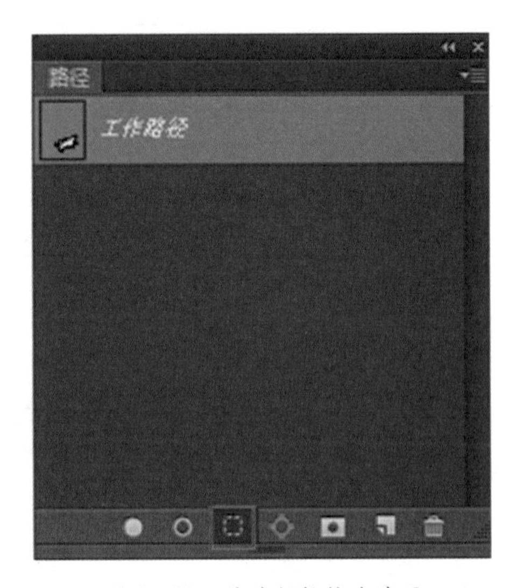

图 4-158 将路径转换为选区

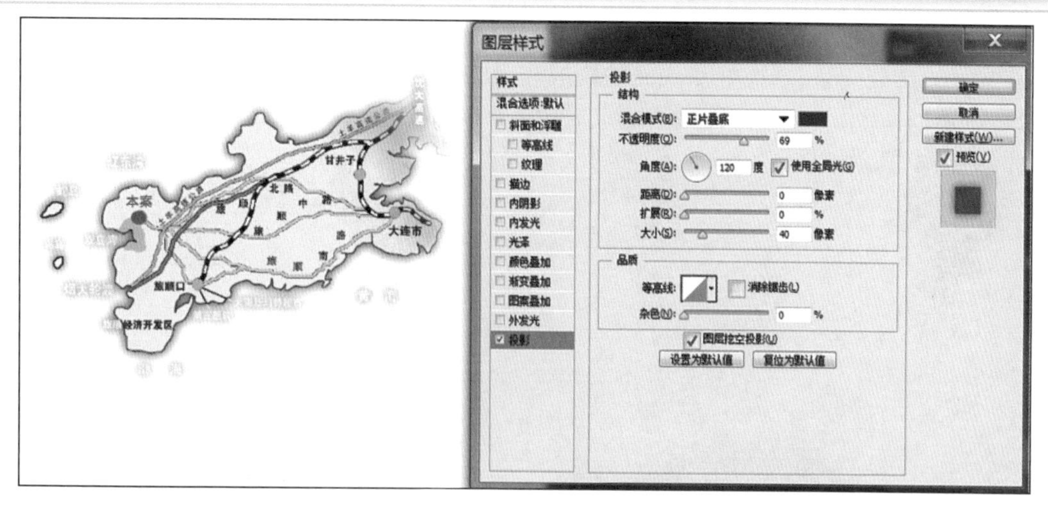

图 4-159　为地图添加阴影

将地图放置到“广告—樱海”文件上,效果如图 4-160 所示。

现在把樱海庄园的标志放在设计稿中（图 4-161),它进行主要信息的传达。标志在构图中要放在醒目的地方,让客户第一眼就能看见,所以我们把标志放在左上角会有很强的视觉冲击力。在平面设计的构图中我们要特别注意广告的信息传达(图 4-162)。

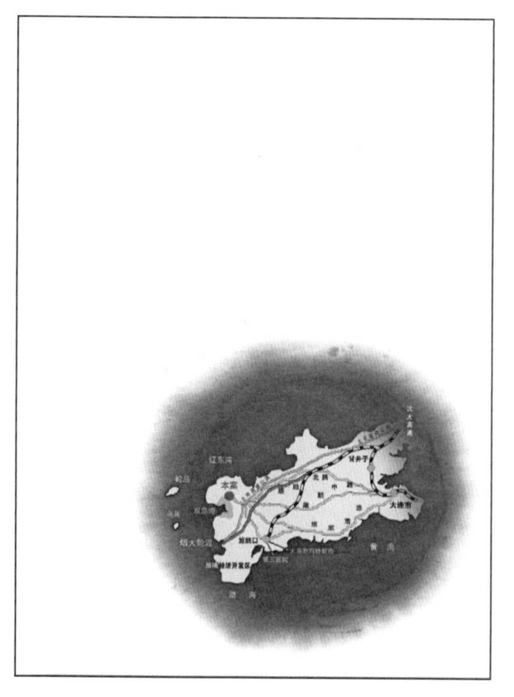

图 4-160　将地图放置到“广告—樱海”文件上

图 4-161　樱海庄园标志

为了烘托海天一色的景观及鸟语花香的气氛,选择国画中的小鸟放在画面中,小鸟作为“点”来点缀画面,这使整个画面生动了许多。添加边缘的墨效果。完成效果如图 4-163 和图 4-164 所示。

现在要把广告的标题放在广告的左上角。选择直排文字工具 来输入文字，调整文字的排列关系，掌握好点线面的构成和版式结构，效果如图 4-165 所示。

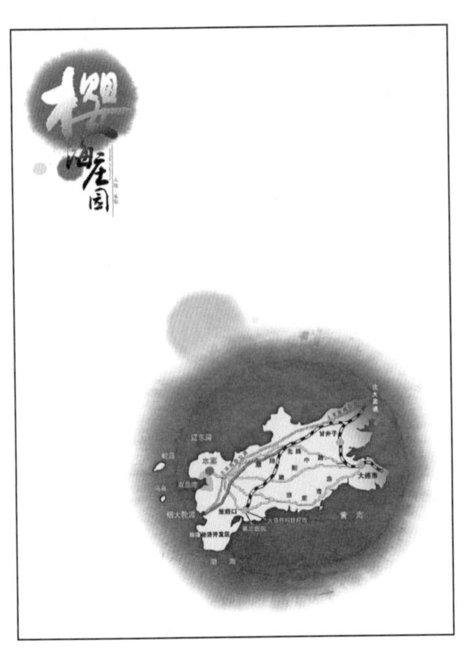

图 4-162　添加标志后的效果

图 4-163　添加国画后的效果

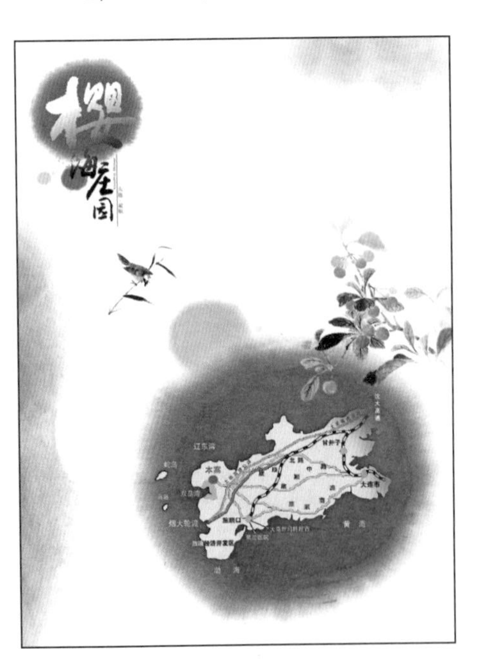

图 4-164　添加边缘水墨后的效果

图 4-165　水墨广告效果

4.3.2　2015 年台历制作

本例将利用 Photoshop 软件中的图层样式制作文字效果，结合图片处理，设计制作 2015 年台历。

1．背景的制作

选择“文件”/“新建文件”命令新建文档，名称为“台历”，分辨率为300像素/英寸，颜色模式为CMYK颜色（注意：在设计印刷品时，一定在成品尺寸上加3mm的出血），如图4-166所示。选择“文件”/“存储为”命令，文件保存为PSD格式。设置前景颜色为#f7c9de，按快捷键Alt+Delete填充前景颜色，效果如图4-167所示。

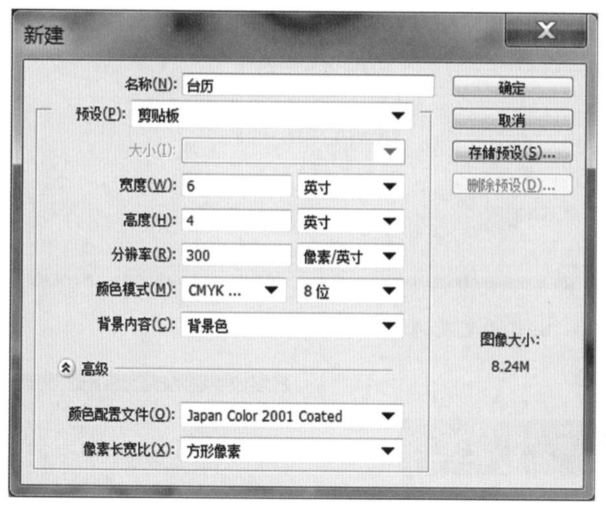

图4-166　创建“台历”

图4-167　填充底色

2．定义画笔来制作花边

单击画笔工具来设置画笔。单击，打开画笔面板，设置画笔大小为130像素，硬度为100%，间距为96%，参考图4-168设置。新建图层，设置前景色为白色，在顶部按Shift键来约束画笔并绘制直线，再画出圆点并放置顶部，实现花边效果。为花边添加图层样式，设置“阴影”图层样式，混合模式为“明度”，不透明度为15%，距离为4像素，大小为4像素，效果参考图4-169。

下面制作虚线。定义画笔预设。新建文件，设置文件宽度为60像素，高度为30像素，如图4-170所示。设置前景颜色为黑色，填充前景色，选择“编辑”/“定义画笔预设”命令，如图4-171和图4-172所示。

单击画笔工具，单击浮动面板并选择新定义的画笔，如图4-173所示，设置画笔大小为6像素，间距为400%，创建新图层，按下Shift键约束画笔，沿水平方向画出虚线，效果如图4-174所示。

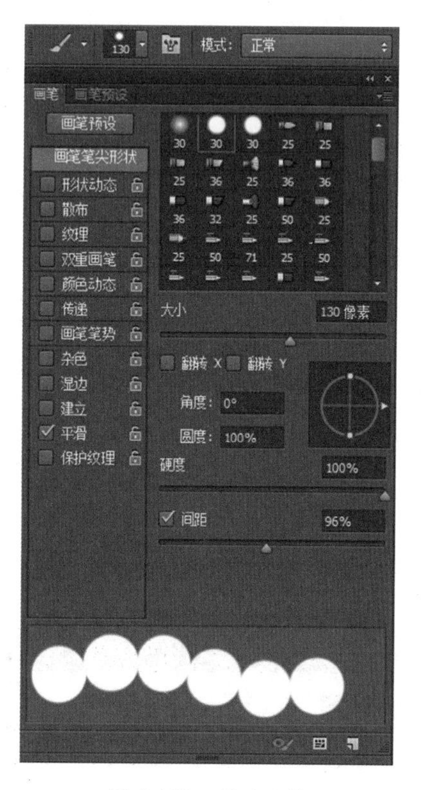

图4-168　设置画笔

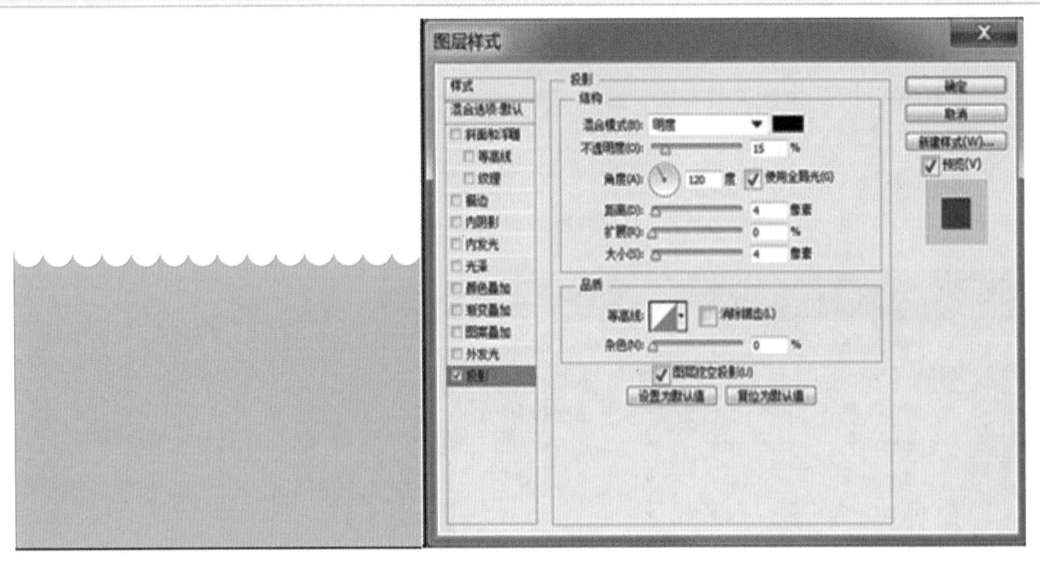

图 4-169 设置花边的投影

图 4-170 新建虚线文件

图 4-171 定义画笔

图 4-172 “画笔名称”面板

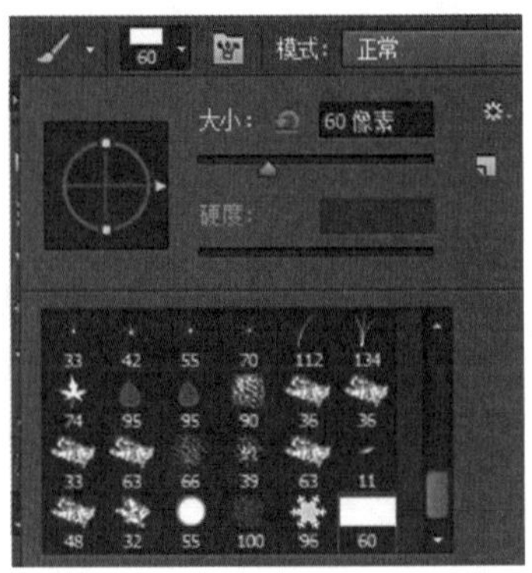

图 4-173 新建虚线文件

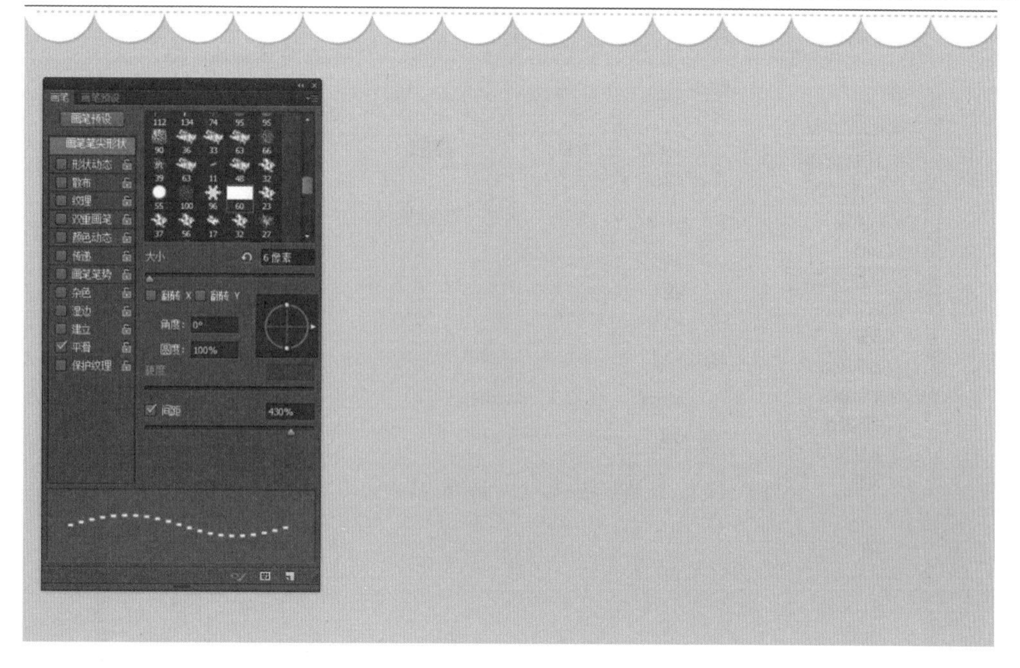

图 4-174　定义画笔

3. 文字效果

单击文字工具T，输入 2015，选择字体为 Jokerman，大小为 48，设置文字的图层样式如下：斜面和浮雕、内阴影、内发光、光泽、渐变叠加、外发光、投影，参数设置参考图 4-175 ～图 4-182。

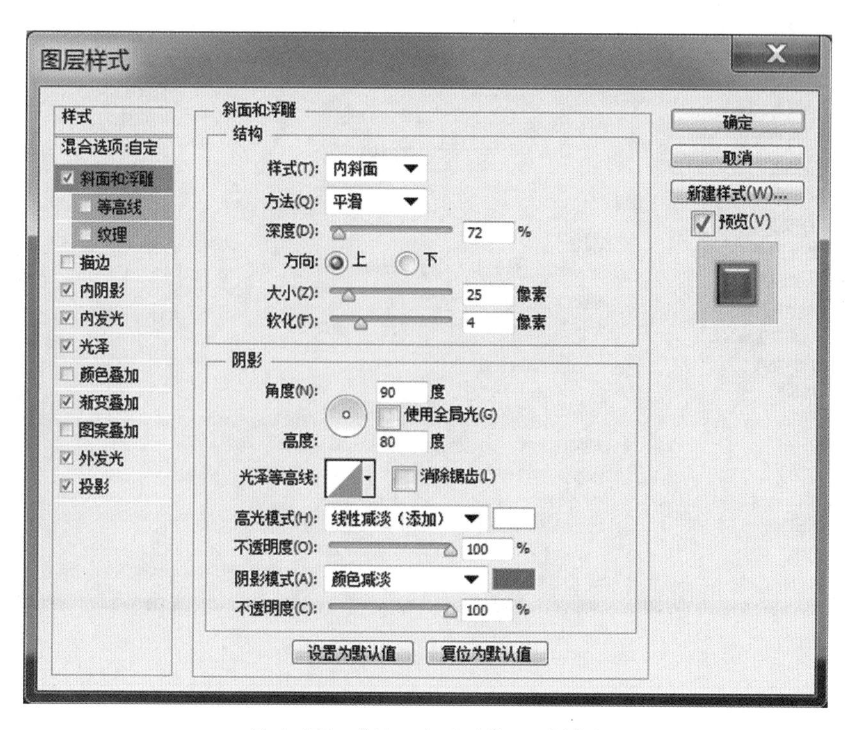

图 4-175　“斜面和浮雕”图层样式

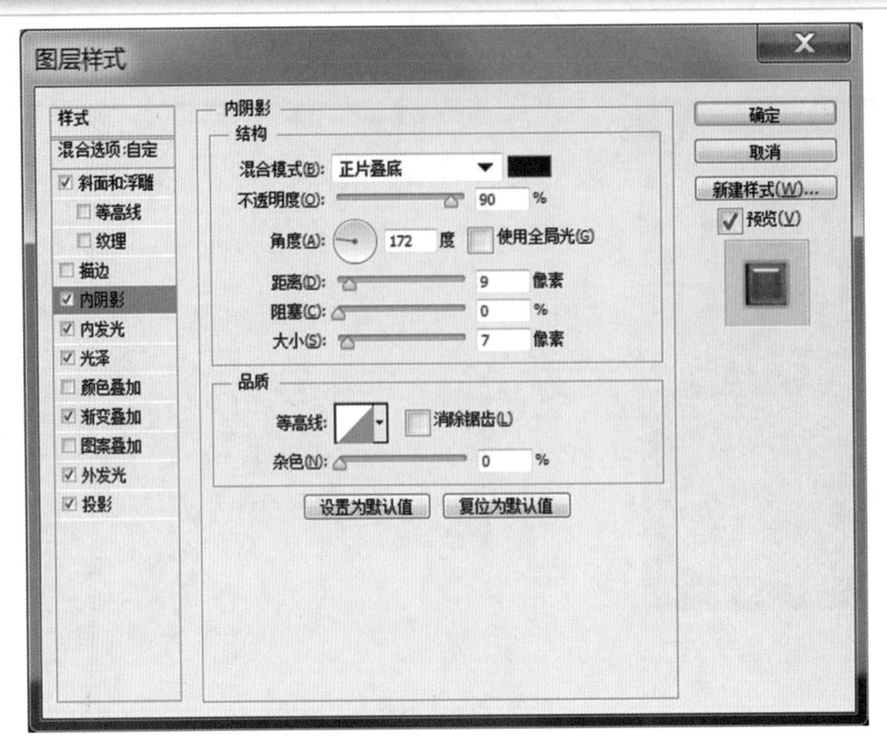

图 4-176 “内阴影”图层样式

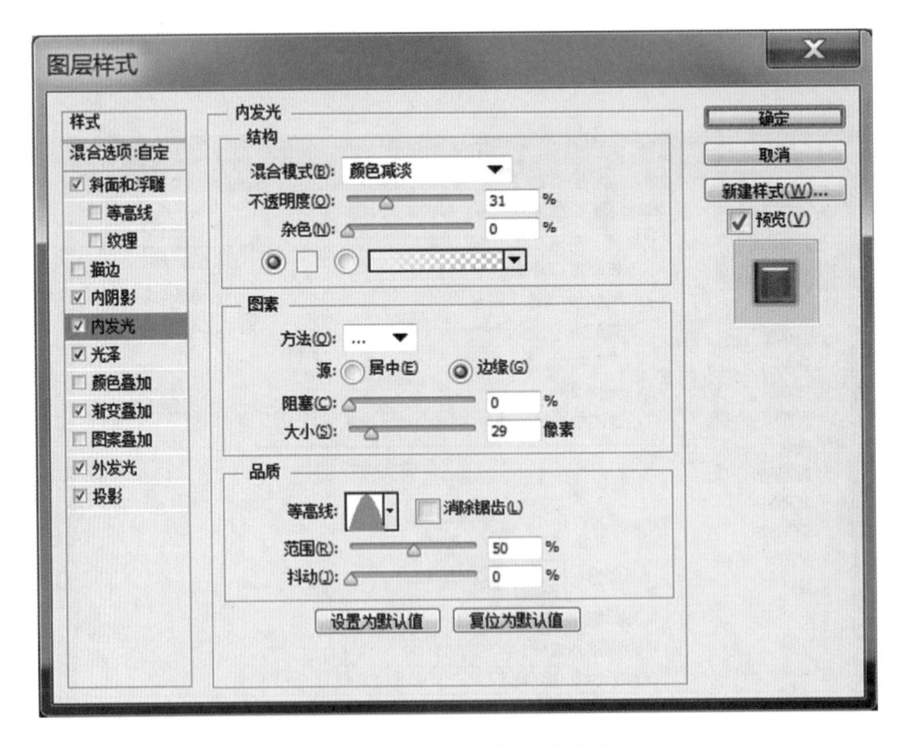

图 4-177 “内发光”图层样式

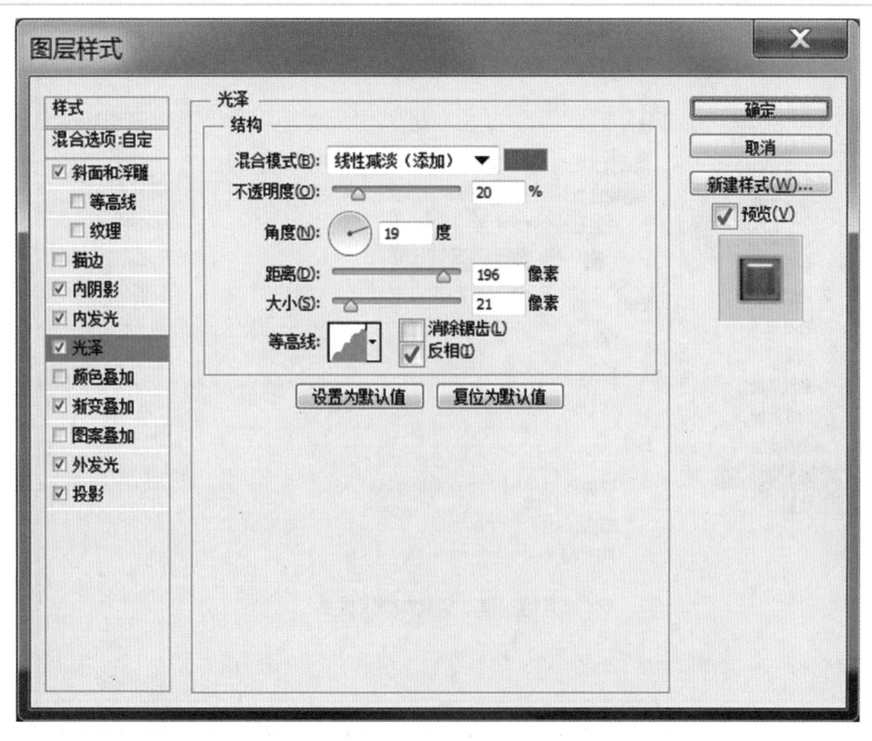

图 4-178　“光泽”图层样式

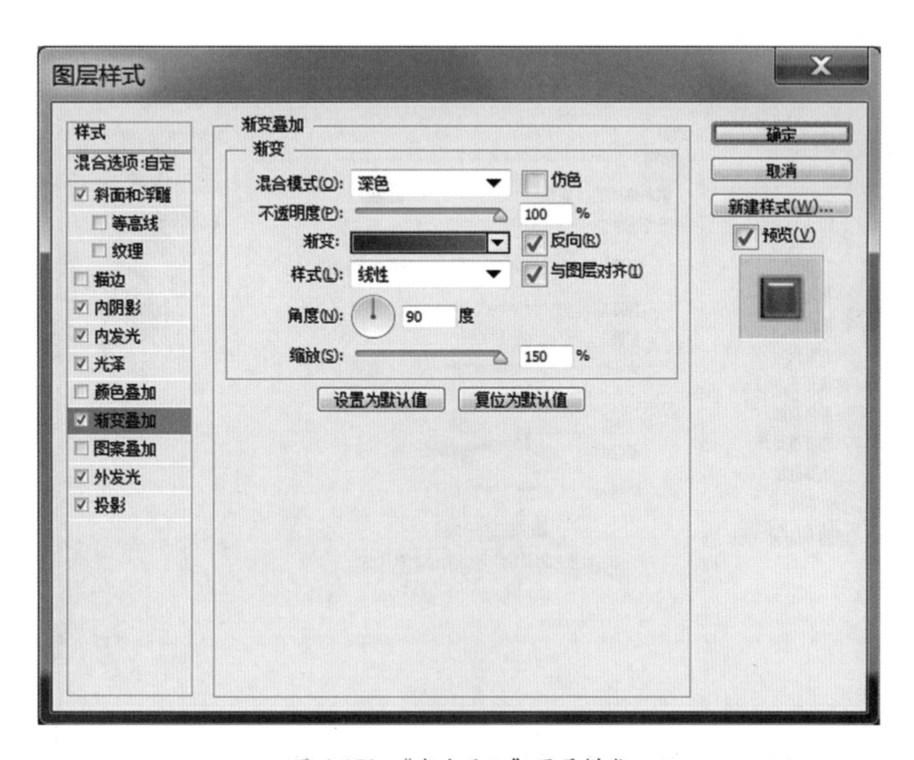

图 4-179　“渐变叠加”图层样式

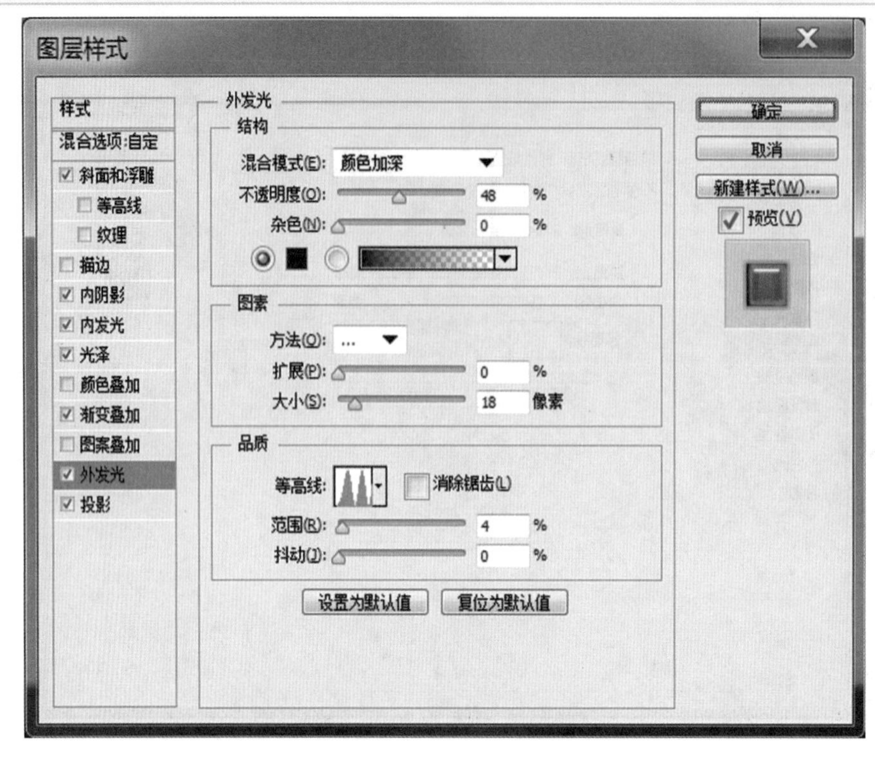

图 4-180 “外发光”图层样式

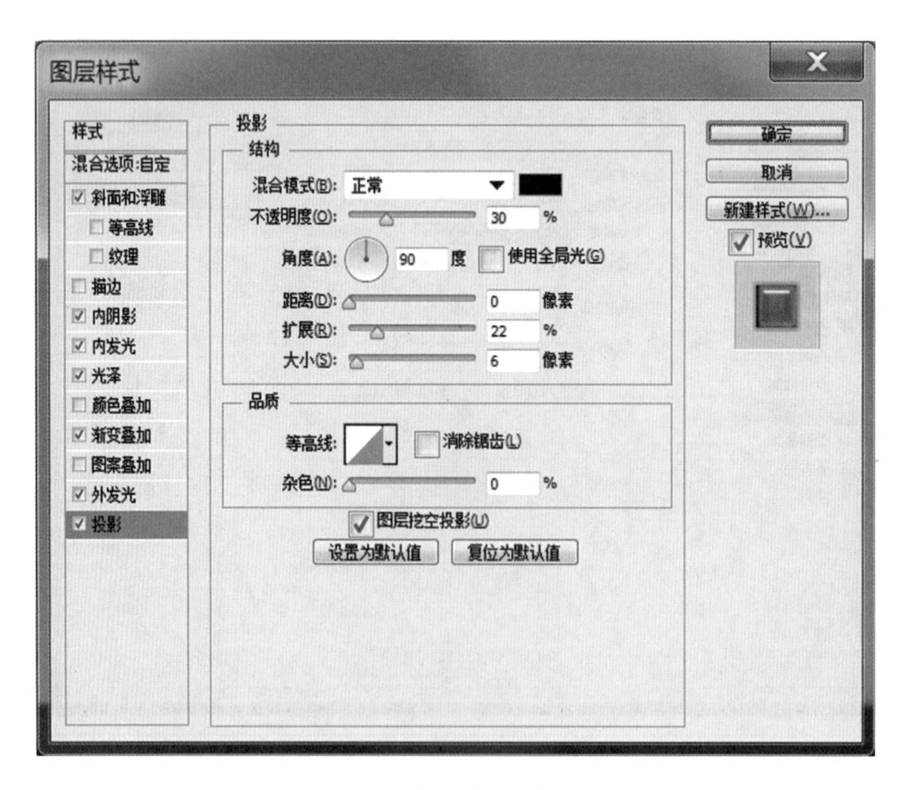

图 4-181 “投影”图层样式

图 4-182　文字效果

4．素材色相的调整

打开素材文件“羊”,选择“编辑”/“拷贝”命令。单击台历文件,选择“编辑”/“粘贴”命令。由于原素材为蓝色,为了使台历的色彩协调,调整“羊”素材色调,选择“图像”/“调整”/“色相/饱和度”命令,参数参考图 4-183 ～图 4-185。

图 4-183　投影

图 4-184　“色相/饱和度”面板

图 4-185　调整“色相/饱和度”后的效果

5．照片处理

打开“宝宝 1”“宝宝 2”“宝宝 3”三张图片,可以在选择移动工具的状态下按鼠标左键拖动图片到文件“台历”上,效果如图 4-186 所示。调整图片的大小及位置,对图片“宝宝 2”执行“编辑”/“变换”/“水平翻转”命令,效果如图 4-187 所示。将宝宝图片的三个图层分别添加图层蒙版,在蒙版中添加黑到透明的渐变色,完成效果如图 4-188 所示。

图 4-186　导入宝宝图片

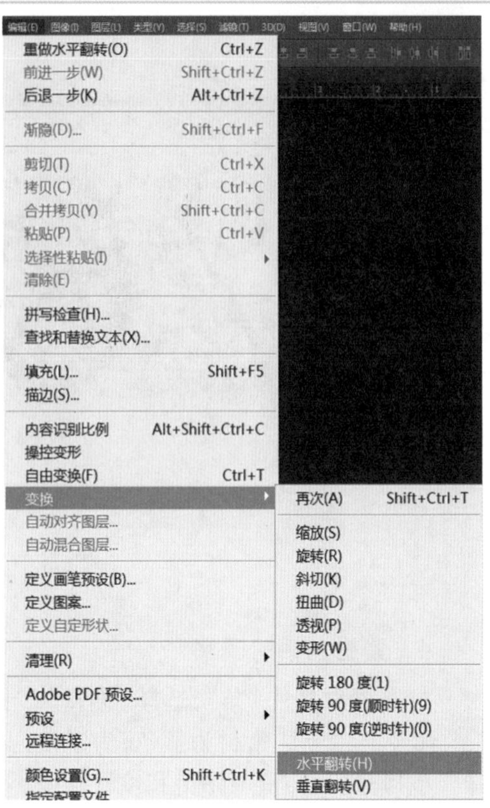

图 4-187　水平翻转

图 4-188　处理后的宝宝图片

6．添加文字效果

在两张图片的衔接处输入文字 Lovely Baby，选择 Comic Sans MS 字体，大小为 24 点，给文字添加图层样式“外发光”，效果参考图 4-189。

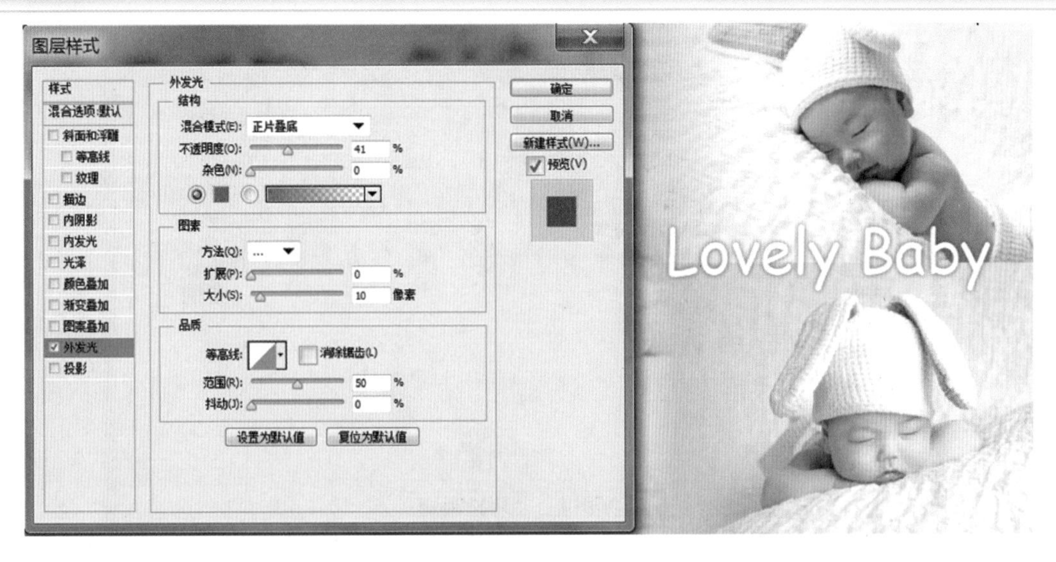

图 4-189　给文字加外发光效果

7. 日期制作

创建新图层，在台历底部绘制选区添加白色，调整图层不透明度为 50%，在新图层中填充一小条值为 #df558c 的颜色，效果如图 4-190 所示。

图 4-190　为日期添加白色底

单击圆角矩形工具（单击矩形工具下方的三角就可以看到圆角矩形工具），创建新图层。绘制矩形 像素，圆角半径为 20 像素，为圆角矩形添加图层样式，参数参考图 4-191 ～图 4-194。

先添加月份、日期，再使用画笔添加雪花效果，完成台历整体的设计制作，如图 4-195 所示。

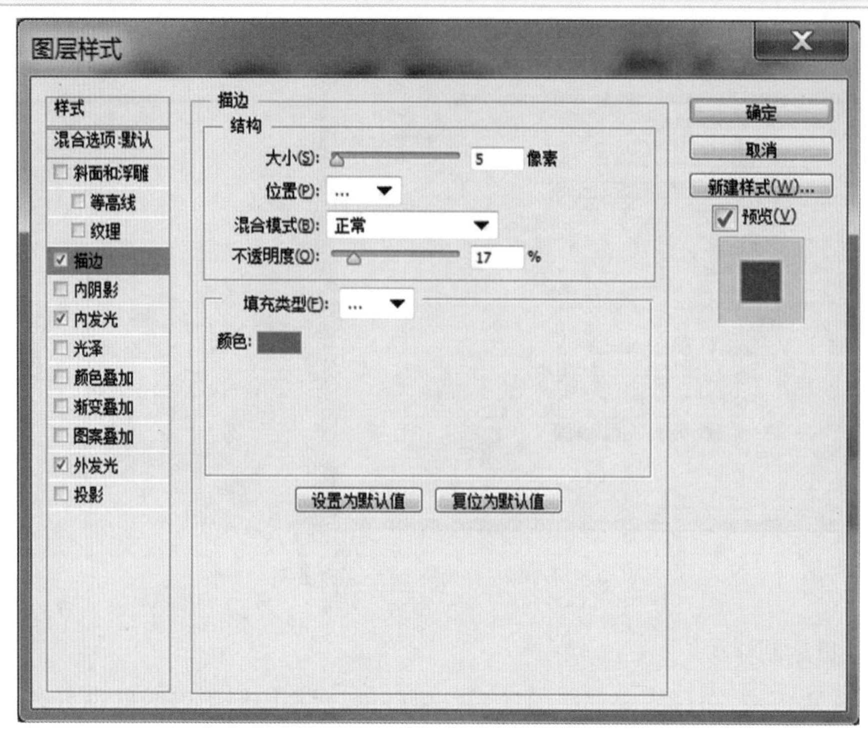

图 4-191 “描边”图层样式

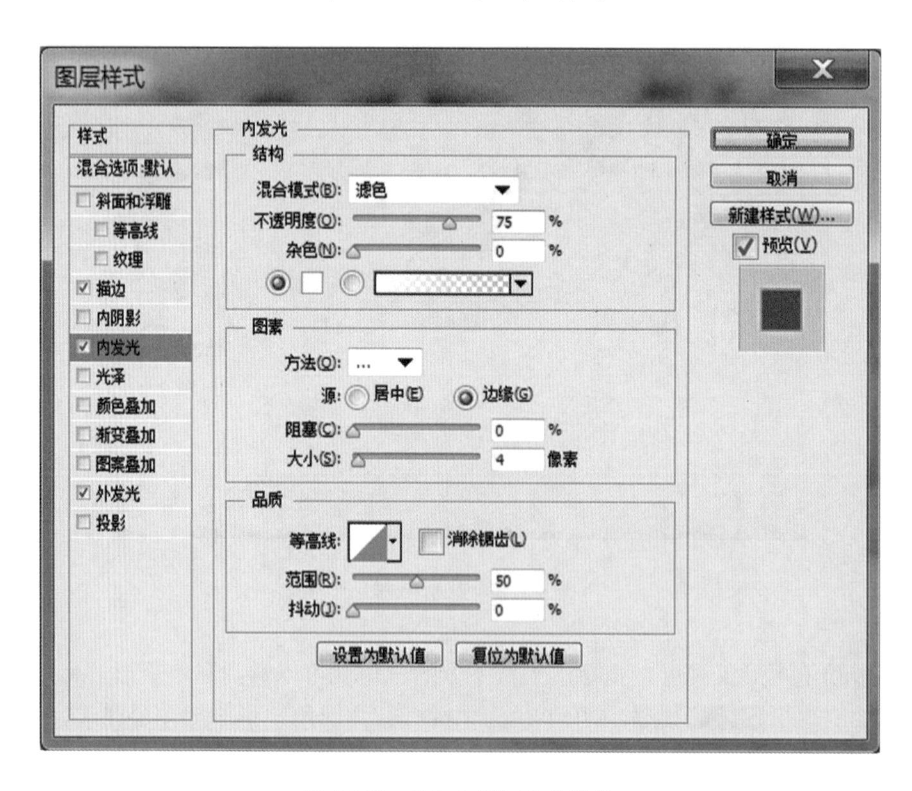

图 4-192 “内发光”图层样式

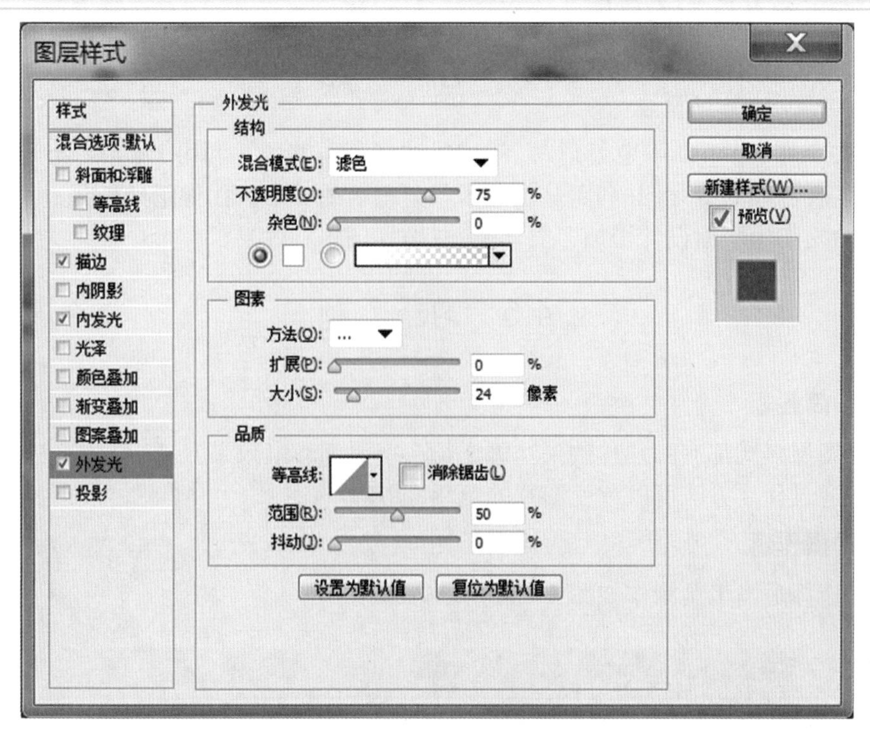

图 4-193 “外发光”图层样式

图 4-194 完成效果

图 4-195 添加日期及雪花

4.4 小　　结

当文字在Photoshop中处理时，就已经注定不再普通。利用Photoshop可以使文字发生各种各样的变化，并利用这些艺术化处理后的文字为图像增加效果。运用这些艺术化的文字为平面设计增加了立体感，并增加了视觉效果。

4.5 习　　题

一、简答题

1．图层样式都有哪几种效果？怎样给文字添加彩虹效果？

2．通过什么方法可以改变图片的色相、明度？

二、操作题

1．选择适当工具制作如图4-196所示效果。

图4-196　实例效果

2．制作台历，宽为15cm，高为10cm，分辨率为300像素，色彩协调构图新颖，突出台历的整体效果。

第5章　人物美化处理

学习目标

1. 能够根据素材快速评估必需的技术应用手段。
2. 熟练掌握图像修饰工具的应用技术，能够无痕迹地完成祛斑、调色等操作。
3. 熟练掌握通道的效果处理、计算、应用等技术，能够合理地在祛斑、祛皱、调色方面加以运用。

知识点

1. 修饰工具的深度使用。
2. 通道、图层样式、图像编辑的结合使用。
3. 路径的编辑与应用。

5.1　美　肤　术

图形图像处理必须要掌握好人物的美肤、美妆等技术，所以列举下面的例子细致地讲解怎样把一张普通人物的照片打造成美女。

5.1.1　人物磨皮技术

1．提亮肤色

选择“文件”/“打开”命令，打开图片“美肤术”，如图 5-1 所示。按 Ctrl + J 快捷键复制背景图层，得到“图层 1”，把图层 1 的混合模式改为“滤色”（其他版本的叫“屏幕”），图层 1 的不透明度改为 80%，通过“滤色”模式把整体肤色提亮。按 Alt+Shift+Ctrl+E 快捷键盖印图层，效果如图 5-2 所示。

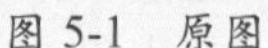

图 5-1　原图

图 5-2　“滤色”效果

2．磨皮处理

为了进一步处理面部斑点，需对通道面板进行操作。复制蓝色通道，得到“蓝 拷贝”通道，效果如图 5-3 所示。

图 5-3　复制蓝色通道

对“蓝 拷贝”通道执行“滤镜”/“其他”/“高反差保留”命令，如图 5-4 所示。设置参数半径为 10 像素，效果如图 5-5 所示。

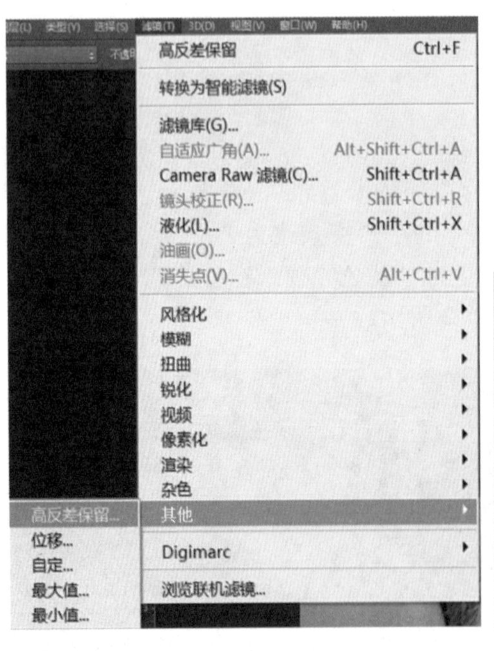

图 5-4　“滤镜”高反差保留

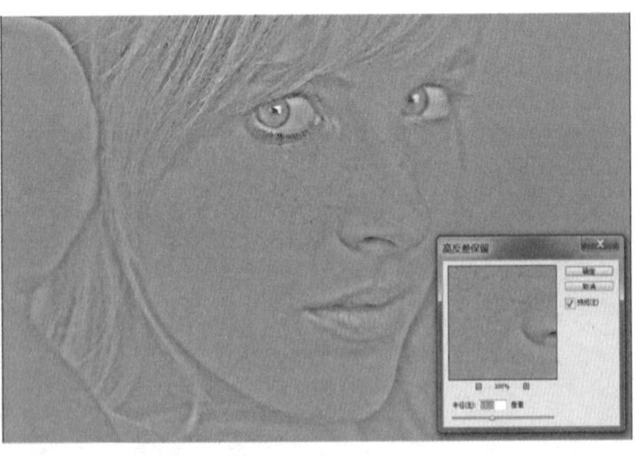

图 5-5　高反差保留完成后的效果

对“蓝 拷贝”通道执行“图像”/“应用图像”命令（如图 5-6 设置参数），只需要把混合改为“叠加”，其他的参数值为默认。确定后再执行“图像”/“应用图像”命令，数值不变（如图 5-7），进一步加强斑点与肤色对比效果，如图 5-8 所示。

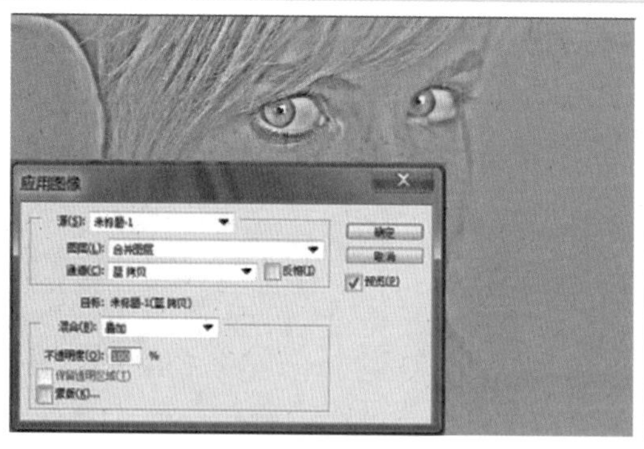

图 5-6　第一次“应用图像”

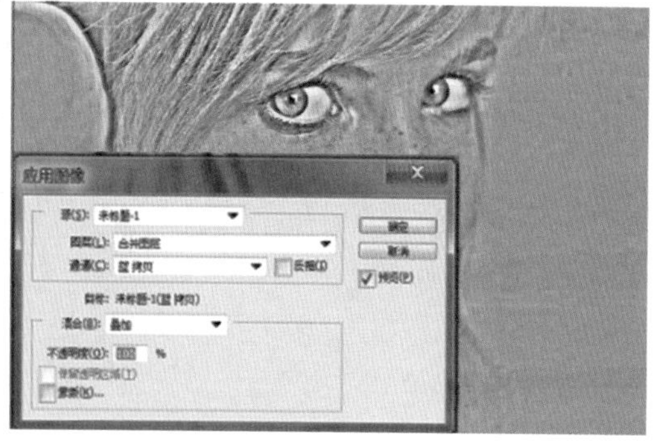

图 5-7　第二次“应用图像”

图 5-8　完成“应用图像”命令后的效果

将“蓝 拷贝”通道再次执行“图像”/“应用图像”命令，“混合”选择“线性减淡”，“不透明度”改为65%，参考图5-9设置参数。执行后得到的效果，可以清楚地看到斑点及稍暗的皮肤都完整地显示出来，效果如图5-10所示。

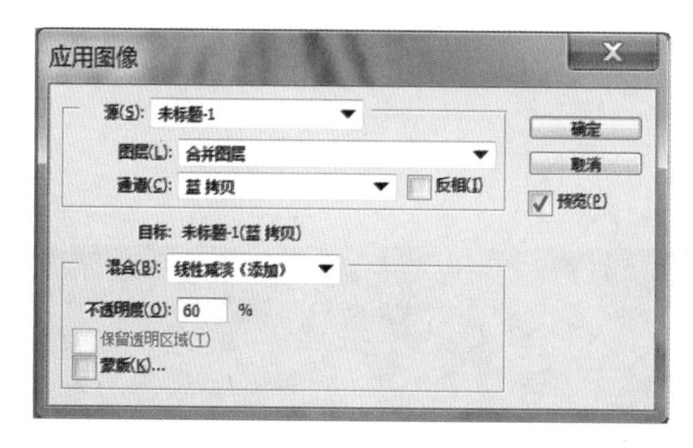

图 5-9　第三次“应用图像”

图 5-10　显示斑点和稍暗的皮肤

选择“画笔”工具，设置前景色为白色，运用白色画笔把脸部以外的部分擦除，只保留面部，处理完的效果如图5-11所示。按Ctrl+I快捷键反相，效果如图5-12所示。然后按Ctrl键并右击缩略图，拾取“蓝 拷贝”通道选区。

提取“蓝 拷贝”通道的选区，将鼠标指针放在“蓝 拷贝”通道的窗口上，按下Ctrl键并单击，保持选区，单击RGB通道返回图层面板，此时图像的效果如图5-13所示。

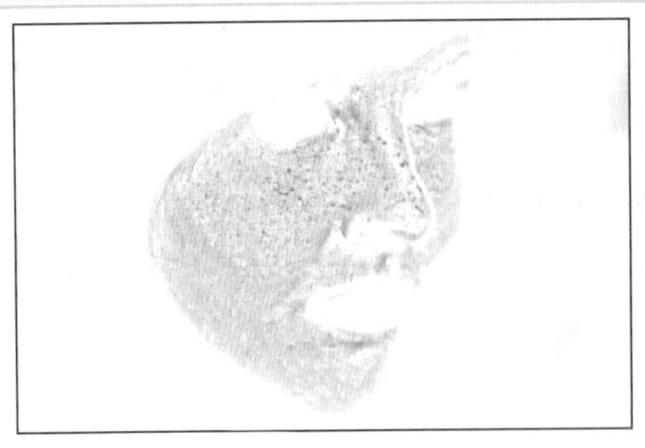

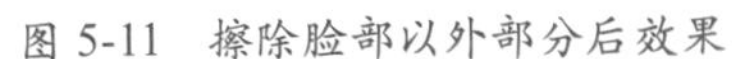

图 5-11 擦除脸部以外部分后效果

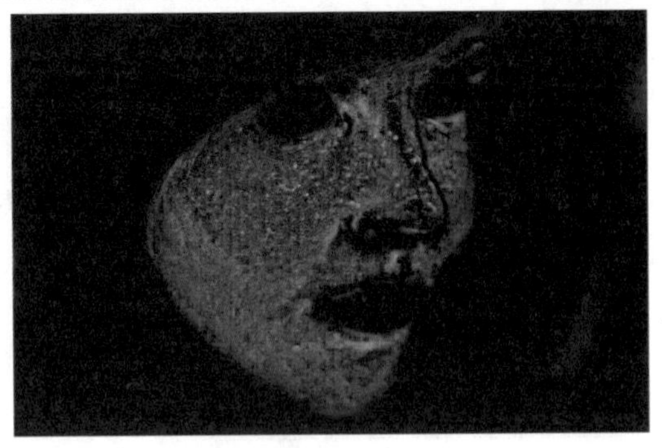

图 5-12 图像反相后效果

图 5-13 突出显示斑点

单击图层面板下方调整层图标，选择“曲线”创建曲线调整图层，再属性面板中对 RGB 模式进行亮度调整，参数设置如图 5-14 所示。调整幅度不宜过大，对于没有消失的斑点会在下一步进行处理，去掉主要斑点后的效果如图 5-15 所示。

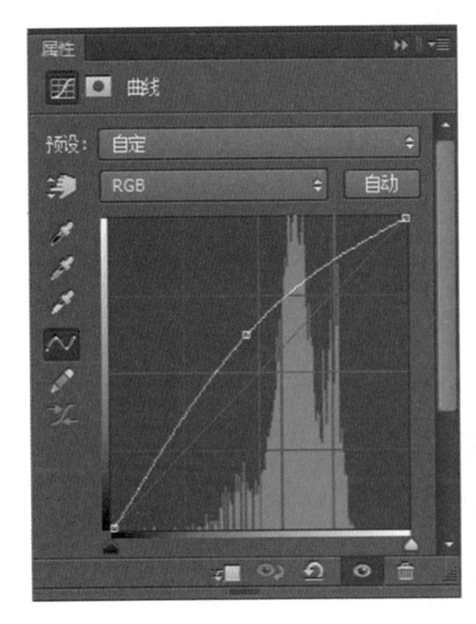

图 5-14 曲线面板

图 5-15 去掉主要斑点的效果

3. 柔化斑点处理

新建一个图层，按下 Alt+Shift+Ctrl+E 快捷键压印图层。执行菜单中的“滤镜”/“模糊”/“高斯模糊”命令，模糊数值为 4，效果如图 5-16 所示。把图层不透明度改为 35%，添加图层蒙版，用黑色画笔把五官及脸部以外的部分擦出来，效果如图 5-17 所示。这一步把斑点适当做柔化处理。

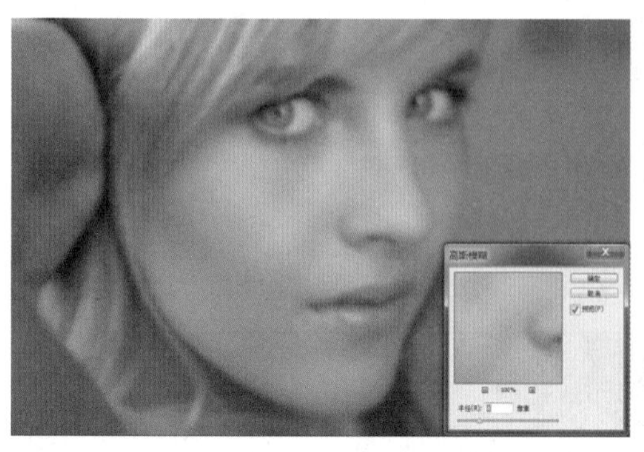

图 5-16 “高斯模糊”后的效果

图 5-17 添加图层蒙版并擦出五官轮廓后的效果

压印所有可见图层，用修复画笔工具消除剩下的斑点，对眼睛及嘴唇部分再用减淡工具涂亮一点，效果如图 5-18 所示。

图 5-18 涂亮眼睛和嘴唇

5.1.2 皮肤质感的再现技巧

1. 高光选区选择

执行快捷键 Alt+Shift+Ctrl+E 压印可见图层，按 Ctrl+ J 快捷键把背景图层复制一份，执行菜单中的“选择”/“色彩选取范围”命令，如图 5-19 和图 5-20 所示。在弹出的如图 5-20 所示的面板中选择“高光”，可以看见选区将脸部包住了，如图 5-21 和图 5-22 所示。

执行两次“选择”/“扩大选取”命令，如图 5-23 所示，完成选区的扩大，效果如图 5-24 所示。执行“选择”/“修改”/“羽化”命令，使选区边缘羽化，如图 5-25 和图 5-26 所示。

图 5-19 压印图层

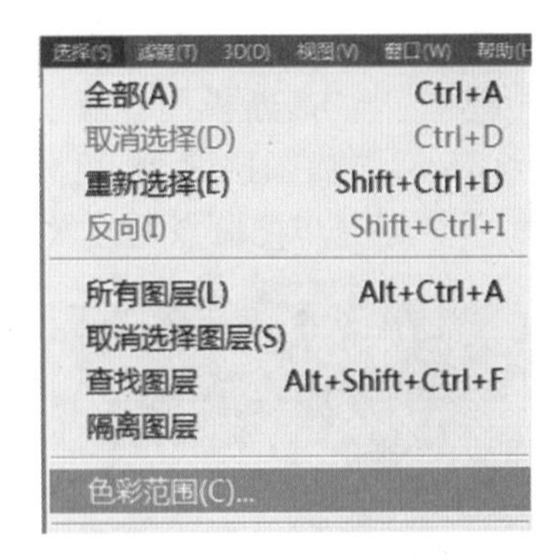

图 5-20 色彩选取范围

图 5-21 色彩范围面板

图 5-22 选区将脸部包住

图 5-23 “扩大选取”菜单

图 5-24 扩大高光选区

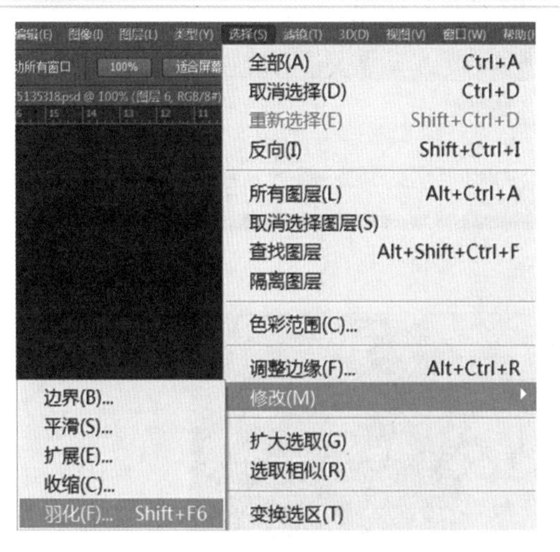

图 5-25 “羽化”命令

图 5-26 “羽化选区”对话框

2. 滤镜的使用

保持选区，执行“滤镜”/“其他”/“自定”命令，如图 5-27 所示，参考图中的参数值。如果用不同的图尝试，就自己在“缩放”与“位移”选项里调整数据。不透明度可以参考图 5-28 进行设置。

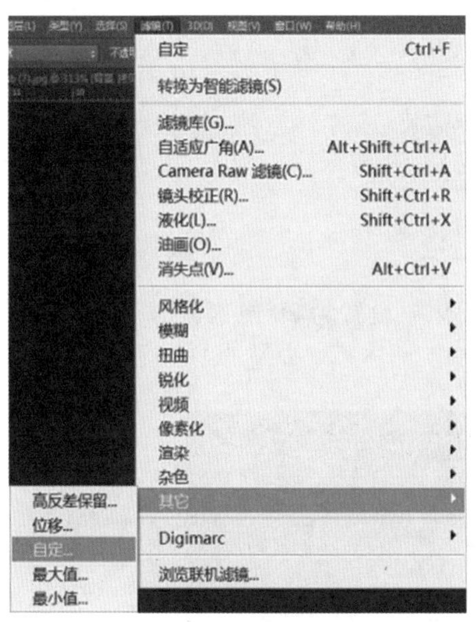

图 5-27 “滤镜”菜单

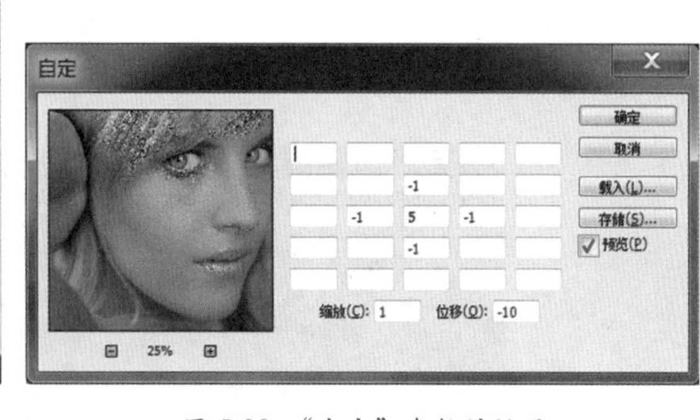

图 5-28 “自定”参数的设置

执行“编辑”/“渐隐自定”命令或按 Shift+Ctrl+F 快捷键，“渐隐自定”命令如图 5-29 所示，渐隐模式改为“明度”，如图 5-30 所示。

3. 最后处理效果

添加图层蒙版，细心观察一下有没有加强质感后起的白边，在蒙版中使用画笔处理边缘，完成后的最终效果如图 5-31 所示。

编辑(E) 图像(I) 图层(L) 类型(Y) 选择(S) 滤镜(T) 3D
还原自定(O) Ctrl+Z
前进一步(W) Shift+Ctrl+Z
后退一步(K) Alt+Ctrl+Z
渐隐自定(D)... Shift+Ctrl+F

图 5-29 “渐隐自定”命令

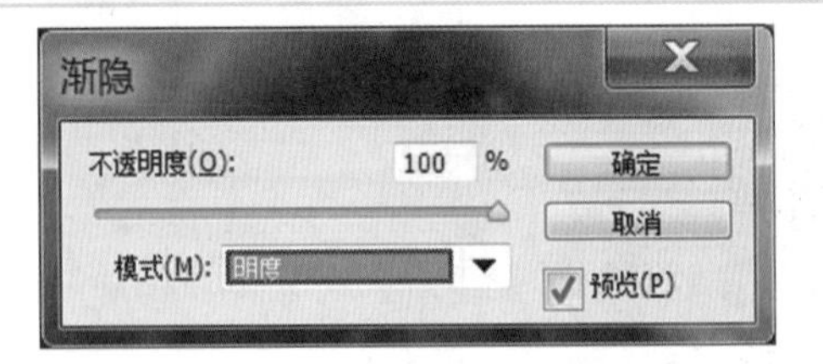

图 5-30 “渐隐”参数的设置

图 5-31 加强质感后的效果

5.2 美 妆 术

下面介绍超精细妆面精修的案例。

1. 添加人物腮红

创建新图层，在工具栏选择套索工具，“羽化”设置为 20 像素，选择如图 5-32 所示部分。

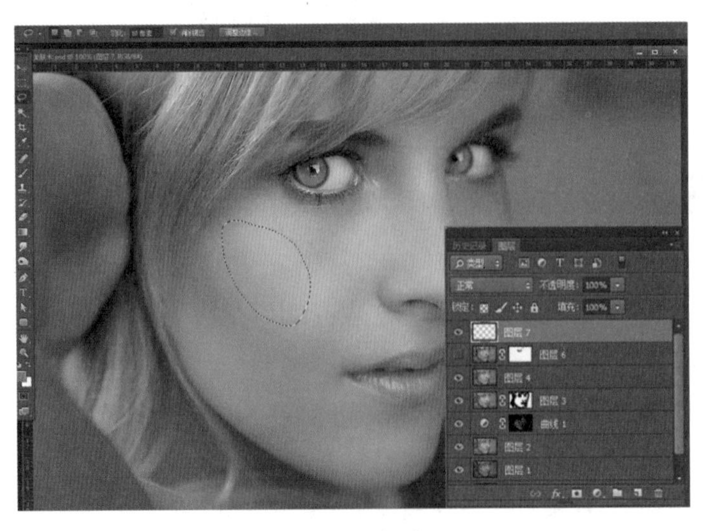

图 5-32 腮红范围

设置前景颜色为 #dd0024，填充前景颜色，图层模式为“叠加”，不透明度为 30%，完成后的效果如图 5-33 所示。

图 5-33　填充前景色

对图层执行“图像”/“调整”/“亮度 / 对比度”命令，设置“亮度”为 10，“对比度”为 25，用同样的方法为另一侧脸也添加腮红，效果如图 5-34 所示。

图 5-34　添加腮红后的效果

2. 口红效果的添加

创建新图层，选择套索工具选择嘴巴。选择渐变工具，进行渐变颜色的编辑，左侧颜色为 #dd0024，右侧颜色为 #ff5a8a。然后在新建图层上添加渐变效果。将图层模式设为“柔光”，选择橡皮擦，将嘴唇以外的颜色擦除，图层不透明度为 80%，效果如图 5-35 和图 5-36 所示。

图 5-35　添加口红

图 5-36　处理完后嘴部的效果

3. 眼部处理

压印可见图层，使用加深工具对眼部进行加深。创建新图层，前景色设为 #ff5a8a。选择画笔工具，笔刷大小为 60，硬度为 0，不透明度为 20%，添加眼影，图层模式为“颜色加深”，效果如图 5-37 所示。

图 5-37　完成眼部处理后的效果

5.3 美 发 术

5.3.1 弥补发量不足

1. 打开文件

选择“文件”/“打开”命令，打开宝宝图片，如图 5-38 所示。

图 5-38　宝宝图片

2. 补发色

单击图层面板下面的“创建新图层”图标，选择画笔工具，设置“模式”为“颜色”，不透明度为 40%，如图 5-39 所示。设置前景颜色为黑色，绘制宝贝顶部头发，调整图层不透明度为 70%，效果如图 5-40 所示。

图 5-39　画笔工具

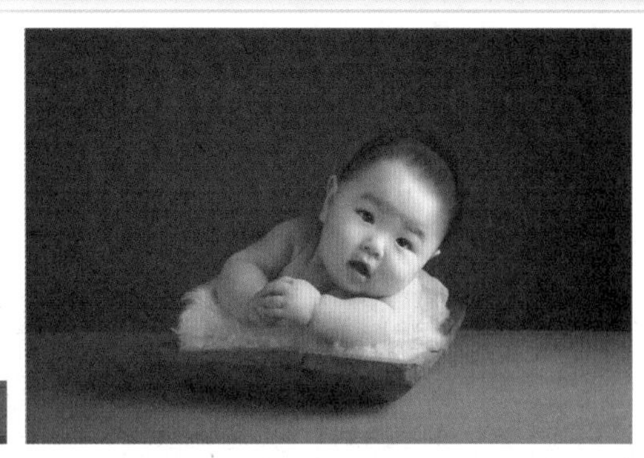

图 5-40　为宝宝补发色

3. 补发丝

创建新图层，选择钢笔工具，绘制路径如图 5-41 所示，设置画笔为 1 像素。单击路径面板右上方的下三角，打开的快捷菜单如图 5-42 所示。选择“描边路径”命令，弹出的面板如图 5-43 所示，选择“模拟压力”选项，完成绘制的效果如图 5-44 所示。

图 5-41　用钢笔工具绘制发丝

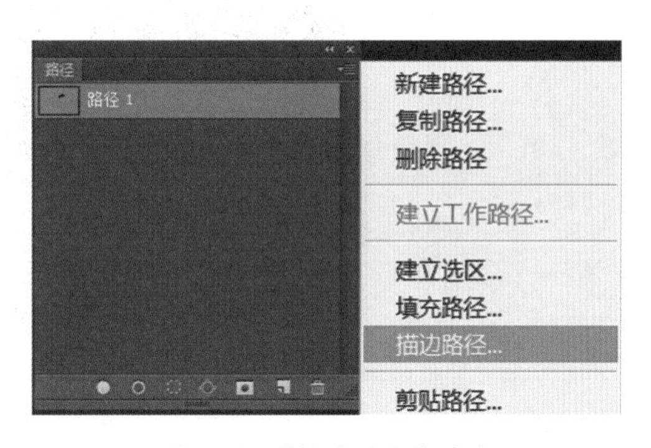

图 5-42　“描边路径”命令

图 5-43　画笔的设置

图 5-44　描边效果

4．通过变形来调整发量

多次重复第3步的操作，为宝宝多添发丝。可以多次复制绘制的发丝图层，执行“编辑”/“自由变换”命令或按Ctrl+T快捷键，然后单击浮动工具条中的图标，调整头发的发丝方向，如图4-45所示。整体完成后的效果如图5-46所示。

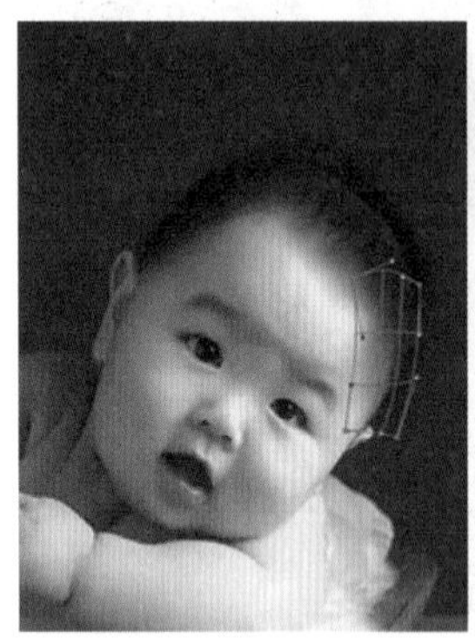

图5-45　调整发丝的方向

图5-46　补发后的效果

5.3.2　修正发色

1．打开文件

选择“文件”/“打开”命令，打开图片“修正发色”，如图5-47所示。

2．勾选头发图像选区

首先按Ctrl + J快捷键复制背景图层。选择“魔棒工具”，选出头发部分，如图5-48所示。

提示：(1) 也可以选择“钢笔工具”，鼠标变成“钢笔头”状态时单击路径的起始点，绘制第一个锚点，沿着所需的范围单击第二个锚点，形成直线路径。如果所要的路径为弯曲路径，可以在单击锚点时按住鼠标左键不放，并同时拖动不同方向而产生不同的路径效果。

(2) 当鼠标指针右下方出现一个小圆圈的标志时，表明终点已连接到起点，此时单击可以得到一个封闭的路径。

(3) 在勾画路径时，难免出现操作错误，此时可以按 Alt+Ctrl+Z 来撤销不当的操作。关于路径的进一步操作，可以参考 1.4 节。

图 5-47　原图效果

图 5-48　选出头发部分

3．羽化头发选区

执行“选择”/“修改”/“羽化”命令，将头发选区进行羽化处理，“羽化半径”设为 5 像素，如图 5-49 和图 5-50 所示。

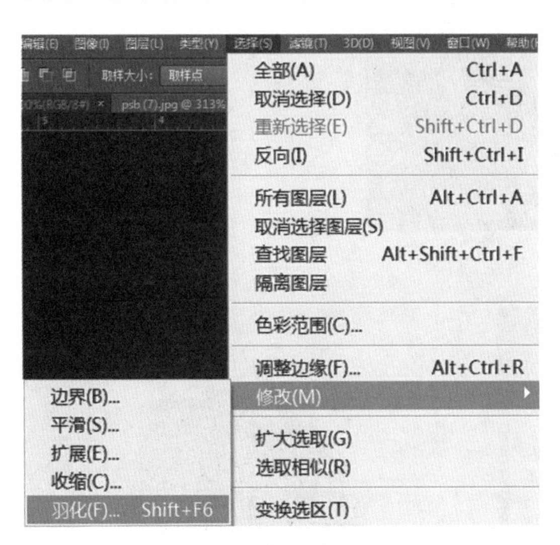

图 5-49　“羽化”命令

图 5-50　“羽化半径”的设置

4．添加图层蒙版

利用羽化后的选区对“背景 副本”添加蒙版，将头发部分单独选择出来以便后面调整发色，如图 5-51 和图 5-52 所示。

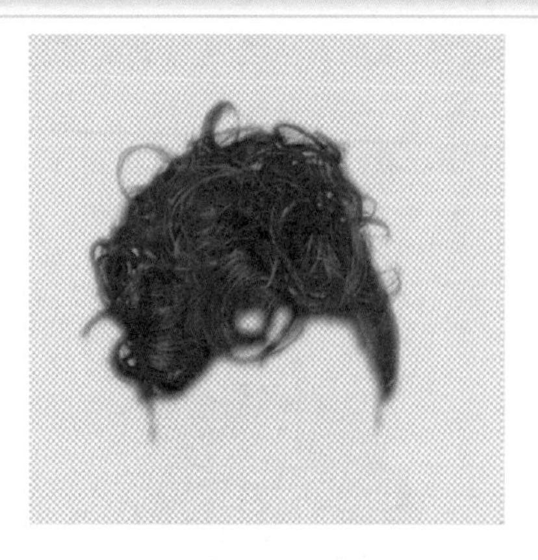

图 5-51　头发部分

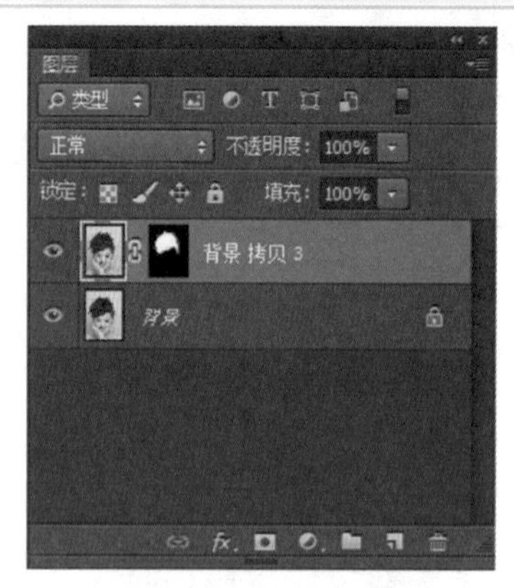

图 5-52　添加图层蒙版

5．将头发进行染发

使用“画笔工具”制作染发效果，设置画笔大小为 100，硬度为 0，不透明度为 80%，如图 2-53 所示。单击“图层缩览图”，使工作区位于如图 5-54 所示的图层，设置前景颜色为 #A6633E，如图 5-55 所示，用画笔喷画头发效果，如图 5-56 所示。

图 5-53　画笔的设置

图 5-54　图层面板

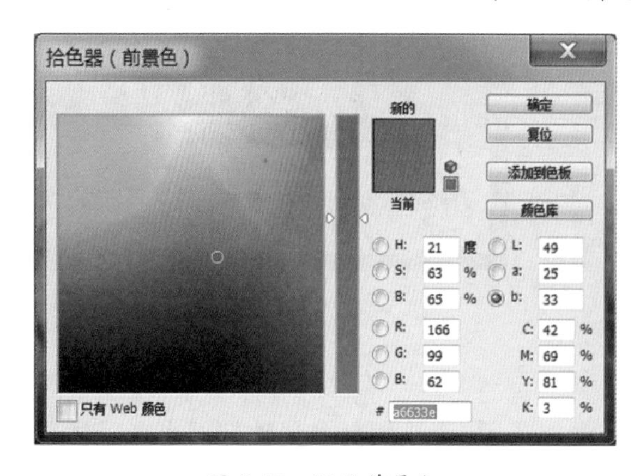

图 5-55　设置前景色

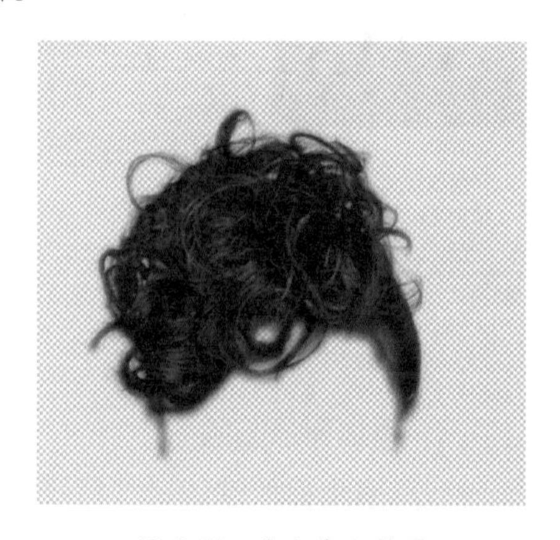

图 5-56　头发染色效果

6．加深调整染发效果

选择“加深工具”，属性的设置如图 5-57 所示。调整染发的层次效果如图 5-58 所示。

图 5-57　“加深工具”属性的设置

图 5-58　加深调整染发的效果

7．减淡调整染发效果

选择“减淡工具”，其属性设置如图 5-59 所示。调整染发的层次效果，减淡色彩，使头发增加亮泽，如图 5-60 所示。

图 5-59　减淡工具属性的设置

图 5-60　减淡调整染色的层次效果

8. 制作不同程度的头发色彩

执行“图像”/“调整”/“色相/饱和度”命令，调出不同程度的染发效果，参数调整如图 5-61～图 5-63 所示。

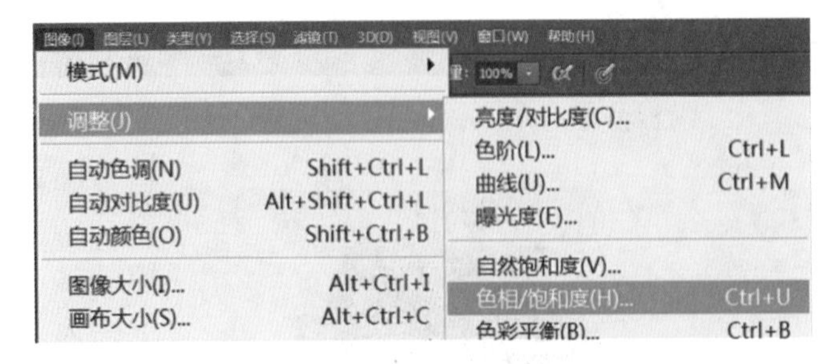

图 5-61 “色相/饱和度”命令

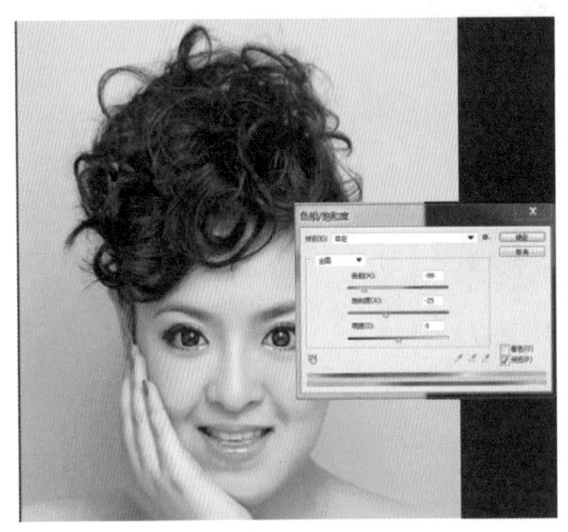

图 5-62 将头发调整为紫色

图 5-63 将头发调整为灰绿

9. 完成染发效果

最终效果如图 5-64 所示。可以根据自己喜欢的颜色制作出相应的染发效果。

图 5-64 染发的最终效果

5.4 瘦脸、瘦身术

5.4.1 瘦脸术

可以利用滤镜液化给人物瘦脸、瘦身。下面通过实例说明。

图 5-65 女孩

1. 打开文件

选择“文件”/“打开”命令，打开“女孩”图片，如图 5-65 所示。女孩脸部有些胖，通过使用“滤镜”菜单中的液化工具完成瘦脸过程。

2. 瘦脸

执行“滤镜”/“液化”命令，弹出液化面板。液化面板具有独立的操作工具，瘦脸过程一般用不到太多设置，主要利用面板左上角工具栏中的“向前变形工具”。单击选中该工具，如图 5-66 所示。

选择“向前变形工具”后，鼠标的指针会变成圆形状，中间有十字对准点，通过“[”“]”键可以控制圆形区域的大小，这里要特别注意的是，脸部调整时指针大小一定要控制得当，太小容易造成脸的轮廓不平整，太大则不好控制细节。“向前变形工具”的使用方法很简单，移动圆形指针到需要变形的位置，按住左键向需要变形的方向推动，然后再放开左键即可。

图 5-66 液化面板

接着处理右脸轮廓，注意左右要大致对称，不能一边大一边小。图片中的女孩需要对两边脸的轮廓进行瘦脸处理。利用“向前变形工具”先处理脸部轮廓，如图 5-67 所示，将脸的边缘向中间推送使其变瘦。

图 5-67　女孩的脸颊变瘦

如果两边的脸颊向里推，可能会导致下巴变尖，所以也要适当将下巴向上推送，让脸的整体轮廓达到一个平衡状态，如图 5-68 和图 5-69 所示。

图 5-68　调整下腭

图 5-69　调整后的效果

3．五官的调整

接下来根据情况处理五官，比如嘴巴，适当将两边的嘴角向中间推送，让嘴角微翘，这样会让人物神态看起来更可爱一些，效果如图 5-70 所示。

图 5-70　调整嘴角

处理完嘴角后也要适当处理一下嘴唇，让整体看起来自然即可，调整后的效果如图 5-71 所示。

鼻子是否需要处理要看情况，图片中女孩鼻翼有点肥大，可以适当推送一些鼻翼，让鼻子看起来更清秀一些，效果如图 5-72 和图 5-73 所示。

图 5-71　调整嘴唇

图 5-72　调整鼻翼

4．细节处理

另外还可以根据情况处理一下眼睛大小、眉毛走向、眼角角度、两边额头宽度等，这里不一一列举说明，总之调整到满意为止，然后确定应用液化。最终瘦脸完成后的效果如图 5-74 所示。

图 5-73　鼻子处理后的效果

图 5-74　瘦脸完成后的效果

5.4.2　瘦身术

本例图片中女孩有些胖，如图 5-75 所示，通过滤镜的液化工具可以达到瘦身的效果，下面按步骤完成瘦身操作。

图 5-75　原图

1. 打开文件

执行“文件”/“打开”命令，打开本例的女孩图片。按快捷键Ctrl+J复制图层，得到图层1，如图5-76所示。

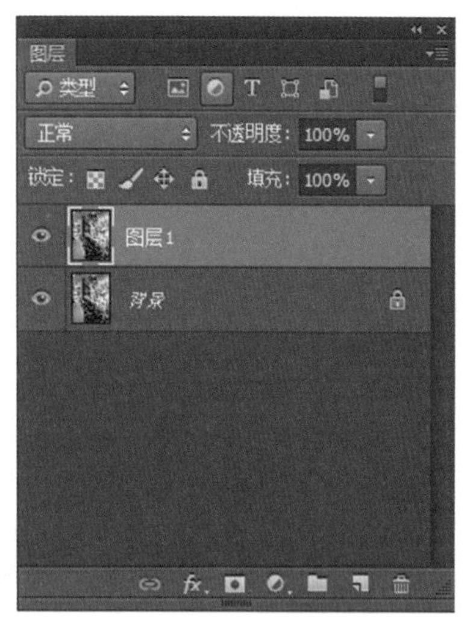

图5-76　图层面板

2. 液化瘦身

执行“滤镜”/“液化”命令，把女孩的身形修到满意为止，一定要注意大的透视关系。小手图标的“向前变形工具”右侧的数据也是依据个人习惯不断改变的，液化效果参考图5-77和图5-78，不过画笔大小一定要不断变换。如果是改变大线条，一定要用较大的笔刷，局部的调整才会用到小数值的笔刷。没有工具能一步到位，细心一点，就可以达到想要的效果，如图5-79和图5-80所示。

图5-77　液化面部

图5-78　液化身体

图 5-79 液化手臂

图 5-80 液化后的最终效果

3. 照片亮度的调整

为了让光影效果更顺滑，有时会做一些微调，可使用曲线调节。在图层面板下方的调节层里打开曲线，如图 5-81 所示。在蒙版里使用画笔工具，前景色设置为黑色，擦拭所要调整的范围。整体效果的提亮需增加画面的对比度，参数设置如图 5-82 所示。如果一个调节层不够，还可以加色阶调节层，如图 5-83 所示，调到满意为止。

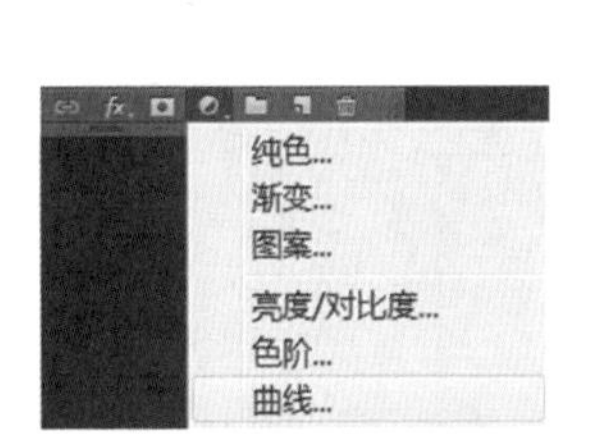

图 5-81 “曲线”命令

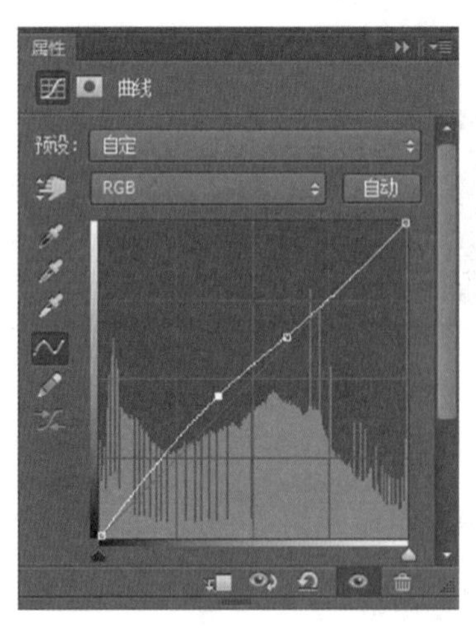

图 5-82 调整曲线参数

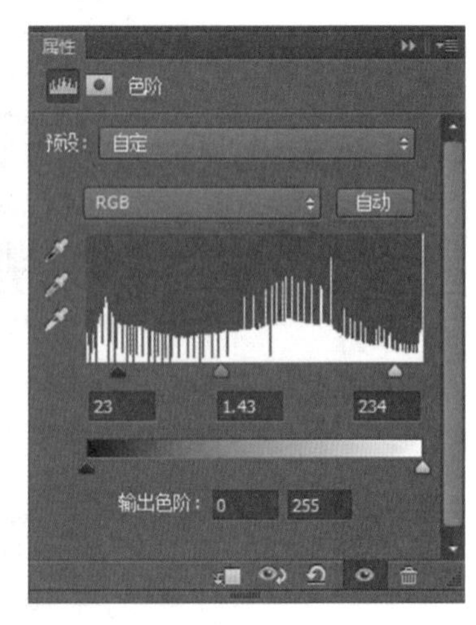

图 5-83 调整色阶参数

再次执行“滤镜”/“液化”命令，把女孩的脸部轻微调整，修到满意为止，完成后的效果如图 5-84 所示。

4. 阴影过渡的处理

调整到理想效果后压印可见图层，按快捷键 Alt+Shift+Ctrl+E 即可。在压印图层上调整胳膊处的阴影部分，主要是运用图章工具把女孩胳膊处的生硬阴影很好地过渡。在运用图章工具时要注意把图章的透明度调整到 20% 左右，多次擦拭，避免生硬的效果。完成后如图 5-85 所示。

图 5-84　再次液化图片

图 5-85　处理阴影的过渡

5．细节、背景的处理

运用加深工具对背景进行加深，参数参考图 5-86。对女孩的皮肤部分运用减淡工具，参数参考图 5-87。给面部提亮，对胳膊的阴影部分轻微提亮，完成后的效果参考图 5-88。

图 5-86　加深工具

图 5-87　减淡工具

图 5-88　背景处理后的效果

最后使用画笔工具调整画笔的大小（根据所画的部位适当调整），模式为“颜色”，不透明度为 15%，设置前景颜色为粉色（#ff6cc3），在两腮和唇部增加点颜色，调整图层透明度为 85%，最终完成后的效果如图 5-89 所示。

图 5-89　最终完成后的效果

5.5 小　　结

Photoshop 具有强大的图像修饰功能，利用这些功能可以快速修复一张破损的老照片，也可以修复人脸上的斑点等缺陷，从而达到美肤效果，还可以通过液化工具完成瘦脸、瘦身等效果。同时对要求较高的广告摄影作品也能通过 Photoshop 的修改到更满意的效果。

5.6 习　　题

一、选择题

1．在美肤术中常会使用（　　）图层模式提亮肤色。（可多选）

A．叠加　　B．滤色　　C．柔光　　D．强光

2. 在美体术中常会使用下列（　　）修饰技术。（可多选）

A．液化　　B．镜头矫正　　C．自适应光角　　D．球面化

二、操作题

1．请为 5-90 左侧图片进行磨皮祛斑处理，效果参照图 5-91 所示的完成图。

2．为图 5-92 所示美女美肤、美体并修饰彩妆，完成效果参照图 5-93。

图 5-90　原图

图 5-91　完成效果

图 5-92　人物原图

图 5-93　最终完成效果

第6章　数码照片后期处理

学习目标

1．学习蒙版的技术原理，了解何种情况下采用蒙版技术，以及应添加哪种蒙版。

2．理解蒙版与通道的关系。

3．学会利用通道修饰并完成数码照片处理、图像合成等任务。

知识点

1．设置调整图层来调节照片的色调。

2．图层混合模式的设置与应用。

3．使用不同的抠图方法来掌握合成图像的基本技术。

4．Camera Raw 滤镜的应用。

本章通过结合数码照片处理技术和特效设计的实例操作应用，引导学习者学习利用通道扣图、进行色彩的编辑、选区存储与载入、蒙版的应用及印刷色彩校正等知识和技能，以便灵活地掌握图像合成技术与艺术作品设计的技能。

6.1　基本调色技法

6.1.1　曝光不足照片的处理

在图 6-1 所示的风景照片调整中，草地山脉等显得不够分明和清晰，由于曝光不足，照片色彩稍微不够鲜艳。对这幅风景图片来说，首先用“色阶”命令对图片进行调整，使图像基本恢复正常。再利用“计算”命令制作了一个选区。在这个选区下使用“USM 锐化”滤镜强调细节，并使用“色相 / 饱和度”命令纠正区域的色彩和颜色饱和度。这样做避免了出现数码噪点和色彩的剧烈变化。

图 6-1　原图

（1）启动 Photoshop CC 2014，执行“文件”/“打开”命令（快捷键为 Ctrl+O），打开本书资料“第 6 章”目录下的“风景 .jpg”文件，如图 6-1 所示。

（2）打开图层面板。单击图层面板下方的“创建新的填充或调整图层”按钮，建立“色阶”调整图层，使用“色阶”命令对图像进行初步调整，在调整过程中，关注图像的变化，如图 6-2 和图 6-3 所示。

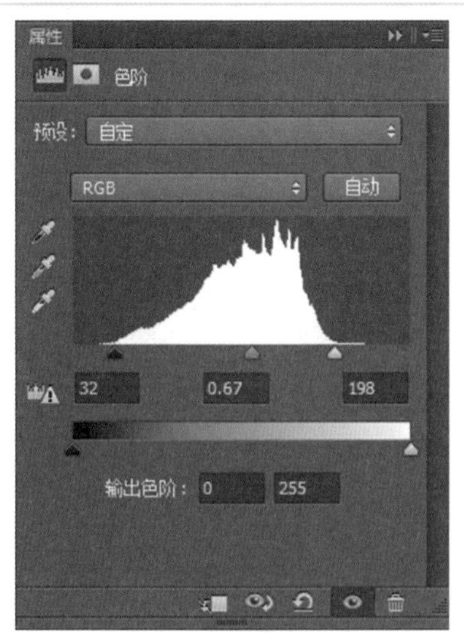

图 6-2　色阶调整

图 6-3　色阶调整后的效果

（3）选择“背景”图层，执行菜单栏中的“图像”/“计算”命令，利用“排除”模式得到一个名为 Alpha 1 的中间色调通道，按图 6-4 和图 6-5 所示进行参数的设置，改进图像的中间色调范围的区域。从通道中的图像可以看出，图像的最高光和最暗调基本排除在外。

图 6-4　背景层蓝通道

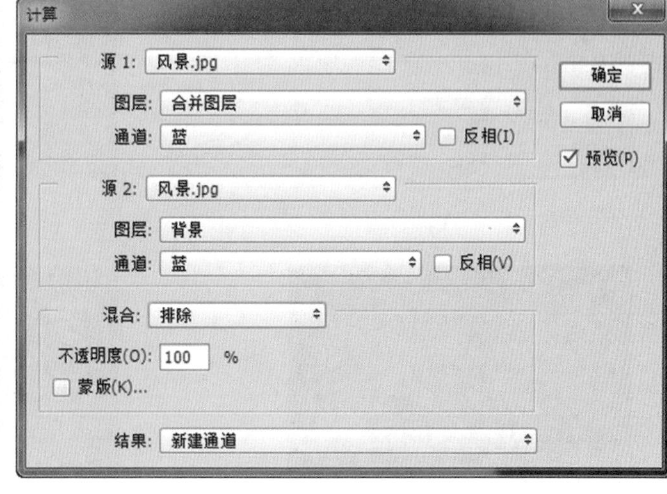

图 6-5　“计算”对话框

（4）在图层面板中选择“背景”图层，回到通道面板，按住 Ctrl 键的同时单击 Alpha 1 通道，载入 Alpha 1 作为选区，如图 6-6 和图 6-7 所示。按隐藏选区快捷键 Ctrl+H，再应用“USM 锐化”滤镜，设置“数量”为 160、“半径”为 1.6、“阈值”为 11，如图 6-8 所示。

（5）在图层面板中建立一个“色相 / 饱和度”调整图层。首先增大“全图”的饱和度，然后选择“青色”，手动向右调整滑块，使其朝蓝色变化。最后选择“蓝色”，

手动向左调整“色相”滑块，使这部分区域的蓝色向青色部分回归，同时降低“明度”值来增大反差，如图 6-9 ～图 6-11 所示。

图 6-6　Alpha 1 通道

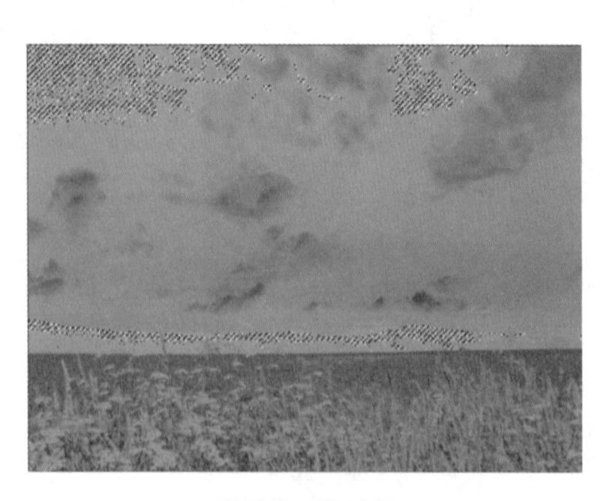

图 6-7　选区图

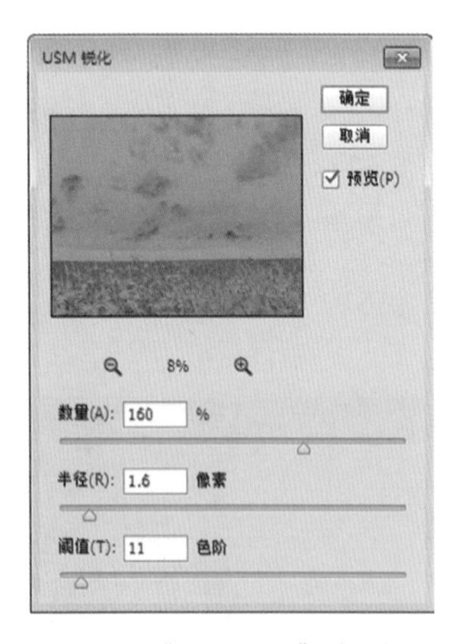

图 6-8　“USM 锐化”对话框

图 6-9　全图色相和饱和度的设置

图 6-10　青色色相和饱和度的设置

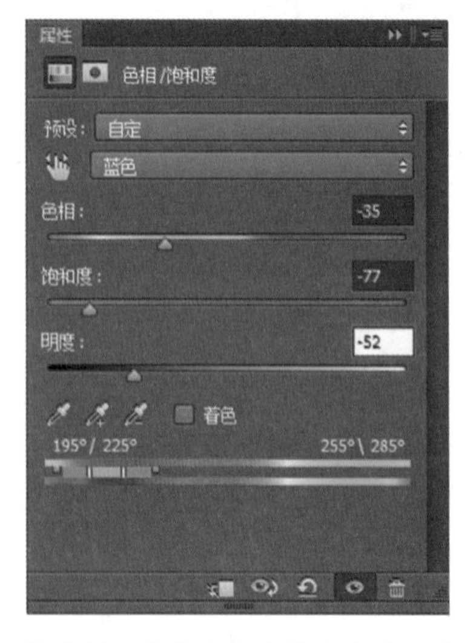

图 6-11　蓝色色相和饱和度的设置

（6）风景图片的颜色一般需要稍显夸张，颜色饱和度较其他图片稍大。创建“色相 / 饱和度”调整图层来增加饱和度。观察调整后的图像效果，发现已经呈现比较均衡的状态，效果如图 6-12 ～图 6-14 所示。

图 6-12 饱和度调整层 2

图 6-13 饱和度的设置

图 6-14 最后的效果图

6.1.2 曝光过度照片的处理

曝光过度是指图像亮度的失真。通常情况下，轻微的小面积曝光过度可以通过后期处理进行修复，但当曝光严重到高光溢出时，照片内便会出现无法修复的亮斑。下面用实例简单地介绍一下处理曝光过度照片的方法。

（1）执行“文件”/“打开”命令（快捷键为 Ctrl+O），打开本书资料“第 6 章”目录下的“老人 .jpg”文件，如图 6-15 所示。

（2）单击图层面板下方的“创建新的填充或调整图层”按钮，建立“亮度 / 对比度”调整图层，使用“亮度 / 对比度”命令对图像进行亮度和对比度的调整，设置亮度为－90，对比度为 100。在调整过程中，应该关注图像的变化，如图 6-16 ～图 6-18 所示。

图 6-15　打开素材图片

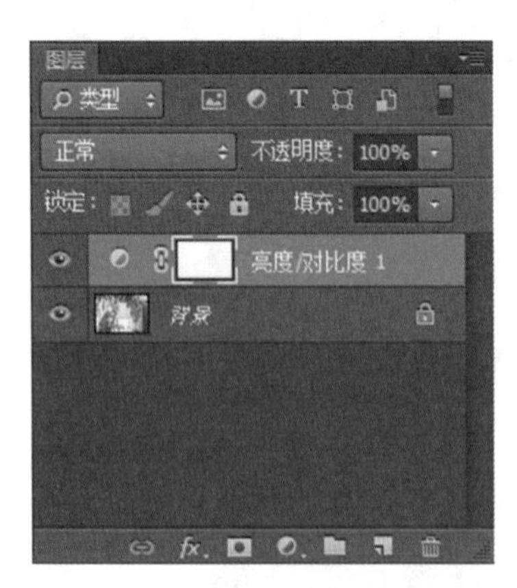

图 6-16　创建亮度对比度调整层

图 6-17　亮度对比度的设置

图 6-18　亮度对比度调整后的效果

(3) 再次单击图层面板下方的“创建新的填充或调整图层”按钮，建立“曲线”调整图层，使用“曲线”对图像进行调整。图像的变化效果如图 6-19 ~ 图 6-21 所示。

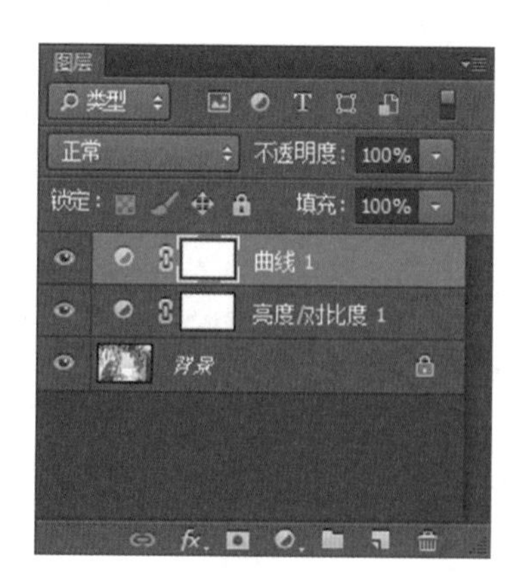

图 6-19　创建曲线

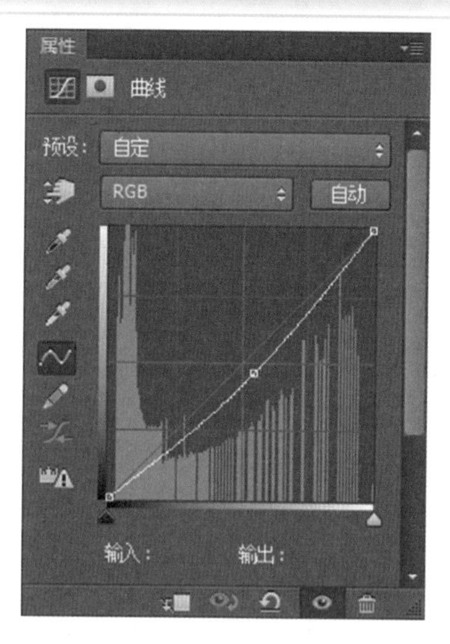

图 6-20　曲线的设置

图 6-21　曲线调整后的效果

（4）继续单击图层面板下方的“创建新的填充或调整图层”按钮，建立“色彩平衡”调整图层，使用“色彩平衡”命令对图像进行色彩调整，设置中间调参数为－4、+8、+17，阴影参数为－24、0、0。图像效果如图 6-22 ～图 6-25 所示。

（5）最后单击图层面板下方的“创建新的填充或调整图层”按钮，建立“色相/饱和度”调整图层，使用“色相/饱和度”对图像进行饱和度和明度调整，设置红色参数为 0、－26、+6。图像效果如图 6-26 ～图 6-29 所示。

（6）选择最上面的调整层，按 Alt+Shift+Ctrl+E 快捷键，压印图层，如图 6-29 所示。执行“滤镜”/“渲染”/“光照效果”命令，如图 6-30 所示。设置光照效果参数，预设中选择向下交叉光，“强度”为 35，“聚光”为 100，“曝光”为－20，“光泽”为 0，“金属质感”为 50，“环境”为 14，效果及参数设置如图 6-31 所示。

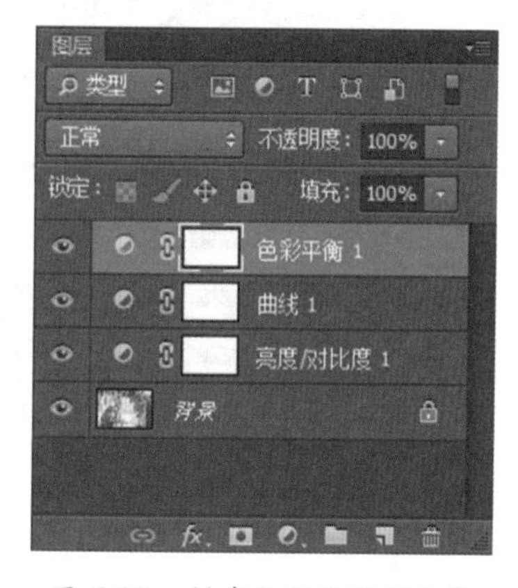

图 6-22　创建色彩平衡调整层

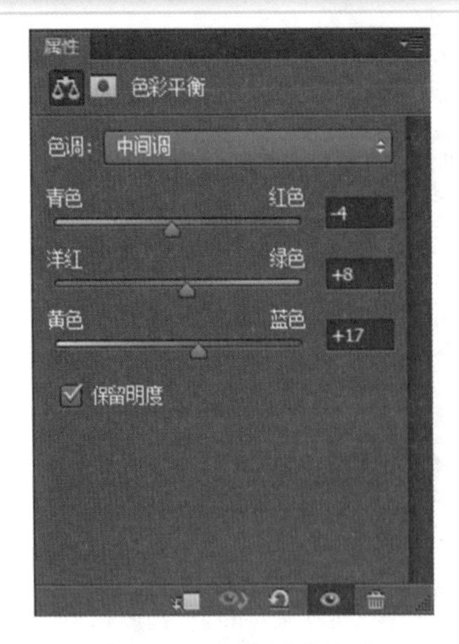

图 6-23　中间调的设置

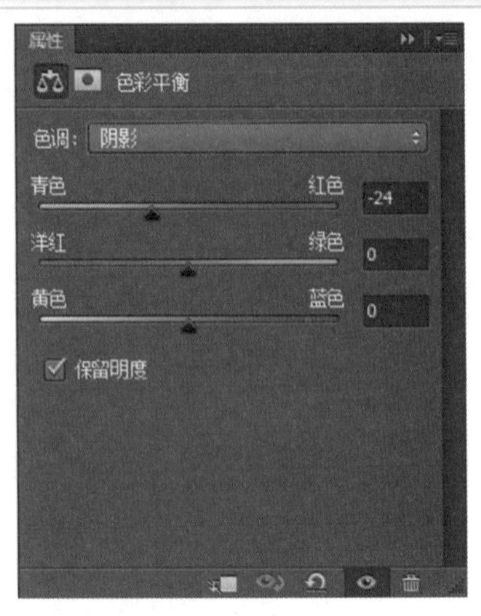

图 6-24　阴影的设置

图 6-25　色彩平衡调整后的效果

图 6-26　创建色相饱和度调整层

图 6-27　色相饱和度调整参数的设置

图 6-28　色相饱和度调整后的效果

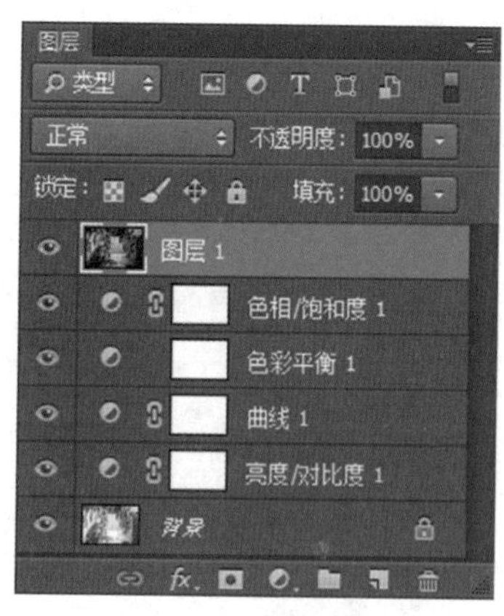

图 6-29　压印图层

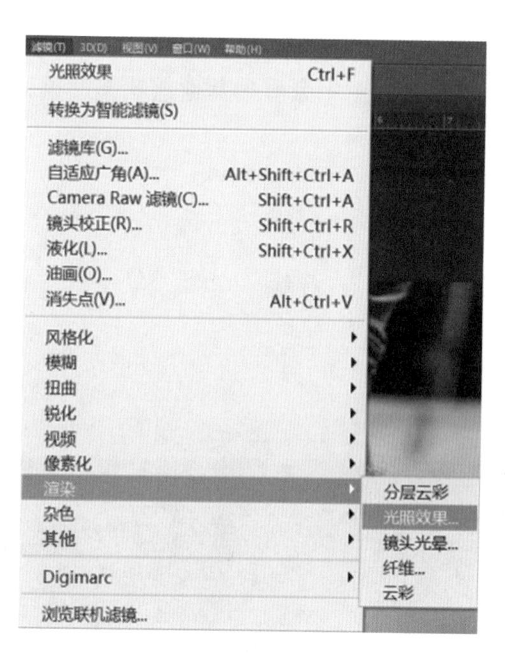

图 6-30　“光照效果”命令

图 6-31　光照效果参数设置后的效果

6.1.3 偏色照片的校正

在拍摄的过程中，由于光线或角度的问题，拍摄的照片有可能存在偏色的情况。比如偏黄、编红或者偏蓝等。本例介绍运用 Photoshop 校正偏色图像的方法。偏色图像的校正是学习 Photoshop 经常会接触到的问题，严重偏色的图片，肯定是某一通道（或以上）遭到了严重破坏的结果。一般来讲偏色都会在通道里表现出来。某个通道会特别地黑或者特别地白，这就是这个通道的颜色丢失了。比如说偏红的照片会明显看到蓝色通道特别地黑，肯定是蓝通道被严重地破坏。本实例将调整偏色图像常用的方法简单地介绍一下。

（1）执行“文件”/“打开”命令（快捷键为 Ctrl+O），打开“宝宝.jpg”文件，如图 6-32 所示。

（2）执行“窗口”/“直方图”命令，打开直方图，查看直方图中的参数，如图 6-33 所示。在直方图中会看到蓝通道缺损严重，因此，先从色阶着手来调整图像的颜色。

图 6-32 打开宝宝原图

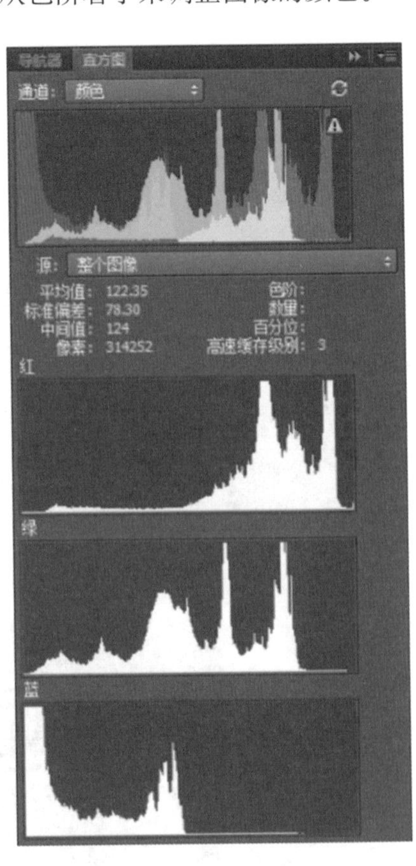

图 6-33 原图的直方图

（3）单击图层面板下方的“创建新的填充或调整图层”按钮，建立“色阶”调整图层，使用“色阶”命令来调整图层，对图像的绿通道和蓝通道进行调整，设置绿色阶参数为 17、1.00、217，蓝色阶参数为 0、1.00、122。在调整过程中，应该关注直方图的变化，效果如图 6-34 ~图 6-38 所示。

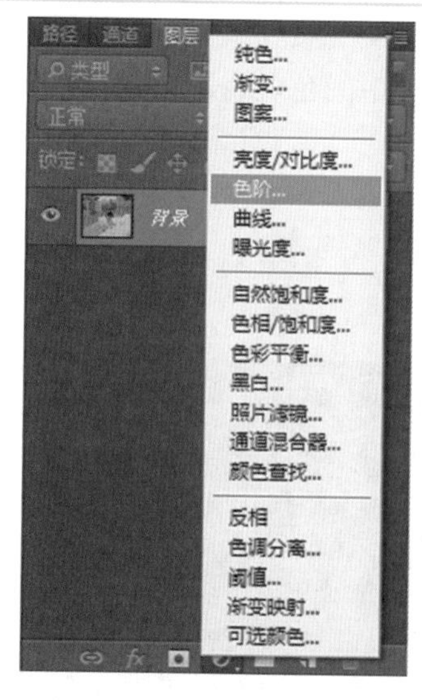

图 6-34　创建色阶调整层

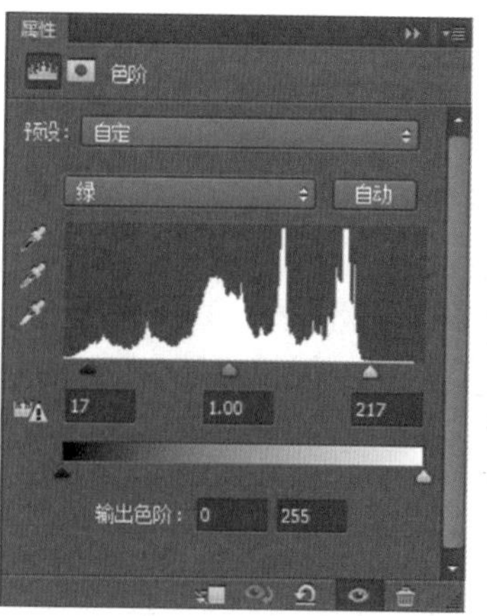

图 6-35　“绿色阶”参数

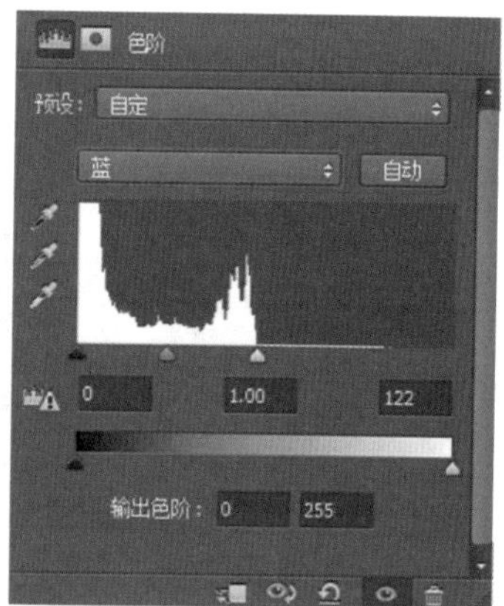

图 6-36　“蓝色阶”参数

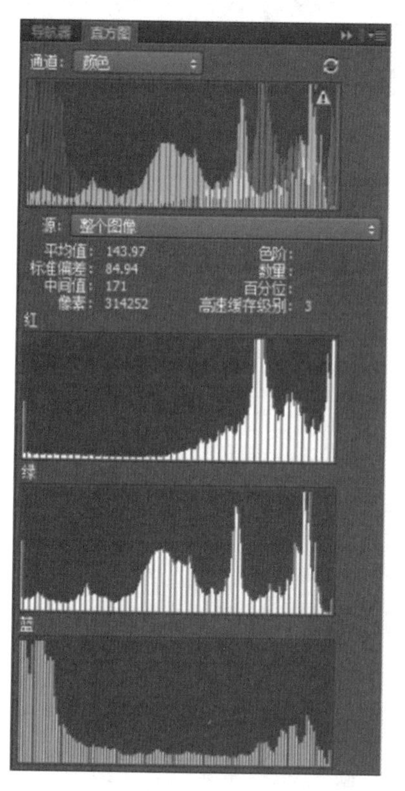

图 6-37　调整色阶后的直方图

图 6-38　调整色阶后的图像

(4) 再次单击图层面板下方的“创建新的填充或调整图层”按钮,建立“通道混合器”调整图层,如图 6-39 所示。使用“通道混合器”对图像进行绿通道和蓝通道的调整,设置绿通道混合参数值为 15%、100%、0,蓝通道混合参数值为 0、35%、100%。调整偏色的图像,查看图像的变化,效果如图 6-40 ～图 6-42 所示。

(5) 最后单击图层面板下方的“创建新的填充或调整图层”按钮,建立“色彩平衡”调整图层,如图 6-43 所示。使用“色彩平衡”调整图像中间色调,设置参数及效果如图 6-44 和图 6-45 所示。

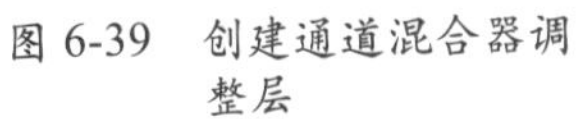

图 6-39　创建通道混合器调整层

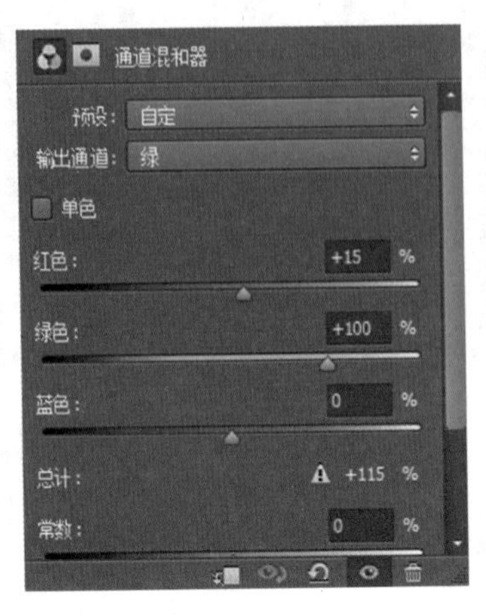

图 6-40　通道混合器中绿通道参数的设置

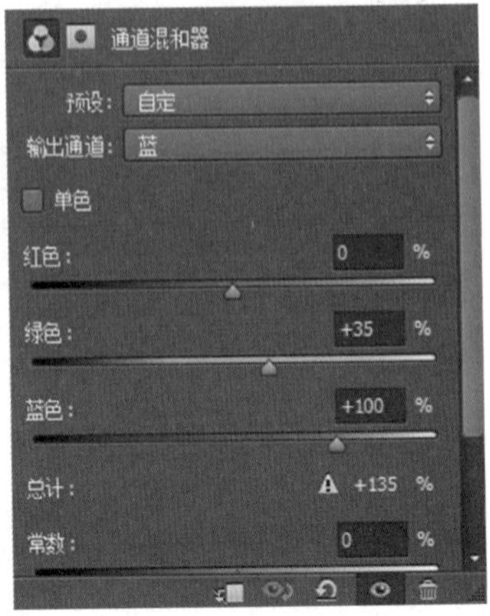

图 6-41　通道混合器中蓝通道参数的设置

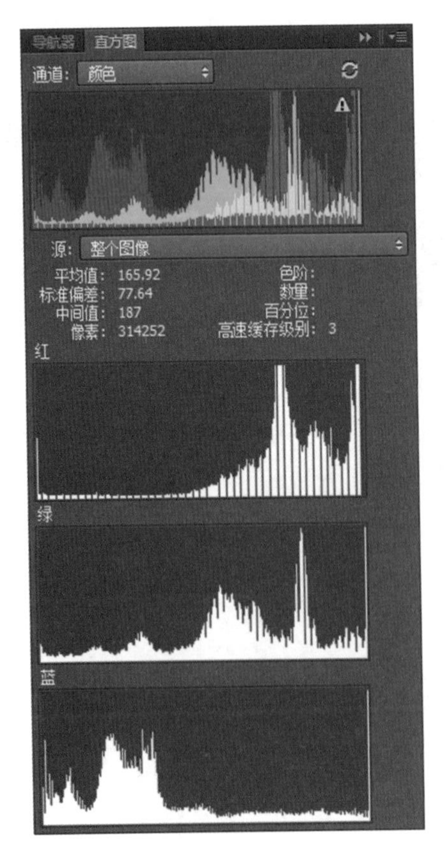

图 6-42　调整混合通道器后的直方图

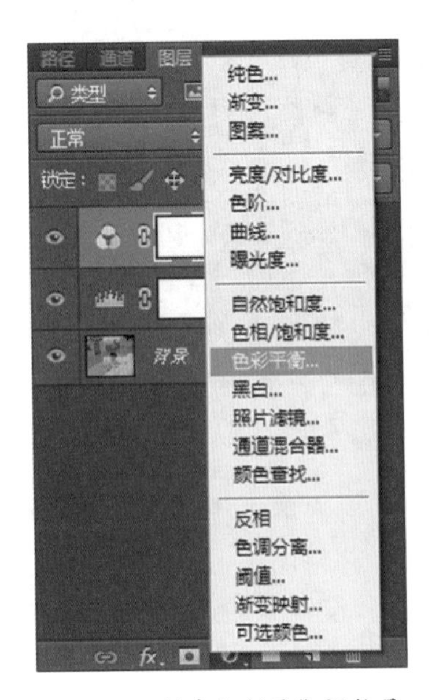

图 6-43　创建色彩平衡调整层

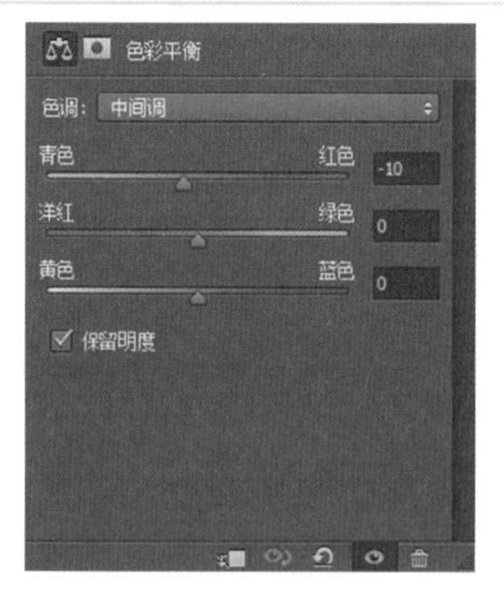

图 6-44　色彩平衡参数的设置

图 6-45　纠正偏色照片的最终效果

6.2　文艺清新图片处理

6.2.1　打造 Lab 小清新色调

Lab 颜色模式可以将其看作是两个通道的 RGB 模式加一个明度通道的模式。只有明度通道的值才影响色彩的明暗变化。调整后色彩的混合将产生更亮的色彩。本实例主要是在 Lab 颜色模式下运用“应用图像”以及“曲线”功能来调整明度、a、b 三个通道来完成图像的处理。

这张照片的风格非常清新、自然，充满夏日里的恬静味道，所以选择了小清晰的风格。

(1) 执行“文件”/“打开”命令（快捷键为 Ctrl+O），打开本书附带资料“第 6 章”目录下的“小清新 .jpg”文件，如图 6-46 所示。

(2) 执行菜单栏中“图像”/“模式”/“Lab 颜色”命令，如图 6-47 所示。将图像 RGB 颜色模式转换为 Lab 颜色模式。

图 6-46　打开小清新原图

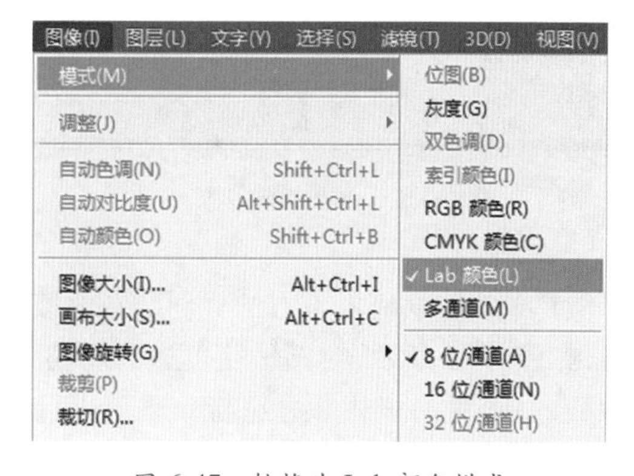

图 6-47　转换为 Lab 颜色模式

(3) 打开图层面板。选择图层面板里的“背景”图层，然后通过拖动“背景”图层到“创建新图层”按钮上来复制“背景”图层，即创建了“背景 拷贝”图层，如图 6-48

和图 6-49 所示，以免步骤出错时可以返回。

（4）执行菜单栏中的“图像”/“应用图像”命令，如图 6-50 所示。设置“混合”选项为“叠加”，“不透明度”为 50%，如图 6-51 所示，根据照片的艳度来决定不透明度值是多少。计算完后可以看到照片中人物的肤色比较艳丽而且红润，这是 Lab 颜色模式与“应用图像”命令的特别之处，效果如图 6-52 所示。

图 6-48 复制背景层

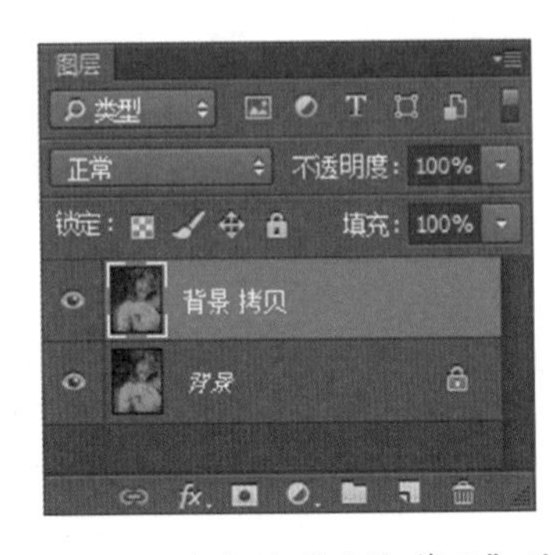

图 6-49 生成的“背景 拷贝”层

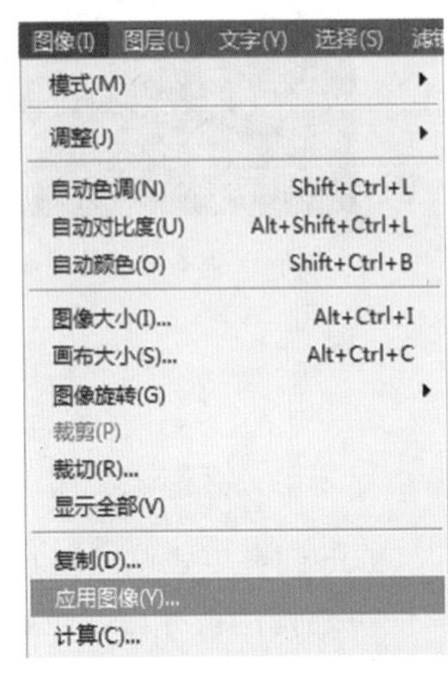

图 6-50 “应用图像”命令

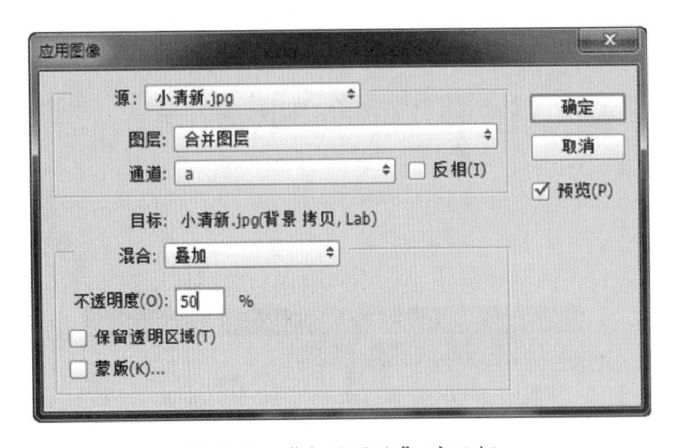

图 6-51 “应用图像”对话框

图 6-52 使用“应用图像”命令后的效果

（5）单击图层面板下方的“创建新的填充或调整图层”按钮，建立“曲线”调整图层，如图 6-53 所示，对图像明度进行调整，明度的提亮可以使照片中的色彩跟灰度同时亮丽，再用曲线将 a 通道与 b 通道进行调整，如图 6-54 ~ 图 6-56 所示。曲线调整后的效果如图 6-57 所示。

（6）接下来给照片添加一点环境色，让照片更加清晰唯美。单击图层面板下方的“创建新的填充或调整图层”按钮，建立“照片滤镜”调整图层，如图 6-58 所示，然后对图像进行融色，参数设置如图 6-59 所示。照片滤镜调整后效果如图 6-60 所示。

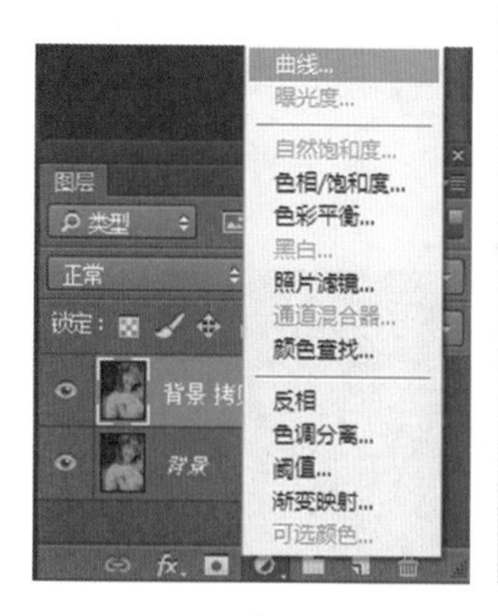

图 6-53　创建曲线调整层

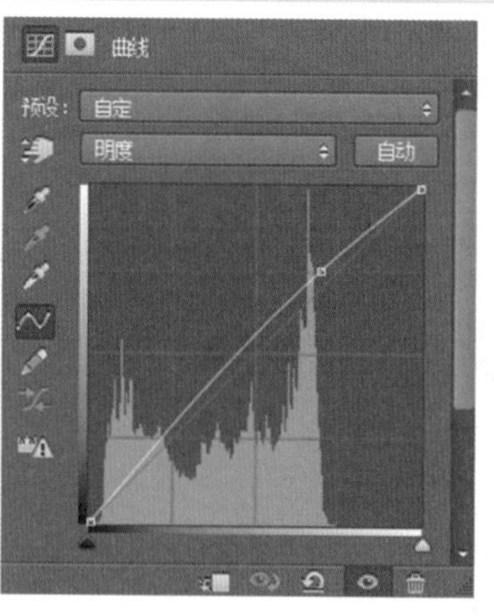

图 6-54　用曲线调整“明度”通道

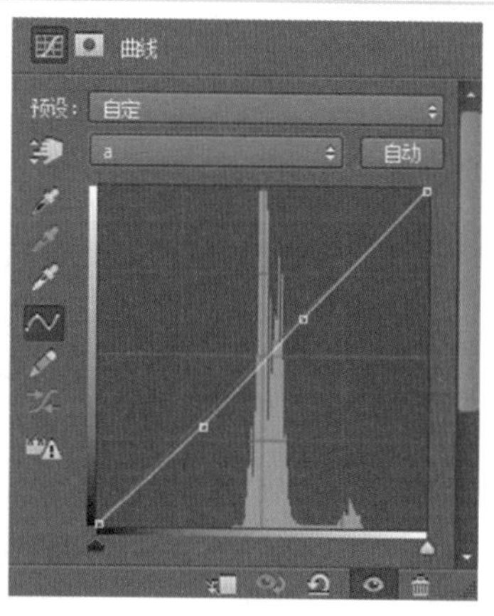

图 6-55　用曲线调整 a 通道

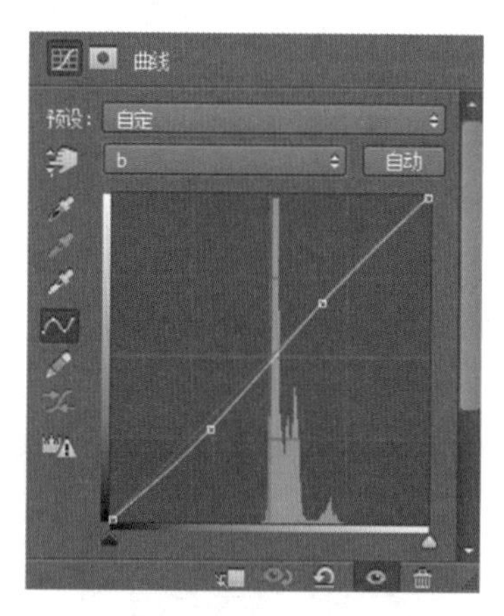

图 6-56　用曲线调整 b 通道

图 6-57　曲线调整后的效果

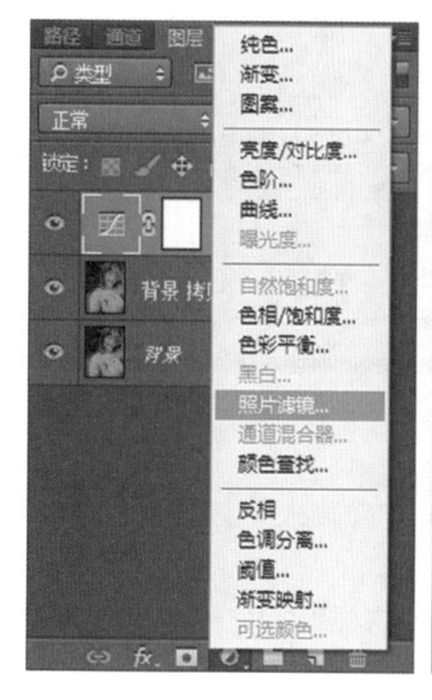

图 6-58　创建“照片滤镜”调整层

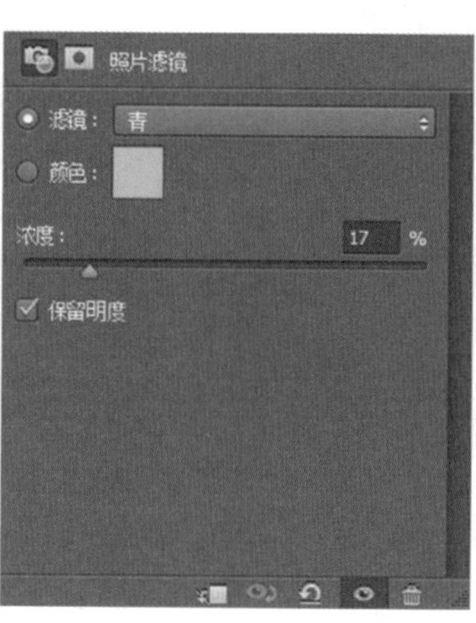

图 6-59　“照片滤镜”的设置

图 6-60　照片滤镜调整后的效果

(7) 压印图层后，执行菜单栏中的"滤镜"/"锐化"/"USM 锐化"命令，如图 6-61 所示。做一些质感层次的锐化处理，让人物更加突出，参数设置如图 6-62 所示。效果如图 6-63 所示。

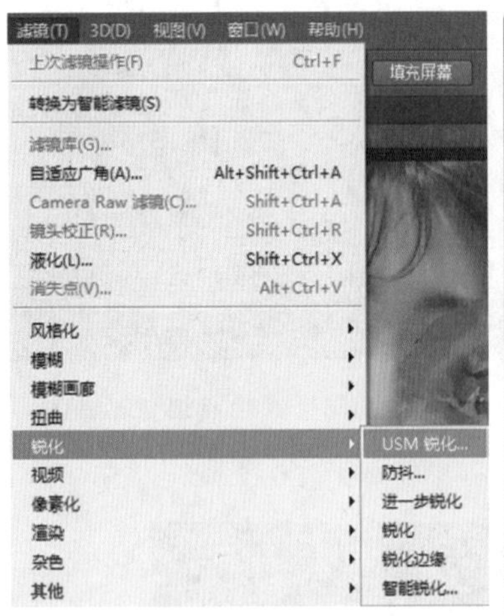

图 6-61 "USM 锐化"命令

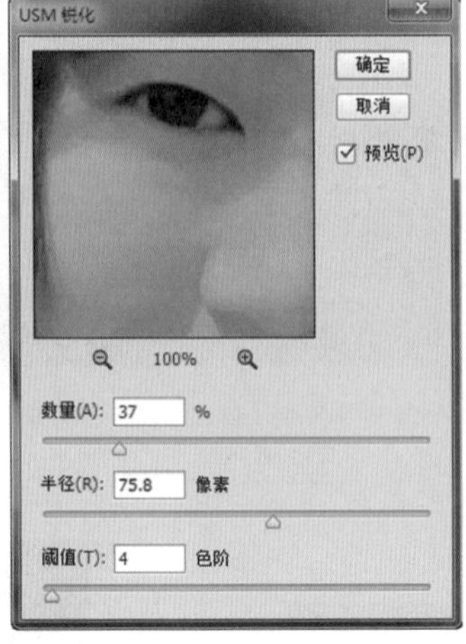

图 6-62 "USM 锐化"对话框

图 6-63 USM 锐化后的效果

(8) 按 Ctrl+J 快捷键，复制图层 1。执行菜单栏中的"滤镜"/"模糊"/"高斯模糊"命令，如图 6-64 所示。设置高斯模糊"半径"为 5，如图 6-65 所示。单击图层面板下方的"添加图层蒙版"按钮，给"图层 1 拷贝"图层添加蒙版，前景色为黑色，用画笔工具将人物脸部擦除，如图 6-66 和图 6-67 所示。

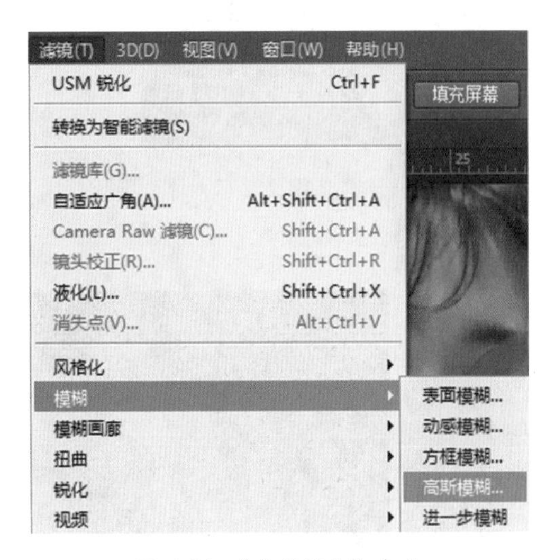

图 6-64 "高斯模糊"命令

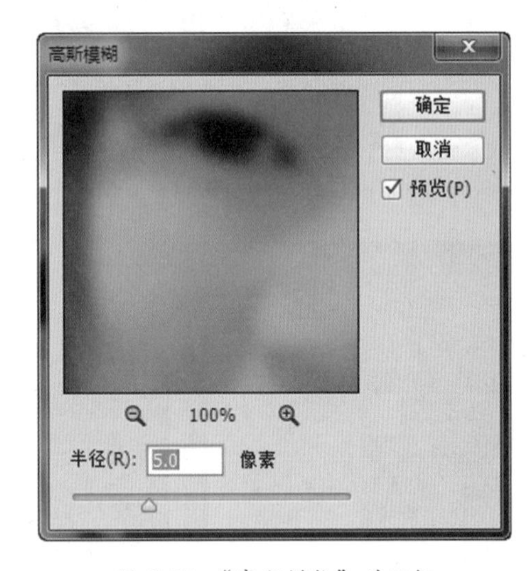

图 6-65 "高斯模糊"对话框

(9) 按 Ctrl 键用选择工具单击通道面板中的 RGB 通道来载入选区，如图 6-68 所示。

新建图层，填充为白色，将"图层 2"的填充值设为 30%，这样照片显得非常透彻，如图 6-69 所示。压印后执行"USM 锐化"命令，参数设置如下："数量"为 90，"半径"为 1.8，"阈值"为 5，如图 6-70 所示。整张照片的完成效果如图 6-71 所示。

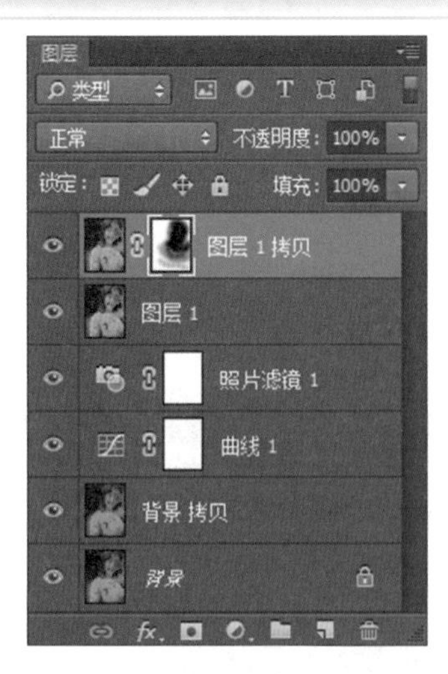

图 6-66　添加图层蒙版

图 6-67　添加图层蒙版后的效果

图 6-68　载入选区

图 6-69　新建图层并填充白色

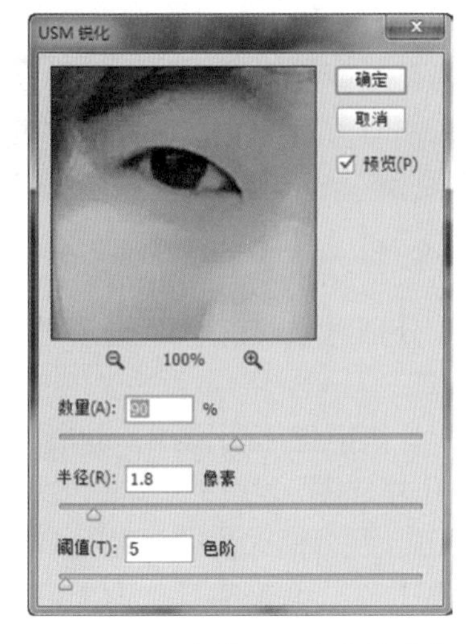

图 6-70　设置“USM 锐化”参数

图 6-71　Lab 小清新效果

6.2.2 调出淡雅的韩式色调

本实例主要使用 Photoshop 制作唯美淡雅的韩式婚纱调色风格，在进行调试时，利用高色温以及唯美氛围来诠释图片，下面进行具体步骤的讲解。

（1）执行“文件”/“打开”命令，打开本书附带资料中“第 6 章”目录下的“婚纱照 .jpg”文件，如图 6-72 所示。

图 6-72　打开婚纱图

（2）单击图层面板下方的“创建新的填充或调整图层”按钮，建立“曲线”调整图层，使用“曲线”对图像进行调整，参数设置如图 6-73 所示，效果如图 6-74 所示。

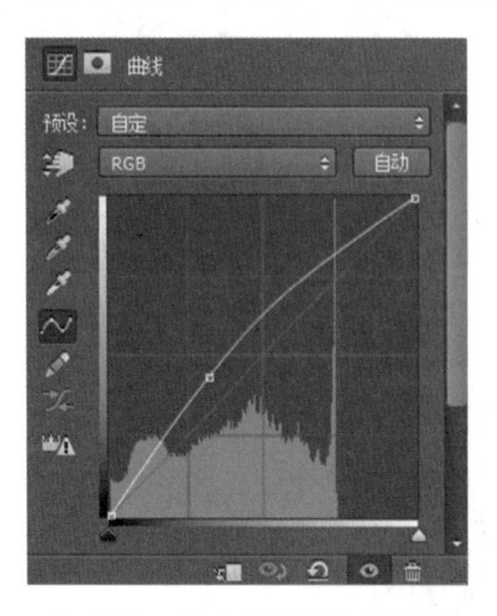

图 6-73　设置曲线调整层参数

图 6-74　曲线调整后的效果

（3）再次建立“曲线”调整图层，使用“曲线”分别对绿、蓝、RGB 通道进行调整，参数设置如图 6-75 所示，效果如图 6-76 所示。

（4）选择最上面的调整层，按 Alt+Shift+Ctrl+E 快捷键压印图层。执行“滤镜”/“模糊”/“镜头模糊”命令，设置“半径”为 9，“叶片弯度”为 14，“旋转”为 58，“亮度”为 7，“阈值”为 213，如图 6-77 所示。设置图层混合模式为“深色”。单击图层面板右下方的“添加图层蒙版”按钮，选择“画笔工具”，设置前景色为黑色，并调整好画笔的大小和透明度，然后在蒙版缩览图上进行绘制，效果如图 6-78 所示。

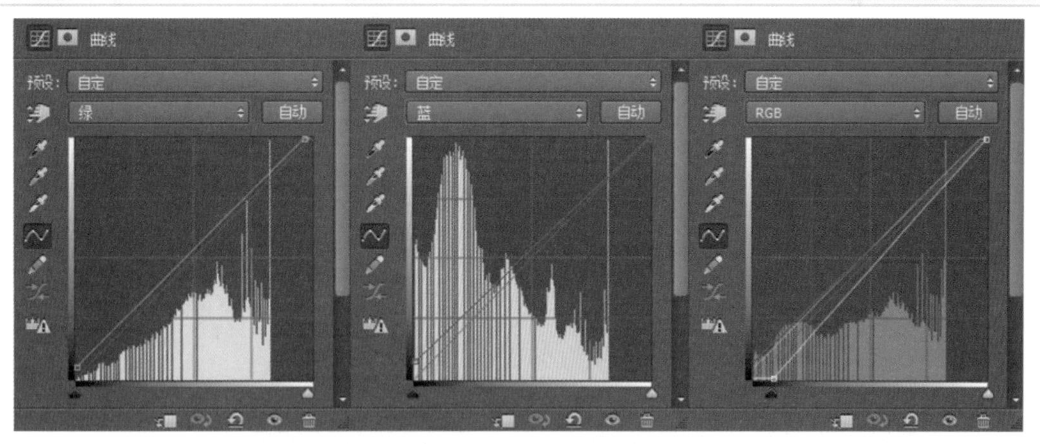

图 6-75　第二次设置曲线

图 6-76　第二次设置曲线后的效果

图 6-77　“镜头模糊”对话框

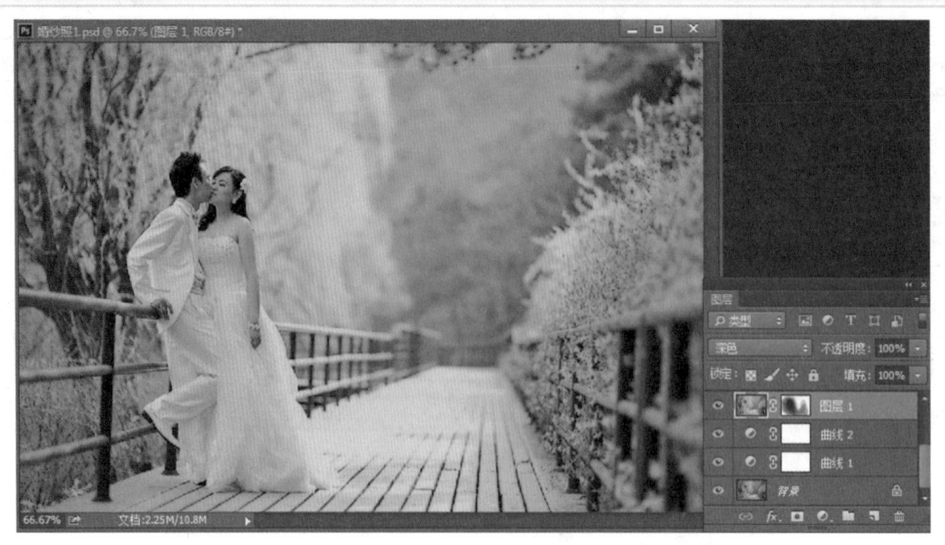

图 6-78　进行镜头模糊处理后的效果

(5) 打开“云雾”素材，按 Ctrl+A 快捷键全选图片，按 Ctrl+C 将云雾复制。选择“婚纱照”图片，按 Ctrl+V 快捷键进行粘贴。选择“图层 2”并添加图层蒙版，设置前景色为黑色。选择“画笔工具”，调整画笔的大小和透明度，在蒙版缩览图上进行绘制，效果如图 6-79 所示。

图 6-79　调整云雾素材

(6) 建立“曲线”调整图层，使用“曲线”对 RGB 进行调整，参数设置如图 6-80 所示，效果如图 6-81 所示。

(7) 用同样的方法创建“选取颜色”调整图层，使用“可选颜色”对中性色进行调整，让照片有层次。设置参数值青色为 +14、洋红为 +10、黄色为 −15、黑色为 +9，如图 6-82 所示，图像的变化效果如图 6-83 所示。

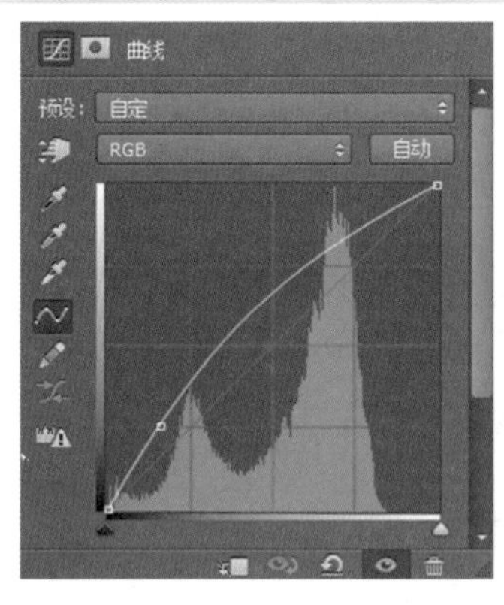

图 6-80　设置曲线 3-RGB

图 6-81　设置曲线 3 调整后的效果

图 6-82　设置可选颜色为“中性色”

图 6-83　设置可选颜色并调整后的效果

6.2.3　逆光效果的处理

给人物拍摄照片时，如果遇上反差过大或是逆光的场景，那么往往不是背景过亮，就是人物太暗。Photoshop 本身就有一个“阴影 / 亮部”命令，可以用来降低明暗反差。下面来讲解一下逆光效果处理的实例。

（1）执行“文件” / “打开”命令（快捷键为 Ctrl+O），打开“小朋友 .jpg”文件。如图 6-84 所示。打开图层面板，选择“背景”图层，再将“背景”图层拖拽至“创建新图层”按钮上来复制“背景”图层，即创建“背景 拷贝”图层，如图 6-85 所示。

图 6-84　打开小朋友原图

图 6-85　复制“背景”层

（2）执行菜单栏中“图像”/“调整”/“阴影/高光”命令，如图6-86所示，打开“阴影/高光”对话框，在对话框中设置阴影“数量”为45，单击“确定”按钮，如图6-87和图6-88所示。

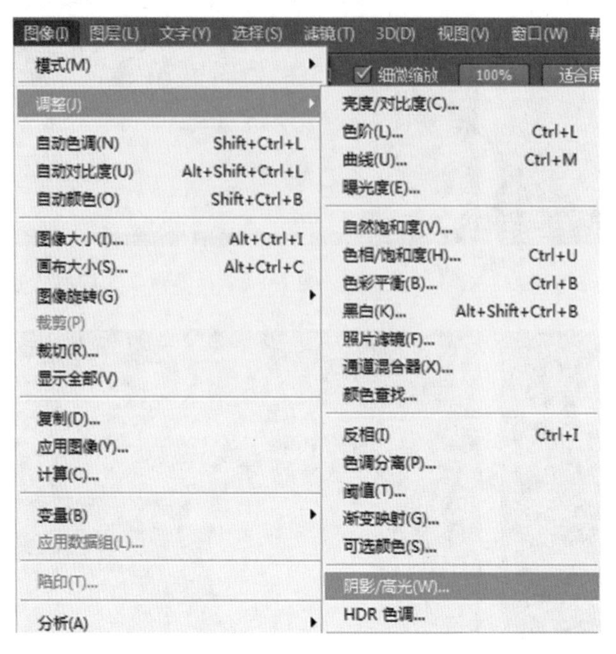

图6-86 “阴影/高光”命令

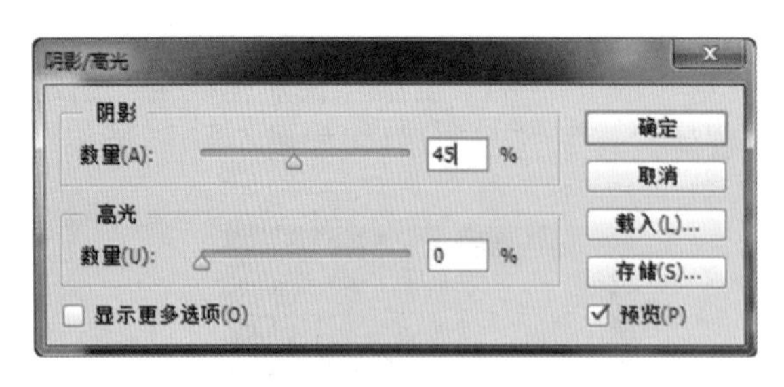

图6-87 “阴影/高光”对话框

图6-88 执行“阴影/高光”命令后的效果

（3）单击图层面板下方的“创建新的填充或调整图层”按钮，建立“色相/饱和度”调整图层，如图6-89所示。使用“色相/饱和度”命令对图像进行饱和度和明度的调整，设置“饱和度”为25，“对比度”为20。在调整过程中应该关注图像的变化，如图6-90和图6-91所示。

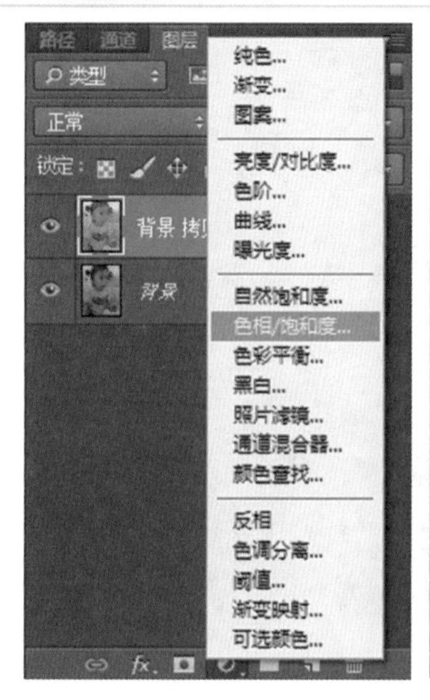

图 6-89　创建“色相 / 饱和度”调整图层

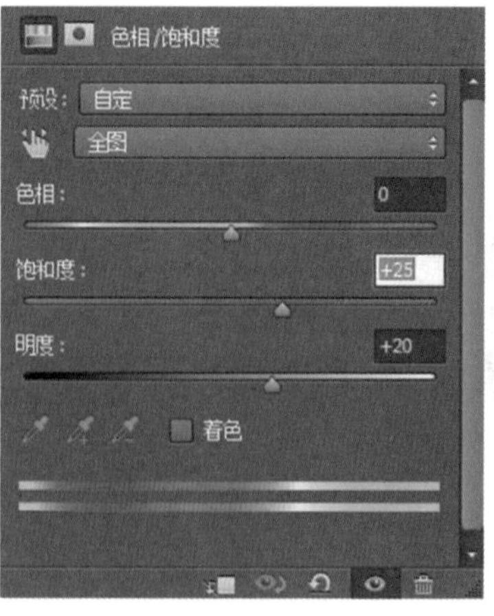

图 6-90　“色相 / 饱和度”调整参数的设置

图 6-91　“色相 / 饱和度”调整后的效果

（4）单击图层面板下方的“创建新的填充或调整图层”按钮，建立“曲线”调整图层（如图 6-92 所示）。使用“曲线”命令对图像进行调整，设置“预设”为“线性对比”，效果如图 6-93 和图 6-94 所示。

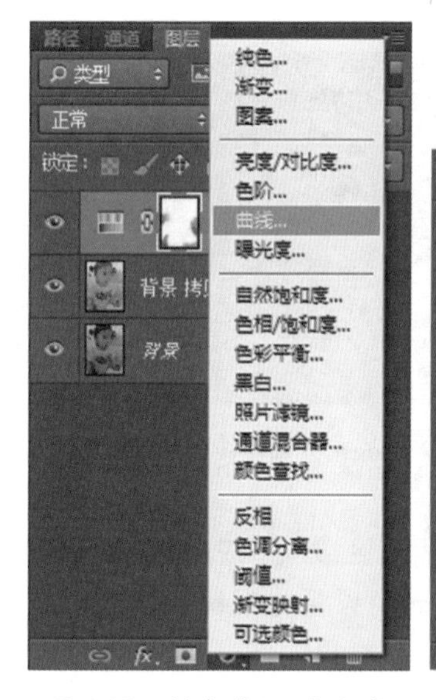

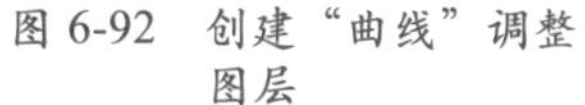

图 6-92　创建“曲线”调整图层

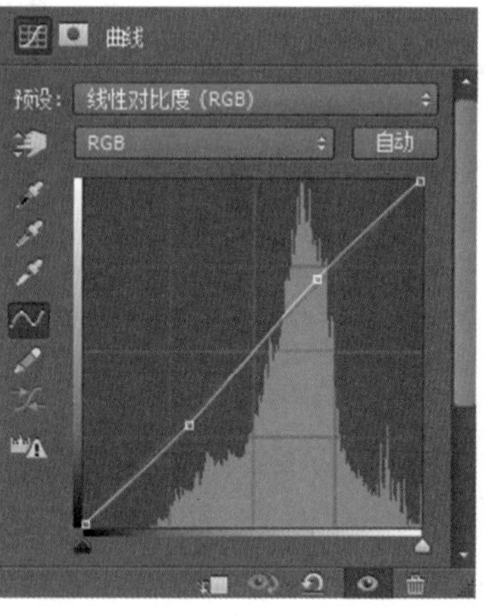

图 6-93　“曲线”参数的设置

图 6-94　曲线调整后的效果

（5）选择“曲线”调整图层，按 Alt+Shift+Ctrl+E 快捷键进行图层的压印。设置图层面板中的图层混合模式为“柔光”，如图 6-95 和图 6-96 所示。

（6）选择钢笔工具，在“图层 1”的图像上沿着女孩的边缘绘制一个闭合路径，如图 6-97 所示。打开通道面板，选择“绿”通道，将“绿”通道拖拽至“创建新通道”按钮上来复制“绿”通道，得到一个“绿 拷贝”通道，如图 6-98 所示。

图 6-95 压印后采用“柔光”模式

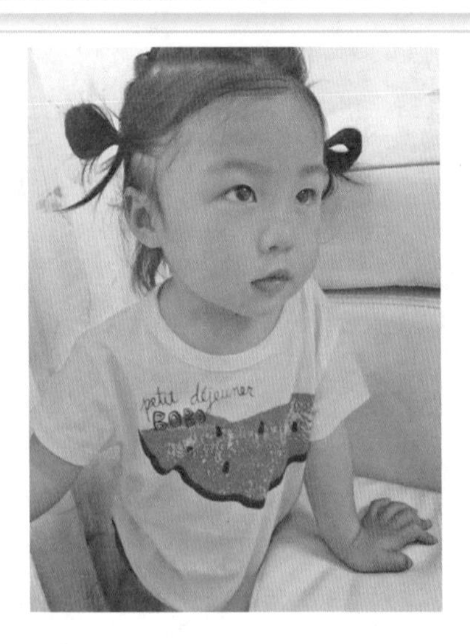

图 6-96 选择“柔光”模式后的效果

图 6-97 绘制路径

图 6-98 复制绿通道

(7) 打开路径面板，单击路径面板下方的“将路径作为选区载入”按钮，如图 6-99 所示。选择“绿 拷贝”通道，按快捷键 D，将前景色和背景色设置为默认的黑色和白色。按 Alt+Delete 快捷键，将选区内填充为黑色。执行菜单栏里“图层”/“新建调整图层”/“色阶”命令或者按快捷键 Ctrl+L，打开“色阶”对话框，调整“色阶”对话框中的色阶值，如图 6-100 所示。

(8) 选择“画笔工具”，在画笔属性栏里设置画笔笔头的大小和硬度。并按快捷键 D，将前景色和背景色设置为默认的黑色和白色。将“小朋友”图片中较黑的部分用画笔工具填充为黑色。按 X 键，把前景色与背景色调换，再用画笔工具将“小朋友”的背景绘制为白色，这样可以更好地拾取选区。调整后的“绿 拷贝”通道如图 6-101 所示。

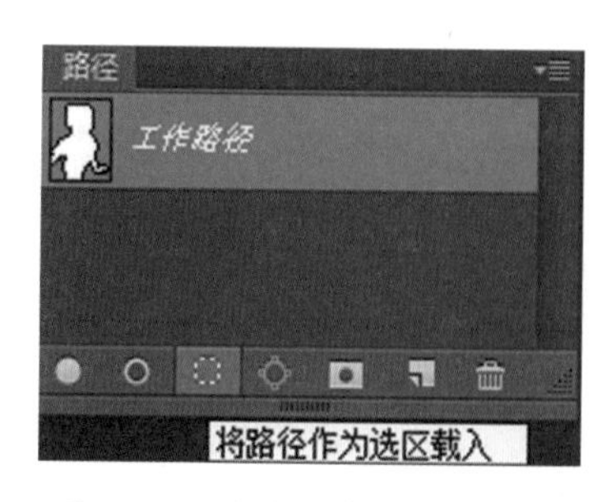

图 6-99　将路径作为选区载入

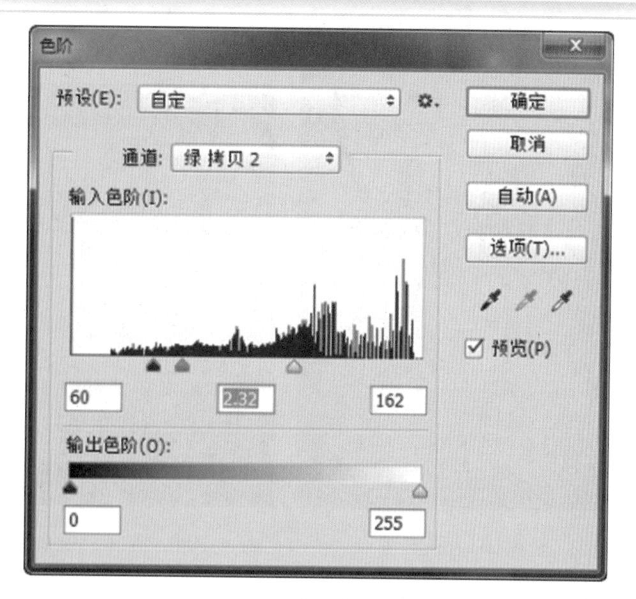

图 6-100　“色阶”对话框

(9) 选择通道面板中的“绿 拷贝”通道,按住 Ctrl 键并用鼠标单击“绿 拷贝”通道的通道缩览图,拾取小朋友的选区,效果如图 6-102 所示。

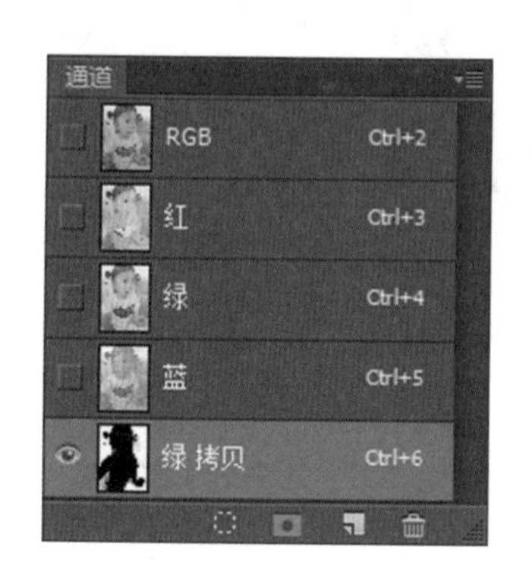

图 6-101　调整后的“绿 拷贝”通道

图 6-102　拾取选区

(10) 将前景色和背景色设置为默认的黑色和白色。单击图层面板下方的“创建新的填充或调整图层”按钮,建立“曲线”调整图层。使用“曲线”对图像背景进行调整,效果如图 6-103 ~图 6-105 所示。

(11) 再次单击图层面板下方的“创建新的填充或调整图层”按钮,建立“色彩平衡”调整图层,如图 6-106 所示。设置“色彩平衡”参数值,如图 6-107 所示,最终效果如图 6-108 所示。

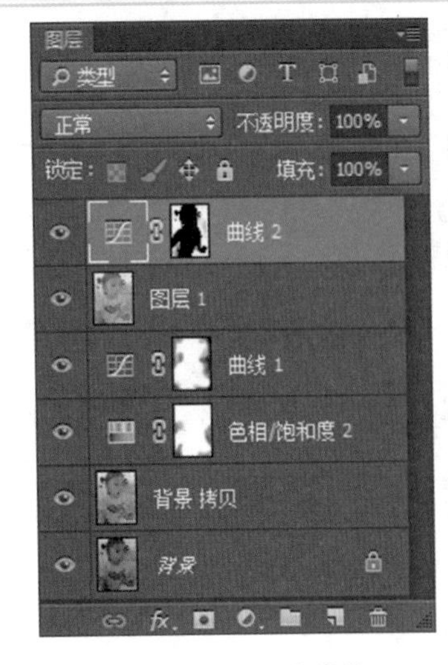

图 6-103　设置蒙版

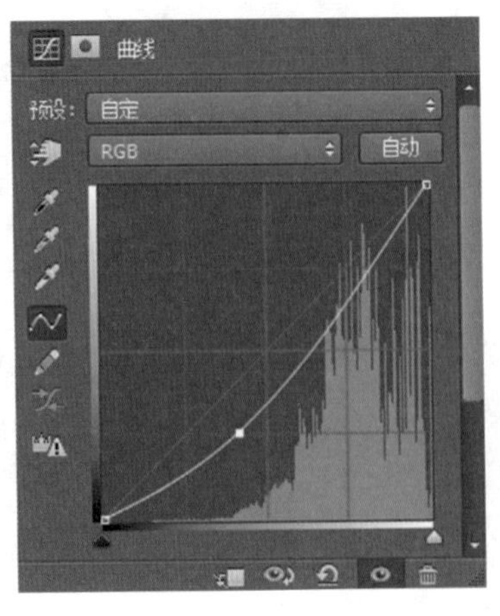

图 6-104　第二次做曲线的设置

图 6-105　第二次进行曲线调整后的效果

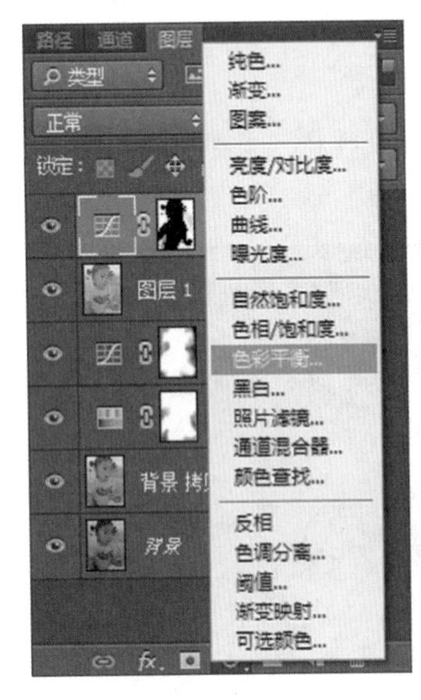

图 6-106　选择“色彩平衡”命令

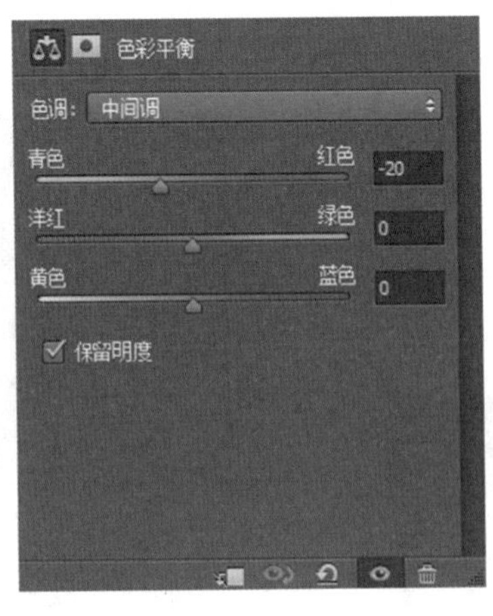

图 6-107　色彩平衡参数的设置

图 6-108　处理逆光的最终效果

6.2.4　天空的处理

估计大家都会碰到类似的情况：在太阳“入镜”时，不管用什么方式，都很难在原图里同时把天空和地面拍清，要么是天空过度曝光而地面正常曝光，要么是天空正常曝光而地面曝光欠缺。

下面用 Photoshop 来“偷天换日”，加一片天上去，营造天空的效果。

(1) 执行菜单栏中的“文件”/“打开”命令，打开“白塔”图片。用快捷键 Ctrl+J 复制背景图层，得到“背景 拷贝”图层，如图 6-109 和图 6-110 所示。

(2) 执行菜单栏中的“选择”/“色彩范围”命令，如图 6-111 所示。然后以“白塔”图片中的天空作为采样标本，白色范围为天空的采样范围，颜色容差尽量设置得大一点，确保整片天空都能采样，如图 6-112 所示，然后单击“确定”按钮。

（3）选择“背景 拷贝”图层，按快捷键 Ctrl+J 复制一层天空的图层，得到“图层 1”。用橡皮擦工具把“图层 1”中白塔上多出来的采样部分擦除，如图 6-113 所示，得到需要的天空的采样。

图 6-109　“白塔”图片

图 6-110　复制背景图层

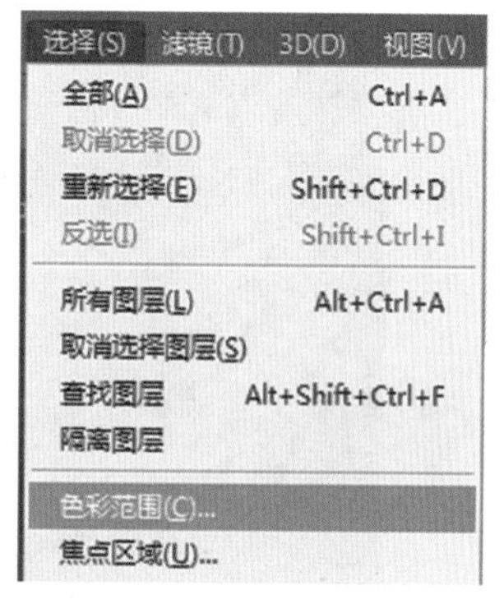

图 6-111　“色彩范围”命令

图 6-112　“色彩范围”对话框

图 6-113　图层 1

(4) 执行菜单栏中的“文件”/“打开”命令，在 Photoshop 里打开“天空 1”素材。使用移动工具将“天空 1”素材拖至“白塔”图像中，并调整图像大小及位置，效果如图 6-114 所示。按住 Ctrl 键同时单击“图层 1”的缩览图，选择天空的范围，如图 6-115 所示。

图 6-114　天空 1

图 6-115　天空选区

(5) 按快捷键 D，把前景色和背景色设置为黑色和白色。选择拉进来的天空图层，单击图层面板右下角的“添加图层蒙版”按钮，为“图层 2”添加蒙版，并把不透明度变成 80%，效果如图 6-116 和图 6-117 所示。

图 6-116　为图层 2 添加图层蒙版

图 6-117　添加图层蒙版后的效果

(6) 单击图层面板中的“创建新的填充或调整图层”按钮，选择“曲线”，创建一个曲线调整图层，如图 6-118 所示。在曲线上单击两次，分别在上下各添加一个锚点，选择上面的锚点并轻轻向上拖动，然后选择下面的锚点并轻轻向下拖动，使曲线成S形，如图 6-119 和图 6-120 所示。

图 6-118　创建曲线调整图层

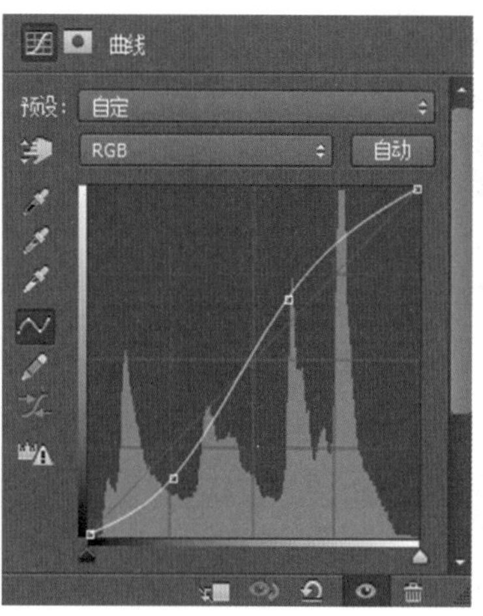

图 6-119　曲线调整图

图 6-120　创建曲线调整图层后的效果

（7）按组合键 Alt+Shift+Ctrl+E 压印图层。设置图层的混合模式为“叠加”，不透明度为 45%。效果如图 6-121 和图 6-122 所示。

图 6-121　压印后调节图层的混合模式

图 6-122　添加天空后的效果

6.3　抠像与合成技术

6.3.1　人物头发的抠图处理

（1）启动 Photoshop CC 2014，执行“文件”/“打开”命令（快捷键为 Ctrl+O），打开“第 6 章”目录下的“实例 1.jpg”文件。再打开“实例 2.jpg”文件，如图 6-123 和图 6-124 所示。

图 6-123 实例 1 原图

图 6-124 实例 2 原图

（2）选择“实例 1.jpg”文件，执行全选（快捷键为 Ctrl+A）及复制（快捷键为 Ctrl+C）命令，再执行粘贴（快捷键为 Ctrl+V）命令。选择图层面板上的“图层 1”，用鼠标直接将要复制的“图层 1”拖至图层面板下方的“创建新图层”按钮上再放开鼠标，复制的图层名称为“图层 1 拷贝”，如图 6-125 所示。

图 6-125 粘贴图像和复制图层

（3）打开通道面板，选择通道面板上的“蓝”通道，用鼠标直接将要复制的“蓝”通道拖至通道面板下方的“创建新通道”按钮上再放开鼠标，复制的通道名称为“蓝拷贝”，如图 6-126 所示。

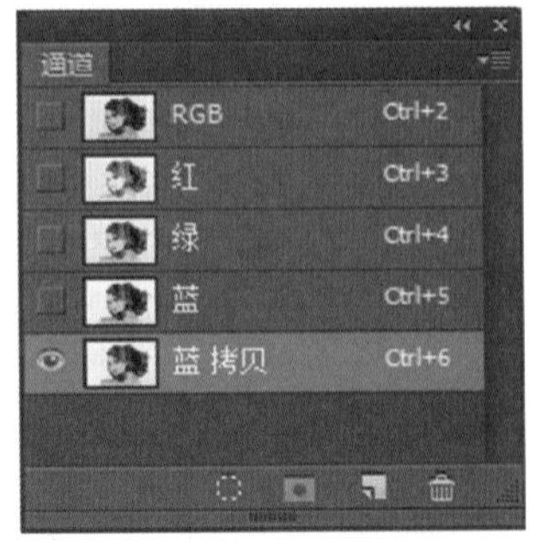

图 6-126 复制蓝通道

（4）执行“图像”/“调整”/“色阶”命令（快捷键为 Ctrl+L），如图 6-127 所示。在弹出的对话框中设置参数，如图 6-128 所示。完成后单击“确定”按钮，如图 6-129 所示。

（5）选择工具箱中的“画笔工具”，设置前景色为黑色，画笔大小及参数设置如图 6-130 所示。选择“蓝拷贝”通道，在人物图像上进行涂抹，如图 6-131 所示。完成后按住 Ctrl 键的同时单击“蓝 拷贝”通道，将通道中的

白色区域载入选区,效果如图 6-132 所示。回到图层面板上,选择“图层 1 拷贝”,按 Delete 键删除选区内的图像。

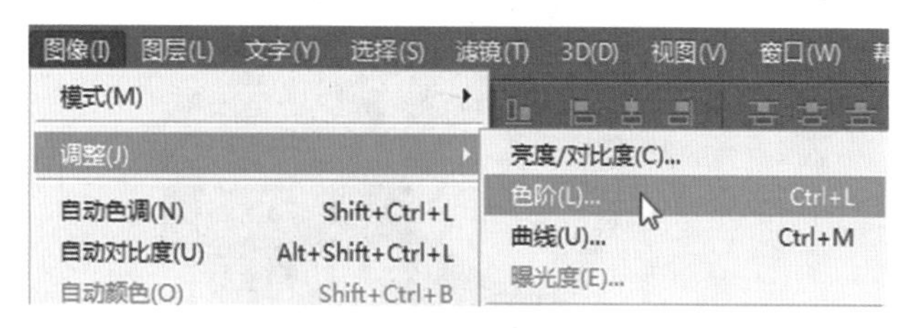

图 6-127 “色阶”命令

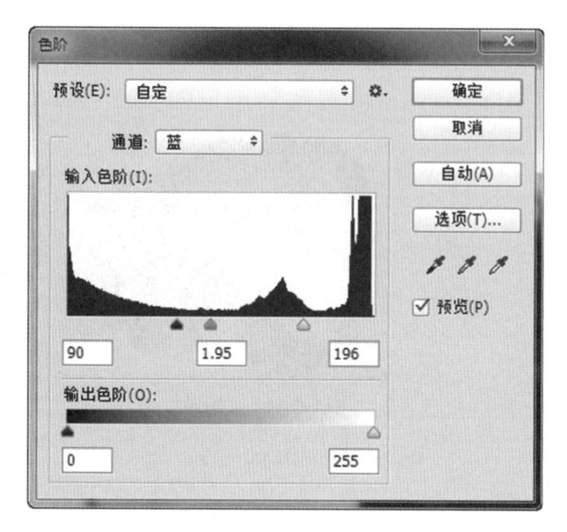

图 6-128 “色阶”对话框

图 6-129 色阶调整后效果

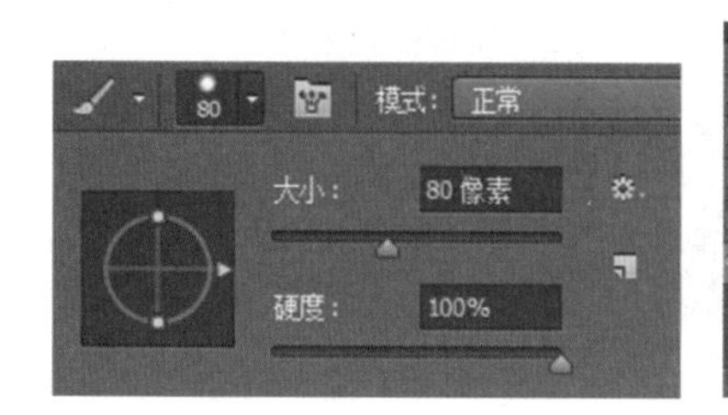

图 6-130 设置画笔的大小

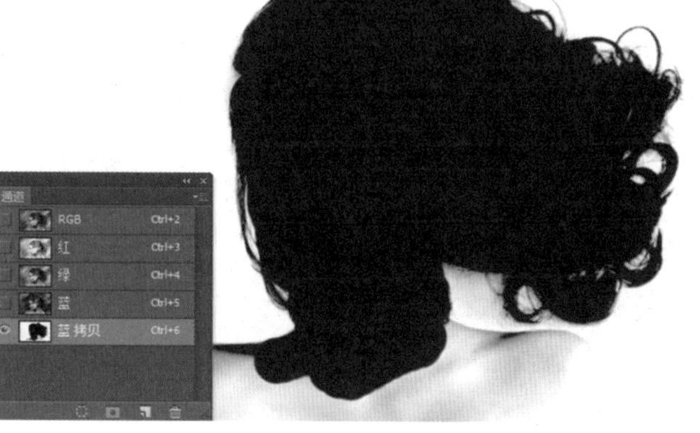

图 6-131 绘制蓝通道

(6) 选择图层面板上的“图层 1”,打开路径面板,单击工具箱中的“钢笔工具”,绘制闭合路径,如图 6-133 所示。完成后按住 Ctrl 键的同时单击“工作路径”,将闭合路径内区域载入选区。按下快捷键 Shift+Ctrl+I 进行反选,选择“图层 1”,按 Delete 键删除选区内的图像,效果如图 6-134 所示。

图 6-132　载入选区后的效果

图 6-133　创建钢笔路径

图 6-134　删除选区内的图像

（7）取消选区（快捷键为 Ctrl+D），在图层面板中选择“图层 1 副本”，按下快捷键 Ctrl+E 进行图层合并，如图 6-135 和图 6-136 所示。

（8）选择图层面板中的“背景”图层，单击“指示图标可见性”按钮，隐藏“图层 1”，如图 6-137 所示。

图 6-135　合层前的图层面板

图 6-136　合层后的图层面板

图 6-137　选择背景图层

（9）执行“滤镜”/“模糊”/“动感模糊”命令，在弹出的“动感模糊”对话框中设置参数，参考图 6-138 所示进行设置。完成后单击“确定”按钮，效果如图 6-139 所示。

（10）执行“滤镜”/“模糊”/“高斯模糊”命令，在弹出的“高斯模糊”对话框中设置参数，如图 6-140 所示。完成后单击“确定”按钮，效果如图 6-141 所示。

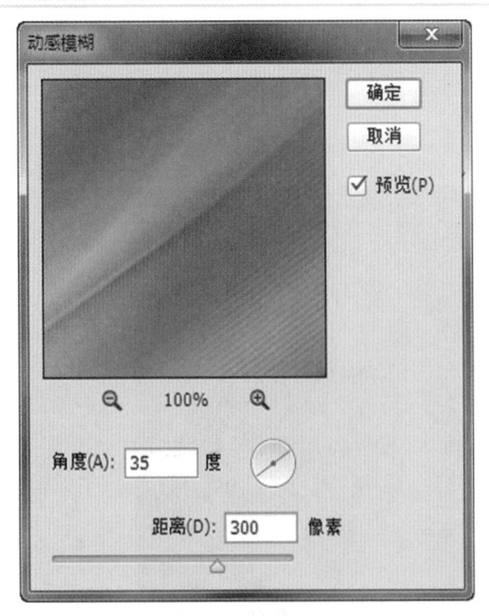

图 6-138 “动感模糊”对话框

图 6-139 “动感模糊”效果

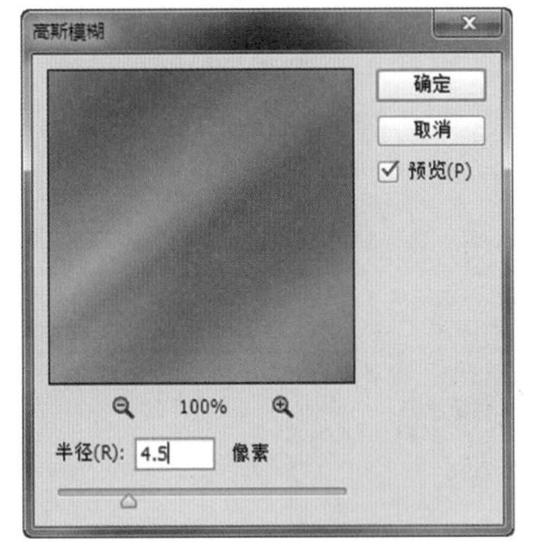

图 6-140 “高斯模糊”对话框

图 6-141 “高斯模糊”效果

(11) 选择图层面板中的“图层 1”,设置图层混合模式为“强光”,如图 6-142 所示。用鼠标直接将要复制的“图层 1”拖至图层面板下方的“创建新图层”按钮 上再放开鼠标,复制的图层名称为“图层 1 拷贝”,设置图层混合模式为“正常”,不透明度为 30%,如图 6-143 所示。

图 6-142 图层 1 的混合模式

图 6-143 “图层 1 拷贝”的混合模式

（12）选择图层面板里的“创建新的曲线调整图层”按钮，在打开的面板中选择绿通道，轻轻向下拖动曲线。然后选择蓝通道，轻轻向下拖动曲线，效果如图 6-144 ～图 6-146 所示。

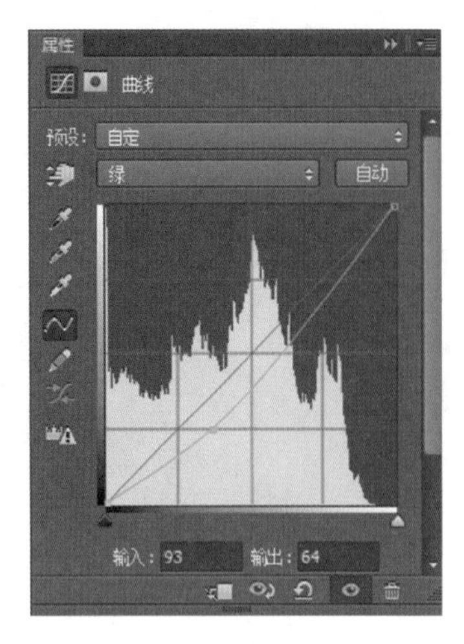

图 6-144　调整绿通道

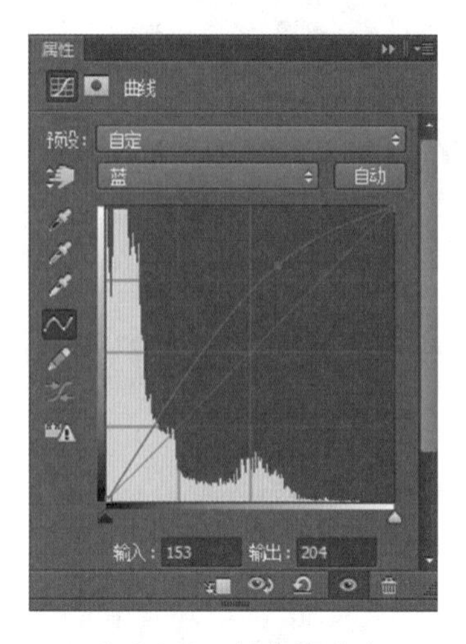

图 6-145　调整蓝通道

图 6-146　调整通道后的效果

（13）选择工具箱中的“画笔工具”，设置前景色为黑色，画笔大小、硬度、不透明度等如图 6-147 所示。选择“曲线 1”图层中的“图层蒙版缩览图”，在蒙版上进行涂抹，得到的最终效果如图 6-148 所示。

图 6-147　图层蒙版缩览图

图 6-148　人物抠图处理的最终效果

6.3.2　风景的抠图处理

（1）启动 Photoshop CC 2014，执行“文件”/“打开”命令，打开“第 6 章”目录下的“古楼 .jpg”文件，如图 6-149 所示。选择“裁切工具”，直接把原图裁成 16∶9，裁剪效果如图 6-150 所示。

图 6-149　打开古楼原图

图 6-150　裁切照片

（2）单击图层面板下方的“创建新的填充或调整图层”按钮，建立“曲线”调整图层。使用“曲线”命令对图像提亮，参数设置和图像的变化效果如图 6-151 和图 6-152 所示。

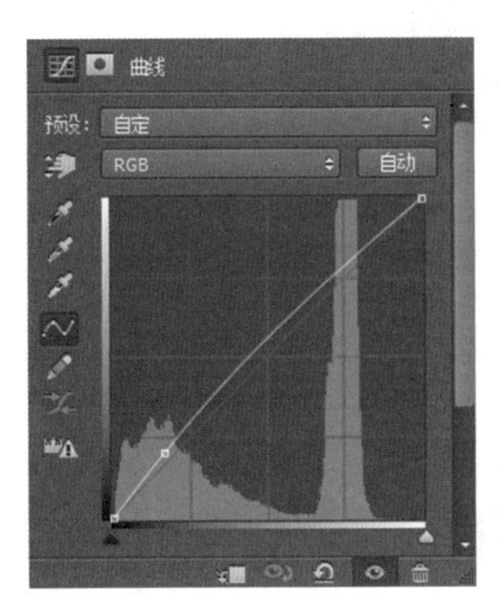

图 6-151　曲线 1 的设置

图 6-152　曲线调整后的效果

（3）再次单击图层面板下方的“创建新的填充或调整图层”按钮，建立“选取颜色”调整图层。使用“选取颜色”命令对图像进行绿和中性色调整，参数设置和图像的变化效果如图 6-153 ～图 6-155 所示。

（4）选择最上面的图层，按 Alt+Shift+Ctrl+E 快捷键，进行图层压印。执行“滤镜”/“滤镜库”/“干画笔”命令，设置“画笔大小”为 0，“画笔细节”为 10，“纹理”为 1，设置后的效果如图 6-156 和图 6-157 所示。

图 6-153　可选颜色为绿

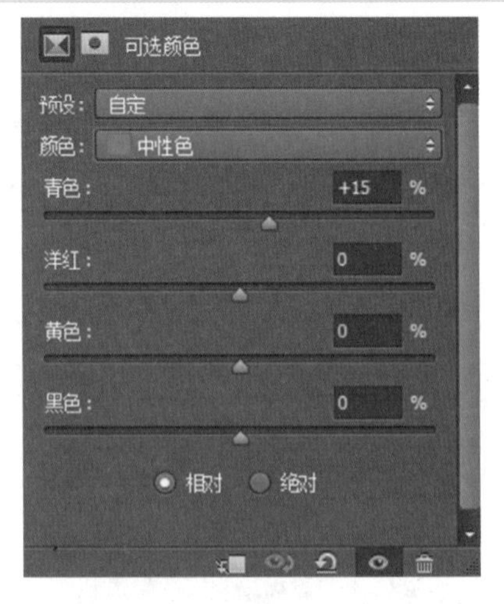

图 6-154　可选颜色为中性色

图 6-155　可选颜色调整后的效果

图 6-156　干画笔参数的设置

图 6-157　干画笔效果

(5) 执行“滤镜”/“Camera Raw 滤镜”命令,在对话框中的“基本”选项区里,将“曝光”调为 +1、“对比”调为 −40、“阴影”调为 +40 和“黑色”调为 +60,这样可以把照片的暗部凸显出来。为方便扣图,可以将“高光”调为 +100。然后把底部的“清晰度”和“自然饱和度”适当调整,直到照片开始变得像幅画。效果及参数设置如图 6-158 所示。

图 6-158　Camera Raw 滤镜基本参数的设置

(6) 在“细节”选项区,将“锐化”中的“数量”调到 125,“蒙版”调到 90。在调整“蒙版”时,可以按住 Alt 键,观察轮廓线条在什么时候达到最佳效果。效果及参数设置如图 6-159 所示。

(7) 在“HSL/ 灰度”选项区中,适当调整红、橙、黄、绿等颜色,调整后单击“确定”按钮。效果及参数设置如图 6-160 和图 6-161 所示。

图 6-159　Camera Raw 滤镜细节参数的设置

图 6-160　Camera Raw 滤镜“HSL/ 灰度”参数的调整

图 6-161　应用 Camera Raw 滤镜后的效果

(8) 选择最上面的图层，按 Alt+Shift+Ctrl+E 快捷键，进行图层压印。设置图层混合模式为“正片叠底”，不透明度为 70%，效果如图 6-162 所示。

图 6-162　应用图层混合模式后的效果

(9) 打开“云 2”素材，按快捷键 Ctrl+A 全选图片，将云雾进行复制，如图 6-163 所示。选择“古楼”图片，按快捷键 Ctrl+V 进行粘贴，效果如图 6-164 所示。

图 6-163　云 2 素材

图 6-164　粘贴素材

(10) 单击“图层 2”前方的“指示图标可见性”按钮，隐藏该图层。选择“图层 1 拷贝”图层，选择“快速选择工具”，将风景中的天空选中，如图 6-165 所示。按快捷键 Shift+F6 打开“羽化选区”对话框，设置“羽化半径”为 1，如图 6-166 所示。

图 6-165　选区

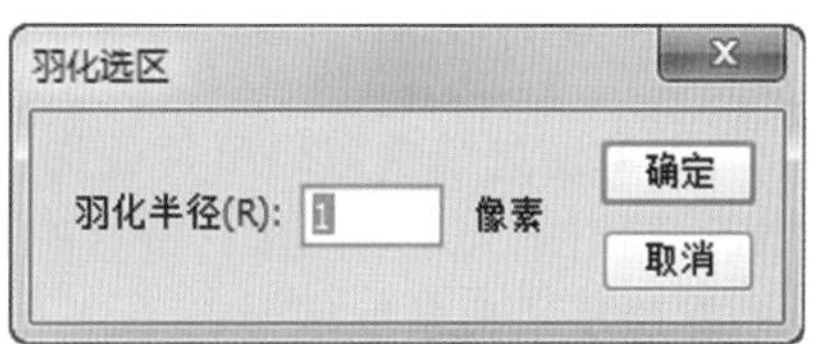

图 6-166　羽化选区

(11) 在图层面板中单击“图层 2”前方的“指示图标可见性”按钮，显示该图层。单击“添加图层蒙版按钮”按钮，添加图层蒙版，在蒙版缩览图中给选区填充黑色，效果如图 6-167 所示。

图 6-167 添加图层蒙版

(12) 建立“曲线”调整图层。使用“曲线”命令对图像提亮，参数设置和图像最终效果如图 6-168 和图 6-169 所示。

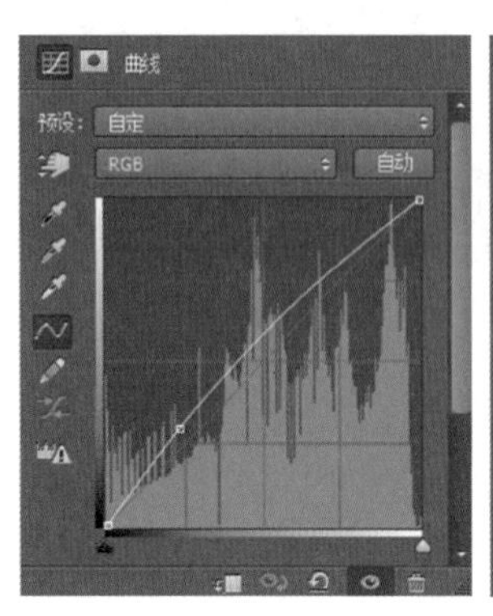

图 6-168 第二次进行曲线的设置

图 6-169 第二次应用曲线后的效果

6.4 小 结

本章通过结合数码照片处理技术和特效设计的实例操作应用，引导学习者学习利用通道扣图、色彩的编辑、选区存储与载入、蒙版的应用及印刷色彩校正等知识和技能，并能灵活地掌握图像合成技术与艺术作品设计的技能。

6.5 习　　题

一、选择题

1．羽化选择命令的快捷键是（　　）。

A．Shift+Ctrl+A　　　　B．Shift+Ctrl+B

C．Shift+Ctrl+I　　　　D．Alt+Ctrl+ D

2．下列用来调整色偏的命令是（　　）。

A．色调均化　　　　B．阈值

C．色彩平衡　　　　D．亮度 / 对比度

3．如果在图层上增加一个蒙版，当要单独移动蒙版时下面操作正确的是（　　）。

A．首先单击图层上的蒙版，然后选择移动工具就可以了

B．首先单击图层上的蒙版，然后选择“全选”并用选择工具拖动

C．首先要解除图层与蒙版之间的链接，然后选择移动工具就可以了

D．首先要解除图层与蒙版之间的链接，再选择蒙版，然后选择移动工具就可以移动了

二、问答题

1．滤镜中“光照效果”命令的使用方法是什么？

2．“色阶”在色彩调节中如何运用？

第7章　UI界面设计

学习目标

1．了解 UI 设计的原则，掌握各种 UI 媒介尺寸的设置。

2．学习形状、形状蒙版、图层样式等技术的应用，掌握图标、界面设计的制作技巧。

知识点

1．形状参数的设置，形状的相加、相减、相交技术的应用。

2．形状图层样式的设置与应用。

3．变换修改工具的使用。

随着移动互联网络的快速发展，各种手持电子设备已经普及，生产商们越来越多地意识到产品用户体验的重要性，因为使用者对产品的要求已不仅仅停留在功能上，更加重视操控性、美观、流畅性等要求。

为了解决上述这些问题，UI 设计应运而生。UI 设计范畴都有哪些呢？观察人们生活的环境，UI 已渗透于各个角落，手机图标、游戏界面、电视节目栏目宣传、年会报告的 ppt 界面、网站登录界面等。那么这些 UI 是怎么制作出来的呢？其实 UI 设计没有想象中那么难，只要认真学习、仔细研究，都会完成好的作品。

学习 UI 设计，最基本的就是要掌握 Adobe 公司的系列软件技术，尤其是功能强大的 Photoshop、Illustrator 两款软件，而 Photoshop 是当前主流的图像处理软件，在处理图片、调色方面功能极其强大，通常是图标、界面设计任务的最佳选择。作为平面设计师必须要熟练掌握应用 Photoshop 软件的各项功能，这样才能轻松地完成各类 UI 的设计任务。Photoshop 软件中的形状绘制及智能对象为 UI 图标、UI 界面制作创造了更为方便的条件，使软件在矢量绘图方面的能力有所增强。

7.1　UI 设计之前必须了解的原则

7.1.1　确定单位

大家最为熟知的单位一定是像素，常说的“72 像素 / 英寸”是 MAC 最早的显示器分辨率，后来 Photoshop 软件也将分辨率设为 72 像素 / 英寸，保证了屏幕上的显示尺寸与打印输出的尺寸一致。“像素 / 英寸”准确地说是每英寸的长度上排列的像素点的数量，单位面积内像素密度越高，屏幕显示效果就会越精细。所以，目前最流行的视网膜屏幕比普通屏清晰很多，就是因为这种新型屏幕的像素密度比老款屏幕翻了一倍。苹果以普通屏幕为基准，为视网膜屏设定了 2 倍的倍率，由实际像素量除以倍率的值就是逻辑像素的尺寸。现实中只要两个屏幕逻辑像素相同，它们的显示效果就是

相同的。2014 年推出的 iPhone 6plus 已经达到了 3 倍倍率，其显示效果超级完美。

应该了解 iOS、Android 和 Web 三个平台定义的单位分别是 pt、dp、px，三种单位之间的换算随倍率变化而变化。

① 1 倍：1pt=1dp=1px（mdpi、iPhone 3gs）

② 1.5 倍：1pt=1dp=1.5px（hdpi）

③ 2 倍：1pt=1dp=2px（xhdpi、iPhone 4s/5/6）

④ 3 倍：1pt=1dp=3px（xxhdpi、iPhone 6）

⑤ 4 倍：1pt=1dp=4px（xxxhdpi）

在实际运用中画布该怎么设置呢？下面就 iOS、Android、Web 三个平台来分别阐述一下。

通常是以逻辑像素尺寸来思考界面。体现到设计过程中，就是要把单位设置成逻辑像素。首先需要将单位、尺寸都改成pt，也就是“点”，当打开Photoshop的首选项——单位与标尺界面，把尺寸和文字单位都改成点（Point）。这里的点也就是 pt，无论设计 iOS、Android 还是 Web 应用，都可以使用它作为单位。对于 Web 页面的绝对单位依然使用 px，因为代码里都是这样写的，其道理和 App 一样。

7.1.2 确定尺寸

由于像素密度是设备本身的固有属性，它会影响到设备中的所有应用，包括浏览器。前端技术可以充分利用设备的像素密度，只需一行代码，浏览器便会使用 App 的显示方式来渲染页面，并根据像素密度，按相应倍率缩放。

以 iPhone 5s 为例，屏幕的分辨率是 640 × 1136 像素，倍率是 2。浏览器会认为屏幕的分辨率是 320 × 568 像素，仍然是基准倍率的尺寸。所以在制作页面时，只需要按照基准倍率来就行了。无论什么样的屏幕，倍率是多少，都按逻辑像素尺寸来设计和开发页面。只不过在准备资源图的时候，需要准备 2 倍大小的图，通过代码把它缩成 1 倍大小显示，才能保证清晰。

那么如何通过 DPI 来调节倍率呢？既然屏幕本身的分辨率是 72 像素 / 英寸，DPI 设成 72 刚好是 1 倍尺寸，那么设成 144 像素 / 英寸就是倍率为 2 的屏幕了。

1. iPhone

由于 iPhone 几代机型的屏幕尺寸有差异，那么要设计一套涵盖所有 iPhone 的 UI 设计，选择逻辑像素折中的机型是非常好的办法。

目前较为流行的是 iPhone 5/5s 的屏幕。倍率为 2，逻辑像素为 320 × 568。逐渐成为主流的则是 iPhone 6 的屏幕，倍率为 2，逻辑像素为 375 × 667。iPhone 6 Plus 屏幕的倍率为 3。以 iPhone 5/5s 及 iPhone 6 为基准是比较主流的做法。

2. Android

Android 智能机型因为尺寸繁多，处理起来似乎有些麻烦，好在现在的 Android 屏幕逻辑像素已经趋于统一，即 360 × 640，剩下的就是设成几倍的选择。如果希望以 xhdpi 为准，就把 DPI 设成 72 × 2=144；希望以 xxhdpi 为准，就把 DPI 设成 72 × 3=216。

3. Web

手机端的网页没有统一标准，比较流行的做法是按照 iPhone 5 的尺寸来设计。倍率为 2，逻辑像素为 320×568。这种倍率 2 的屏幕无论在 iOS 还是 Android 方面都是主流，而且又是 2 倍屏幕中逻辑像素最小的。所以图片的尺寸可以保持在较小的水平，页面加载速度快。其缺点是在倍率 3 的设备上看，图片不是特别清晰。如果必须追求图片质量，在加载速度允许的条件下，也可以按照 iPhone 6 plus 的尺寸，设定倍率为 3，即逻辑像素为 414×736。

常用移动设备元素尺寸参考如下。

（1）苹果 iOS 版本的 iPhone APP UI 设计尺寸规范

iPhone 5 设计尺寸：640px×1136px

iPhone 4/4s 设计尺寸：640px×960px

设计软件的分辨率为：72 像素 / 英寸

（2）iPhone 6 及 iPhone 6 Plus 设计尺寸见表 7-1。

表 7-1　iPhone 6 及 iPhone 6 Plus 设计尺寸　　　单位：像素

分　项		iPhone 6	iPhone 6 Plus
分辨率（px）	肖像	750×1334	1080×1920
	风景	1334×750	1920×1080
UI 元素高度（px）		40	54
	导航条	88	132
	Tab 工具条	96	146
文字尺寸（px）	导航栏标题	34	48
	常规按钮	34	48
	表单头部	34	48
	Tab 标签	28	44
	Tab 工具条标签	22	30
APP（px）		120×120	180×180
APP STORE（px）		1024×1024	1024×1024
聚光灯（px）		80×80	120×120
设置（px）		58×58	87×87
启动文件中的图片（px）		750×1134（p）	1242×2208（p）
工具栏和导航栏（px）		44×44	66×66
APP STORE 封面（px）		长边至少是 1024	长边至少是 1024
Web Ico 截图（px）		120×120	180×180

7.1.3　UI 设计必须了解的原则

1. 功能按钮设置习惯一致性

功能按钮包括“确认”“取消”“提交”“进入”等，安卓版与苹果版在操作方式、使用习惯方面都有自己的特性，功能按钮的设计应该遵循系统的操作规则。比如：苹果系统的确认视窗中“取消”按钮是摆放在左侧，“提交”按钮在右侧，所以 APP 的开发者就应该保持这一原则，使用户快速掌握软件的使用要领。

2. 设计内容的可理解性

UI 图标、UI 界面的设计应当简捷通俗、易于理解,用户可以通过对图标的操作,理解其对应的功能,提升软件的使用率。

3. 视觉清晰性

UI 设计元素虽然小,但必须保证清晰,文字、轮廓等都要求清晰可辨,不影响识别,保证内容准确、易于识别。

4. 色彩统一性

色彩是 UI 的重要元素之一,各种颜色都蕴含着不同的情绪,在设计过程中色彩的选择应当以表现主题作为切入点,整体风格保持一致。主体色彩和配色一旦选定,整个软件及网站都应该统一使用这套配色。

生活当中有些客户属于色彩识别有障碍的,所以在设计中还要注意色彩的纯度、对比度、图形变化方面的处理,尽量保证这部分人群能够区分界面中的元素。

5. 简单实用原则

总有人认为 UI 的样子越漂亮越好,所以一些初学者总是想尽办法让自己的设计花样繁多,这其实违背了好的 UI 设计原则,那就是:简单实用。用简洁的手法表达出目的性,引导使用者去体验就是最好的设计。

7.2 ICON 图标制作

7.2.1 扁平化日历 APP 图标制作

1. 设置颜色

扁平化设计是一种极简主义的艺术设计风格,通过简单的字体、图形和颜色的组合,达到直观、简洁的设计目的。扁平化设计风格近几年非常流行,在手持电子设备、书籍设计、广告设计中最为常见。

扁平化设计除了简洁的造型外,其颜色使用也趋于简洁化,通常是选择对比色、类似色、互补色的选择理念,色彩也多选用单纯的色彩,常利用白色、黑色的描边处理修饰、调节画面的造型与色彩,创造干净、利落、素雅的视觉效果。

本例图标以绿色(R:38/G:176/B:151)、蓝色(R:62/G:97/B:133)为主体色彩,背景则采用水红色(R:255/G:120/B:120),并以白色的宽描边间隔背景色与 ICON 的主体色,使造型轮廓更加清晰、色彩更为协调。颜色设置参看图 7-1。

图 7-1 设置颜色

设置画布尺寸为400×300（px），分辨率为72像素/英寸，将选择好的图标背景色（水红色）填充背景，如图7-2所示。

2．绘制图标

选择工具面板中的圆角矩形工具，在“辅助工具栏”上设置为“形状”类型，调整圆角半径为15像素，设置前景色为绿色（R：38/G：176/B：151），按Shift键并拖拽鼠标绘制一个正的圆角矩形，如图7-3所示，此时图层面板新增一个“圆角矩形1”的形状图层。

图7-2　设置背景

图7-3　绘制圆角矩形

圆角矩形的绿色与背景红色是对比色，并置在一起时会有炫目的感觉，所以采用白色描边作为间色将会增强画面的对比及协调。

将“圆角矩形1”作为当前工作层，单击图层面板下方的（添加图层样式）按钮，添加“描边”图层样式，参考图7-4（a）设置描边参数，获得如图7-4（b）所示的描边效果。

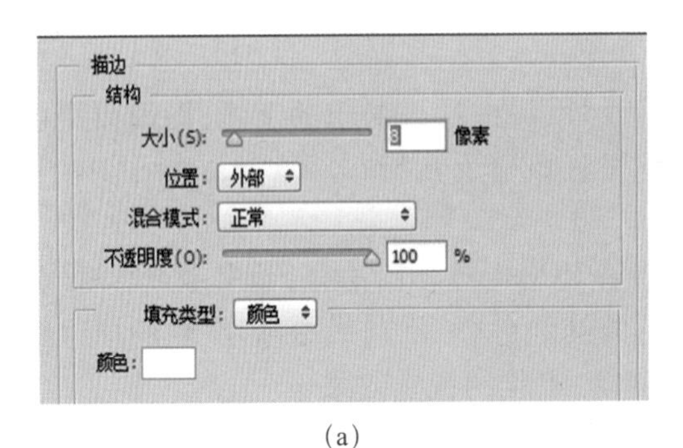

（a）

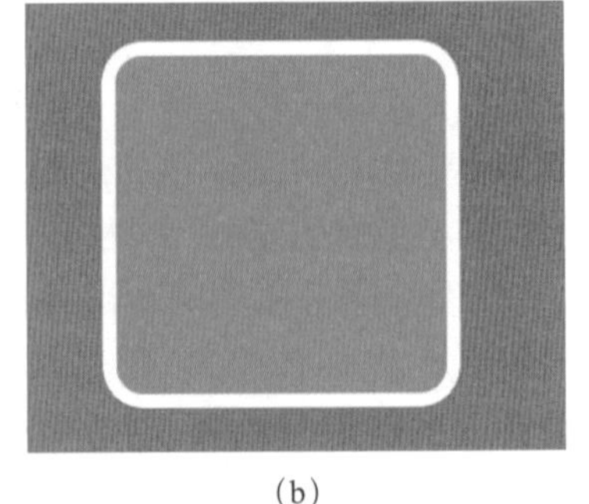

（b）

图7-4　描边参数的设置及效果

3．空间表现

继续为“圆角矩形1”添加“内阴影”图层样式，参数设置参考图7-5，阴影的不透明度要低于50%，以获得柔和的阴影效果，投影不使用全局光，投射角度为90°，这个角度最适合电子产品的图标设计，视觉效果比较舒适。

接下来制作形状外的长阴影。抓取“圆角矩形1”到图层下方的新建按钮上，生成一个“圆角矩形1拷贝1”图层。拾取处于底层的“圆角矩形1”图层并双击，设置描边颜色为纯黑，填充颜色为纯黑，然后右击并从弹出菜单中选择“栅格化图层样式”命令，即获得如图7-6所示效果的黑色圆角矩形。

将该图层的“填充”参数设置为5%,图层上的圆角矩形呈现几近透明的效果,如图7-7所示。

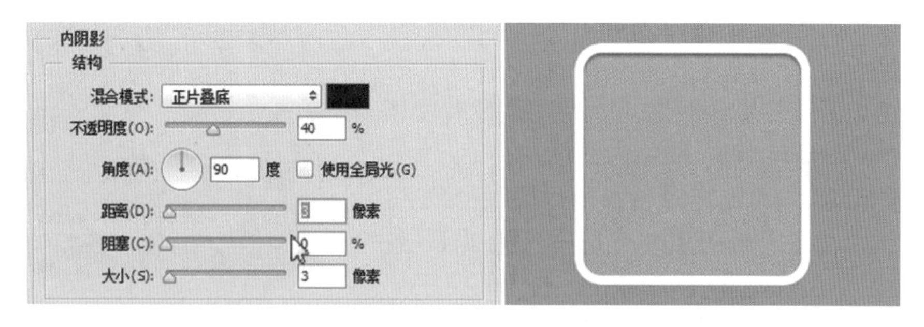

图 7-5 设置内阴影参数及效果

图 7-6 栅格化图层样式后的状态

图 7-7 设置图层填充为5%

将透明圆角矩形层作为当前工作层,选择工具面板中的移动工具,同时按快捷键Alt+↓(方向键),复制图层并向下移动1像素,完成20个复制图层后停止操作,获得如图7-8所示效果。

保持圆角矩形1所有的复制图层可见,关闭除此之外的所有图层,按Alt+Shift+Ctrl+E(压印图层)将可见层压印并生成新图层,在新图层上执行“滤镜”/“模糊”/“动感模糊”命令,设置角度为90°、距离为20。

调整新图层的“填充”值为30%,关闭所有的压印原始层,并使背景层、绿色圆角矩形层可见,效果如图7-9所示,长阴影效果制作完成。

图 7-8 复制并位移多个图层

图 7-9 长阴影效果

4. 细节补充

新建图层，选择工具面板中的文字工具T，输入数字 30，字号为 90，字体为 Times New Roman bold，颜色为白色。

新建文字层并输入英文 Jun，字号为 24，字体为 Times New Roman bold，颜色为白色。

按 Ctrl 键，同时选择绿色圆角矩形层和数字层，单击“辅助工具栏”中的（水平居中）、（垂直居中）按钮，两个图层完成了中心对齐。将 Jun 文字放置在数字的左上角位置，效果参看图 7-10。

图 7-10 文字的位置

5. 添加翻板光影效果

日历翻板从圆角矩形的水平中线分成上、下两部分，上半部分有渐变过渡的光影效果。选择“圆角矩形”工具，在“辅助工具栏”设置为“形状”，设置圆角半径为 15 像素，任何颜色都可以，本例设为紫色。紧贴绿色圆角矩形白色描边的内侧，绘制新的圆角矩形，并设置该形状的“属性”。单击下方圆角参数位置的（将角半径值链接到一起）按钮解锁，分别设置左下、右下角半径为 0，效果参看图 7-11。

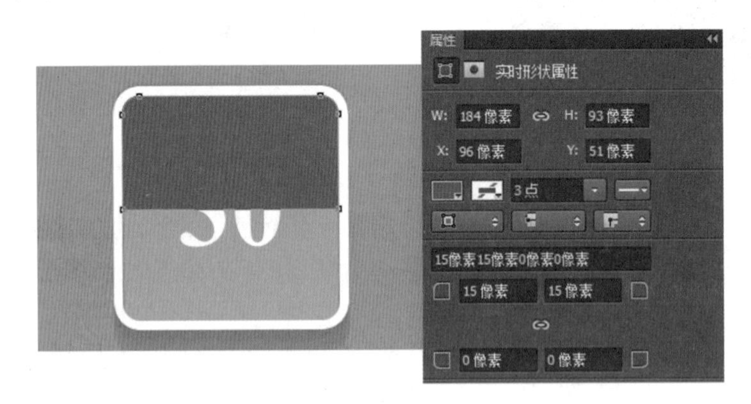

图 7-11 设置不同的角半径

将紫色圆角矩形图层的“填充”设置为 0，并添加“渐变叠加”图层样式，“渐变”/“样式”为“线性”，渐变色彩为黑—白，“混合模式”为“正片叠底”，“角度”为 90°，设置“不透明度”为 20%，其他参数保持默认值，如图 7-12 所示。

图 7-12 渐变叠加参数的设置

光影叠加效果制作完成，如图 7-13 所示。

图 7-13　扁平化日历 ICON

7.2.2　金属质感齿轮图标制作

UI 设计中精致的金属质感制作方法很多，本例将采用渐变调整完成有彩色金属效果的齿轮图标。

1．绘制齿轮形状

新建 600×600（px）文档，背景为白色。按快捷键 Ctrl+R 调出标尺，拖出水平、垂直两条辅助线交于画布中心。

以辅助线交点为圆心绘制正圆形状。再绘制一个矩形，配合 Ctrl+T 快捷键调整形状为倒梯形，并将梯形放置到圆形的轮廓上。调整梯形的中心点至辅助线交点上(圆心)，如图 7-14 和图 7-15 所示。

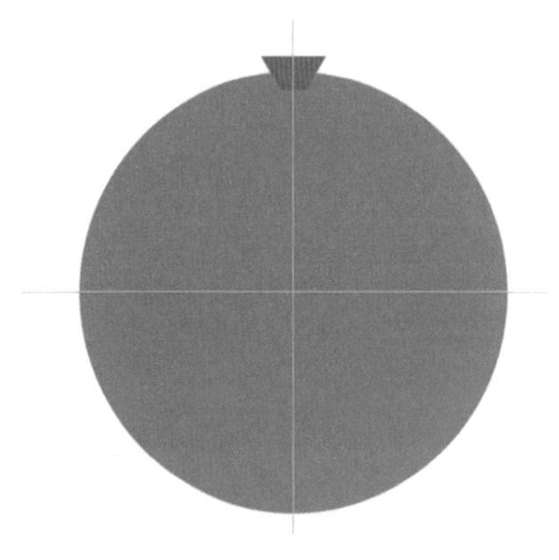

图 7-14　绘制圆形、梯形

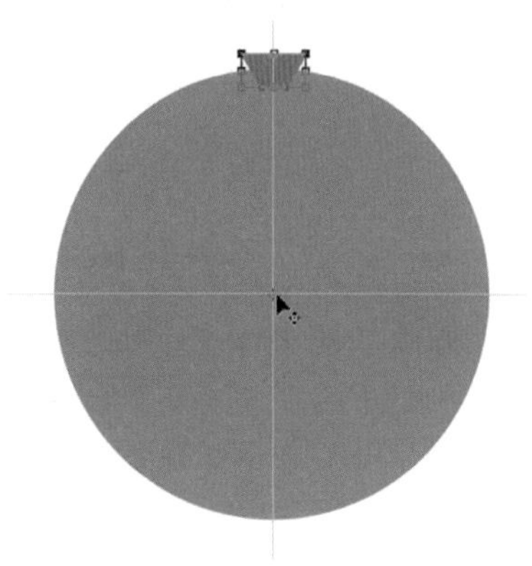

图 7-15　调整梯形中心点位置

按 Shift 键约束为 30°，逆时针旋转梯形，释放梯形的选择。再按快捷键 Alt+Shift+Ctrl+T（旋转并复制）11 次，使梯形以 30°角均匀分布在圆周上，如图 7-16 所示。

合并所有的梯形形状层，按 Ctrl 键拾取梯形层选区，按 Shift+Ctrl+I 键反选选区，关闭此图层。

将正圆形状层作为当前工作层，按图层面板下方的■（蒙版）按钮将选区作为蒙版，可见圆形形状边缘呈齿轮形状，如图 7-17 所示。

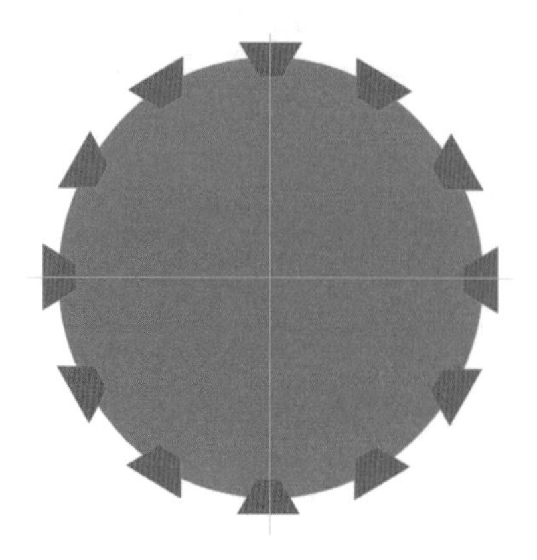

图 7-16　复制倒梯形

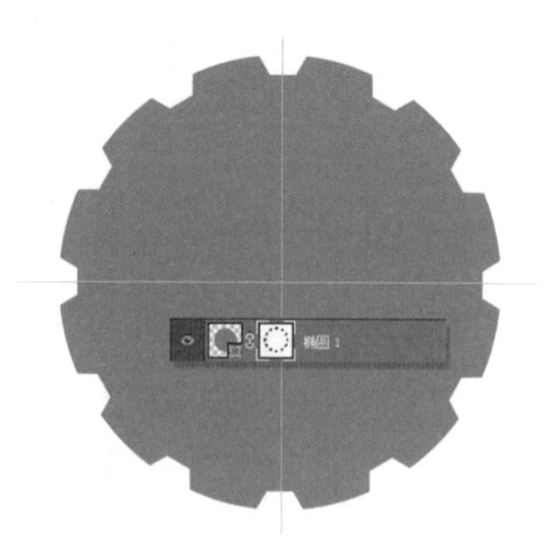

图 7-17　齿轮造型

选取齿轮形状，重新修改填充色彩，设置 H 和 S 参数为 0，B 为 60。并添加“渐变叠加”图层样式，渐变颜色及叠加效果参看图 7-18。

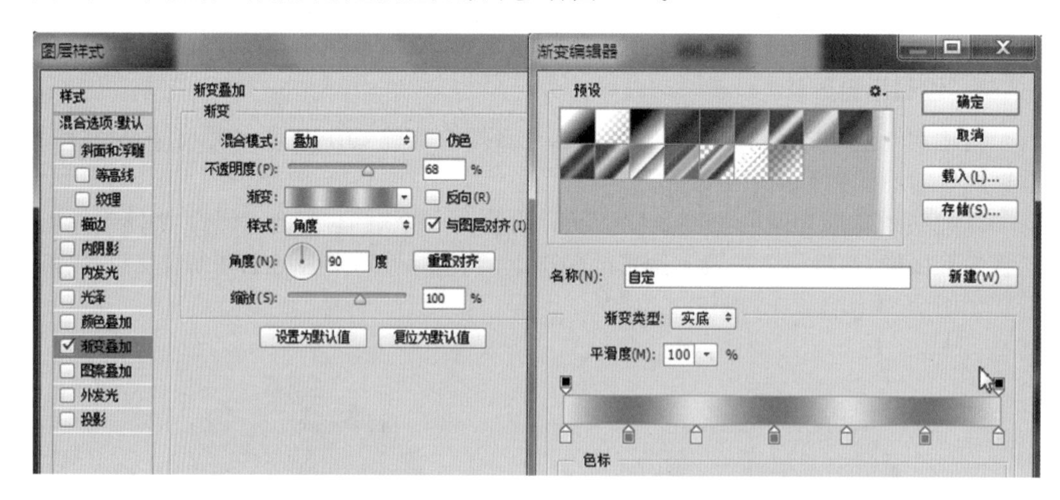

图 7-18　渐变参数的设置

注意：渐变颜色编辑应保证色彩的首、尾一致，这样才会生成无缝的锥形渐变效果，如图 7-19 所示。

2．齿轮盘凹陷效果的制作

继续绘制正圆形，并填充灰色，将其与齿轮造型中心对齐，设置图层合成模式为“叠加”。添加图层样式“内阴影”“内发光”，详细参数参考图 7-20。

内发光的颜色设为白色，且不透明，“大小”值将决定凹陷边的厚度（如图 7-21），所以这里可以根据需求设置参数。

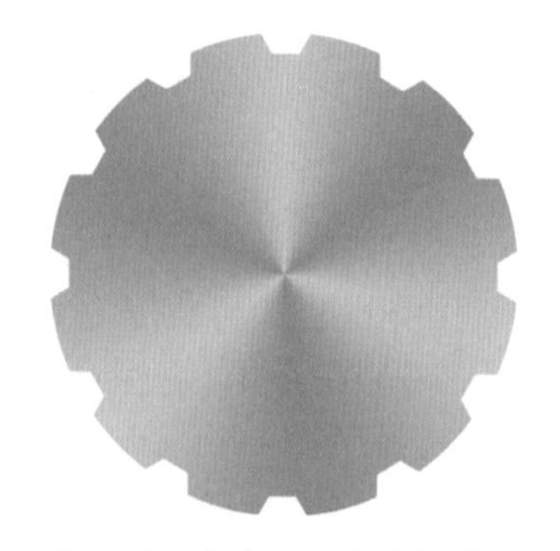

图 7-19　渐变叠加后齿轮效果

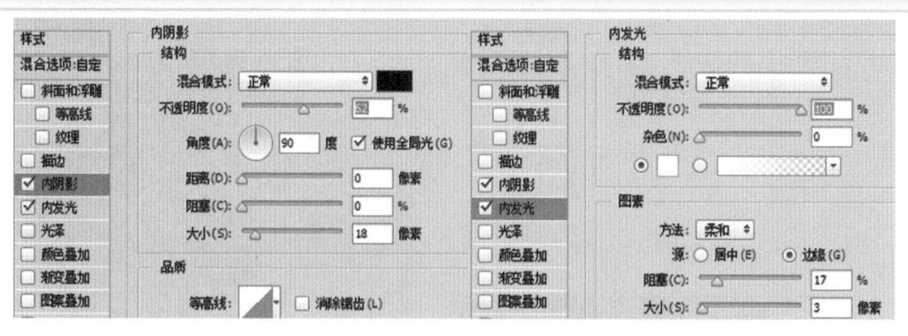

图 7-20　内阴影、内发光参数的设置

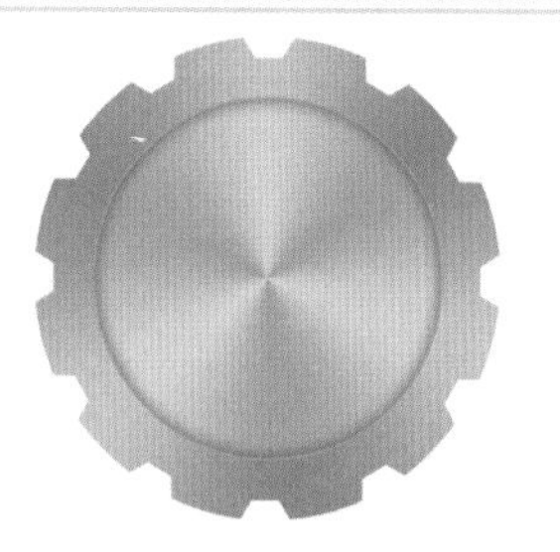

图 7-21　凹陷效果

3. 中心轴上的高亮金属部件

绘制圆形形状，并与齿轮盘中心对齐，添加描边、阴影、渐变叠加三种图层样式（具体参数参看图 7-22 所示），将该层的图层合成模式设置为“颜色加深”，齿轮中心出现一个高亮的金属部件，如图 7-23 所示。

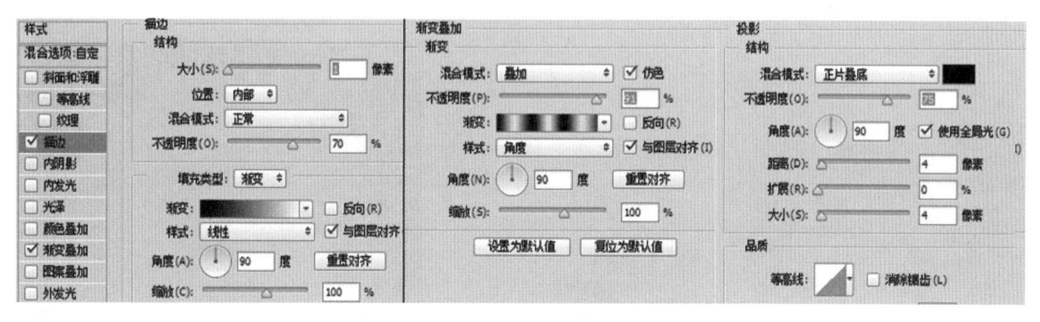

图 7-22　图层样式参数的设置

图 7-23　高亮金属部件

4. 金属部件细节的刻画

拾取金属部件使其处于选择状态，展开圆盘形状属性面板，单击“蒙版”按钮，将“辅助工具栏”中“减去顶层形状”选项勾选，在圆盘上绘制一个小小的正圆，此时光标右下角会出现一个“－”号，圆盘被剪除一个小圆洞，参看图 7-24 所示的效果。

接着绘制同心圆和缺口处的小圆点，并作凹陷处理，如图 7-25 所示。

图 7-24　剪除图形的操作

图 7-25　圆盘细节的刻画

将齿轮的所有图形压印处理，然后关闭原始的齿轮层。为压印层添加“渐变叠加”图层样式，参数设置参考图7-26，则一个有色的金属齿轮制作完成，效果参看图7-27。

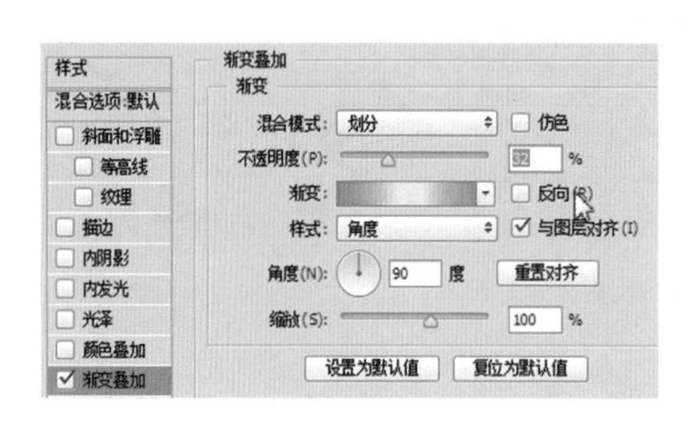

图 7-26　添加渐变色参数的设置

图 7-27　有色金属齿轮完成后的效果

7.3　音乐播放器的制作

下面制作简约风格的音乐播放器。

1. 播放器容器的绘制

利用圆角矩形工具绘制一个长宽比为16:9的形状，设置图层“填充”值为0。添加“渐变叠加”图层样式，渐变颜色为从#F9F9FA(顶部)到#EFEFEF(底部)，“角度”为90，混合模式为“变亮”。继续添加“内阴影”图层样式，添加2像素距离的白色阴影，角度为90，效果如图7-28所示。

为播放器容器继续添加“阴影”“描边”图层样式，参数设置如图7-29所示，效果如图7-30所示。

2. 划分按钮栏

按快捷键Ctrl+J复制容器图层，选择工具面板中的矩形工具，配合Alt和Shift键在容器图形下方绘制长矩形，效果如图7-31所示。

图 7-28　制作音乐播放器容器

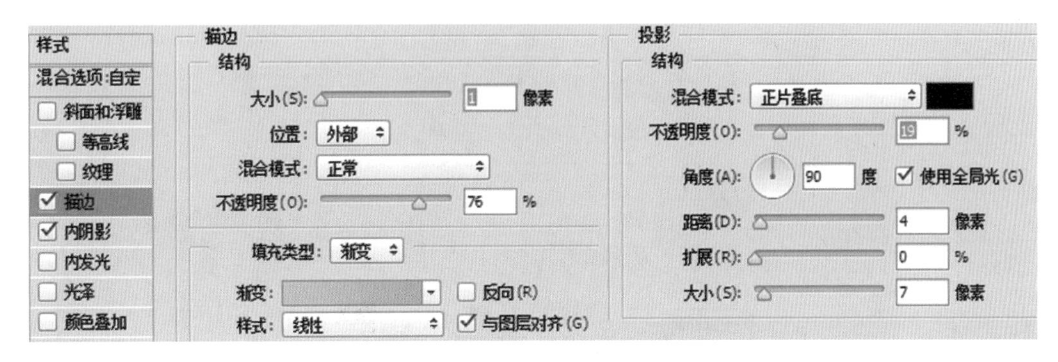

图 7-29　阴影及描边的参数设置

图 7-30　添加阴影及描边后的效果

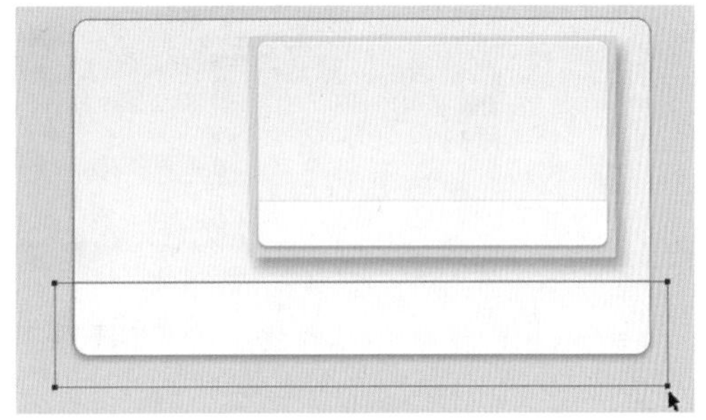

图 7-31　绘制按钮栏

设置划线工具的宽度为 1 像素，拾取长矩形并按下 Alt 键，在按钮栏区域垂直方向绘制线条，使按钮栏划分为三栏，效果如图 7-32 所示。

3. 绘制图标

选择形状中的多边形工具，设置边数为 3，按 Shift 键绘制一个正三角形，调整角度使其成为播放状态。

为三角形添加“内阴影”图层样式，设置内阴影角度为 120，距离为 3。效果参看图 7-33。

用制作播放按钮的方法绘制快进、后退按钮，并选择播放按钮图层，复制该层的图层样式，粘贴到播放、后退按钮图层上，获得图 7-34 所示效果。

4．播放进度条的制作

这里进度条采用圆角矩形来完成。绘制圆角为15像素的圆角矩形，颜色设置稍微比背景要深一些，添加角度为90的内阴影和1个像素的白色描边。效果参看图7-35。

图 7-32　按钮区分栏

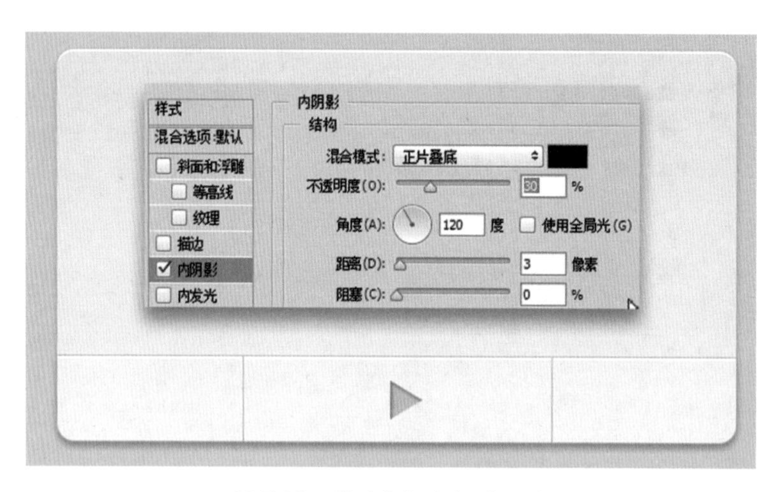

图 7-33　播放按钮参数的设置

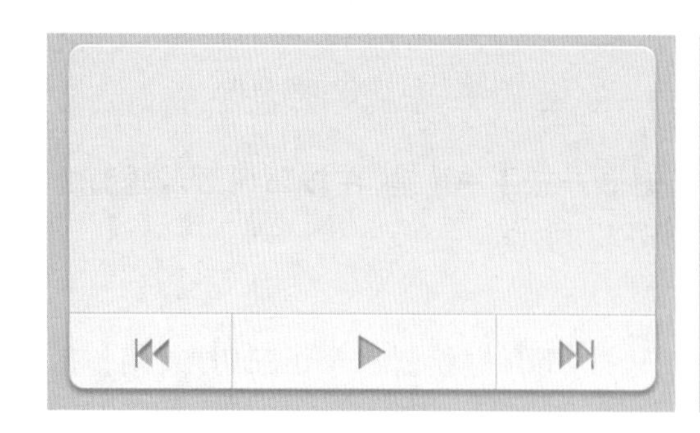

图 7-34　添加快进、后退按钮

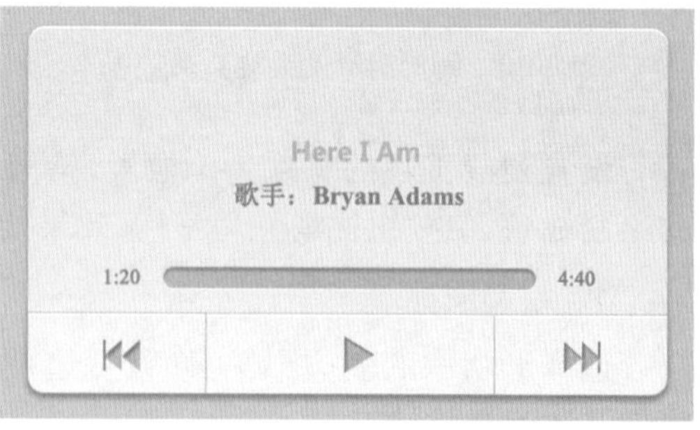

图 7-35　进度条背景添加

进度条依然采用圆角矩形，圆角参数保持与上一次相同即可。圆角矩形的颜色为透明度是70%的白色，添加白色内阴影，“混合模式”为“正常”，角度为90，距离为7，大小为4。效果参看图7-36。

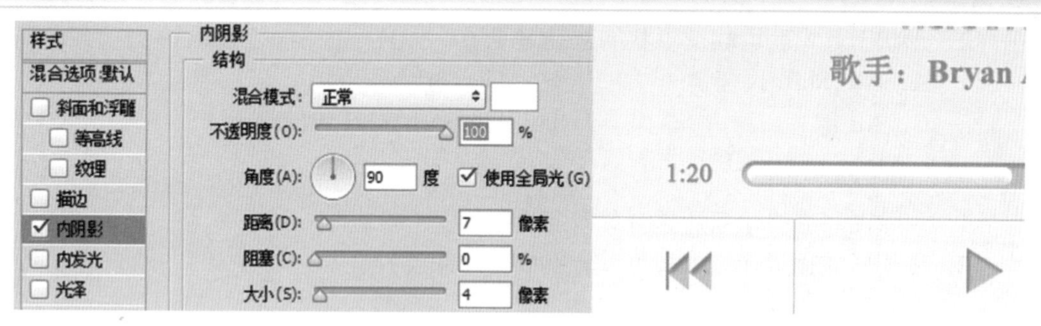

图 7-36　进度条参数及效果

本例中进度滑块以圆形作为基础，添加描边和内阴影效果。制作方法在前面操作中都有体现，此处不再赘述，可参考图 7-37 效果进行设置。

图 7-37　音乐播放器最终效果

7.4　小　　结

本章重点讲解 UI 设计中常用的方法，尤其是形状的应用弥补了 Photoshop 软件在矢量绘图方面的缺陷。UI 设计中，图标、背景等常会因为方案的修改而随时调整，采用形状图层的方法绘制就方便多了，既可以重新调整造型，又可以调整颜色；通过形状的相加、相减、相交方式更是令造型丰富多彩，恰当的应用图层样式、图层合成模式同样也可以创造有空间、有深度的 UI 界面，所以可以深入挖掘形状工具的优势，为 UI 设计服务。

7.5　习　　题

一、选择题

1．默认情况下，用户在使用形状工具绘制形状时，形状图层的内容均以(　　)填充。

A．当前背景色　　B．当前前景色　　C．透明区域　　D．自定义图案

2．形状工具中获取相交形状的快捷键是（　　）。

A．Alt+Shift 快捷键　　B．Alt+Ctrl 快捷键

C．Alt 键　　D．Alt+Shift+Ctrl 快捷键

二、问答题

1．形状图层栅格化后还具有矢量属性吗?

2．图层样式通过什么方式可以转换成普通图层?

第8章　综合实战——合成效果的处理

学习目标

1. 能够利用图像合成技术、特效技术、色彩调节等完成平面设计任务。
2. 结合设计构思和图形图像处理手段，完成室内外装饰设计、数码影像处理等任务。

知识点

图层蒙版、通道、图层样式等技术的综合应用。

8.1　广告效果的处理

平面设计是 Photoshop 应用最为广泛的领域，无论是正在阅读的图书封面，还是大街上看到的招贴、海报，这些具有丰富图像的平面印刷品，基本上都需要 Photoshop 软件对图像进行处理。

8.1.1　商业广告：哆啦 A 梦

1. 创建新文件

执行菜单栏中的"文件"/"新建"命令，如图 8-1 所示。再新建图层，命名为"背景色"，填充白色，如图 8-2 所示。

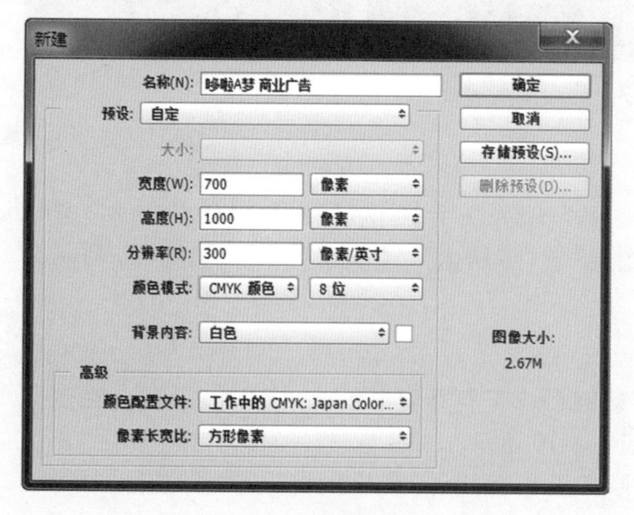

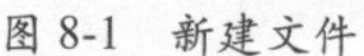
图 8-1　新建文件

图 8-2　新建图层

选择菜单栏中的"图层"/"图层样式"/"混合选项"命令，如图 8-3 所示。在图层样式面板中勾选"渐变叠加"图层样式并进行参数设置，如图 8-4 所示。

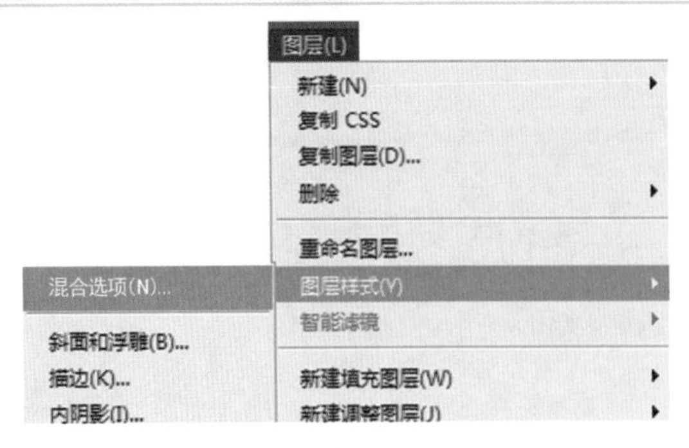

图 8-3 “混合选项”命令

图 8-4 图层样式参数的设置

2. 放置素材

分别将素材“哆啦 A 梦”“康夫”“静香”拖进图层中,放置在合适的位置并对图层命名,如图 8-5 所示。

图 8-5 拖入素材

3. 主标题

选择工具栏中的“横版文字工具”,输入文字“伴我同行”,字体参数的设置如图 8-6 所示。执行菜单栏中的“图层”/“栅格化”/“文字”命令,如图 8-7 所示。整理图层并命名,如图 8-8 所示。

4. 文字变形

选择“伴我同行”图层,按快捷键 Ctrl+T 打开变形工具,如图 8-9 所示。在变换区域内右击,选择“变形”命令,如图 8-10 所示。

在属性栏中找到“变形”选项,如图 8-11 所示,单击后弹出子菜单,选择“扇形”选项来调整文字的形状,如图 8-12 和图 8-13 所示。

选择“扇形”,拖动“红色区域的方块”来调节扇形的弧度,如图 8-14 所示。

在扇形变形文字上右击,选择“自由变换”命令来调整文字整体的大小,如图 8-15 所示。

图 8-6　字体参数的设置

图 8-7　“文字”命令

图 8-8　图层命名

图 8-9　变形工具

图 8-10　“变形”命令

图 8-11 变形属性

图 8-13 扇形变形

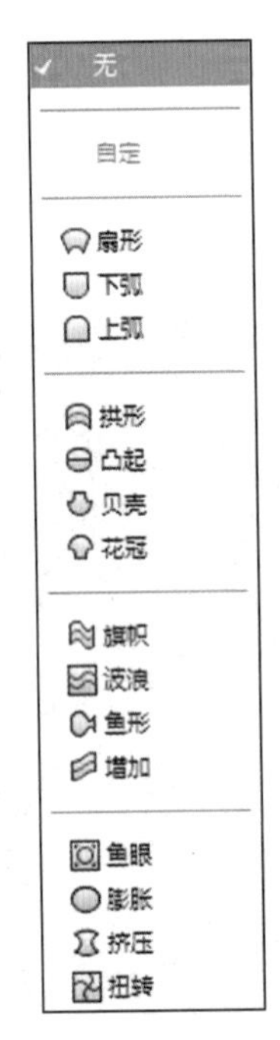

图 8-12 “变形”选项子菜单

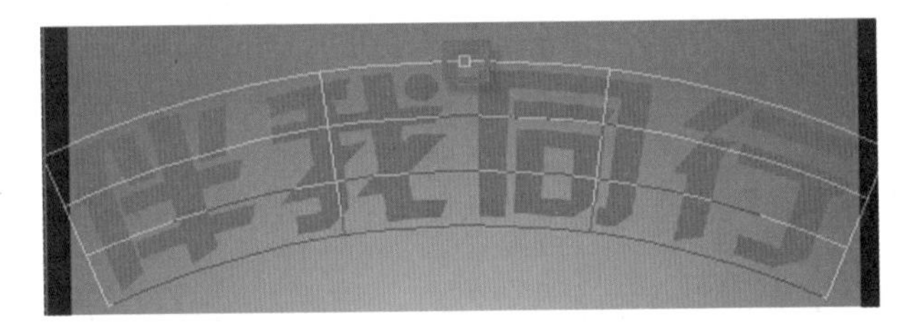

图 8-14 调整扇形的弧度

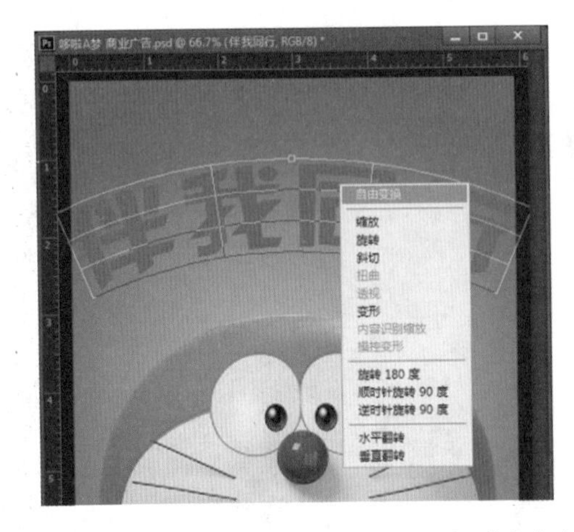

图 8-15 “自由变换”命令及效果

按 Enter 键结束变换，得到想要的效果，如图 8-16 所示。

5. 文字效果

选择工具栏中的“魔棒工具”，如图 8-17 所示。按住 Ctrl 键将鼠标移动到图层“伴我同行”上单击一次，如图 8-18 所示。

新建图层，执行菜单栏中的“编辑”/“描边”命令，如图 8-19 所示。参数设置如图 8-20 所示。字体描边效果如图 8-21 所示。

图 8-16　结束变换

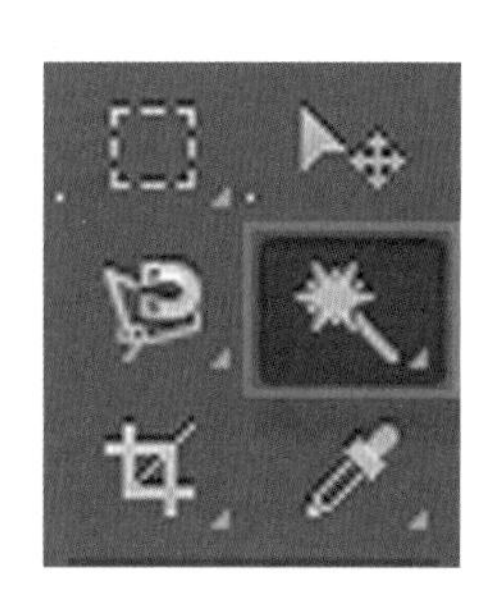

图 8-17　魔棒工具

图 8-18　文字选区

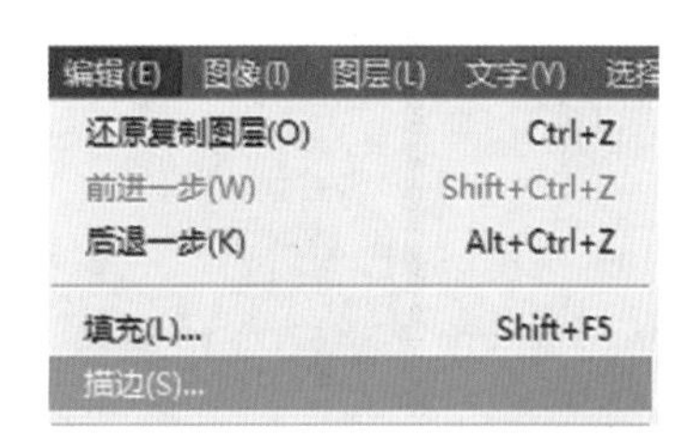

图 8-19　“描边”命令

图 8-20　描边参数的设置

图 8-21　字体描边效果

选择“伴我同行”图层，执行菜单栏中的“图层”/“图层样式”/“混合选项”命令，如图 8-22 所示。

在弹出的“图层样式”对话框中勾选“渐变叠加”，参数设置参考图 8-23。

单击“渐变叠加”选项区中的“渐变”选项，如图 8-24 所示，弹出“渐变编辑器”对话框，如图 8-25 所示。

单击色标，再单击进行颜色选取，将颜色更改为深蓝色（C 为 2，M 为 22，Y 为 12，K 为 0）到白色的渐变，步骤如图 8-26 ～图 8-31 所示。

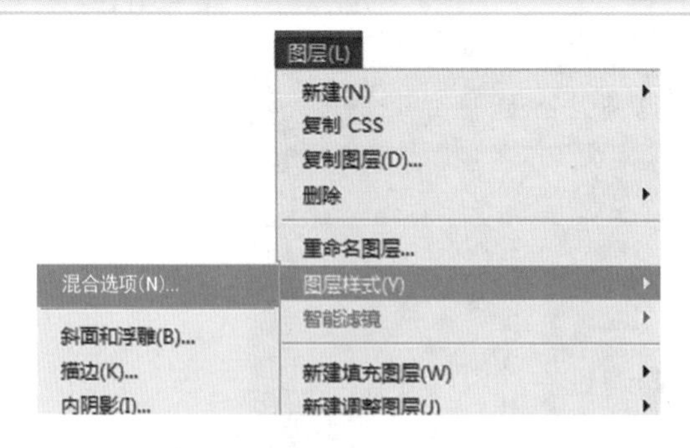

图 8-22 “混合选项”命令

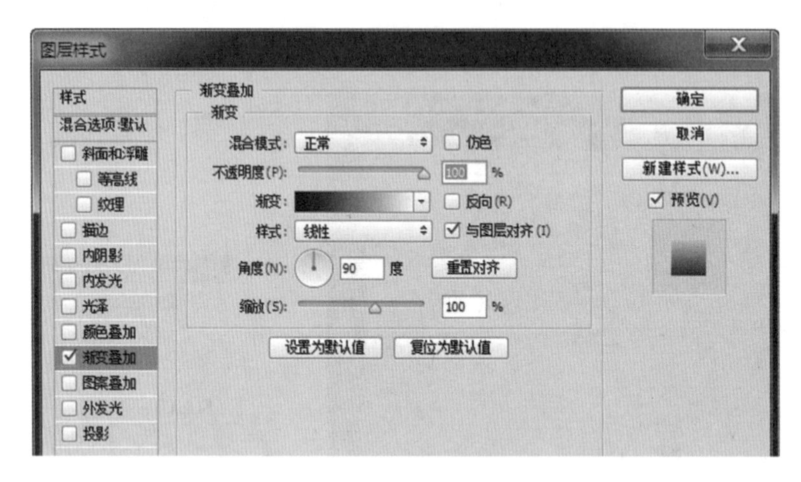

图 8-23 “渐变叠加”参数的设置

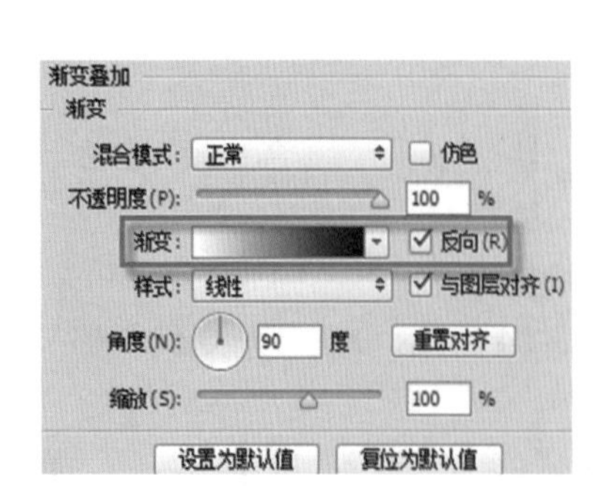

图 8-24 “渐变”选项

图 8-25 “渐变编辑器”对话框

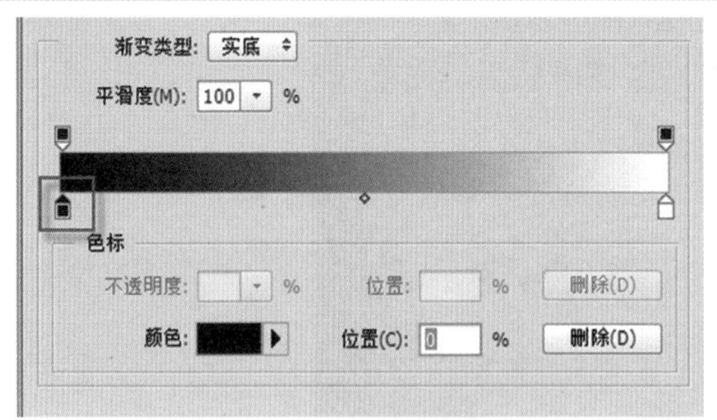

图 8-26　更改颜色第一步

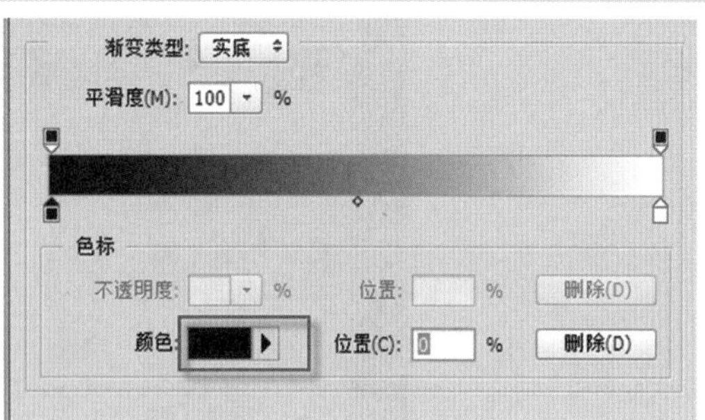

图 8-27　更改颜色第二步

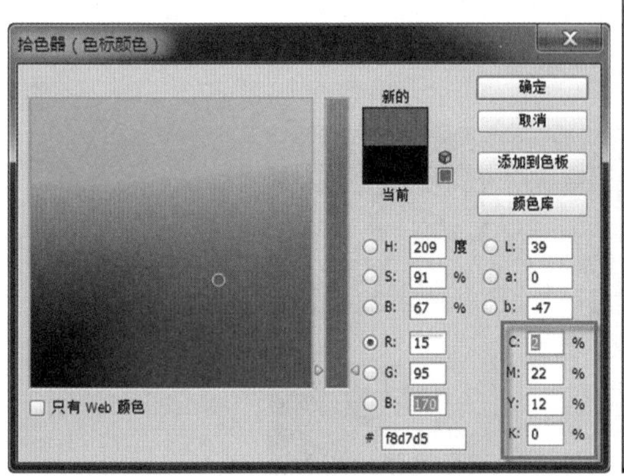

图 8-28　更改颜色第三步

图 8-29　更改颜色第四步

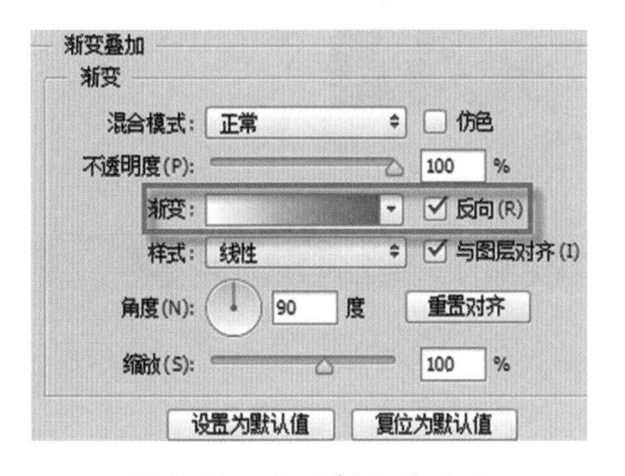

图 8-30　更改颜色第五步

图 8-31　字体效果

6．副标题

选择工具栏中的“横排文字工具”，输入文字“别了，哆啦 A 梦”，如图 8-32 所示。在属性栏选择字体为“Adobe 黑体 Std R”，字体大小为“11”，颜色为“深蓝色”，如图 8-33 所示。

选择工具栏中的“横排文字工具”，输入文字“6 月 5 日”，如图 8-34 所示。在属性栏中选择字体为“Adobe 黑体 Std R”，字体大小为“30”，颜色为“白色”，如图 8-35 所示。

图 8-32　横排文字

图 8-33　设置字体属性（1）

图 8-34　输入横排文字（1）

图 8-35　设置字体属性（2）

选择工具栏中的“横排文字工具”，输入文字“顶尖 CG 特效打造，史上首度 3D 现身”，如图 8-36 所示。在属性栏中选择字体为“Adobe 黑体 Std R”，字体大小为“14”，颜色为“白色”，如图 8-37 所示。

选中“顶尖 CG 特效打造，史上首度 3D 现身”字体图层，执行菜单栏中的“图层”/“图层样式”/“混合选项”命令，在打开的“图层样式”对话框中分别勾选“渐变叠加”和“投影”选项，参数设置如图 8-38 所示。

7. 完成效果

最后进行细节调整，达到最终效果，如图 8-39 所示。

图 8-36　输入横排文字（2）

图 8-37　设置字体属性（3）

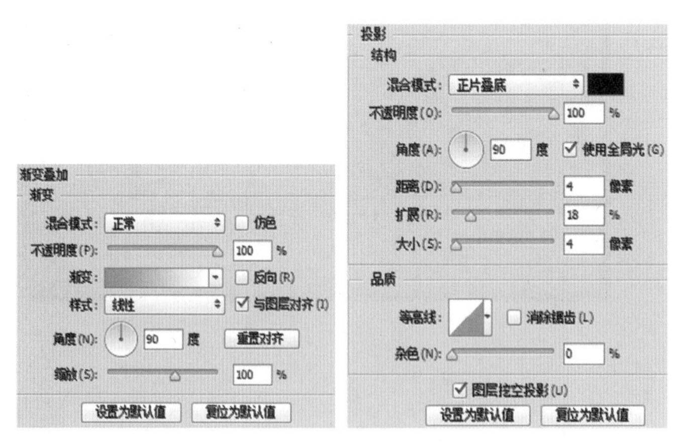

图 8-38　设置渐变叠加和投影参数

图 8-39　商业广告的完成效果

8.1.2　DM 广告

下面制作 DM 广告——珠宝品牌的 DM 手册。

1. 新建文件

执行菜单栏中的“文件”/“新建”命令，名称命名为“珠宝品牌 DM 手册”，如图 8-40 所示。

2. 新建图层

新建图层并命名为“底色”，如图 8-41 所示。填充颜色，颜色数值设置如下：C 为 1、M 为 15、Y 为 8、K 为 0，如图 8-42 所示。

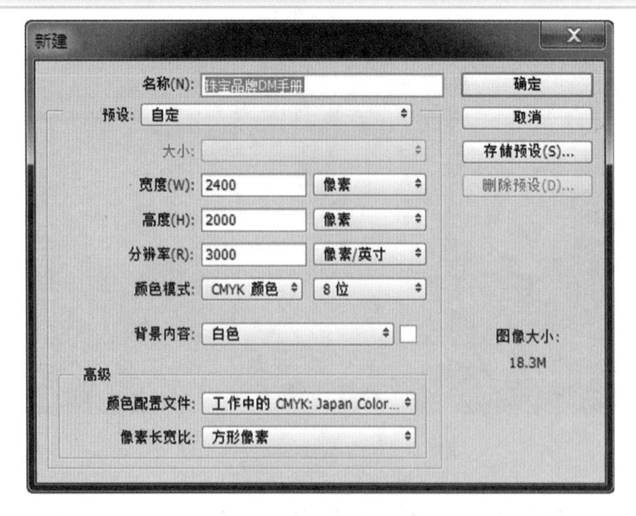

图 8-40 “新建”对话框

图 8-41 新建图层

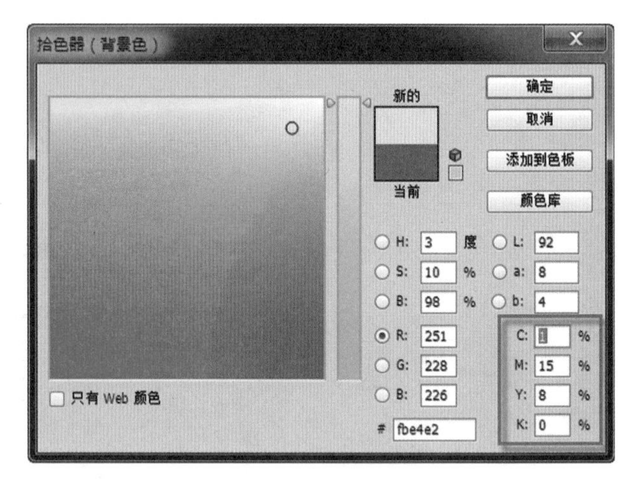

图 8-42 填充颜色

3. DM 手册背景的制作

选择工具栏中的“矩形选框工具”，如图 8-43 所示。在底色图层上创建选区，如图 8-44 所示。

右击在弹出对话框中执行“选择反向”命令，如图 8-45 所示。按 Delete 键进行删除操作，如图 8-46 所示。

新建图层并命名为“分割线”，如图 8-47 所示。选择工具栏中的“矩形选框工具”，如图 8-48 所示。在“分割线”图层上创建选区，如图 8-49 所示。按快捷键 Ctrl+Delete 填充颜色，如图 8-50 所示。

4. “丝带”元素的制作

新建图层并命名为“丝带 1”，如图 8-51 所示。选择工具栏中的“矩形选框工具”，如图 8-52 所示。

将颜色色值设置如下：C 为 2、M 为 22、Y 为 12、K 为 0，如图 8-53 所示。按快捷键 Ctrl+Delete 填充颜色，如图 8-54 所示。

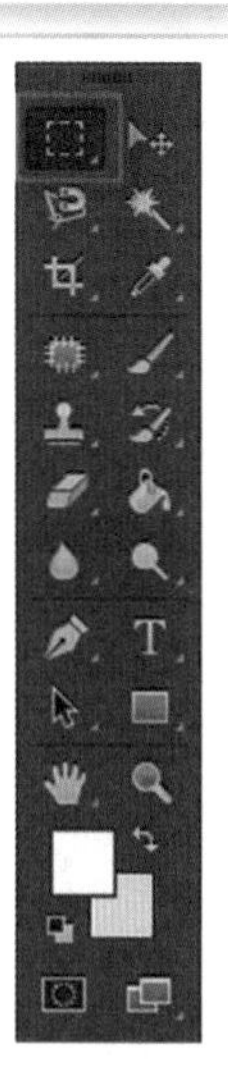

图 8-43　矩形选框工具

图 8-44　创建选区

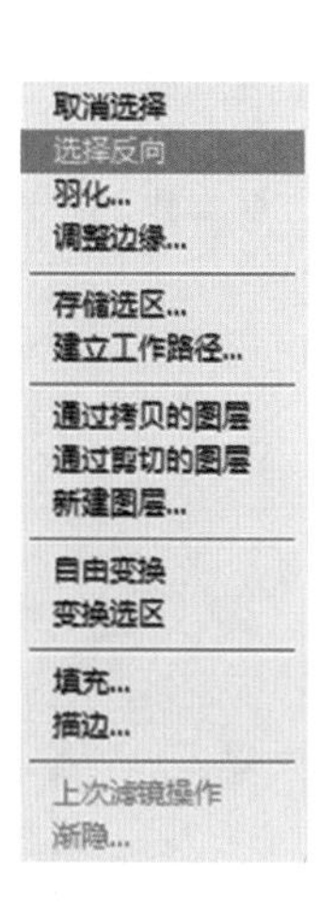

图 8-45　“选择反向”命令

图 8-46　删除选区

图 8-47　新建“分割线”图层

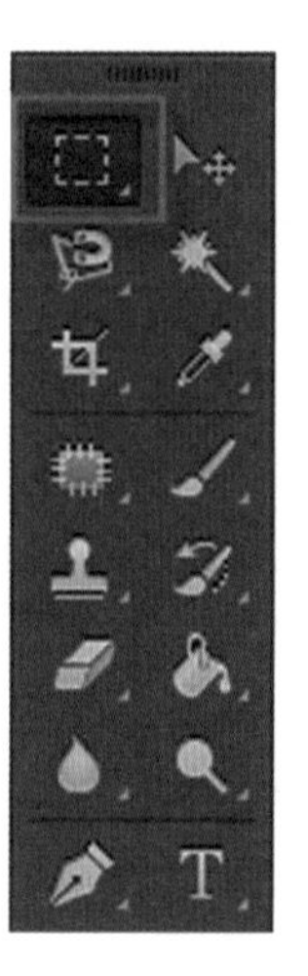

图 8-48　选择矩形选框工具

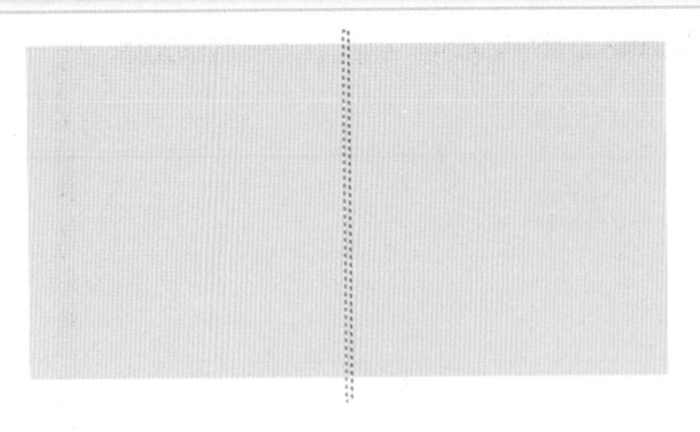

图 8-49 创建选区

图 8-50 填充颜色

图 8-51 新建“丝带 1”图层

图 8-52 应用矩形选框工具

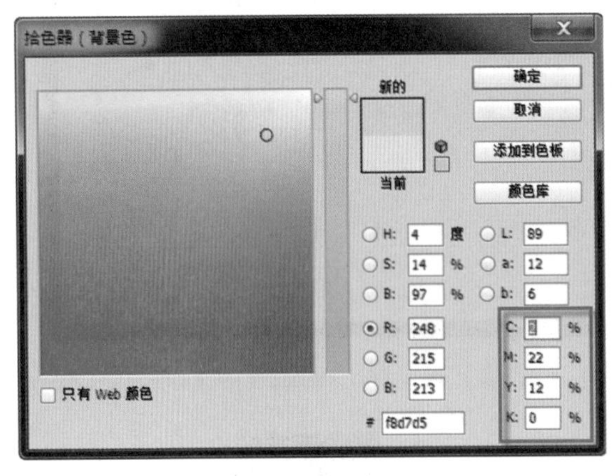

图 8-53 设置颜色数值

图 8-54 填充颜色

选择“丝带 1”图层，按快捷键 Ctrl+T 打开变形工具，如图 8-55 所示。在变换区域内右击，选择“变形”命令，如图 8-56 所示。在属性栏中找到“变形”选项并单击，如图 8-57 所示，选择“挤压”选项，如图 8-58 所示。用鼠标拖动“红色区域的方块”来调节挤压的方向，如图 8-59 和图 8-60 所示。调整完毕按 Enter 键结束调整。

选择工具栏中的“矩形选框工具”命令，将溢出的部分删除，如图 8-61 和图 8-62 所示。

5．文字的编辑

选择工具栏中的“横排文字工具”，输入文字 jewelry 14k gold，如图 8-63 所示。属性栏中的参数如图 8-64 所示。设置字体颜色的参数如图 8-65 所示。

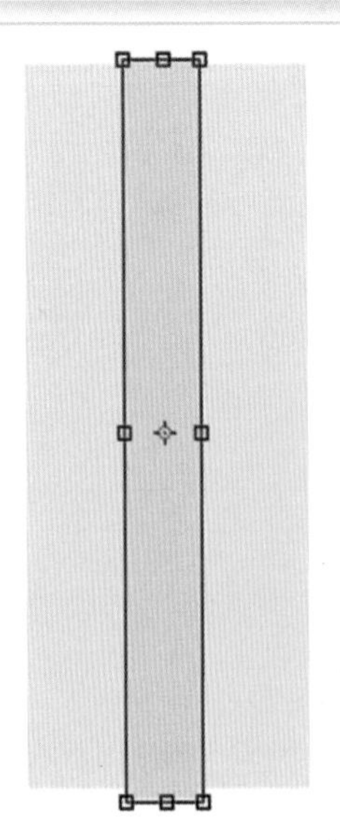

图 8-55　应用变换操作

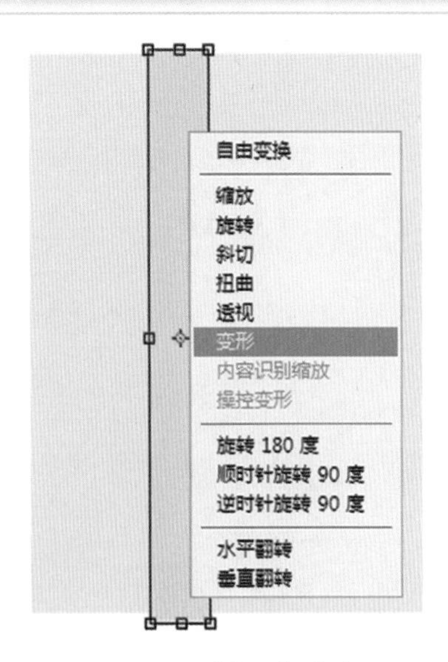

图 8-56　“变形”命令

变形: 自定 弯曲: 0.0 % H: 0.0 % V: 0.0 %

图 8-57　单击“变形”选项

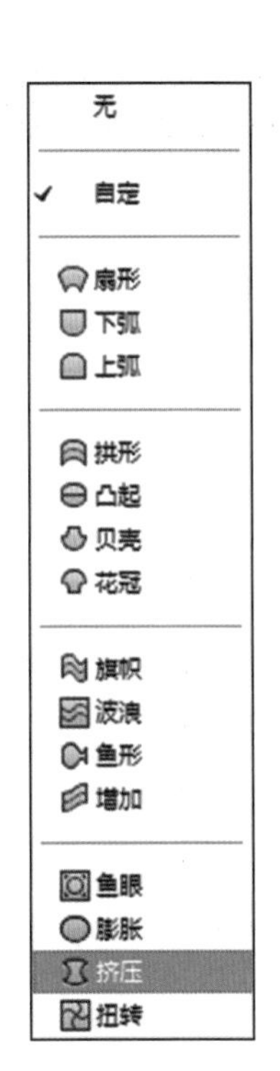

图 8-58　选择“挤压”变形效果

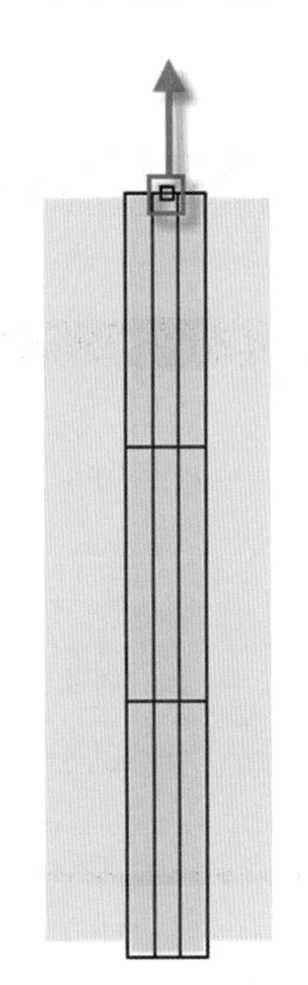

图 8-59　调整挤压（1）

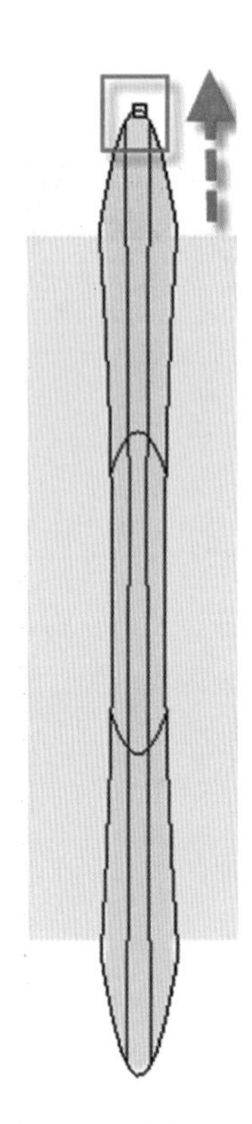

图 8-60　调整挤压（2）

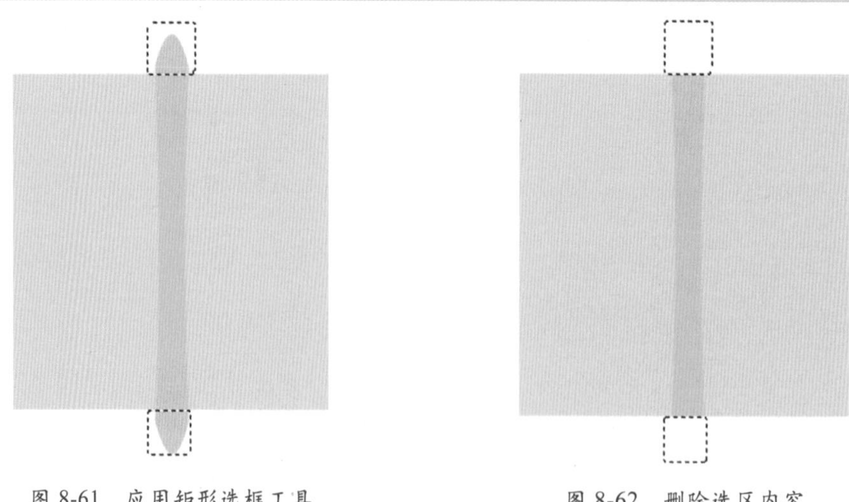

图 8-61　应用矩形选框工具　　　　图 8-62　删除选区内容

图 8-63　输入横排文字

图 8-64　字体属性的设置

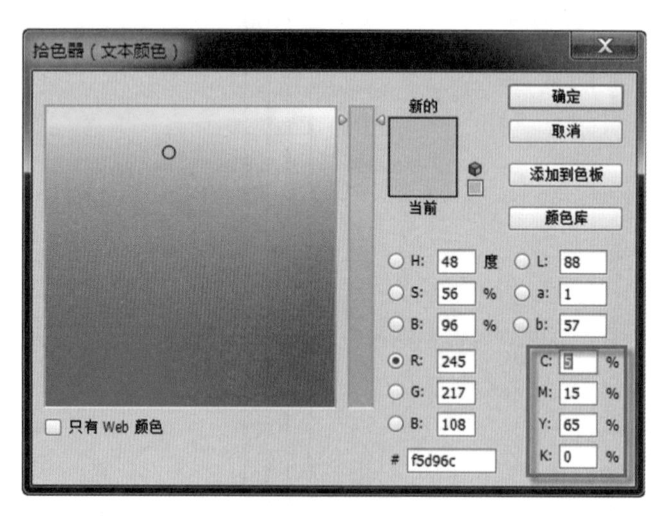

图 8-65　字体颜色的数值

6．文字背景图案的制作

新建图层“椭圆”，选择工具栏中的“圆形选框工具”命令，如图 8-66 所示。按快捷键 Ctrl+Delete 来填充颜色，如图 8-67 所示。

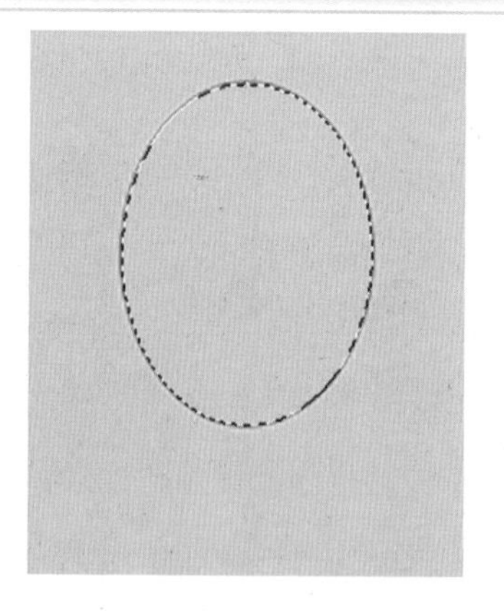

图 8-66　应用椭圆选框工具

图 8-67　填充背景色

新建图层“圆点”，选择“圆形选框工具”，如图 8-68 所示。按快捷键 Ctrl+Delete 来填充颜色。三次复制图层“圆点”，得到“圆点 1”“圆点 2”“圆点 3”图层，如图 8-69 所示。

图 8-68　绘制圆点图形

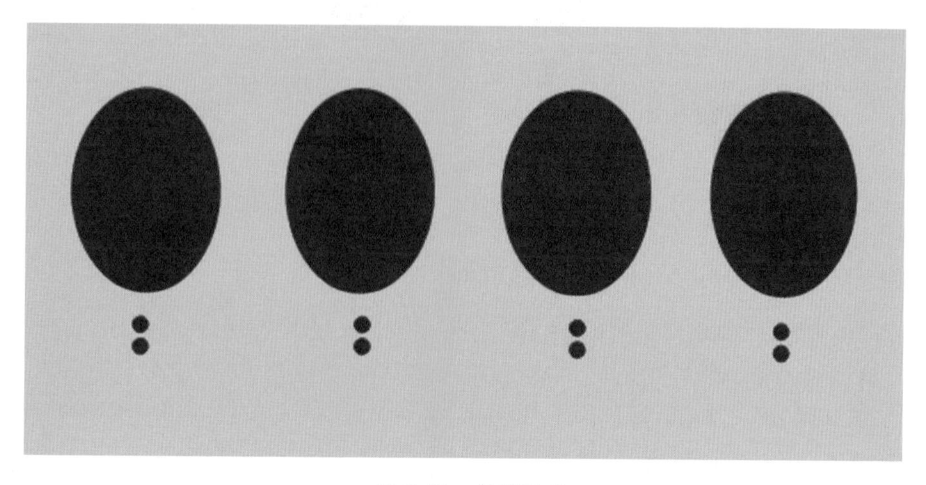

图 8-69　复制图层

选择“自定形状工具”，如图 8-70 和图 8-71 所示。在属性栏中单击“形状”，从打开的面板中依次选择 4 个自定义形状，并创建 4 个图形，如图 8-72 所示。

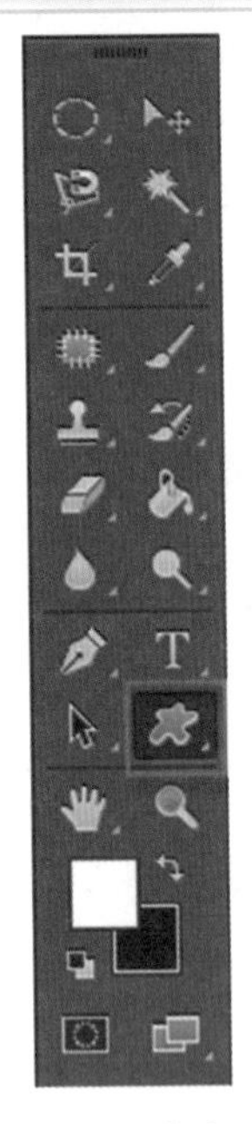

图 8-70 自定形状工具

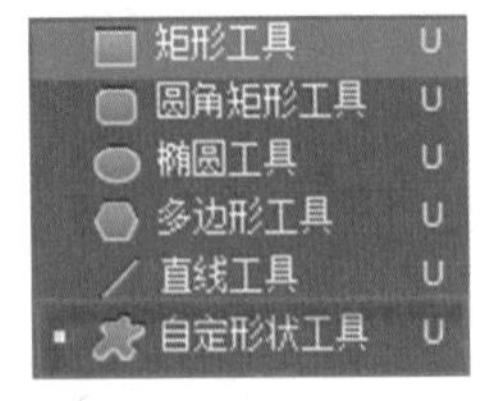

图 8-71 自定形状

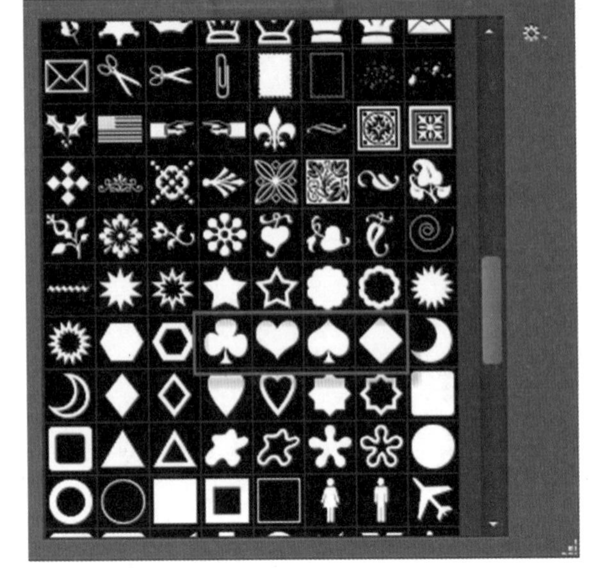

图 8-72 “形状”选项

7. 完成创建字体背景后的效果

字体背景创建完成后的效果如图 8-73 所示。

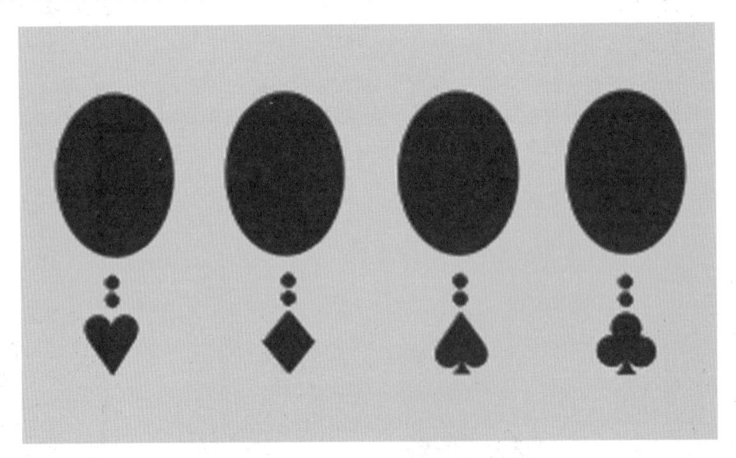

图 8-73 “字体背景”的制作效果

执行菜单栏“图层”/“图层编组”命令,并命名为“字体背景组”,如图 8-74 所示。将图层“圆点”“圆点 1”“圆点 2”“圆点 3”“形状心形”“形状方块”“形状桃心”“形状梅花”“字体背景”“字体背景 1”“字体背景 2”“字体背景 3”拖入“字体背景组”里,如图 8-75 所示。

在图层中选中“字体背景组”,如图 8-76 所示。右击并选择“复制组”命令,如图 8-77 所示。

在弹出的“复制组”对话框中单击“确认”按钮,如图 8-78 所示。

调整“字体背景组 拷贝”的位置,如图 8-79 所示。

图 8-74 “图层编组”命令

图 8-75 字体背景组

图 8-76 字体背景组

图 8-77 “复制组”命令

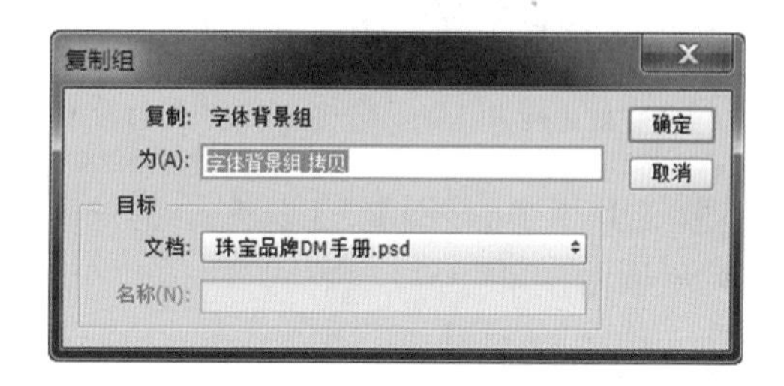

图 8-78 “复制组”对话框

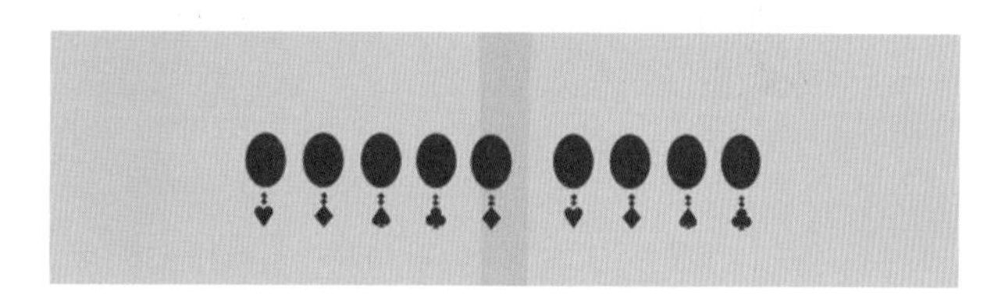

图 8-79 复制图层的效果

8. 主体文字的编辑

选择工具栏中的“横排文字工具”，输入文字 HAPPY GIRL，如图 8-80 所示。字体属性如图 8-81 所示。

图 8-80　应用横排文字工具

图 8-81　字体属性的设置

9．装饰花纹的制作

新建图层并命名为“花纹”，如图 8-82 所示。选择“椭圆选框工具”来绘制选区，如图 8-83 所示。按快捷键 Ctrl+Delete 来填充背景色，如图 8-84 所示。

图 8-82　新建图层

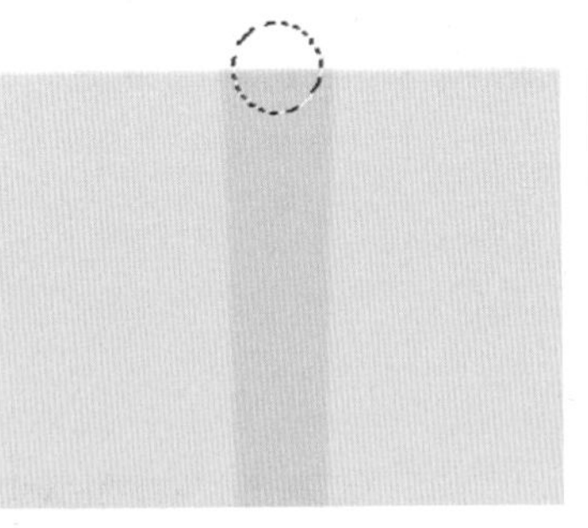

图 8-83　应用椭圆选框工具

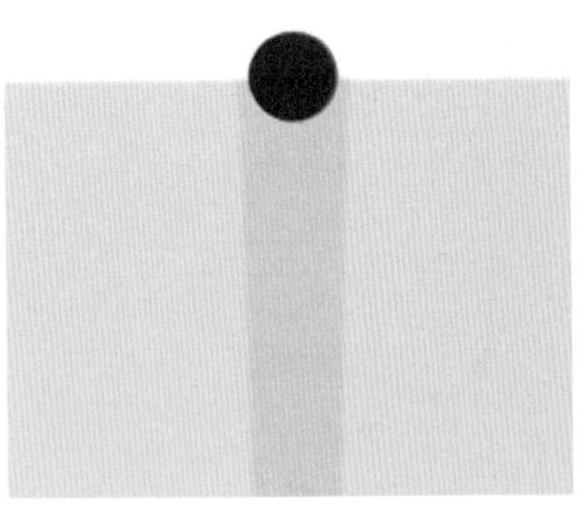

图 8-84　填充背景色

选择工具栏中的“钢笔”工具来绘制花纹，如图 8-85 所示。绘制完成后按 Enter 键，如图 8-86 所示。

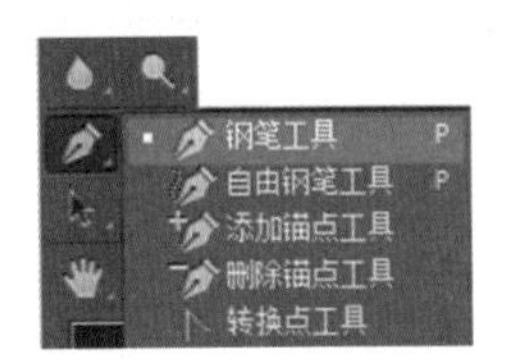

图 8-85　选择钢笔工具

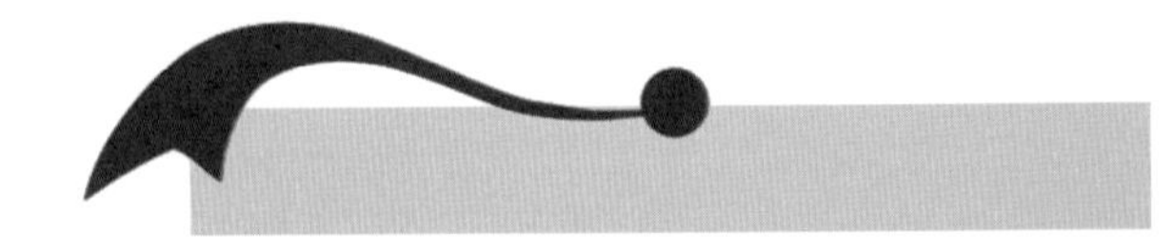

图 8-86　绘制花纹第一步

继续用“钢笔工具”绘制花纹，如图 8-87 所示。

图 8-87　花纹的绘制步骤

复制花纹,并进行“镜像翻转”,如图 8-88 所示。

图 8-88　复制花纹

10. 图片背景的制作

新建图层并命名为“饰品背景”。选择“矩形选框工具”,如图 8-89 所示。在新建图层中绘制矩形并填充白色,如图 8-90 所示。

复制“饰品背景”图层,如图 8-91 所示。

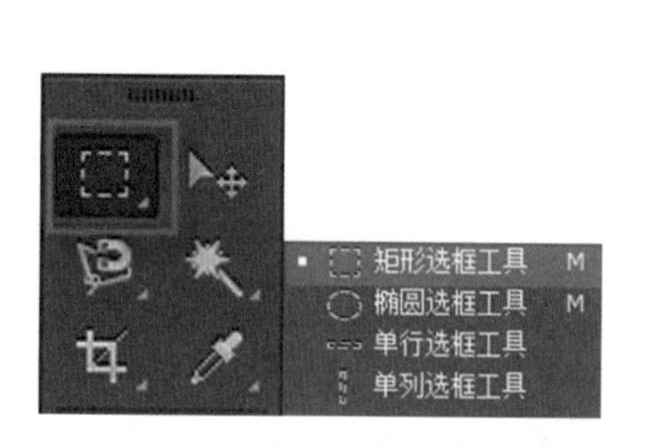

图 8-89　选择“矩形选框工具”

图 8-90　用白色填充选区

图 8-91　复制“饰品背景”图层

11．导入素材

将素材分别放置到白色方框内，输入文字，完成最终效果，如图 8-92 所示。

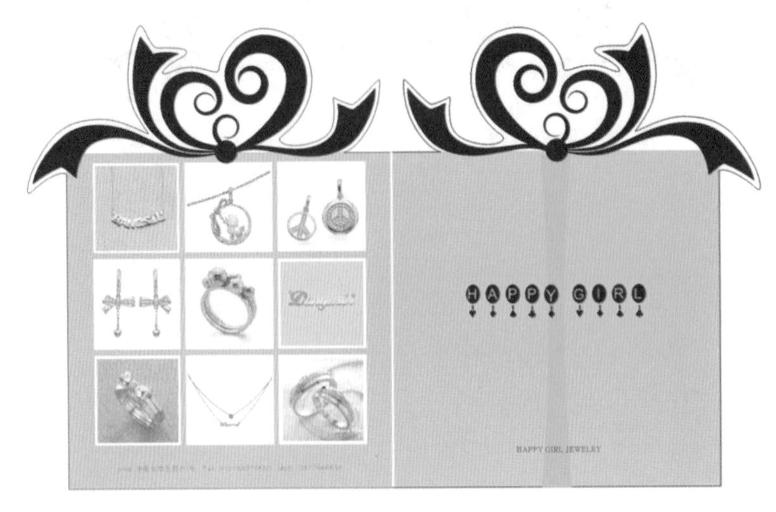

图 8-92　完成后的效果

8.2　室内设计效果的处理

建筑效果图后期修饰中利用 Photoshop 可以制作在三维软件中无法得到的材质，也可以在 Photoshop 中增加并调整建筑效果图的色调风格。

8.2.1　午后阳光效果的处理

1．照片处理

执行“文件”/“打开”命令，打开“客厅”照片，如图 8-93 所示。按快捷键 Ctrl+J 复制背景图层，提亮照片的整体效果，调整图层模式为“滤色”，不透明度为 40%，按 Alt+Shift+Ctrl+E 组合键压印图层，如图 8-94 所示。

图 8-93　打开“卧室”图片

图 8-94　提亮照片

添加“色相 / 饱和度”调节图层来调整照片的效果，参数如图 8-95 所示。

图 8-95 “色相/饱和度”参数的设置

2. 制作光束的效果

单击多边形套索工具，羽化值为5像素，绘制光束，如图8-96所示。设置前景色为白色，创建新图层，填充前景色白色，图层模式为点光，不透明度为30%，效果如图8-97所示。

图 8-96 绘制光束选区

图 8-97 填充白色

多次复制光束图层，制作出光从窗户射进屋内的感觉，效果如图 8-98 所示。

图 8-98　多次复制光束

3. 午后阳光效果

添加“照片滤镜”调节层，为照片添加“加温滤镜”，效果如图 8-99 所示。

图 8-99　“照片滤镜”调节层

按 Alt+Shift+Ctrl+E 组合键压印图层。执行“图像”/“调整”/“变化”命令，在打开的“变化”对话框中单击两次来加入黄色，再单击增加较亮效果，参考图 8-100。为图层添加蒙版，给蒙版添加黑色到透明的渐变，完成后的效果如图 8-101 所示。

8.2.2　地中海气氛的处理

1. 照片色调的调整

执行“文件”/“打开”命令，打开“卧室”照片，如图 8-102 所示。按快捷键 Ctrl+J 复制背景图层，提亮照片的整体效果，调整图层模式为“滤色”，不透明度为 40%，如图 8-103 所示。

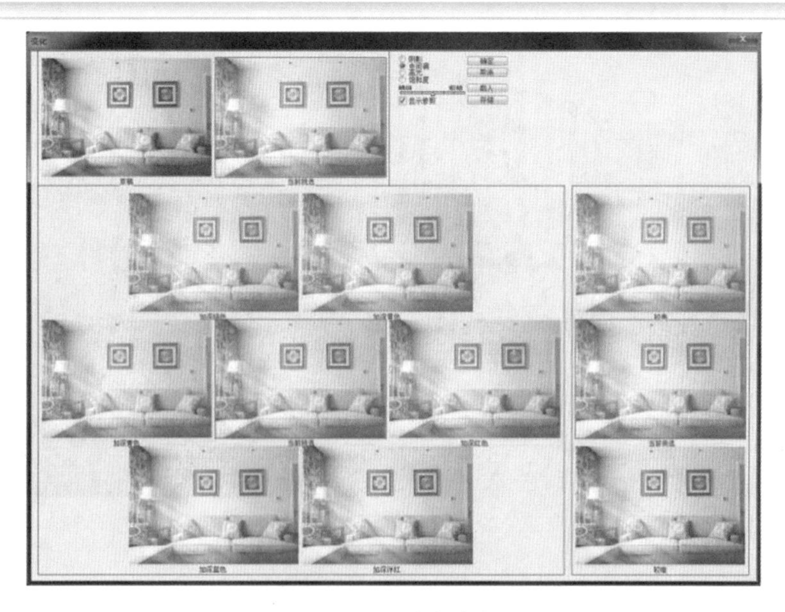

图 8-100　填充黄色

图 8-101　填加渐变效果

图 8-102　打开"卧室"图片

图 8-103 提亮照片

按 Alt+Shift+Ctrl+E 组合键压印图层。地中海风格主要体现在蓝白色调,调整壁纸和床为蓝色来体现地中海风格。执行“图像”/“调整”/“色彩平衡”命令,并参考图 8-104 调整参数,完成后的效果如图 8-105 所示。

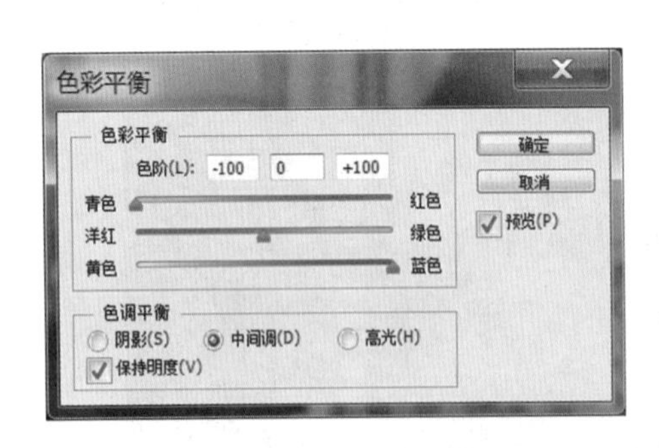

图 8-104 “色彩平衡”对话框

图 8-105 照片调色后的效果

再次调整照片的色彩,执行“图像”/“调整”/“色相/饱和度”命令调整图片颜色以蓝色为主调,参数如图 8-106 所示。执行“图像”/“调整”/“色阶”命令,使图片的中间色调提亮,参数如图 8-107 所示。

2. 照片细节的处理

调整后照片整体变蓝,有些地方还是要保持原图效果,单击添加图层蒙版,为照片处理不合适的地方。单击画笔工具,设置前景色为黑色,选择适当的画笔大小在蒙版中涂抹,完成效果如图 8-108 所示。

调整顶棚墙角的颜色,单击多边形套索工具并绘制选区。执行“图像”/“调整”/“色彩平衡”命令,参数参考图 8-109。再次执行“图像”/“调整”/“色相/饱和度”命令,参数参考图 8-110。最后执行“图像”/“调整”/“变化”命令,在打开的对话框中单击“加深蓝”“较暗”来调整效果,如图 8-111 所示。完成调色后效果如图 8-112 所示。

图 8-106　“色相 / 饱和度”参数

图 8-107　“色阶”参数

图 8-108　添加蒙版后的效果

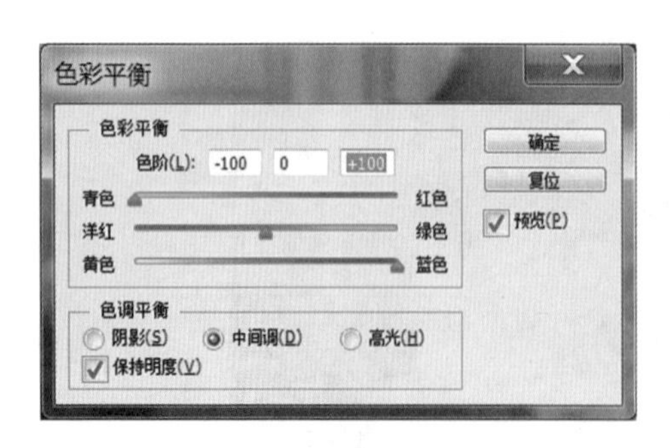

图 8-109 “色彩平衡”对话框

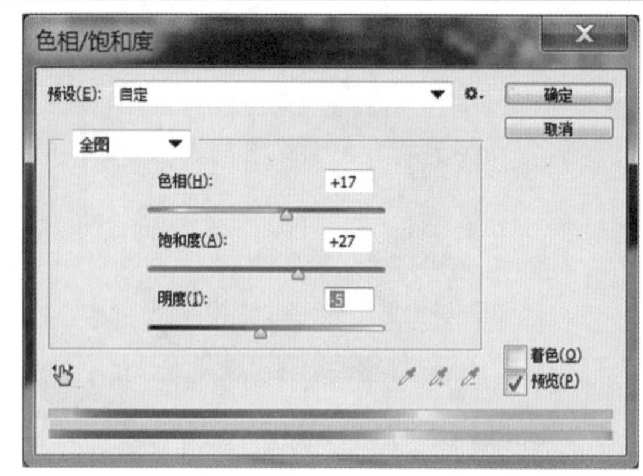

图 8-110 “色相/饱和度”对话框

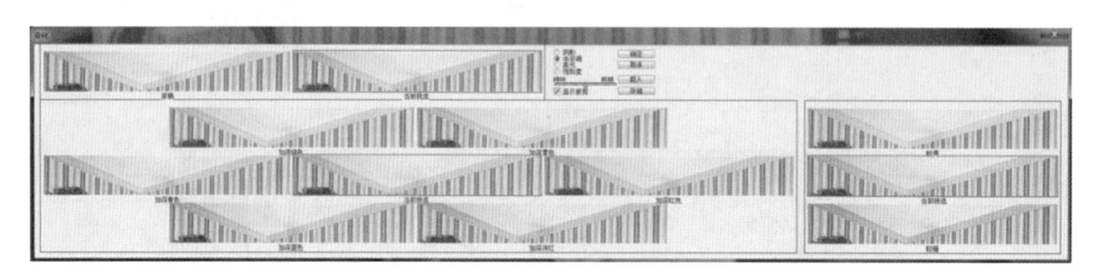

图 8-111 “变化”对话框

添加镜子里反光的天花板，选择多边形套索工具来绘制选区，填充颜色为#0026c4，调整图层模式为“点光”，不透明度为62%，完成后的效果如图8-113所示。

图 8-112 调色后效果

图 8-113 调色后效果

3．更换家具

家具颜色不适合地中海风，选择地中海风格的白色家具来替换现有的家具。执行“文件”/“打开”命令，打开文件名为“斗柜”的图片，用移动工具将其拖拽到地中海图片中并放到合适的位置，效果如图8-114所示。添加图层蒙版，使用黑色画笔对多余的部分进行遮盖，完成的效果如图8-115所示。

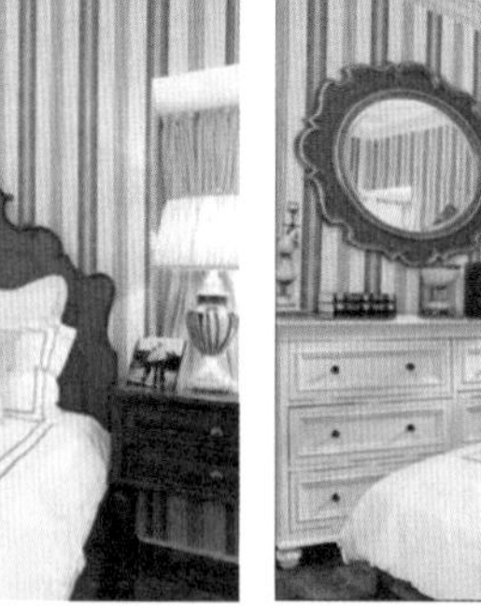

图 8-114　照片滤色颜色的设置

图 8-115　添加蒙版

用相同的方法来更换床头柜。执行“文件”/“打开”命令，打开文件名为“床头柜”的图片，放到图片合适位置并添加蒙版进行处理。由于白色床头柜的透视与原图不一致，执行“自由变换”命令并结合 Ctrl 键调整透视效果，完成后效果如图 8-116 和图 8-117 所示。

图 8-116　调整床头柜

图 8-117　处理后效果

床头柜与斗柜在颜色上有一定色差，下面给床头柜调颜色。执行“图像”/“调整”/“变化”命令，再单击“加深黄色”“较亮”效果，如图 8-118 所示。降低床头柜侧面的明度，可绘制出选区并执行“图像”/“调整”/“曲线”命令来降低侧面的明度，效果如图 8-119 所示。

添加另一侧的床头柜，由于图片提供的床头柜高度不够，现在把床头柜加长。选择多边形套索工具绘制选区，效果如图 8-120 所示。执行“编辑”/“拷贝”命令，再执行“编辑”/“粘贴”命令，接着在第二个抽屉处添加蒙版来处理多余部分，并调整透视效果，效果如图 8-121 所示，运用“图章工具”“加深工具”处理地板。

将抽屉拉手更换为与五斗柜相同的颜色样式，现在的床头柜变为白色。用矩形选取框工具框选出黑色拉手，执行“编辑”/“拷贝”命令，再执行“编辑”/“粘贴”命令为黑色拉手图层添加图层蒙版并用黑色画笔处理多余部分(注意保持投影部分)，如图 8-122 所示，复制黑色拉手后的效果如图 8-123 所示。

至此，地中海效果制作完成，效果如图 8-124 所示。

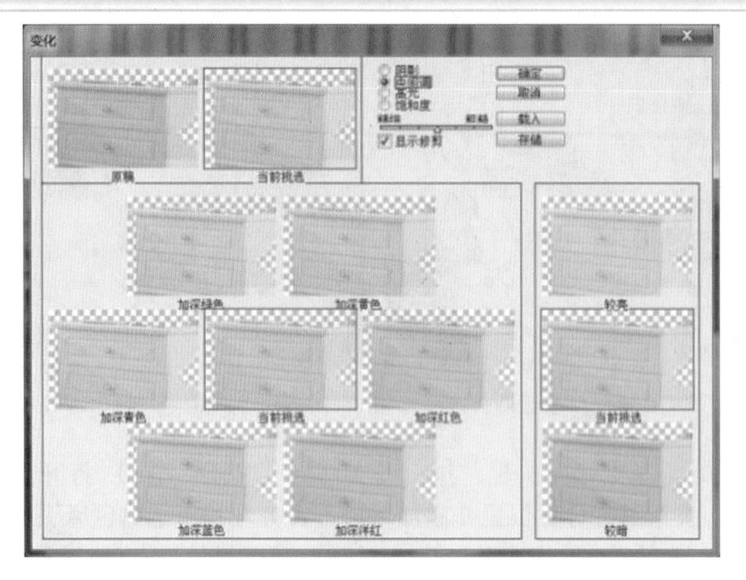

图 8-118　照片滤色颜色的设置

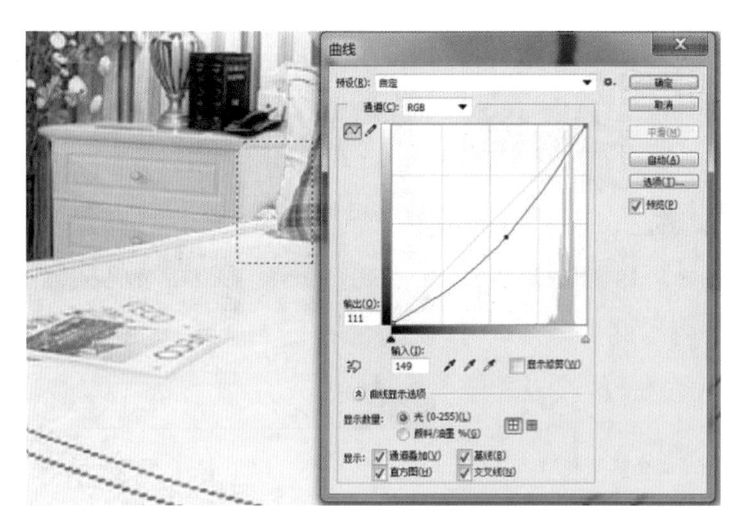

图 8-119　对顶棚调色

图 8-120　绘制

图 8-121　调整透视效果

图 8-122　更换拉手

图 8-123　复制拉手后效果

图 8-124　地中海效果图

8.3　不可思议的合成技术

下面通过实际案例的制作,学会如何很好地运用 Photoshop 的各种处理图片手段来完成设计的具体需要。

8.3.1　疯狂的甜橙

1. 打开文件

执行“文件”/“打开”命令,打开文件名为“橙”的图片,复制背景层(按快捷键 Ctrl+J),如图 8-125 所示。

图 8-125　打开文件并复制背景层

2．眼睛的处理

打开素材“卡通老鼠”，用选区工具绘制出眼睛部分的选区。用移动工具把选区拖拽到“橙”图片上，效果如图 8-126 所示。

图 8-126　眼睛的处理

调整眼睛的位置，按快捷键 Ctrl+T 进行自由变换。图层模式设为“强光”，创建图层蒙版，设置前景色为黑色，使用画笔抹去多余部分。复制眼睛，图层模式仍然选择“强光”，不透明度为 50%，完成后的效果如图 8-127 所示。

现在可以看到眼睛的透视不是很合理。合并“眼睛”的两个图层，按快捷键 Ctrl+T 进行自由变换，调整眼镜的透视效果，结合按 Ctrl 键完成透视效果的调整，如图 8-128 所示。

3．鼻子的处理

用与处理眼睛部位同样的方法处理鼻子，在“卡通老鼠”图片上使用选区工具画出鼻子，拖拽到“橙子”文件上，按快捷键 Ctrl+T 进行自由变换，更改图层模式为“强光”，效果如图 8-129 和图 8-130 所示。

图 8-127 调整图层合成的模式

图 8-128 眼睛的透视效果

图 8-129 调整鼻子

图 8-130　调整鼻子的图层样式

4．嘴巴的处理

用相同的方法处理嘴巴与橙子结合的效果。按快捷键 Ctrl+T，再单击变形工具，调整嘴部的造型，效果如图 8-131 所示。添加图层蒙版，使嘴部边缘与橙子结合得更好，图层模式为"强光"，效果如图 8-132 所示。

图 8-131　调整嘴巴

图 8-132　调整嘴巴的图层样式

复制嘴巴图层，图层模式设为"滤色"，提高嘴部的亮度。把嘴巴的两个图层合并，同时运用黑色画笔为嘴部增加立体效果，如图 8-133 所示。

5．最后效果

由于橙子图片上有水滴，处理好眼睛和鼻子后发现橙子上的水滴不合适，下面就进行处理。单击橙子图层，单击图章工具，参数设置如图 8-134，按 Alt 键在橙子上选定目标，然后对水滴进行涂抹，最后完成的效果如图 8-135 所示，疯狂的甜橙制作完成。

图 8-133　嘴的立体效果

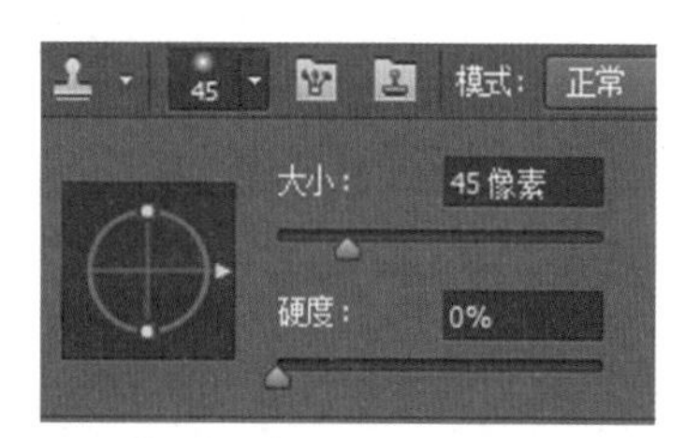

图 8-134　图章参数的设置

图 8-135　疯狂的甜橙制作完成后的效果

8.3.2　未来城市

1．制作城市阴霾的天空

选择“文件”/“打开”命令，双击“城市”文档打开图片，如图 8-136 所示。用相同方法打开图片“天空”，如图 8-137 所示。在“天空”文件上使用快捷键 Ctrl+A 全部选择，用快捷键 Ctrl+C 复制选区内容，然后单击“城市”文件，按快捷键 Ctrl+V 粘贴选区内容。再调整粘贴过来的天空的位置，效果如图 8-138 所示。

按快捷键 Ctrl+J 复制城市背景图片为背景副本。选择钢笔工具，创建天空部分的路径，把图片中的天空画出来并转换为选区，效果如图 8-139 所示。执行“选择”/“修改”/“羽化”命令，设置羽化值为 2，如图 8-140 所示。按 Delete 键删除选区内的天空，露出下一层阴霾的天空图片，完成换天空的效果，效果如图 8-141 所示。

图 8-136 城市图片

图 8-137 天空图片

图 8-138 调整天空位置

图 8-139 画出天空选区

图 8-140 羽化参数的设置

图 8-141 删除原天空后的效果

2. 调整图片的色调

城市图片中大厦过亮，为了配合阴霾的天空，将图片中左起第二栋大厦降低亮度，效果如图 8-142 所示。将图片整体亮度降低，给图片添加“亮度 / 对比度”调节图层，对调整后效果压印图层（快捷键为 Alt+Shif+Ctrl+E)，效果如图 8-143 和图 8-144 所示。

3. 添加洪水效果

打开洪水素材图片 1，先在中间的大厦上添加洪水效果。单击素材 1，选择套索工具，画出想要的水部分，单击工具属性面板中的调整边缘图标，弹出一个对话框，可进行边缘调整，效果如图 8-145 所示。或在绘制完选区后执行“选择” / “调

整边缘”命令（按快捷键 Alt+Ctrl+R），也会弹出“调整边缘”面板，即可进行边缘的处理，调整面板参数，达到理想效果后确认，效果如图 8-146 所示。

图 8-142　将第二栋大厦降低亮度

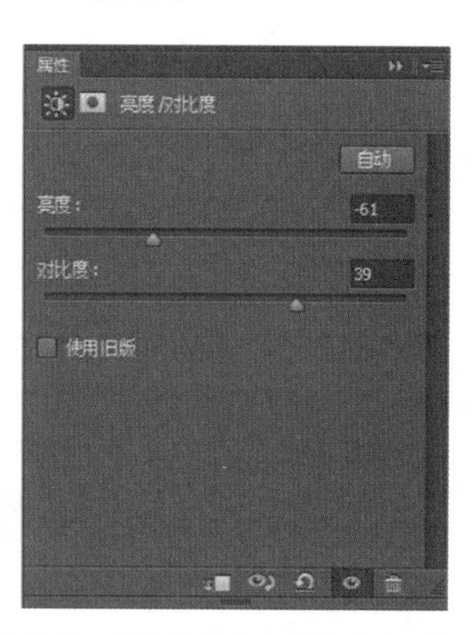

图 8-143　“亮度 / 对比度”参数的设置

图 8-144　降低亮度后的效果

图 8-145　使用套索工具画出选区

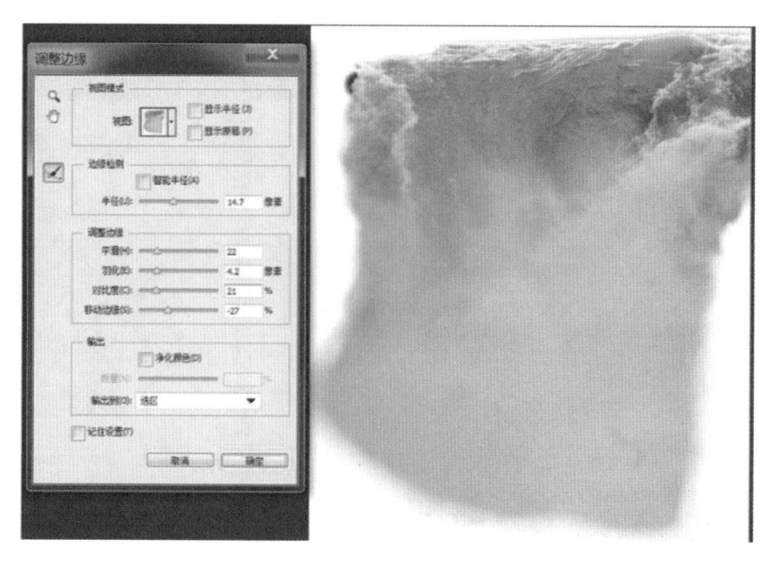

图 8-146　“调整边缘”对话框及调整图片的效果

将处理好边缘的洪水素材拖拽到“城市”文件上（或使用快捷键 Ctrl+C 复制，用快捷键 Ctrl+V 粘贴），执行快捷键 Ctrl+T 自由变换，将洪水素材放到中间两个大厦之间的位置并做调整，为洪水素材图层添加图层蒙版，在图层蒙版中使用黑画笔擦除多余部分的水效果，效果如图 8-147 和图 8-148 所示。

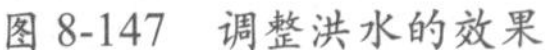

图 8-147　调整洪水的效果

图 8-148　添加蒙版

打开洪水素材 2，同样使用“调整边缘”的方法，将处理好边缘的水流调整为适当大小，放置在两个大厦的中间并与之前添加的洪水高度一致。用与之前相同的处理的方法，为图层添加图层蒙版，将应位于建筑物后方的水流利用蒙版遮盖，如图 8-149 ～图 8-152 所示。

图 8-149　使用套索工具画出选区

图 8-150　调整边缘

图 8-151　调整素材 2 洪水的大小

图 8-152　调整洪水 2 后的效果

打开洪水素材 3，处置方法如前所述。

为了使添加的水流更自然和谐地过渡，针对边缘部分在蒙版上使用肉角黑色画笔，并用 20% 的不透明度进行细微处理。一些需要微微显露的部分可以使用设置更小的画笔修饰，如图 8-153 和图 8-154 所示。

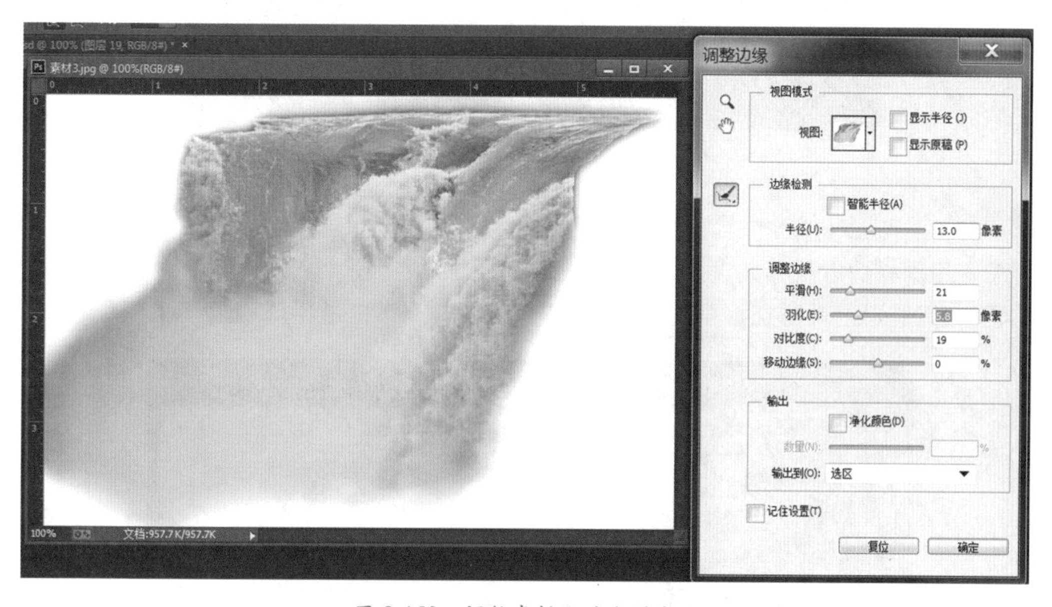

图 8-153　调整素材 3 洪水的大小

图 8-154　调整洪水 3 后的效果

(1) 水流的影子

为了使水流更加真实,需要为其添加阴影。在城市图层上新建一个图层,设置为“正片叠底”模式。然后使用灰色柔角画笔,不透明度为25%左右,在水流下方的建筑物上涂抹,营造阴影效果,如图8-155所示。

图 8-155 绘制水流的影子

(2) 右侧水流

使用同样的方法导入洪水素材4,以及翻转过的洪水素材2。调整边缘和大小,再放置到合适位置,并添加蒙版处理效果,效果如图8-156和图8-157所示。

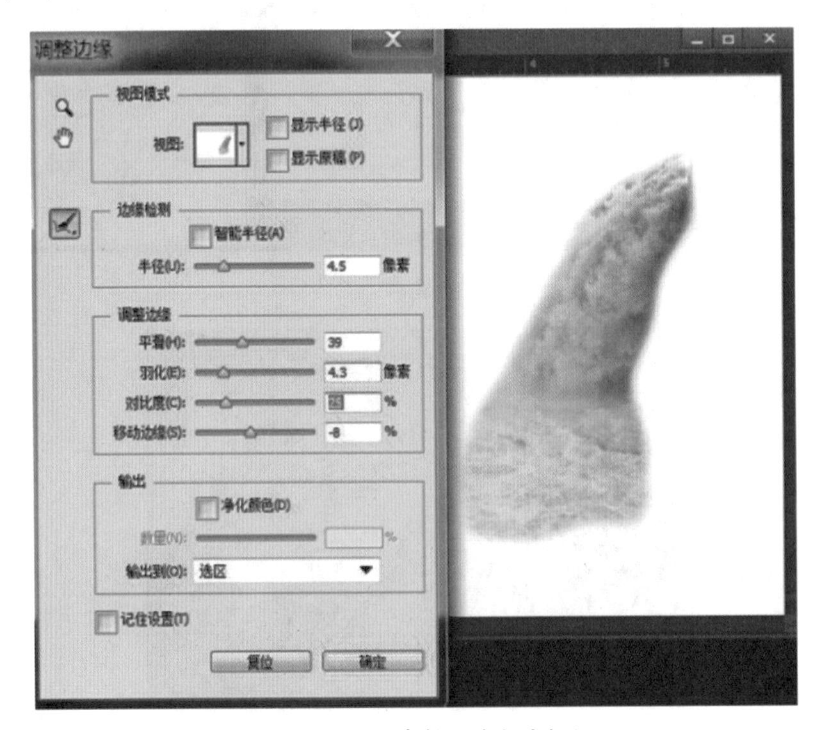

图 8-156 调整素材4洪水的大小

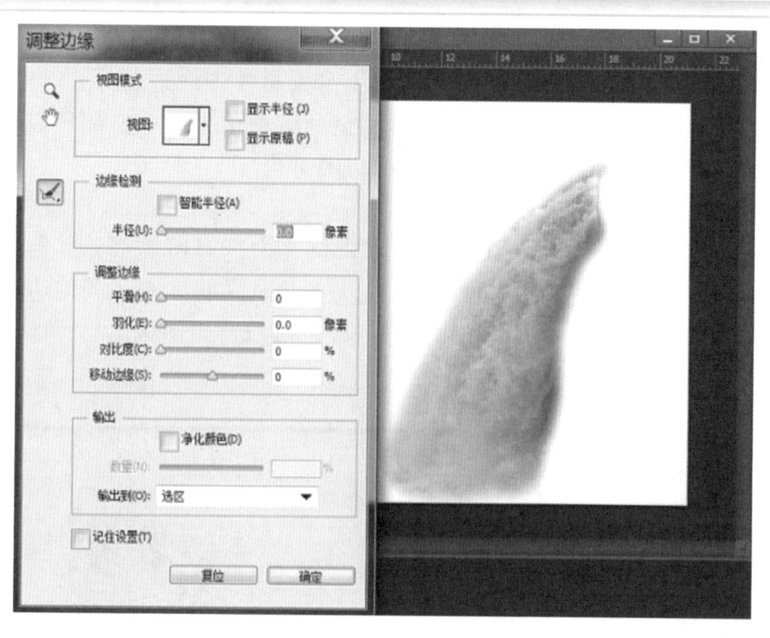

图 8-157 调整洪水 4 后的效果

(3) 打碎的窗户

在城市图层上选取部分窗户,填充黑色。更好的办法是填充在一个新建的图层上。这样有利于之后的修改,并保留了选取的部分。选择洪水 2 的图层蒙版,使用白色画笔在蒙版上处理一些水柱,从黑色的敞口中喷涌而出。可以使用不同透明度的画笔。注意水柱应弧线坠落,效果可参考图 8-158。

(4) 淹没的街道

打开街道水流素材并调整大小,安置到合适位置,添加蒙版,使用画笔修饰。要注意与已有的水流结合好,处理效果应自然,效果如图 8-159 所示。

图 8-158 下落的水柱

图 8-159 街道洪水

(5) 冲击的水花

左侧涌出的水流可以放到最顶层。选择洪水素材 4 中合适的部分,调整边缘并使用“自由变换”工具,使其旋转大约 45°,调整到合适位置。被左侧建筑物遮挡的部分可以添加蒙版处理,效果如图 8-160 和图 8-161 所示。

(6) 左侧狂奔的水流

左侧撞击地铁入口墙的水流可以在洪水素材 4 中选择所需部分并放置到合适的位置,如图 8-162 所示。涌入地铁的水流,可以使用同样的方法“调整边缘”,安置在合适位置并添加蒙版。部分水流需要更暗一点,可以执行“图像”/“调整”/“色阶”命令(快捷键为 Ctrl+L),效果参考图 8-162。

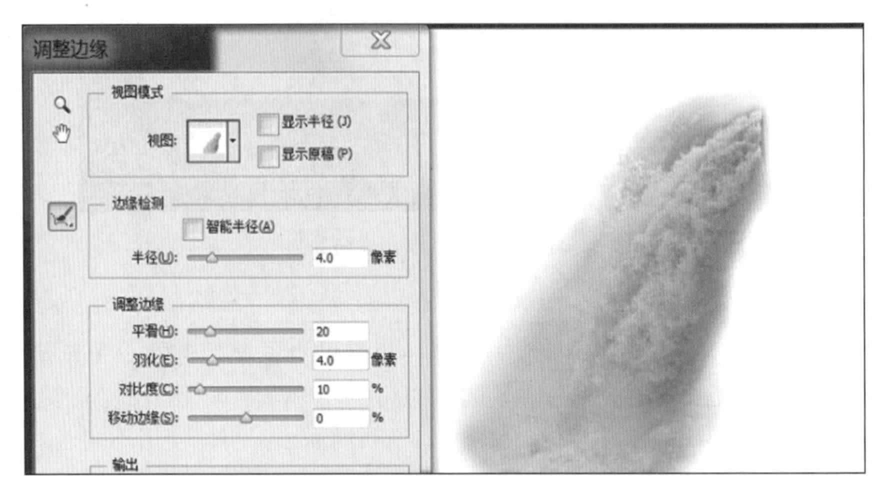

图 8-160　选择街道洪水

图 8-161　加入街道洪水后的效果

图 8-162　色阶调整

(7) 地铁口的洪水

要加入涌入地下的水流,可以选择水面的素材,调整边缘,并放置到合适位置,使用蒙版修饰,再使用加深工具适当加深地铁深处和右侧的水面,完成效果如图 8-163 所示。

图 8-163　最终效果

8.4　小　　结

本章重点讲解具体案例的制作过程，以综合手段完成设计效果，综合运用 Photoshop 的各种技术来完成。通过制作不同类型的案例，体现了 Photoshop 在设计领域应用的广泛性，也体现了 Photoshop 软件不仅仅可以对图片进行处理，也可以很好地进行相关设计，同时通过完成一定的特效可达到意想不到的视觉效果。Photoshop 软件可以应用于多个设计领域。

8.5　习　　题

一、简答题

1．列举 Photoshop 软件应用在哪些设计领域。（列举三个以上）

2．简述图层蒙版在设计过程中的重要性。

二、操作题

1．请参考图 8-164 完成一幅计算机屏幕背景图的设计。

2．“大学生艺术节”海报设计。要求：体现大学生积极向上、阳光朝气的风格，要突出艺术气息，色彩选用要明快、有生命力，尺寸为 20cm × 28cm。

图 8-164　计算机屏幕背景图

附录A　国内外优秀作品欣赏

A.1　优秀图形图像作品

国内外优秀 Photoshop 作品鉴赏如图 A-1 ～图 A-14 所示。

图 A-1　Photoshop 作品（1）
（http://www.digitalartsonline.co.uk）

图 A-2　Photoshop 作品（2）
（http://www.photoshoptutorials.ws）

图 A-3　Photoshop 作品（3）
（http://design.tutsplus.com）

图 A-4 Photoshop 作品（4）
（http://www.photoshoptutorials.ws）

图 A-5 Photoshop 作品（5）
（http://www.photoshoptutorials.ws）

图 A-6 Photoshop 作品（6）
（http://psd.fanextra.com）

图 A-7　Photoshop 作品（7）
（http://www.digitalartsonline.co.uk）

图 A-8　Photoshop 作品（8）
（http://psd.fanextra.com）

图 A-9　Photoshop 作品（9）
（http://design.tutsplus.com）

图 A-10　Photoshop 作品（10）
（http://www.photoshoptutorials.ws/）

图 A-11　Photoshop 作品（11）
（http://www.photoshoptutorials.ws/）

图 A-12 Photoshop 作品（12）
（http://www.photoshoplady.com）

图 A-13 Photoshop 作品（13）
（http://alfoart.com/octopus_text_effect_1.html ）

图 A-14 Photoshop 作品（14）
（http://www.photoshoplady.com）

A.2 优秀 UI 设计欣赏

UI 设计从手机端的程序到计算机软件，很大程度上引导着用户的消费导向，就像苹果公司的 iPhone 因其时尚的界面、流畅而令人愉悦的操控感带动了全球性手持设备的潮流，UI 设计也因此受到极大的关注。如图 A-15 ～图 A-28 所示的 UI 设计收集自国内外的优秀团队创作的作品，包括 APP 和 Web 界面设计，希望能开阔学习者的眼界，提升大家对 UI 设计的认识。

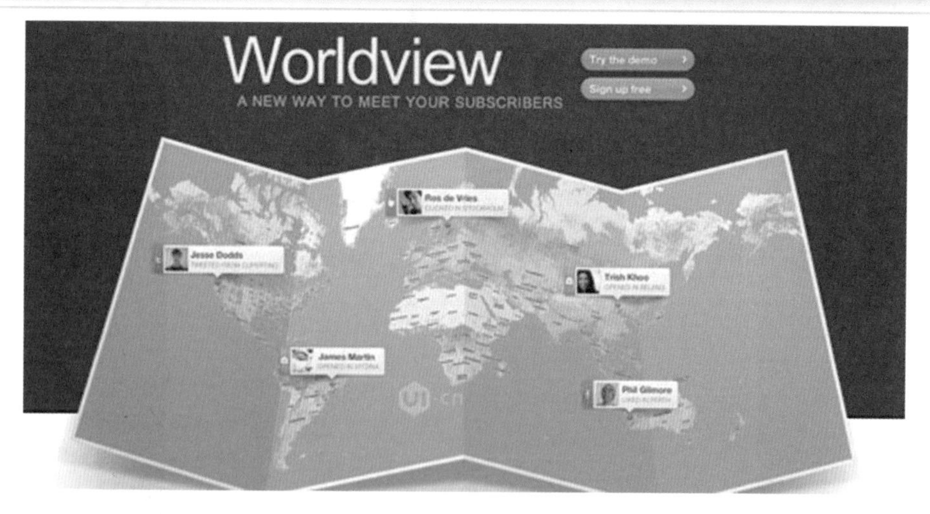

图 A-15　UI 设计作品（1）

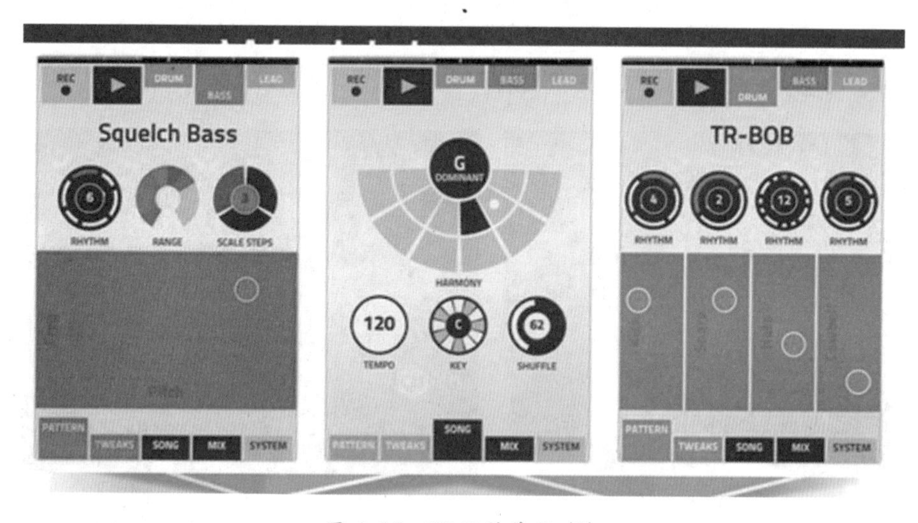

图 A-16　UI 设计作品（2）

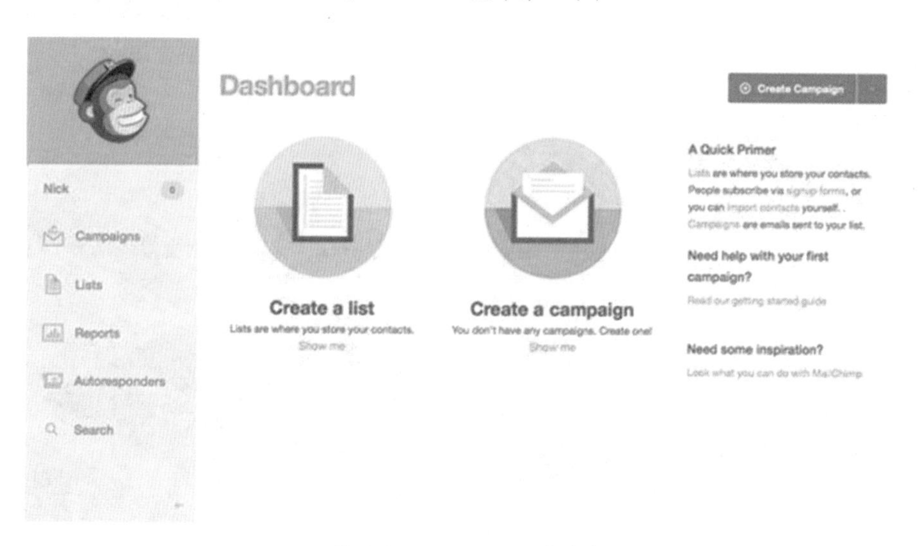

图 A-17　UI 界面设计（1）

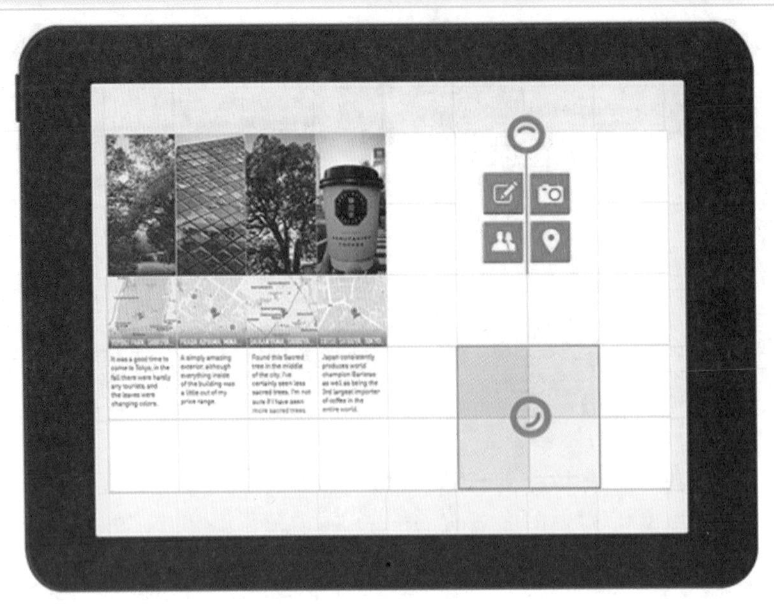

图 A-18　UI 界面设计（2）

图 A-19　UI 界面设计（3）

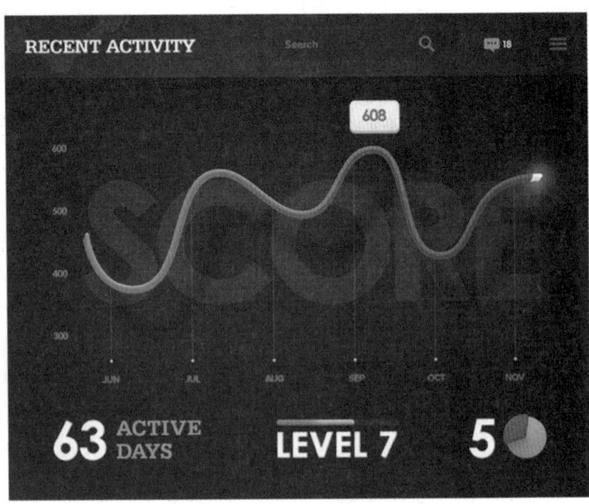

图 A-20　UI 界面设计（4）

图 A-21　UI 界面设计（5）

图 A-22　UI 界面设计（6）

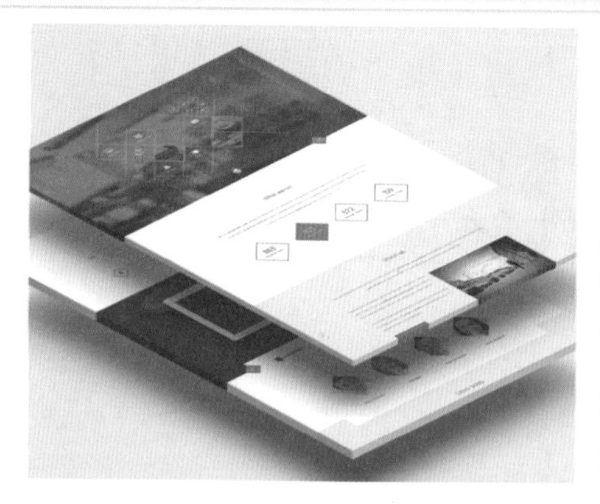

图 A-23　UI 界面设计 (7)

图 A-24　UI 界面设计 (8)

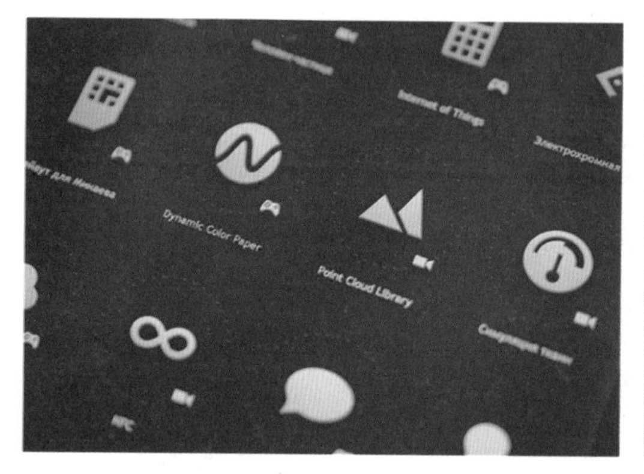

图 A-25　UI 界面设计 (9)

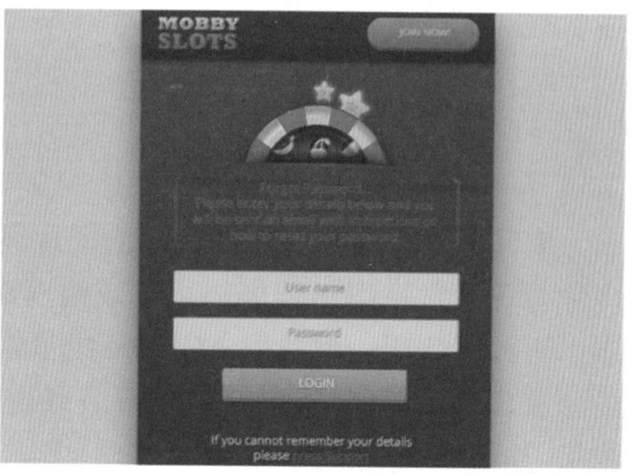

图 A-26　UI 界面设计 (10)

图 A-27　UI 界面设计 (11)

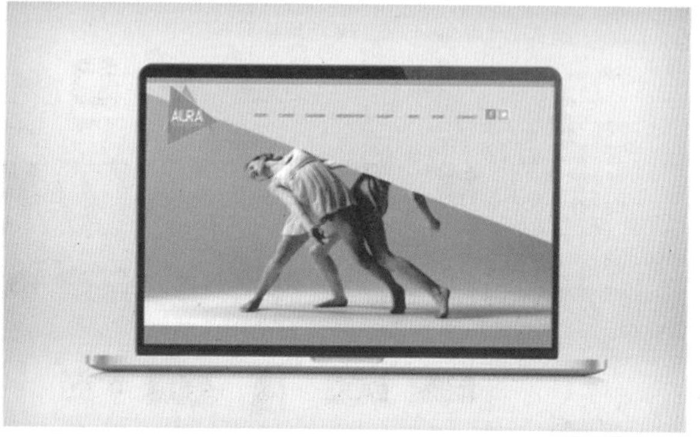

图 A-28　UI 界面设计 (12)

附录B　常用文件转换工具

学习目标

1. 了解格式软件、ACDSee 格式转换软件的功能。
2. 能够掌握格式的相互转换,合理应用技术领域。

知识点

1. ACDSee 软件转换格式技术。
2. 格式工厂转换技术。

1. ACDSee 软件转换格式

实际工作中设计师需要处理的图片很多,有些处理方式是重复的操作,费时费力,专业看图软件 ACDSee 能够可以较快速地解决这些问题,提高工作效率,降低工作成本。下面就介绍一下利用 ACDSee 批量修改图片格式的方法。

首先启动 ACDSee 软件,打开装载需转换图片的文件夹,文件缩略图呈现在版面中央,如图 B-1 所示。

图 B-1　ACDSee 开启界面

将文件夹中需要转换格式的所有文件全部选中,单击“工具”/“转换文件格式”命令,弹出“转换文件格式”面板,选择 jpg 文件格式,按照提示完成由 tif 格式向 jpg 格式的转换,参看图 B-2。

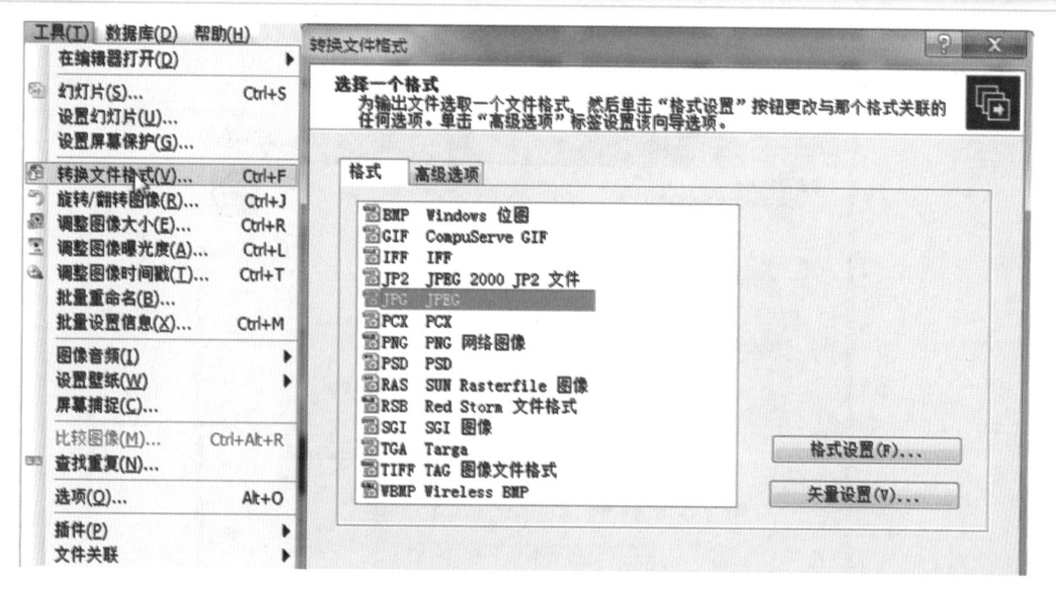

图 B-2　文件格式的转换

格式转换过程中通过相应的格式选项可以完成图像品质的压缩设置，在“转换文件格式”输出选项中可以选择存储的文件位置，也可以选择是否覆盖原始文件，依据个人需要选择即可，参看图 B-3 和图 B-4。

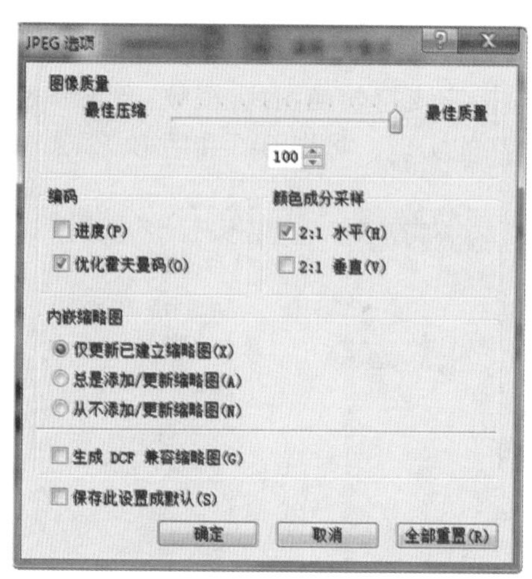

图 B-3　压缩设计

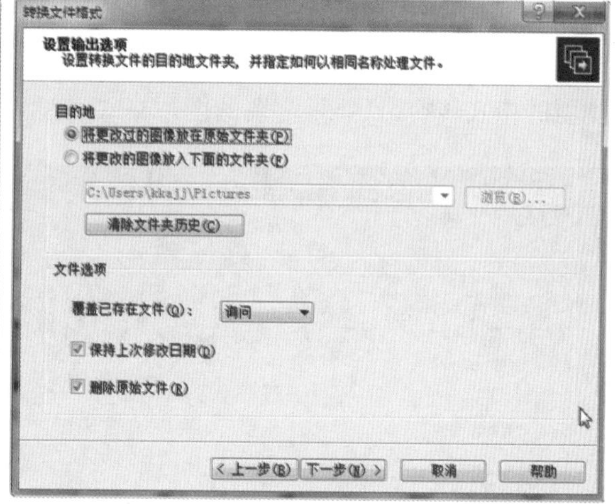

图 B-4　输出设置

2．ACDSee 软件转换尺寸

ACDSee 软件也可以批量处理图片的大小。拾取所有要调整的图片，选择辅助工具栏中的“批量调整图像大小”命令，调出“缩放图像大小”浮动面板，设置目标尺寸，再单击“开始缩放尺寸”按钮，完成图像尺寸调整，参考图 B-5 进行设置。

修改图像的大小参数有三个选项：原始百分比、大小（像素）、实际 / 打印尺寸，根据具体的目标选择相应的设置方式完成修改。注意，当“保持原始外观比例”选项被选中后，所选的全部图像将依据最长边尺寸做等比例尺寸调整；如果“保持原始外

观比例”选项不被选中，所选的全部图像将按照设定的尺寸修改，一些图片会因为尺寸修改导致图片长宽比变化，所以这方面要引起注意。

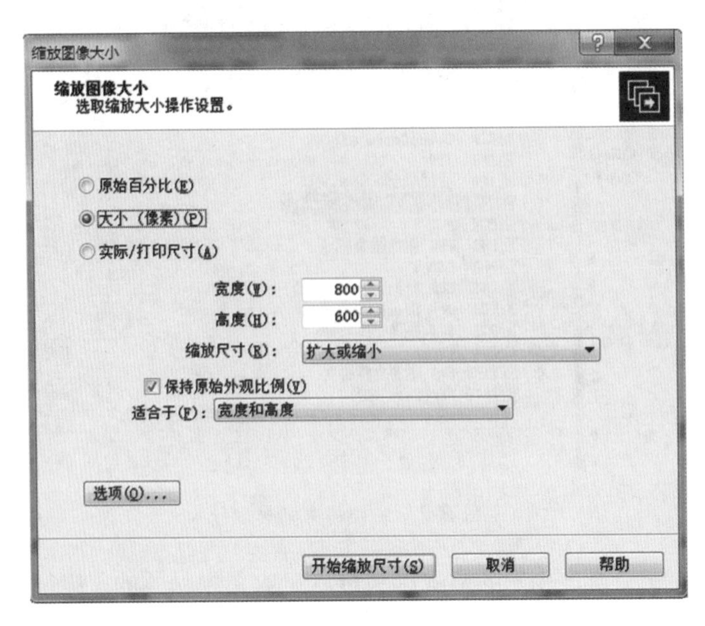

图 B-5 批量修改图片尺寸

3．应用格式工厂转换图片格式

格式工厂是一款非常实用的免费格式转换软件，它支持转换图片、视频、音频等多类型的格式转换，只要是需要的图片格式，它基本都能实现。见图 B-6 和图 B-7。

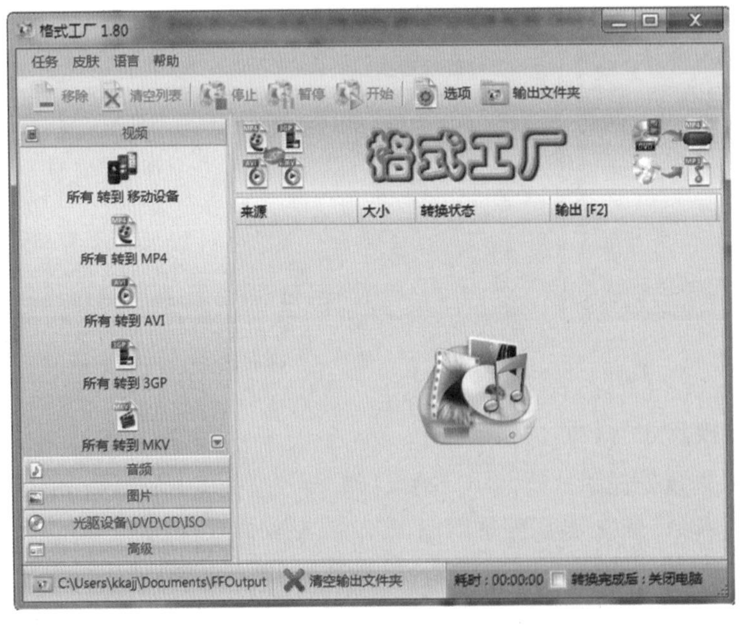

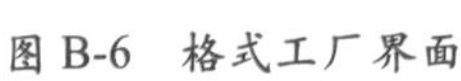

图 B-6 格式工厂界面

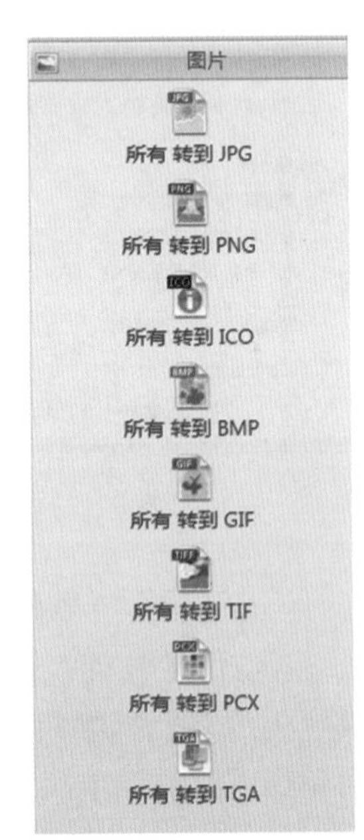

图 B-7 可转换图片格式

在需要转化图片格式时，首先在界面左侧的功能菜单中找到目标格式的选项，例如“所有 转到PNG”。然后在“所有 转到PNG”弹出面板界面的右上角单击“添加文件”按钮，将需要转换的图片文件添加进来，格式工厂可以支持同时添加多个不同格式的图片文件。

单击界面中“输出配置”，还能更改图片的大小、方向，参数设置完成后单击“开始”按钮即可完成图像的转换。

用好格式转换工具可以令工作效率大幅度提高，针对不同的输出需求，做好参数设置就能得到满意的转换结果。

附录C　九套色彩搭配表

九套色彩搭配表如图 C-1 ～图 C-9 所示。

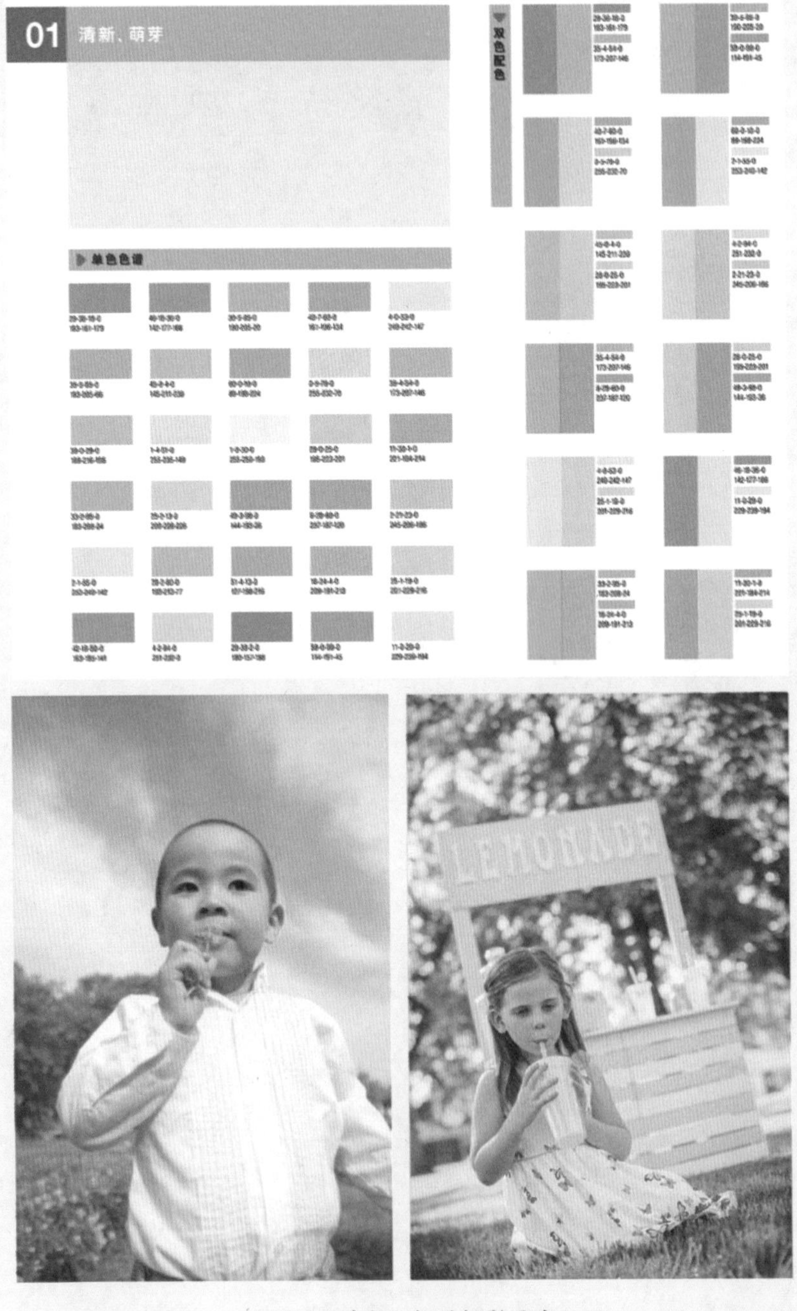

图 C-1　清新风格的摄影图片

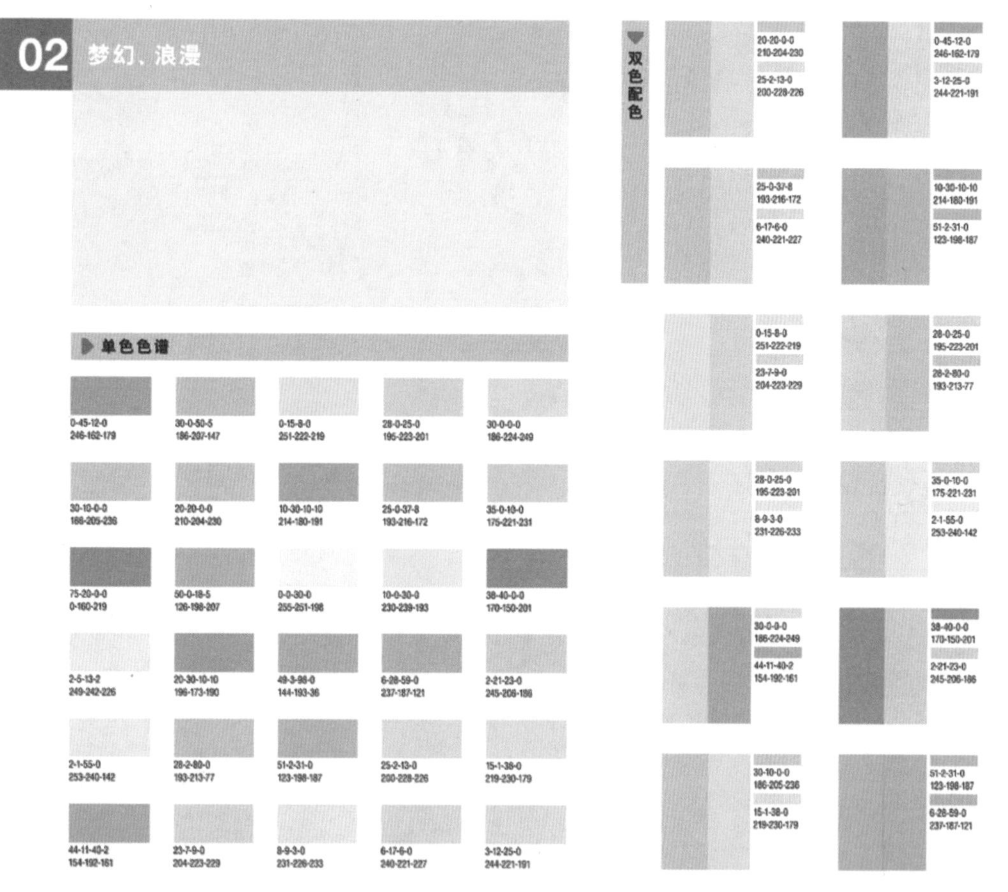

图 C-2　Clinic 网站界面设计

03 朦胧、模糊

单色色谱

0-45-35-0 243-166-148	28-0-25-0 195-223-201	30-0-50-5 186-207-147	5-20-40-8 230-201-154	35-10-45-10 168-190-146
45-5-10-15 132-185-203	0-5-50-0 255-240-149	0-20-30-0 251-216-181	0-0-30-0 255-251-198	10-0-30-0 230-239-193
20-20-0-0 210-204-230	10-30-0-0 228-193-219	40-18-32-3 163-185-172	35-0-10-0 175-221-231	28-0-10-0 193-228-232
30-0-0-0 186-224-249	30-0-10-0 187-226-232	25-26-0-0 198-190-222	10-20-30-10 217-196-169	45-0-3-0 143-211-241
2-5-13-2 249-242-226	20-30-20-35 158-139-142	40-10-20-10 153-188-191	50-10-3-0 130-192-230	30-10-0-0 186-205-236
30-20-0-0 187-196-228	25-1-19-0 201-229-216	3-11-19-0 248-232-211	25-2-13-0 200-228-226	16-25-4-0 218-198-219

双色配色

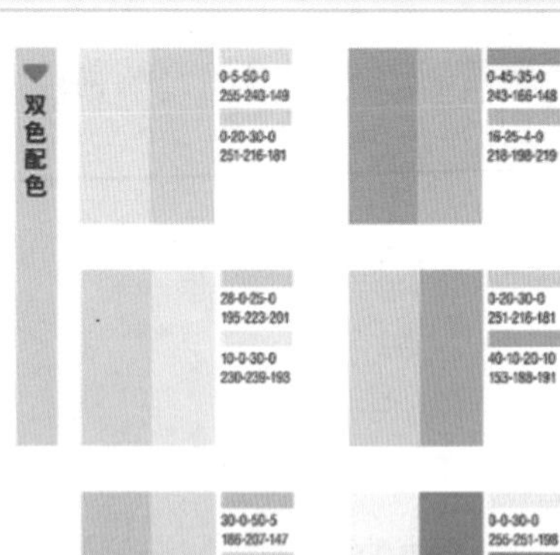

10-0-30-0
230-239-193
2-5-13-2
249-242-226

20-20-0-0
210-204-230
45-0-3-0
143-211-241

25-2-13-0
200-228-226
30-10-0-0
186-205-236

10-30-0-0
228-193-219
30-20-0-0
187-196-228

图 C-3　Collection 广告

04 纯真、稚嫩

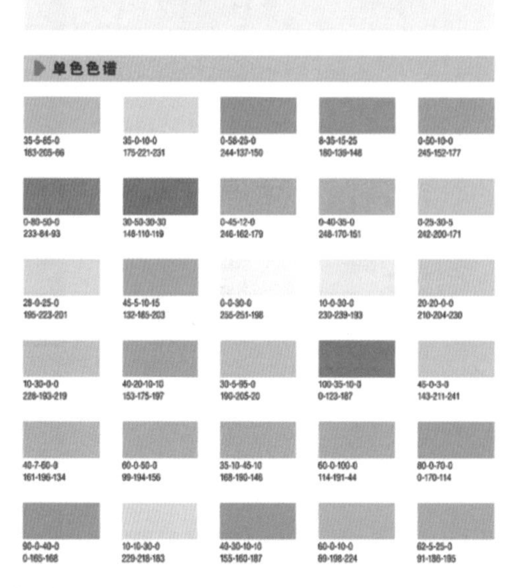

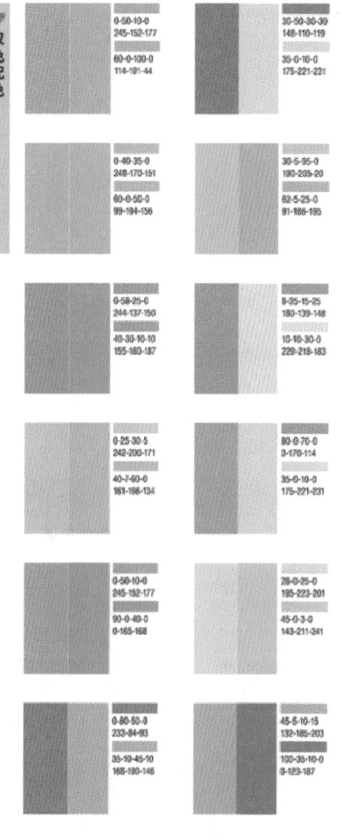

图 C-4　纯真风格摄影

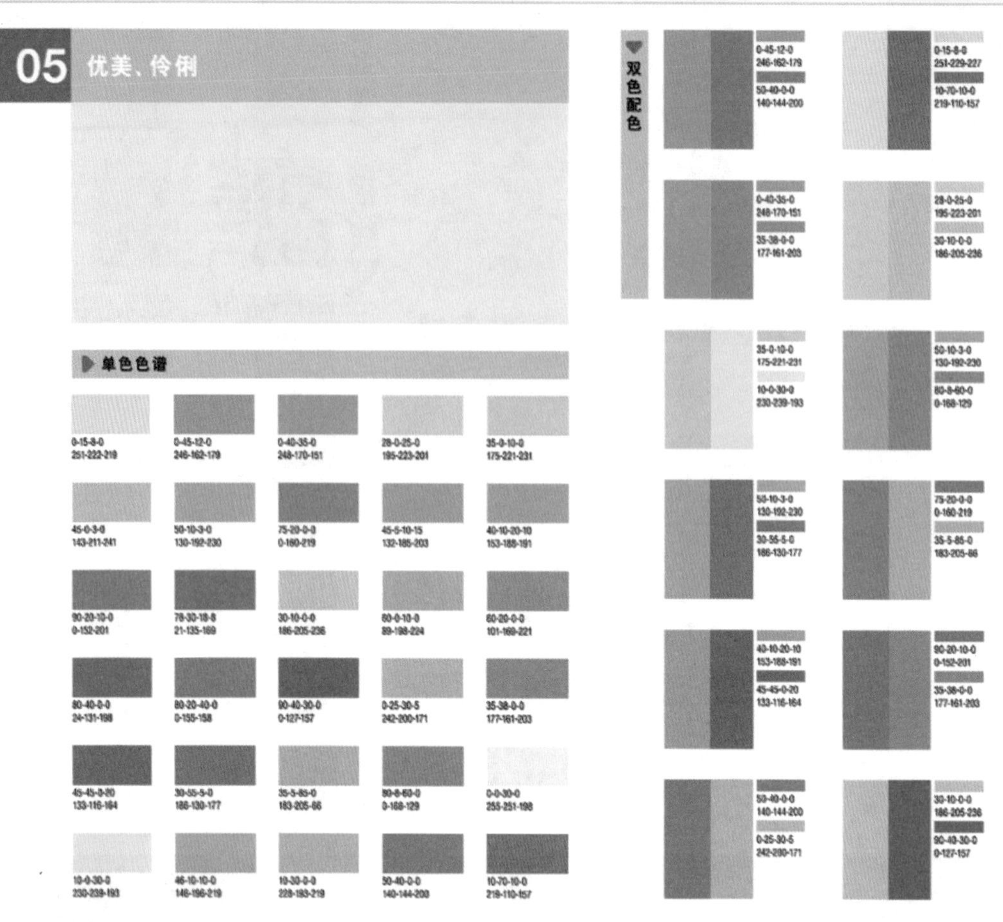

图 C-5 法国鳄鱼 (Lacoste) 2014 春——广告设计

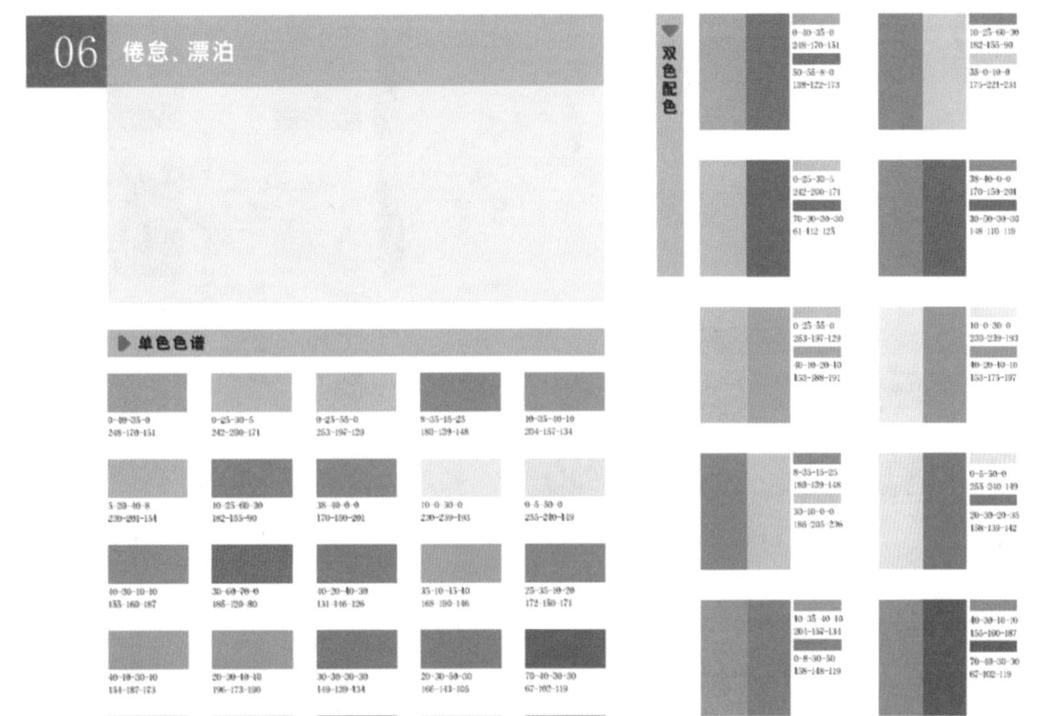
06
倦怠、漂泊
单色色谱
0-40-35-0
248-170-151
0-25-30-5
242-200-171
0-25-55-0
253-197-129
8-35-15-25
180-139-148
10-35-40-10
204-157-134
5-20-40-8
230-201-154
10-25-60-30
182-155-90
38-40-0-0
170-150-201
10-0-30-0
230-239-193
0-5-50-0
255-240-149
40-30-10-10
155-160-187
30-60-70-0
185-120-80
40-20-40-30
131-146-126
35-10-45-10
168-190-146
25-35-10-20
172-150-171
40-10-30-10
154-187-173
20-30-40-10
196-173-150
30-30-30-30
149-139-134
20-30-50-30
166-143-105
70-40-30-30
67-102-119
20-30-20-35
158-139-142
40-20-10-10
153-175-197
30-50-30-30
148-110-119
35-0-10-0
175-221-231
45-5-10-15
132-185-203
0-8-30-50
158-148-119
30-10-0-0
186-205-236
40-10-20-10
153-188-191
70-30-30-30
61-112-125
50-55-8-0
138-122-173
双色配色
0-40-35-0
248-170-151
50-55-8-0
138-122-173
10-25-60-30
182-155-90
35-0-10-0
175-221-231
0-25-30-5
242-200-171
70-30-30-30
61-112-125
38-40-0-0
170-150-201
30-50-30-30
148-110-119
0-25-55-0
253-197-129
40-10-20-10
153-188-191
10-0-30-0
230-239-193
40-20-10-10
153-175-197
8-35-15-25
180-139-148
30-10-0-0
186-205-236
0-5-50-0
255-240-149
20-30-20-35
158-139-142
10-35-40-10
204-157-134
0-8-30-50
158-148-119
40-30-10-10
155-160-187
70-40-30-30
67-102-119
5-20-40-8
230-201-154
45-5-10-15
132-185-203
30-60-70-0
185-120-80
20-30-50-30
166-143-105

La résistance en plus !

图 C-6　运动鞋广告

07 新鲜、自然

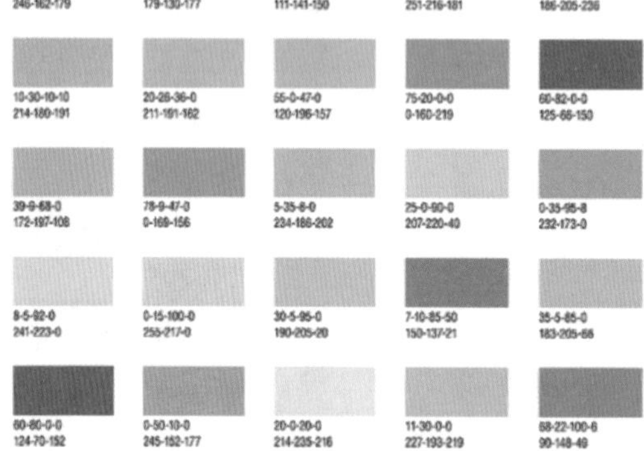

单色色谱

8-75-5-0 223-100-158	0-15-8-0 251-222-219	31-5-42-0 179-208-167	45-0-3-0 143-211-241	36-38-1-0 175-161-204
0-45-12-0 246-162-179	31-55-5-0 179-130-177	60-35-35-3 111-141-150	0-20-30-0 251-216-181	30-10-0-0 186-205-236
10-30-10-10 214-180-191	20-26-36-0 211-191-162	55-0-47-0 120-196-157	75-20-0-0 0-160-219	60-82-0-0 125-66-150
39-9-68-0 172-197-108	78-9-47-0 0-169-156	5-35-8-0 234-186-202	25-0-90-0 207-220-40	0-35-95-8 232-173-0
8-5-92-0 241-223-0	0-15-100-0 255-217-0	30-5-95-0 190-205-20	7-10-85-50 150-137-21	35-5-85-0 183-205-66
60-80-0-0 124-70-152	0-50-10-0 245-152-177	20-0-20-0 214-235-216	11-30-0-0 227-193-219	68-22-100-6 90-148-49

双色配色

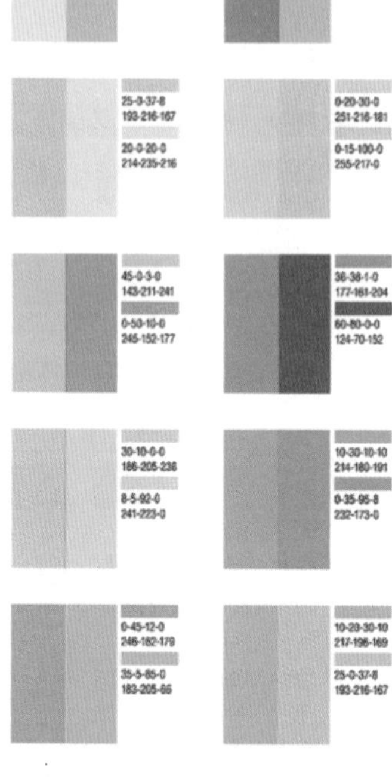

8-75-5-0 223-100-158 68-22-100-6 90-148-49	31-55-5-0 179-130-177 39-9-68-0 172-197-108
0-15-8-0 251-222-219 10-30-0-0 228-193-219	33-5-10-40 127-154-162 30-5-95-0 190-205-20
25-0-37-8 193-216-167 20-0-20-0 214-235-216	0-20-30-0 251-216-181 0-15-100-0 255-217-0
45-0-3-0 143-211-241 0-50-10-0 245-152-177	36-38-1-0 177-161-204 60-80-0-0 124-70-152
30-10-0-0 186-205-236 8-5-92-0 241-223-0	10-30-10-10 214-180-191 0-35-95-8 232-173-0
0-45-12-0 246-162-179 35-5-85-0 183-205-66	10-20-30-10 217-196-169 25-0-37-8 193-216-167

图 C-7 绿色农业宣传

08 体贴、敬爱

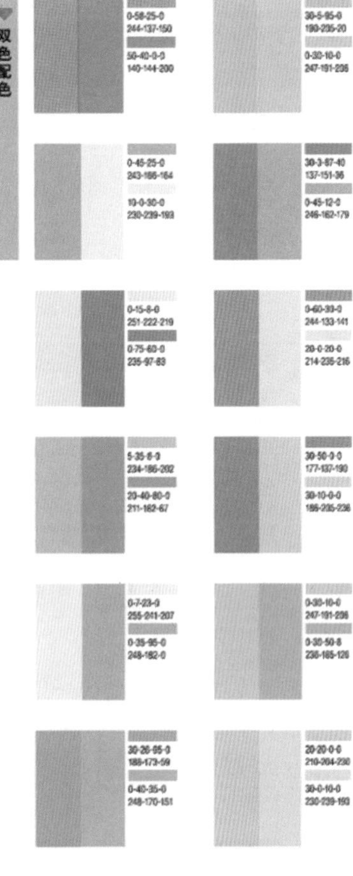

单色色谱

0-58-25-0 244-137-150	0-45-25-0 243-166-164	0-15-8-0 251-222-219	5-35-8-0 234-186-202	0-7-23-0 255-241-207
30-26-95-0 188-173-59	30-5-95-0 190-205-20	30-3-87-40 137-151-36	0-60-30-0 244-133-141	30-50-0-0 177-137-190
0-30-10-0 247-191-206	20-20-0-0 210-204-230	10-30-0-0 228-193-219	0-45-100-0 249-161-0	50-10-3-0 130-192-220
80-8-60-0 0-168-129	25-60-0-0 188-123-181	33-5-10-40 127-154-162	30-0-10-0 187-226-232	0-30-50-8 236-185-126
30-10-0-0 186-205-236	20-0-20-0 214-235-216	0-45-12-0 246-162-179	0-50-27-0 245-151-154	0-40-35-0 248-170-151
0-35-95-0 248-182-0	20-40-80-0 211-162-67	0-75-60-0 235-97-83	10-0-30-0 230-239-193	50-40-0-0 140-144-200

图 C-8　摄影《父子情》

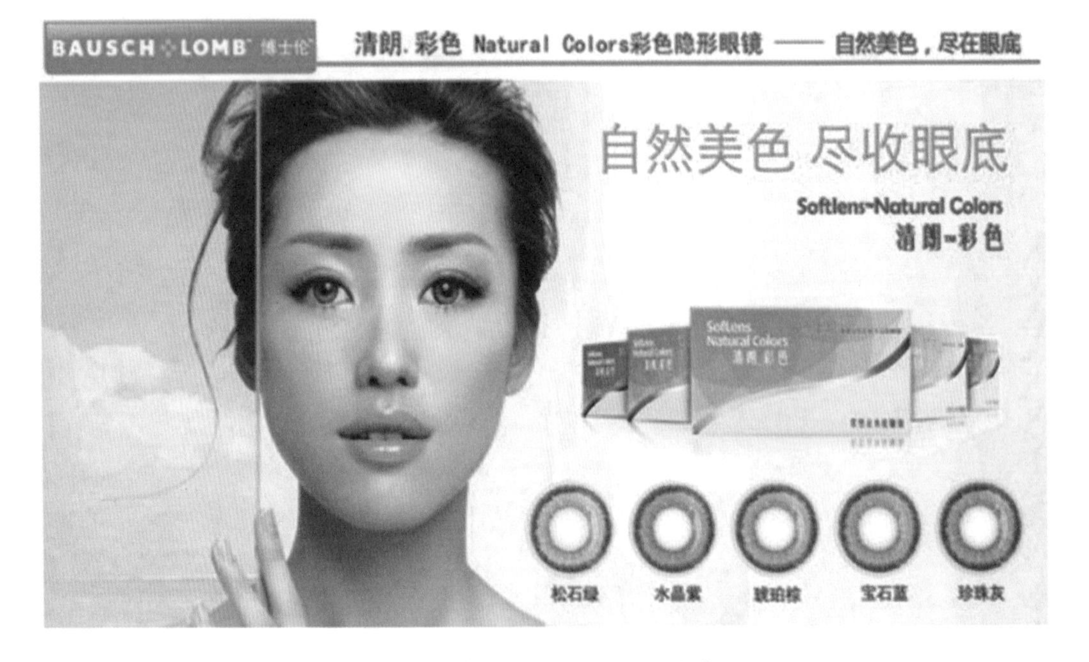

图 C-9　博士伦隐形眼镜网站广告

参 考 文 献

[1] 沈静．Photoshop CS 5 图形图像处理 [M]．北京：北京师范大学出版社，2014．

[2] 赵祖荫 ．Photoshop CS 4 图形图像处理教程 [M]．北京：清华大学出版社，2010．